普通高等学校"十四五"规划新形态一体化教材

军队院校军士数学系列特色教材

SHUXUE JICHU YU YINGYONG

数学基础与应用

■ 主　编／刘　明
■ 副主编／胡超斌　刘维建　刘金波
■ 编　者／梁栋魁　赵凌燕　田　菲
　　　　　　宋　娜　熊　鑫　韩梦微
　　　　　　兰翠翠

U0279029

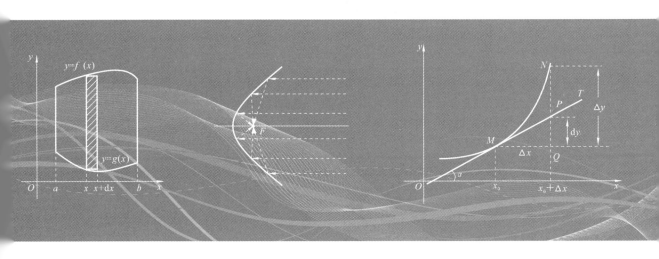

华中科技大学出版社
http://press.hust.edu.cn
中国·武汉

内 容 提 要

本书聚焦军士职业技术教育实战化教学改革,落实立德树人、为战育人和学为中心的要求,由空军预警学院、空军勤务学院、陆军工程大学资深数学专业教师合作编写而成.内容设计遵循"注重课程基础性、突出岗位针对性、增加手段实用性、强化育人协同性"的编写理念,着力编写"知识+思政+实验"三位一体的新形态教材.

本书共 6 章,主要介绍函数及其应用、高等数学、解析几何、线性代数、数理逻辑和数学实验等方面的内容. 本书体系设计有弹性,不同军士职业院校和专业可根据自身要求进行选择性的教学,本书也可供工程技术类高职院校参考使用.

图书在版编目(CIP)数据

数学基础与应用/刘明主编.—武汉:华中科技大学出版社,2024.7
ISBN 978-7-5772-0910-4

Ⅰ.①数… Ⅱ.①刘… Ⅲ.①数学基础-高等职业教育-教材 Ⅳ.①O14

中国国家版本馆 CIP 数据核字(2024)第 096859 号

数学基础与应用   刘 明 主编
Shuxue Jichu yu Yingyong

策划编辑:王汉江
责任编辑:王汉江
封面设计:原色设计
责任监印:周治超
出版发行:华中科技大学出版社(中国·武汉)   电话:(027)81321913
         武汉市东湖新技术开发区华工科技园   邮编:430223
录   排:武汉市洪山区佳年华文印部
印   刷:武汉市洪林印务有限公司
开   本:787mm×1092mm 1/16
印   张:21
字   数:551 千字
版   次:2024 年 7 月第 1 版第 1 次印刷
定   价:68.00 元

前　　言

习近平主席向全军院校提出：要立起为战育人鲜明导向，一切办学活动都要聚焦能打仗、打胜仗. 为落实指示要求，全军军士职业技术教育在教学理念、教学内容、教学模式上持续创新突破，这同样对教材的编写提出了更高的要求.

本书以"四性一度"为准绳，提出并遵循"注重课程基础性、突出岗位针对性、增加手段实用性、强化育人协同性"的编写理念，着力编写"知识＋思政＋实验"三位一体的军士数学新形态教材. 知识内容方面，按照"突出岗位指向、对标岗位应用"的原则，在厘清军士学员知识基础、岗位需求的基础上，逐级递进构建以初等函数为基础，高等数学为核心，解析几何、线性代数、数理逻辑为必需的数学知识结构，并从专业课程、军事应用等方面进行知识拓展，打通数学与专业、军事应用的知识链路，落实为战育人要求. 思政内容方面，按照"思政设计有源、思政实施有据"的原则，以讲话精神、名人名言、数学简史、军事应用为素材，通过对历史背景的挖掘、思想方法的提炼、价值追求的渲染，融入思政元素，落实立德树人要求. 实验内容方面，按照"内化知识于形、外化知识于用"的原则，设计MATLAB、网络画板、科学函数计算器三类数学实验，解决绘图、计算、演示、仿真等相关问题，实现理论和实践的结合，落实学为中心的要求.

本教材主要有以下特点：

一是内容选取上，落实国家对职业教育"按照生产实际和岗位需求设计开发课程"的要求，充分考虑军士学员岗位需求和知识基础，设计"必需、够用"的知识内容，强化概念理解、适度理论论证、注重文化浸润、突出岗位应用、贴近军事需求.

二是知识结构上，采用模块化知识结构，各章节模块相对独立，不同军士职业院校和专业可以根据自身要求，模块化地选择教学内容. 习题编排上，根据需要设置知识强化、专业应用、军事应用三类习题，满足军士学员差异化的学习需求（略超大纲要求的内容以楷体呈现）.

三是技术运用上，设置三类数学实验供学员学习使用，每节内容配有微课、电子教学课件，每节习题配有习题答案，每章配有单元检测，可通过扫描相应的二维码进行在线测试. 本书还会可根据教学需要适时补充、完善信息资源.

本书由刘明任主编，负责确定整体框架和内容要求，胡超斌、刘维建、刘金波任副主编，梁栋魁、赵凌燕、田菲、宋娜、熊鑫、韩梦微、兰翠翠参加了编写. 其中，刘明、田菲编写

第 1 章, 刘明、胡超斌、梁栋魁编写第 2 章, 刘明、刘金波编写第 3 章, 刘维建、宋娜、韩梦微编写第 4 章, 田菲编写第 5 章, 赵凌燕编写第 6 章, 刘维建、熊鑫、兰翠翠编写相关专业、军事应用, 刘明、田菲、梁栋魁、胡超斌编写全书的习题, 刘明完成全书的统稿和修订, 刘海涛、刘洋先后对全书做了审查和修订.

本书在编写过程中, 参考了众多教材, 借鉴吸收了其相关成果, 在此表示衷心感谢. 由于编者水平有限, 书中难免有不妥之处, 敬请读者指正.

编　者

2024 年 5 月

目　　录

第1章 函数及其应用

函数表达了一个变量对另一个变量的依赖关系,是现代数学的基本概念之一,是高等数学研究的主要对象.函数具有丰富的类型和性质,在自然科学、工程技术乃至社会科学的许多领域中都有着广泛的应用.本章首先给出集合、函数的概念,然后依次讨论幂函数、指数函数、对数函数、三角函数的定义、图形特点、性质,以及相关专业、军事中的应用,在此基础上讨论复数和复合函数.

1.1 集合与区间

本节资源

马克思(图1.1.1)说过:"一门科学,只有当它成功地运用数学时,才能达到真正完善的地步."就像高等数学、概率论、离散数学等数学学科都是建立在集合论的基础上并逐步发展完善的.集合论为数学提供了一种统一的框架,可以研究各种数学对象之间的关系和性质.如果没有相关集合理论的观点,人们很难对现代数学获得一个深刻的理解.

1.1.1 集合的概念

我们考察下面一些对象:某连所有的战士、某团所有的重机枪、平面上所有的直角三角形、自然数的全体等,它们分别是由具有一定特性的战士、重机枪、一些图形、一些数组成的总体.

图 1.1.1

1. 集合与元素

集合是具有某种特定性质的对象组成的总体(也简称集);组成集合的每个对象称为这个集合的**元素**(也称元).

例如,某班的所有学生就构成一个集合,班上的张三就是这个集合中的一个元素.

集合通常用大写字母 $A,B,C,\cdots$ 表示,元素通常用小写字母 $a,b,c,\cdots$ 表示. 如果 a 是集合 A 的元素,就称**元素 a 属于集合 A**,记作 $a\in A$;如果 b 不是集合 A 的元素,就称**元素 b 不属于集合 A**,记作 $b\notin A$(或 $b\overline{\in}A$).

2. 集合的分类

集合按其所含元素的个数主要划分为下列几种.

(1) **有限集**:含有有限个元素的集合.

例如,某培训基地实习车间的所有机床、某学院图书馆的全部藏书、某班的所有学生,都是有限集.

（2）**无限集**：含有无限个元素的集合．

例如，不等式 $x-1>0$ 的所有解是无限集．

（3）**空集**：不含任何元素的集合，用 $\varnothing$ 表示．

例如，在实数范围内，方程 $x^2+1=0$ 的解集为空集．

3. 集合的表示方法

表示集合的方法，常用的有列举法和描述法．

把集合的元素一一列举出来，写在大括号内，元素间用逗号隔开，这种表示集合的方法称为**列举法**．例如，由数 1，2，3，4，5 组成的集合，可以表示为 $\{1,2,3,4,5\}$．

把集合中所有元素具有的共同性质描述出来，写在大括号内，这种表示集合的方法称为**描述法**．用描述法表示集合的一般形式是

$$A=\{x\,|\,x\text{ 具有的性质}\}.$$

大括号内竖线左边为集合中元素的一般形式，竖线右边为集合中元素共有的特定性质．

例如：由方程 $x^2-2x=0$ 的解组成的集合（解集），可以表示为

$$S=\{x\,|\,x^2-2x=0\}.$$

4. 常用集合及表示符号

由数组成的集合叫做**数集**．数学中一些常用的数集，用固定的大写字母表示．

（1）所有自然数组成的集合，称为**自然数集**，用 **N** 表示．注意：自然数是全体非负整数，0 也是自然数．

（2）所有整数组成的集合，称为**整数集**，用 **Z** 表示．

（3）除零以外的自然数组成的集合，称为**正整数集**，用 $\mathbf{N}^+$（或 $\mathbf{N}^*$，$\mathbf{Z}^*$）表示．

（4）所有有理数组成的集合，称为**有理数集**，用 **Q** 表示．

（5）所有实数组成的集合，称为**实数集**，用 **R** 表示．

5. 集合之间的关系

集合的关系分为集合的子集、真子集、相等三类．

1）子集

设 $A=\{1,2,3\}$，$B=\{1,2,3,4\}$，容易看出，集合 A 的每一个元素都是集合 B 的元素．一般地，对于两个集合 A 与 B，如果集合 A 的任何一个元素都是集合 B 的元素，则称集合 A 是集合 B 的子集，记为 $A\subseteq B$（或 $B\supseteq A$），读作"A 包含于集合 B"（或"集合 B 包含集合 A"）．

例如，$A=\{$某校一年级学生$\}$，$B=\{$某校全体学生$\}$，显然 $A\subseteq B$．

显然，任何集合都是它本身的子集，即 $A\subseteq A$．

2）真子集

如果集合 $A\subseteq B$，并且集合 B 中至少有一个元素不属于 A，则称集合 A 是集合 B 的真子集，记为 $A\subset B$（或 $B\supset A$），读作"A 真包含于 B"（或"B 真包含 A"）．

例如，集合 $A=\{2,4\}$，$B=\{2,4,6,8\}$，那么集合 A 是集合 B 的真子集，即 $A\subset B$．在数集中，有以下包含关系：

$$\mathbf{N}^+\subset\mathbf{N}\subset\mathbf{Z}\subset\mathbf{Q}\subset\mathbf{R}.$$

此外，规定**空集是任何集合的子集**．也就是说，对于任何一个集合 A，都有 $\varnothing\subseteq A$．显然，空集是任何非空集合的真子集．

3）相等

对于集合 A 与 B，如果 $A \subseteq B$，同时 $B \subseteq A$，则称集合 A 与集合 B 相等，记作 $A = B$，读作"A 等于 B".

例如，$A = \{x \mid x + 2 = 0\}$，$B = \{-2\}$，则 $A = B$.

例 1.1.1　用适当的符号（$\in$，$\notin$，$\subset$，$\supset$，$=$）填空：

(1) a _____ $\{a, b\}$;

(2) $\{a\}$ _____ $\{a, b\}$;

(3) $\varnothing$ _____ $\{a, b\}$;

(4) $\{a, b\}$ _____ $\{b, a\}$;

(5) $\{2, 4, 6, 8\}$ _____ $\{4, 6\}$;

(6) 0 _____ $\varnothing$;

(7) $\{x \mid x = 2n, n \in \mathbf{N}\}$ _____ $\{x \mid x = 4n, n \in \mathbf{N}\}$.

解　(1) 这是元素与集合之间的关系，所以 $a \in \{a, b\}$;

(2) 这是集合与集合之间的关系，所以 $\{a\} \subset \{a, b\}$;

(3) 这是集合与集合之间的关系，所以 $\varnothing \subset \{a, b\}$;

(4) 这是集合与集合之间的关系，所以 $\{a, b\} = \{b, a\}$;

(5) 这是集合与集合之间的关系，所以 $\{2, 4, 6, 8\} \supset \{4, 6\}$;

(6) 这是元素与集合的关系，所以 $0 \notin \varnothing$;

(7) 这是集合与集合之间的关系，所以 $\{x \mid x = 2n, n \in \mathbf{N}\} \supset \{x \mid x = 4n, n \in \mathbf{N}\}$.

数学文化

　　如果说个人是元素，那么众多个人汇成的集体就是一个集合. 而个人与集体之间是相互依存的：一方面，个人生活在集体中，离不开集体；另一方面，集体是由个人组成的，个人的一言一行都会影响到整个集体的利益和发展.

1.1.2　区间与邻域

1. 区间

区间是实数集及某些特殊子集的一种表示法，是我们常用的一类数集.

设 $a, b \in \mathbf{R}$，且 $a < b$，数集 $\{x \mid a \leqslant x \leqslant b\}$ 称为**闭区间**，记为 $[a, b]$，a 和 b 称为区间的**端点**，$b - a$ 称为区间的**长度**. 如图 1.1.2 所示，在数轴上表示介于点 a 和 b 之间的所有点，包括端点 a、b，用**实心点**表示端点.

数集 $(a, b) = \{x \mid a < x < b\}$ 称为**开区间**，如图 1.1.3 所示，它表示数轴上介于点 a 和 b 之间的所有点，但不包括端点 a、b，用**空心点**表示端点.

图 1.1.2　　　　　　　　　　　图 1.1.3

数集 $[a, b) = \{x \mid a \leqslant x < b\}$ 和 $(a, b] = \{x \mid a < x \leqslant b\}$ 为**半开半闭区间**，如图 1.1.4 和图 1.1.5 所示.

以上这些区间都称为**有限区间**，亦即这些区间的长度是有限的. 此外还有**无限区间**，

图 1.1.4   图 1.1.5

如 $[a,+\infty)=\{x\,|\,x\geqslant a\}$，$(a,+\infty)=\{x\,|\,x>a\}$，$(-\infty,b]=\{x\,|\,x\leqslant b\}$，$(-\infty,b)=\{x\,|\,x<b\}$，如图 1.1.6(a)、(b)、(c)、(d)所示.

全体实数的集合 **R** 也可记为 $(-\infty,+\infty)$，它是一个无限区间.

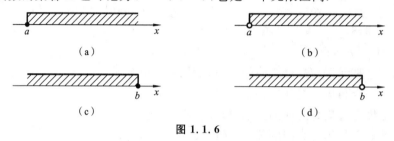

(a)   (b)

(c)   (d)

图 1.1.6

2. 邻域

设 $a,\delta\in\mathbf{R}$ 且 $\delta>0$，称开区间 $(a-\delta,a+\delta)=\{x\,|\,|x-a|<\delta\}$ 为点 a 的 δ **邻域**，记为 $U(a,\delta)$. a 称为邻域的**中心**，δ 称为邻域的**半径**. $U(a,\delta)$ 在数轴上表示与点 a 的距离小于 δ 的一切点 x 的集合，如图 1.1.7 所示.

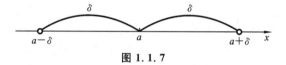

图 1.1.7

如果去掉邻域的中心，称为点 a 的**去心** δ **邻域**，记作 $\mathring{U}(a,\delta)$，即

$$\mathring{U}(a,\delta)=\{x\,|\,0<|x-a|<\delta\}.$$

当不需要指明邻域的半径时，可以简单地用 $U(a)$ 或 $\mathring{U}(a)$ 表示点 a 的邻域或去心邻域.

知识拓展

如图 1.1.8 所示，空管雷达的主要任务是负责空中交通管制，主要的参数包括工作频段、带宽、探测范围、探测精度、分辨率等 20 余项.

图 1.1.8

例 1.1.2 将下列空管雷达的参数用集合形式表示：

(1) 探测距离范围小于 380 千米；

(2) 室内温度为 0～45 摄氏度；

(3) 室内湿度不大于 90%；

(4) 数据更新率不小于 5 帧/分；

(5) 供电 380 伏±10% 以内.

解 (1) $(0,380)$；　(2) $[0,45]$；　(3) $[0,90\%]$；　(4) $[5,+\infty)$；

(5) 因为 $380\times10\%=38$，所以可以表示为 $(342,418)$，或者 $U(380,38)$.

1.1.3 集合的运算

1. 交集与并集

已知两个果园种植的水果构成的集合分别表示为 $A=\{$苹果，柿子，梨，海棠$\}$，$B=\{$梨，桃，杏，苹果，李子$\}$，问：

(1) 两果园种植多少种相同水果？它们构成的集合是什么？

(2) 两果园共种植多少种水果？它们构成的集合是什么？

如图 1.1.9 所示，(1) 两果园种植 2 种相同的水果，它们构成的集合是 $\{$苹果，梨$\}$；(2) 两个果园共种植 7 种水果，它们构成的集合是 $\{$苹果，梨，柿子，海棠，杏，李子，桃$\}$.

一般地，我们称由所有属于集合 A 且属于集合 B 的元素所组成的集合，称为集合 A 与 B 的**交集**，记为 $A\bigcap B$（读作"A 交 B"），即

$$A\bigcap B=\{x\,|\,x\in A,\text{且 }x\in B\}.$$

图 1.1.10 中的阴影部分表示集合 A 与 B 的交集 $A\bigcap B$.

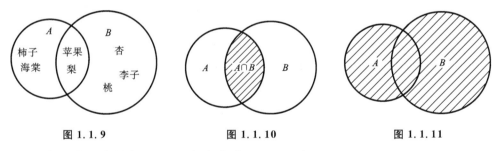

图 1.1.9　　　　　　图 1.1.10　　　　　　图 1.1.11

由交集的定义容易推出，对于任何集合 A 和 B，有

$$A\bigcap A=A,\quad A\bigcap B=B\bigcap A.$$

由所有属于集合 A 或属于集合 B 的元素所组成的集合，称为 A 与 B 的**并集**，记为 $A\bigcup B$（读作"A 并 B"），即

$$A\bigcup B=\{x\,|\,x\in A,\text{或 }x\in B\}.$$

图 1.1.11 中的阴影部分，表示集合 A 与 B 的并集 $A\bigcup B$.

由并集的定义容易推出，对于任何集合 A 和 B，有

$$A\bigcup A=A,\quad A\bigcup B=B\bigcup A.$$

例 1.1.3 求下列集合的交集与并集：

$$A=\{a,b,c,d,e,f\},\quad B=\{b,e,f,g,h\}.$$

解 $A\bigcap B=\{a,b,c,d,e,f\}\bigcap\{b,e,f,g,h\}=\{b,e,f\}$,

$A\bigcup B=\{a,b,c,d,e,f\}\bigcup\{b,e,f,g,h\}=\{a,b,c,d,e,f,g,h\}$.

例 1.1.4 设 $A=\{x\mid-2<x<1\},B=\{x\mid0<x\leqslant2\}$,求 $A\bigcap B$,并在数轴上表示.

解 集合 A 在数轴上的表示如图 1.1.12(a)所示,集合 B 在数轴上的表示如图 1.1.12(b),集合 $A\bigcap B$ 在数轴上的表示如图 1.1.12(c)所示,即

$$A\bigcap B=\{x\mid-2<x<1\}\bigcap\{0<x\leqslant2\}=\{0<x<1\}.$$

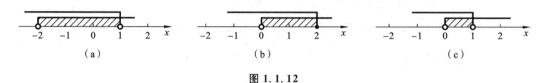

(a)　　　　　　　　　　(b)　　　　　　　　　　(c)

图 1.1.12

例 1.1.5 设有两种不同的坦克 A、B,其火炮口径相同,其中 A 的射程范围为 $A=\{x\mid1\leqslant x\leqslant8\}$(单位:km),$B$ 的射程范围为 $B=\{x\mid1.5\leqslant x\leqslant10\}$,求坦克 A 与 B 共同的射击范围.

解 根据题意,就是要计算 $A\bigcap B$.

$$A\bigcap B=\{x\mid1\leqslant x\leqslant8\}\bigcap\{x\mid1.5\leqslant x\leqslant10\}=\{x\mid1.5\leqslant x\leqslant8\},$$

所以坦克 A 与 B 共同的射击范围为 $\{x\mid1.5\leqslant x\leqslant8\}$.

2. 全集与补集

一般地,如果一个集合含有要研究的各个集合的全部元素,这个集合就称为**全集**,全集通常用 U 或 I 表示.全集可以用一个矩形的内部表示,如图 1.1.13所示.

如果集合 A 是全集 U 的子集,那么由全集 U 中所有不属于集合 A 的元素组成的集合,叫做 A 在 U 中的**补集**,记作 $\overline{A}$(或者 A^c),读作"A 在 U 中的补集",即

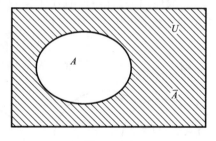

图 1.1.13

$$\overline{A}=\{x\mid x\in U,\text{且 }x\notin A\}.$$

例如,设集合 U 是全班同学组成的集合,集合 A 是班上参加技能比武的同学组成的集合,集合 B 是班上没有参加技能比武的同学组成的集合.不难看出,集合 A、B 都是集合 U 的子集,并且集合 B 是由集合 U 中所有不属于集合 A 的同学所组成的集合.

由全集与补集的定义可得下列结论:

$$A\bigcup\overline{A}=U,\quad\overline{\overline{A}}=A.$$

例 1.1.6 设全集 $U=R$,集合 $A=\{x\mid x\leqslant2\}$,求 $\overline{A}$,并在数轴上表示.

解 $\overline{A}=\{x\mid x>2\}$,在数轴上表示为图 1.1.14 中阴影部分.

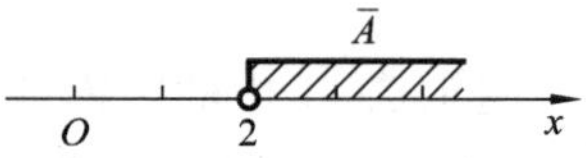

图 1.1.14

例 1.1.7 设全集 $U=\{1,2,3,4,5,6,7,8\}$,$A=\{3,4,5\}$,$B=\{4,7,8\}$,求 $\overline{A}$,$\overline{B}$,$\overline{A}\bigcap\overline{B}$,$\overline{A}\bigcup\overline{B}$.

解 $\overline{A}=\{1,2,6,7,8\}$, $\overline{B}=\{1,2,3,5,6\}$,

$\overline{A}\cap\overline{B}=\{1,2,6\}$, $\overline{A}\cup\overline{B}=\{1,2,3,5,6,7,8\}$.

> **数学文化**
>
> 出生于俄国的德国数学康托尔(图1.1.15)是集合论的最重要创建者,他革命性地处理了数学上最棘手的对象——无穷集合.他的道路并不平坦,他抛弃一切经验和直观,用彻底的理论来论证,得到的结论既令人吃惊,又难以置信.在他的集合理论受到粗暴攻击长达10余年的时间里,他并没有妥协,而是坚决捍卫自己的理想和信念,即使在他的精神出现问题时,也会在精神好转的间歇期进行不断地研究.
>
> 康托尔的集合论的建立,不仅是数学发展史上一座高耸的里程碑,甚至还是人类思维发展史上的一座里程碑.德国数学希尔伯特(图1.1.16)赞扬康托尔的理论是"数学思想最惊人的产物,在纯粹理性的范畴中人类活动最美的表现之一".

图1.1.15

图1.1.16

习 题 1.1

习题答案

一、知识强化

1. 填空题

(1) 将集合 $A=\{x\mid-2\leqslant x\leqslant 3\}$ 表示为区间_____,将集合 $B=\{x\mid x<-1\}$ 表示为区间_____,将集合 $B=\{x\mid x\geqslant 3\}$ 表示为区间_____.

(2) 将区间 $[5,+\infty)$ 表示为集合_____,将邻域 $U(30,20)$ 表示为集合_____.

(3) 若集合 $A=\{x\mid 2\leqslant x\leqslant 6\}$, $B=\{x\mid x<3\}$,则 $A\cap B=$_____, $A\cup B=$_____.

2. 选择题

(1) 下列集合中( )是空集.

A. $\{0,1,2\}\cap\{0,3,4\}$ B. $\{1,2,3\}\cap\{5,6,7\}$

C. $\{(x,y)\,|\,y=x\,且\,y=2x\}$ D. $\{x\,|\,|x|<1\,且\,x\geqslant0\}$

(2) 若 A 为全体正实数的集合，$B=\{-2,-1,1,2\}$，下列结论正确的是（   ）.

A. $A\bigcap B=\{-2,-1\}$ B. $\overline{A}\bigcup B=(-\infty,0)$

C. $A\bigcup B=(0,+\infty)$ D. $\overline{A}\bigcap B=\{-2,-1\}$

3. 若集合 $A=\{x\,|-2\leqslant x\leqslant3\}$，$B=\{x\,|\,x<-1\}$，求 $A\bigcap B,A\bigcup B$.

4. 若集合 $A=\{x\,|\,2<x\leqslant8\}$，$B=\{x\,|\,x>4\}$，求 $A\bigcap B,A\bigcup B$.

二、专业应用

将下列空管雷达的主要参数用集合形式表示：

(1) 仪表量程不小于 500 km；   (2) 探测高度大于 18000 m；

(3) 室外湿度不大于 98%；   (4) 供电 50 Hz±5% 以内.

1.2   函数的概念

本节资源

古希腊哲学家、数学家毕达哥拉斯(图 1.2.1)说过："数学支配着宇宙."数学的基本定律和原理往往以函数的形式来表达，所以函数可看作数学理论的基石.函数不仅可以帮助我们理解数学，进行数学分析，还是我们研究实际问题的重要工具.

1.2.1   函数

函数就是描述不同量之间的内在的逻辑关系，例如下面例子中炮弹发射高度 h 与时间 t 的关系.

引例 1   一枚炮弹发射后，经过 26 s 落到地面击中目标，如图 1.2.2 所示，炮弹距地面的高度 h(单位：m)随时间 t(单位：s)变化的规律是

图 1.2.1

$$h=130t-5t^2.$$

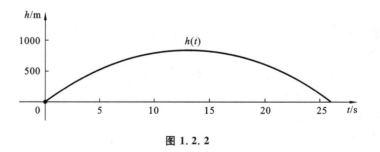

图 1.2.2

引例 2   太阳辐射中含有可见光、红外线、紫外线等，不同波长对应的能量大小如图 1.2.3 所示.

引例 3   表 1.2.1 表示某飞行中队 2013 年 1～6 月份的月份 t 与飞行时间 Q(单位：h)的函数关系.

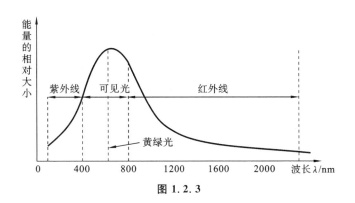

图 1.2.3

表 1.2.1

月份 t	1	2	3	4	5	6
飞行时间 Q/h	100	105	110	115	111	120

三个引例中变量之间的关系都可以描述为：对于数集 A 中的每一个元素 x，按照某种对应关系 f，在数集 B 中都有**唯一确定**的元素 y 与它对应.

定义 1.2.1　设 A、B 是非空数集，如果按照某种确定的对应关系 f，使对于集合 A 中的每一个数 x，在集合 B 中都有**唯一确定**的数 $f(x)$ 和它对应，那么就称 $f: A \rightarrow B$ 为从集合 A 到集合 B 的一个**函数**，记作

$$y = f(x), \quad x \in A.$$

其中，x 称为**自变量**，y 称为**因变量**，集合 A 称为函数的**定义域**；与自变量 x 的值相对应的 y 的值称为**函数值**，函数值的集合 $C = \{ f(x) \mid x \in A \}$ 称为函数的**值域**.

> 　　规定一个函数，关键是给出定义域 A 和对应关系 f，一旦这两者给定了，自变量 x 就是已知的，函数值 y 就可以得到，值域也就能确定. 因此，定义域 A 和对应关系 f 称为**函数的两要素**.

数学文化

　　事物的发展是一个循序渐进的过程，不是一蹴而就的，而是通过一步步的积累和发展来实现的. 这是因为事物的发展需要时间和空间的支持，需要不断地积累和发展.

　　正如函数的定义，17 世纪相关数学家将函数理解成"从其他一些量经过一系列代数运算或经过任何其他可以想象到的运算而得到的量"，18 世纪相关数学家将函数定义为"由该变量和一些常数以任何方式组成的量"或"一个变量的函数是由该变量和一些数或常量以任何方式组成的解析式"，直到集合论诞生后，由布尔巴基学派在《集合论》(1939)中给出了现代的定义.

例 1.2.1 已知函数 $f(x)=x^2+x$，求：

(1) $f(-2),f(0)$；　　(2) $f(a),f(b^2)$；　　(3) $f(x+1)$.

解 (1) $f(-2)=(-2)^2+(-2)=2$，　$f(0)=0^2+0=0$；

(2) $f(a)=a^2+a$，　$f(b^2)=(b^2)^2+b^2=b^4+b^2$；

(3) $f(x+1)=(x+1)^2+(x+1)=x^2+2x+1+x+1=x^2+3x+2$.

知识拓展

　　电路中交流电压、交流电流、电容电压往往是随时间变化的，表现为以时间为自变量的函数：

　　交流电压　$u(t)=10\sin(50\pi t)$，u 是关于时间 t 的函数（π 为常数）；

　　交流电流　$i(t)=5\cos(10\pi t+\pi)$，i 是关于时间 t 的函数；

　　电容电压　$u_C(t)=u_S(1-e^{-\frac{t}{\tau}})$，$u_S$ 是恒定直流电源电压，u_S、τ 为常数，u_C 是关于 t 的函数.

例 1.2.2 已知电容电压 $u_C(t)=u_S(1-e^{-\frac{t}{\tau}})$，其中 $u_S=5$ V，$\tau=0.001$ s. 求：

(1) 电容电压的表达式；　(2) $t=0.001$ s 时的电压数值.

解 (1) $u_C(t)=u_S(1-e^{-\frac{t}{\tau}})=5(1-e^{-\frac{t}{0.001}})=5(1-e^{-1000t})$；

(2) $u_C(0.001)=5(1-e^{-1000\times0.001})=5(1-e^{-1})$.

知识拓展

　　第二次世界大战期间，盟军已经意识到德军坦克强于自己，问题是德军生产了多少坦克，知道这一点可以帮助盟军估计面临的威胁.最初通过间谍、解码和逼供等手段收集信息，得出的结论是 1940 年 6 月到 1942 年 9 月期间每月生产 1400 辆，但是这个数字与事实严重不符，最终盟军找到了解决问题的关键线索：通过序列号建立了数学模型，构造了一个函数计算得到德军每月生产 255 辆.事实证明这种方法非常有效，因为来自战败德军内部数据显示，实际产量为 256 辆，与估算值只相差 1 辆.大体步骤如下：

　　首先，假设坦克是按照从 1 到 N 顺序生产的，

　　然后，通过如下函数模型估算（最小方差无偏估计）：

$$\hat{N}=\frac{k+1}{k}m-1,$$

其中，k 为观测到坦克的数量，m 为坦克最大序列号.

　　坦克数量 $\hat{N}$ 是关于变量 k 和 m 的函数，该函数也可以用于初步分析工厂的数量、轮胎的产量、原料的使用情况等.实际的运用需要综合考虑多种因素.

例 1.2.3 假设盟军在战场上观察到敌军有 4 辆坦克，编号分别为 2，6，7，14，请初步

估算敌军坦克数量？（$\hat{N}=\dfrac{k+1}{k}m-1,k$ 为观测到坦克的数量，m 为坦克最大序列号）

解　由已知条件知 $k=4,m=14$，所以，坦克数量为

$$\hat{N}=\frac{k+1}{k}m-1=\frac{4+1}{4}\times14-1=16.5\approx17，$$

即初步估算敌人坦克数量为 17 辆.

1.2.2　函数的表示法

意大利数学家、哲学家伽利略（图 1.2.4）说过：数学是通过数形结合反映真理的一种方法. 函数表达的方式并不唯一，不同的表达方式侧重表示函数的方式不同. 常用的方法有**解析法**、**表格法**和**图象法**.

解析法也称公式法，就是用数学式表示两变量间函数关系的方法，是数学中常用的方法，它便于分析研究. 如 $y=x^2+x,f(x)=\sqrt{x+1}+1,h=130t-5t^2$ 等.

表格法就是将自变量的一系列取值与对应的函数值列成表格的形式，表示函数对应关系的方法，如表 1.2.1 所示.

图象法就是用坐标系中的函数曲线来反映函数关系的方法，如图 1.2.2 所示.

图 1.2.4

公式法的优点：一是简明、精确地概括了变量间的关系；二是可以通过公式求出任意一个自变量的值所对应的函数值. 中学阶段所研究的主要是用公式表示的函数.

图象法的优点：直观形象地表示自变量与因变量的变化趋势，有利于通过图象来研究函数的性质.

表格法的优点：不需要计算就可以直接看出与自变量的值相对应的函数值，简洁明了.

知识拓展

电工学中常出现以不同方法表示的函数，例如：

（1）（公式法）闭合电路中的电流强度 $i(t)=30\cos(100\pi t+\pi)$；

（2）（表格法）RC（电阻-电容）充电电路中电容上的电压 u_C 随时间的变化情况，如表 1.2.2 所示；

（3）（图象法）理想电压源的伏安特性曲线如图 1.2.5 所示，实际电压源的伏安特性曲线如图 1.2.6 所示.

表 1.2.2

t	0	τ	2τ	3τ	4τ
u_C	0	$0.632u_s$	$0.865u_s$	$0.95u_s$	$0.993u_s$

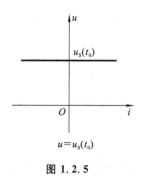

$$u = u_s(t_0)$$

图 1.2.5

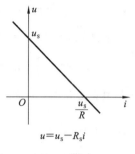

$$u = u_s - R_s i$$

图 1.2.6

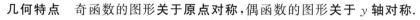

数学文化

　　"横看成岭侧成峰,远近高低各不同"出自苏轼的《题西林壁》,这两句的意思是对同一事物,从不同的角度看会有不同认识.函数也是这样,只有从不同的角度(表格法、解析法、图象法)观察函数,才能看到函数的全貌.

1.2.3　函数的几何性质

　　英国数学家西尔维斯特(图 1.2.7)说过:"几何看来有时候要领先于分析."通过函数的几何性质可以更深入地理解函数,进而更好地应用函数.

　　1. 函数的奇偶性

　　定义 1.2.2　设函数 $y = f(x)$ 的定义域为 D,关于原点对称,若对于任意 $-x \in D$,有 $f(-x) = f(x)$,那么称函数 $y = f(x)$ 为**偶函数**;若对于任意 $-x \in D$,有 $f(-x) = -f(x)$,那么称函数 $y = f(x)$ 为**奇函数**.若函数既不是奇函数,也不是偶函数,称它为**非奇非偶函数**.

　　例如,函数 $f(x) = x^2$ 是偶函数. 因为对于任意 $x \in (-\infty, +\infty)$,都有

$$f(-x) = (-x)^2 = x^2 = f(x).$$

$f(x) = x^2 + \sin x$ 是非奇非偶函数. 因为

$$f(-x) = (-x)^2 + \sin(-x) = x^2 - \sin x,$$

$f(-x)$ 既不等于 $f(x)$,也不等于 $-f(x)$.

图 1.2.7

　　几何特点　奇函数的图形**关于原点对称**,偶函数的图形**关于 y 轴对称**.

　　如图 1.2.8 所示,$y = \dfrac{1}{x}$ 的图形关于原点对称,为奇函数;如图 1.2.9 所示,$y = x^2$ 的图形关于 y 轴对称,为偶函数.

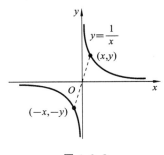

图 1.2.8

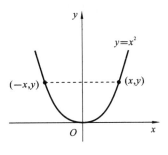

图 1.2.9

知识拓展

图 1.2.10 所示为 MATLAB 软件绘制的正弦信号的图象,可见正弦信号为奇函数;图 1.2.11 所示为余弦信号的图象,可见其为偶函数.

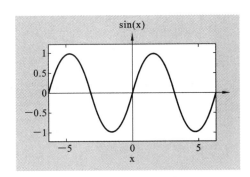

图 1.2.10

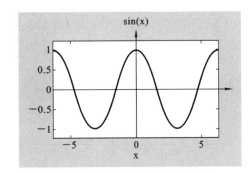

图 1.2.11

2. 函数的单调性

定义 1.2.3 若函数 $y=f(x)$ 在区间 (a,b) 内有定义,对于任意的 $x_1,x_2 \in (a,b)$,则

(1) 当 $x_1 < x_2$ 时,都有 $f(x_1) < f(x_2)$,则称函数 $f(x)$ 在区间 (a,b) 内是**单调递增函数**,(a,b) 为 $f(x)$ 的**单调增加区间**(图 1.2.12);

(2) 当 $x_1 < x_2$ 时,都有 $f(x_1) > f(x_2)$,则称函数 $f(x)$ 在区间 (a,b) 内是**单调递减函数**,(a,b) 称为 $f(x)$ 的**单调减少区间**(图 1.2.13).

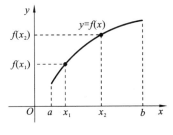

图 1.2.12

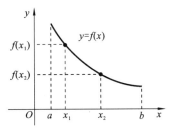

图 1.2.13

函数 $y=f(x)$ 在某个区间内是单调递增函数或单调递减函数,就说它在该区间内具有**单调性**,该区间称为函数的**单调区间**.

例 1.2.4 证明函数 $f(x)=-x^2$ 在 $(0,+\infty)$ 内是单调递减函数.

证明 任取 $x_1,x_2\in(0,+\infty)$,且 $x_1<x_2$,因为

$$f(x_1)-f(x_2)=(-x_1^2)-(-x_2^2)=x_2^2-x_1^2=(x_2+x_1)(x_2-x_1)>0,$$

即 $f(x_1)>f(x_2)$,所以 $f(x)=-x^2$ 在 $(0,+\infty)$ 内是单调递减函数.

几何特点

单调递增函数——函数值随着 x 的增大而逐渐增大,图象随着 x 的增大逐渐上升;

单调递减函数——函数值随着 x 的增大而逐渐减小,图象随着 x 的增大逐渐下降.

例如:由图 1.2.14 可见,函数 $y=a^x$,当 $a>1$ 时函数单调递增;当 $0<a<1$ 时函数单调递减.由图 1.2.15 可见,函数 $y=\log_a x$,当 $a>1$ 时函数单调递增;当 $0<a<1$ 时函数单调递减.

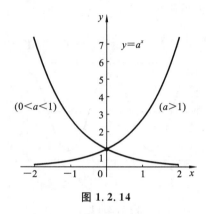

图 1.2.14

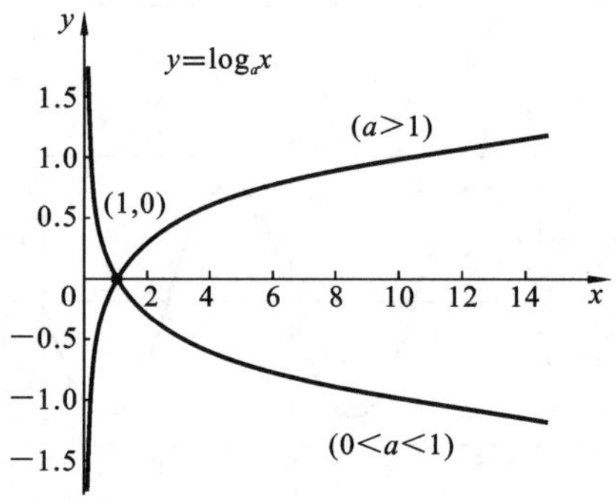

图 1.2.15

3. 函数的周期性

定义 1.2.4 设函数 $y=f(x)$,定义域为 D,如果存在一个不为零的常数 T,使得对于任意一个 $x\in D$ 都有 $x+T\in D$,且 $f(x+T)=f(x)$,则函数 $y=f(x)$ 称为**周期函数**,非零常数 T 称为函数的**周期**.

几何特点 自变量每间隔 T 个单位,函数图象重复出现一次,如图 1.2.16 所示.

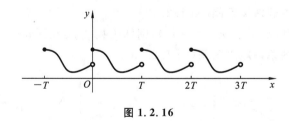

图 1.2.16

显然,如果函数 $f(x)$ 以 T 为周期,那么 $2T$,$3T$,…都是它的周期.一般地,周期函数的周期存在着一个最小的正数,称为函数的**最小正周期**,简称周期.

如正弦函数 $y=\sin x$,图 1.2.17 演示了一个周期的图象重复出现的过程,可知其周期 $T=2\pi$.

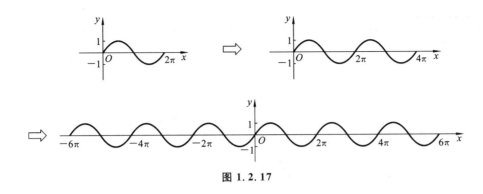

图 1.2.17

例 1.2.5　请判断图 1.2.18、图 1.2.19、图 1.2.20 所示三种电信号的周期.

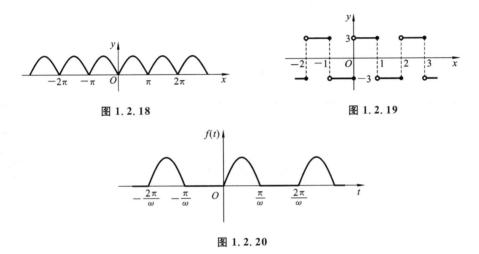

图 1.2.18

图 1.2.19

图 1.2.20

解　图 1.2.18 所示信号,周期 $T=\pi$;图 1.2.19 所示方波信号,周期 $T=2$;图 1.2.20 所示信号,周期 $T=\dfrac{2\pi}{\omega}$.

4. 函数的有界性

定义 1.2.5　设函数 $y=f(x)$ 在数集 D 内有定义,若存在一个正数 M,对于一切 $x\in D$,恒有 $|f(x)|\leqslant M$,成立(图 1.2.21),则称函数 $f(x)$ 在数集 D 内**有界**;如果不存在这样的正数 M,则称函数 $f(x)$ 在数集 D 内**无界**.

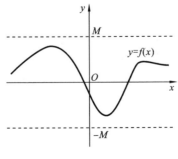

图 1.2.21

知识拓展

金属球的雷达截面积 $\sigma_{球}$ 与 πr^2 的比值随波长 λ 变化的关系,如图 1.2.22 所示.

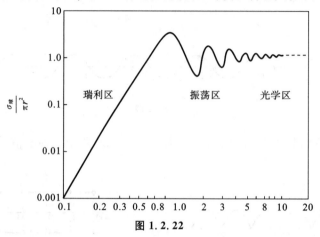

图 1.2.22

习 题 1.2

习题答案

一、知识强化

1. 当 $a=2$ 时,求代数式 $2a^3-\dfrac{1}{2}a^2+3$ 的值.

2. 已知函数 $f(x)=2x^2-3x$,求 $f(2)$,$f(1)$,$f\left(\dfrac{1}{2}\right)$,$f(-2)$.

3. 已知函数 $f(x)=-3x+5$,求 $f(t)$,$f(t+1)$.

4. 收集你及你所在宿舍同学开学至现在 $5000\ \text{m}$ 体能模拟测试的成绩,分析其变化趋势.

二、专业应用

已知某干扰信号波形图如图 1.2.23 所示,试判断该波形的奇偶性、周期性和有界性.

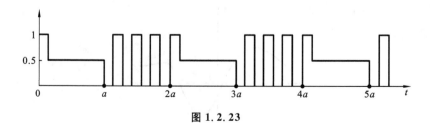

图 1.2.23

三、军事应用

假设在战场上缴获了敌人 4 辆坦克,编号分别为 $\times\times\times0032$,$\times\times\times0036$,$\times\times\times0037$,

×××0047,请初步估算敌人的坦克数量.($\hat{N}=\dfrac{k+1}{k}m-1$,$k$ 为观测到坦克的数量,m 为坦克最大序列号)

1.3　幂　函　数

本节资源

丹麦物理学家戴维·玻尔(图 1.3.1)说过:"数学无处不在,即使是在我们的思维之中."幂的运算在我们的生活中处处可见,同样幂函数在各类自然学科中也无处不在.

1.3.1　指数幂

引例 1　在实际应用中,常常会遇到多个相同的数的乘积问题. 例如,雷达运算放大器的电路板为正方形,边长为 10 cm,那么它的面积 $S=10\ \text{cm}\times10\ \text{cm}=100\ \text{cm}^2$;又如,具有相同放大量的三级功率放大电路,如果每级的放大量为 K_0,那么总的放大量 $K=K_0\times K_0\times K_0$.

图 1.3.1

为了简化这种相同数的连乘表示,可以用一个简单的记法来表示,如

$$S=10\times10=10^2,\quad K=K_0\times K_0\times K_0=K_0^3.$$

这种记法称为**指数幂**.

1. 整数指数幂

整数指数幂包括:

(1) **正整数指数幂**　$a^n=\underbrace{a\times a\times\cdots\times a}_{n\text{个}}$ ($n\in\mathbf{N}^+$);

(2) **零指数幂**　规定 $a^0=1$ ($a\neq0$);

(3) **负整数指数幂**　$a^{-n}=(a^n)^{-1}=\dfrac{1}{a^n}$ ($a\neq0,n\in\mathbf{N}^+$).

例如,$3^{10}=\underbrace{3\times3\times\cdots\times3}_{10\text{个}}$,$2^0=1$,$4^{-1}=\dfrac{1}{4}$,$3^{-2}=\dfrac{1}{3^2}=\dfrac{1}{9}$.

例 1.3.1　运用整数指数幂的概念填空:

$$100^0=(\qquad);\qquad 10^{-1}=(\qquad);\qquad \frac{1}{5^3}=(\qquad).$$

解　$100^0=1$;　　$10^{-1}=\dfrac{1}{10}$;　　$\dfrac{1}{5^3}=5^{-3}$.

知识拓展

常用的单位换算就是采用指数幂的表示形式,例如:

1 s=1000 ms=10^3 ms=1000000 μs=10^6 μs;

1 kg=1000 g=10^3 g=1000000 mg=10^6 mg;

$$1 \text{ km}=10^3 \text{ m}=10^4 \text{ dm}=10^5 \text{ cm}=10^6 \text{ mm}=10^9 \text{ }\mu\text{m}=10^{12} \text{ nm};$$

$$1 \text{ GHz}=10^3 \text{ MHz}=10^9 \text{ Hz};$$

$$1 \text{ mA}=10^{-3} \text{ }\mu\text{A}=10^{-6} \text{ A}.$$

运算法则：已知 $a\neq0, b\neq0, m, n\in\mathbf{Z}$，则

(1) $a^m \cdot a^n = a^{m+n}$；　　　　　(2) $(a^m)^n = a^{mn}$；

(3) $a^n \cdot b^n = (ab)^n$；　　　　　(4) $\dfrac{a^n}{b^n}=\left(\dfrac{a}{b}\right)^n$.

例 1.3.2 求下列各式的值：

(1) $2^3 \cdot 2^4$；　　　　　(2) $(7^5)^2$；　　　　　(3) $3^2 \cdot 2^2$；

(4) $\dfrac{10^2}{5^2}$；　　　　　(5) $3^4\times3^{-2}\div(3^{-2})^2$；　　　　　(6) $10^2\times\dfrac{10^{-3}}{(2\times10^{-2})^2}$.

解 (1) $2^3 \cdot 2^4 = 2^{3+4} = 2^7$；　　　　　(2) $(7^5)^2 = 7^{5\cdot2} = 7^{10}$；

(3) $3^2 \cdot 2^2 = (3\cdot2)^2 = 36$；　　　　　(4) $\dfrac{10^2}{5^2}=\left(\dfrac{10}{5}\right)^2=2^2=4$；

(5) $3^4\times3^{-2}\div(3^{-2})^2 = 3^{4-2}\div3^{-4}=3^2\times3^4=3^6$；

(6) $10^2\times\dfrac{10^{-3}}{(2\times10^{-2})^2}=\dfrac{10^{-1}}{4\times10^{-4}}=\dfrac{1}{4}\times10^3=250$.

例 1.3.3 传说古印度国王舍罕王要重赏发明国际象棋的宰相达依尔,问他想要什么,宰相指着象棋盘上的 8 行 8 列格子说,只想要一些麦子,在棋盘第 1 个格子里放 1 粒麦子,第 2 个格子比第 1 个格子增加一倍,第 3 个比第 2 个再增加一倍,直到所有的格子填满.国王不以为然,同意了他的请求.你知道要给宰相达依尔要了多少粒麦子?

解 由题意可知：

棋盘的第 1 格放 1 粒麦子,第 2 格放 2 粒麦子,第 3 格放 $2\cdot2=2^2$ 粒麦子,

第 4 格放 $2^2\cdot2=2^{2+1}=2^3$ 粒麦子,第 5 格放 $2^3\cdot2=2^{3+1}=2^4$ 粒麦子,……,

第 64 格放 $2^{62}\cdot2=2^{62+1}=2^{63}$ 粒麦子.

国王需要给宰相达依尔的麦子总数为

$$1+2+2^2+2^3+2^4+\cdots+2^{63}=2^{64}-1\text{（粒）}.$$

这些麦子的重量约 150 亿吨,以当时世界小麦的生长水平,要 150 年才能生产出来!

知识拓展

库仑定律：真空中两个静止点电荷之间的相互作用力,与它们的电荷量的乘积成正比,与它们的距离的二次方成反比,作用力的方向在它们的连线上,计算公式为

$$F=K\dfrac{q_1q_2}{r^2},$$

式中的 K 是比例系数,叫做静电力常量.

在国际单位制中,电荷量的单位是库仑(C),力的单位是牛顿(N),距离的单位是米(m),$K=9.0\times10^9 \text{ N}\cdot\text{m}^2/\text{C}^2$.

例 1.3.4 氢核与电子所带的电荷量都是 1.6×10^{-19} C,在氢原子内它们之间的最短距离为 5.3×10^{-11} m. 试求氢原子中氢核与电子之间的库仑力.

解 由库仑定律

$$F = K \frac{q_1 q_2}{r^2} = 9.0 \times 10^9 \times \frac{(1.6 \times 10^{-19}) \times (1.6 \times 10^{-19})}{(5.3 \times 10^{-11})^2} = 8.2 \times 10^{-8} \, (\text{N}),$$

所以,氢原子中氢核与电子之间的库仑力为 8.2×10^{-8} N.

数学文化

我国古代,"幂"字至少有 10 种不同的写法,最简单的是"冖"."幂"作名词用是用来覆盖食物的方巾,作动词用就是用方巾来覆盖.《说文解字》解释说:"冖,覆也,从一下垂也."用一块方形的布盖东西,四角垂下来,就成"冖"的形状.将该意义加以引申,凡是方形的东西也可叫做幂.再进一步推广,矩形面积或一个数自乘的积也叫做幂.这种推广是从刘徽开始的.

刘徽(图 1.3.2)在 263 年为《九章算术》作注,在"方田"章求矩形面积法则下面写道:"此积谓田幂".他还说,长和宽相乘的积叫幂.这是在数学文献中第一次出现幂.在"勾股"章中,刘徽表述勾股定理为:"勾股幂合以成弦幂."这里幂是指边自乘的结果或正方形面积.

图 1.3.2

2. 分数指数幂

分数指数幂包括以下几种.

(1) **正分数指数幂** $a^{\frac{1}{n}} = \sqrt[n]{a}, a^{\frac{m}{n}} = \sqrt[n]{a^m} (a > 0, m, n \in \mathbf{N}^+ \text{且} n > 1)$,其中 $a^{\frac{1}{2}}$ 简记为 $\sqrt{a}$,而不是用 $\sqrt[2]{a}$ 表示. 例如:$3^{\frac{1}{2}} = \sqrt{3}$.

(2) **负分数指数幂** $a^{-\frac{m}{n}} = \frac{1}{\sqrt[n]{a^m}} (a > 0, m, n \in \mathbf{N}^+ \text{且} n > 1)$.

(3) 0 的正分数指数幂等于 0,0 没有负分数指数幂.

例如:$5^{\frac{2}{3}} = \sqrt[3]{5^2}$, $5^{-\frac{2}{3}} = \frac{1}{\sqrt[3]{5^2}}$, $4^{\frac{1}{2}} = \sqrt[2]{4^1} = \sqrt{4} = 2$, $4^{-\frac{1}{2}} = \frac{1}{4^{\frac{1}{2}}} = \frac{1}{\sqrt{4}} = \frac{1}{2}$.

分数指数幂和整数指数幂均为有理数指数幂,整数指数幂的运算法则对有理数指数幂也成立.

运算法则:已知 $a > 0, b > 0$,且 $r, s \in \mathbf{Q}$,则

(1) $a^r \cdot a^s = a^{r+s}$;   (2) $(a^r)^s = a^{rs}$;

(3) $a^r \cdot b^r = (ab)^r$;   (4) $\frac{a^r}{b^r} = \left(\frac{a}{b}\right)^r$.

事实上,有理数指数幂还可以推广到实数指数幂,且有理数指数幂的运算法则同样适用于实数指数幂.

例 1.3.5 求下列各式的值:

(1) $(\sqrt[3]{6})^3$;　　(2) $\sqrt[5]{(-3)^5}$;　　(3) $81^{-\frac{3}{4}}$;　　(4) $3 \cdot \sqrt{3} \cdot \sqrt[3]{3} \cdot \sqrt[6]{3}$.

解　(1) $(\sqrt[3]{6})^3 = (6^{\frac{1}{3}})^3 = 6^{\frac{1}{3} \cdot 3} = 6$;　　(2) $\sqrt[5]{(-3)^5} = (-3)^{\frac{5}{5}} = -3$;

(3) $81^{-\frac{3}{4}} = (3^4)^{-\frac{3}{4}} = 3^{4 \times (-\frac{3}{4})} = 3^{-3} = \dfrac{1}{27}$;

(4) $3 \cdot \sqrt{3} \cdot \sqrt[3]{3} \cdot \sqrt[6]{3} = 3^1 \cdot 3^{\frac{1}{2}} \cdot 3^{\frac{1}{3}} \cdot 3^{\frac{1}{6}} = 3^{1+\frac{1}{2}+\frac{1}{3}+\frac{1}{6}} = 3^2 = 9$.

例 1.3.6 化简下列各式(其中 a, b, x, y 都是正数):

(1) $12a^{\frac{1}{2}}b^{\frac{2}{3}} \div (-4a^{\frac{1}{3}}b^{\frac{2}{3}})$;　　(2) $(x^{\frac{2}{3}}y^{-\frac{4}{3}})^3$;　　(3) $\dfrac{\sqrt[5]{a^2} \cdot \sqrt[10]{a}}{\sqrt{a}}$.

解　(1) $12a^{\frac{1}{2}}b^{\frac{2}{3}} \div (-4a^{\frac{1}{3}}b^{\frac{2}{3}}) = [12 \div (-4)]a^{\frac{1}{2}-\frac{1}{3}}b^{\frac{2}{3}-\frac{2}{3}} = -3a^{\frac{1}{6}}b^0 = -3\sqrt[6]{a}$;

(2) $(x^{\frac{2}{3}}y^{-\frac{4}{3}})^3 = (x^{\frac{2}{3}})^3(y^{-\frac{4}{3}})^3 = \dfrac{x^2}{y^4}$;

(3) $\dfrac{\sqrt[5]{a^2} \cdot \sqrt[10]{a}}{\sqrt{a}} = a^{\frac{2}{5}} \cdot a^{\frac{1}{10}} \cdot a^{-\frac{1}{2}} = a^{\frac{2}{5}+\frac{1}{10}-\frac{1}{2}} = a^0 = 1$.

例 1.3.7 雷达电路中的二极管与三极管,阳极电流 i 与阳极电压 u 之间的对应规律为 $i = Ku^{\frac{3}{2}}$(K 为常数),试计算当 $u = 100$ (V)时 i 的值.

解　当 $u = 100$ (V)时,

$$i = K100^{\frac{3}{2}} = K(\sqrt{100})^3 = K \cdot 10^3 = 1000K \text{ (A)}.$$

知识拓展

　　设一个点电荷的电荷量为 Q,与之相距 r 的某位置检验电荷的电荷量为 q,根据库仑定律,检验电荷所受的电场力为

$$F = K\frac{Qq}{r^2}.$$

依据电场强度的定义知,$E = F/q$,可得该点处电场强度的大小为

$$E = K\frac{Q}{r^2}.$$

　　这就是点电荷的电场强度计算公式. 公式表明:点电荷电场中任一点处电场强度的大小和方向与检验电荷无关,完全由场源电荷 Q 和该点的位置所决定.

　　例 1.3.8 在真空中有一个电量为 3×10^{-8} C 的点电荷 A,在某点所受的电场力为 2.7×10^{-3} N,问该点处的场强有多大?若该电场由电量为 1.6×10^{-4} C 的点电荷 B 产生,问场源电荷距点电荷 A 有多远?

　　解　由电场强度定义式,该点处的场强为

$$E = \frac{F}{q} = \frac{2.7 \times 10^{-3}}{3 \times 10^{-8}} = 9 \times 10^4 \text{ (N/C)}.$$

由点电荷电场的场强公式 $E=K\dfrac{Q}{r^2}$ 或库仑定律 $F=K\dfrac{Qq}{r^2}$，可得场源电荷距点电荷 A 的距离为

$$r=\sqrt{\frac{KQ}{E}}=\sqrt{\frac{9\times10^9\times1.6\times10^{-4}}{9\times10^4}}=4\ (\text{m}).$$

知识拓展

　　二次雷达主要用于航空管制，其工作模式是地面雷达向目标飞机发射雷达波，目标飞机以相应的方式应答，其询问距离由询问机和应答机的性能共同决定.

　　最大询问距离 R_{Imax} 为

$$R_{\text{Imax}}=\frac{\lambda_{\text{I}}}{4\pi}\sqrt{\frac{P_{\text{I}}G_{\text{I}}G_{\text{I}}'}{P_{\min}'LL'}},$$

其中 λ_{I} 为射频波长，P_{I} 为发射功率，G_{I} 为地面站天线波束轴上的增益对应询问频率，G_{I}' 为机载天线的增益对应询问频率，$P_{\min}'$ 为应答机接收机灵敏度，L 为地面站馈线损耗，L' 为应答机馈线损耗.

　　例 1.3.9　某型二次雷达探测飞机过程，二次雷达的射频波长 $\lambda_{\text{I}}=0.314$ m，发射功率 $P_{\text{I}}=500$ W，地面站天线波束轴上的增益对应询问频率 $G_{\text{I}}=500$，机载天线的增益对应询问频率 $G_{\text{I}}'=1$，应答机的接收机灵敏度 $P_{\min}'=10^{-10}$ W，地面站馈线损耗 L 和应答机馈线损耗 L' 均为 3，求该二次雷达最大询问距离 R_{Imax}.

　　解　该二次雷达最大询问距离为

$$R_{\text{Imax}}=\frac{\lambda_{\text{I}}}{4\pi}\sqrt{\frac{P_{\text{I}}G_{\text{I}}G_{\text{I}}'}{P_{\min}'LL'}}=\frac{0.314}{4\pi}\sqrt{\frac{500\times500\times1}{10^{-10}\times3\times3}}$$

$$\approx\frac{1}{40}\sqrt{\frac{5^2\times10^{14}}{3^2}}=\frac{1}{40}\times\frac{5\times10^7}{3}\approx4.2\times10^5(\text{m}).$$

所以，该二次雷达询问距离为 4.2×10^5 m，即 420 km.

1.3.2　幂函数

　　引例 2　根据下列已知条件，写出 y 关于 x 的函数解析式：

　　(1) 买 1 元钱一本的练习本 x 本，共需 y 元，则_____；

　　(2) 正方形钢板边长为 x，面积为 y，则_____；

　　(3) 正方体形状蓄水池的边长为 x，体积为 y，则_____；

　　(4) 正方形钢板面积为 x，边长为 y，则_____；

　　(5) 水性笔的笔芯 1 元钱 x 根，笔芯单价为 y，则_____.

　　解　(1) $y=x$;　　　　(2) $y=x^2$;　　　　(3) $y=x^3$;

　　　　　(4) $y=\sqrt{x}$;　　　　(5) $y=\dfrac{1}{x}$.

以上 5 个函数都可以表示成自变量的若干次幂的形式,其中 $y=\sqrt{x}=x^{\frac{1}{2}}$,$y=\frac{1}{x}=x^{-1}$.

定义 1.3.1 函数 $y=x^a$(a 为常数且 $a\neq0$)称为**幂函数**,其中 a 称为**指数**,x 称为**底数**.

幂函数 $y=x^a$ 的图象和性质与指数 a 的值有着密切的关系.观察幂函数 $y=x$,$y=x^2$,$y=x^{\frac{1}{2}}$ 的图象,如图 1.3.3 所示;观察幂函数 $y=x^{-1}$,$y=x^{-2}$,$y=x^{-\frac{1}{2}}$ 的图象,如图 1.3.4 所示.

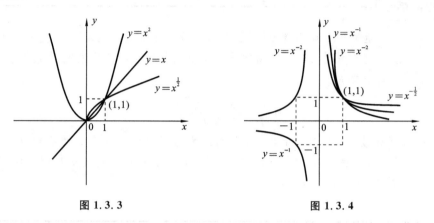

图 1.3.3   图 1.3.4

可见,幂函数 $y=x^a$ 的图象有下列特性:

(1) 不论 a 为何值,图象恒过定点 $(1,1)$;

(2) 当 a 为偶数时,幂函数的是偶函数,函数的图象关于 y 轴对称;当 a 为奇数时,幂函数是奇函数,函数的图象关于原点对称;

(3) 当 $a>0$ 时,幂函数的图象过 $(0,0)$ 点,在区间 $(0,+\infty)$ 内单调增加;当 $a<0$ 时,幂函数在区间 $(0,+\infty)$ 内单调减少.

知识拓展

为了保证信息的安全传输,有一种密码系统,其加密原理为:发送方将明文按照密钥规定的加密方式转化成密文发送出去,接收方接收后按照密钥将密文转化成明文.密钥是加密的手段,幂函数是一种方法.

例 1.3.10 已知密码的密钥为 $y=x^a$($a>0$ 且 $a\neq1$),又知道 4 通过加密后得到密文为 2. 现在接收方接到密文 $\frac{1}{6}$,问解密后得到的明文是什么?

解 由题意知,加密密钥为 $y=x^a$($a>0$ 且 $a\neq1$),4 通过加密后得到密文为 2,即 $x=4$ 时 $y=2$,代入有 $2=4^a$,解得 $a=\frac{1}{2}$,所以密钥为幂函数

$$y=x^{\frac{1}{2}}.$$

又由接收方接到密文 $\frac{1}{6}$,即已知 $y=\frac{1}{6}$,代入密钥得 $\frac{1}{6}=x^{\frac{1}{2}}$,解得 $x=\frac{1}{36}$,所以解密后

得到的明文是 $\dfrac{1}{36}$.

上述例子中加密解密的过程与幂函数 $y = x^{\frac{1}{2}}$ 紧密相关,变量之间的这种对应规律在雷达的各个分机中也经常遇到.

数学文化

　　保密事关国家安全和利益. 中国特色社会主义进入新时代,安全保密形势日益严峻,反窃密、防泄密斗争尖锐复杂. 军队人员、政府机关和事业单位工作人员,均要常敲保密警钟,时刻绷紧保密之弦,才能增强保密意识、规范保密管理、严守保密纪律,筑牢党和国家的安全防线.

习 题 1.3

习题答案

一、知识强化

1. 运用指数幂的概念填空:

$\dfrac{1}{7^3}=$(　　　);　　　$2^{-2}=$(　　　);　　　$9^{-1}=$(　　　);　　　$\dfrac{1}{10}=$(　　　).

2. 运用分数指数幂的概念填空:

$\sqrt[4]{5}=$(　　　);　　　$9^{\frac{5}{2}}=$(　　　);　　　$\dfrac{1}{\sqrt[3]{7}}=$(　　　);　　　$10^{-\frac{5}{3}}=$(　　　).

3. 求下列各式的值:

(1) $5^3 \cdot 5^6$;　　(2) $(4^5)^3$;　　(3) $3^{-5} \cdot 3^{-1}$;　　(4) $(2^{-2})^3$.

4. 求下列各式的值:

(1) $(\sqrt[3]{5})^3$;　　(2) $\sqrt{4^{10}}$;　　(3) $16 \cdot \sqrt{16} \cdot \sqrt[4]{16}$.

5. 化简下列各式(其中 a,b,x,y 都是正数):

(1) $15a^{\frac{5}{4}}b^{\frac{2}{3}} \div (-3a^{\frac{1}{4}}b^{\frac{2}{3}})$;　　(2) $(x^{-\frac{2}{5}}y^{\frac{4}{5}})^5$;　　(3) $\dfrac{\sqrt{a^3} \cdot \sqrt{a^5}}{\sqrt{a}}$.

二、专业应用

1. 已知两个电荷 $Q = 2 \times 10^{-5}$ C,$q = 2 \times 10^{-4}$ C,它们相距 2 m,都静止且在真空中,求它们之间的库仑力.(已知 $F = K\dfrac{Qq}{r^2}$,$K = 9.0 \times 10^9$ N·m²/C²)

2. 雷达的最大探测距离是指:目标与雷达的一定距离,超过这一距离目标就不能被可靠地发现. 一次雷达的最大探测距离 $R_{\max}$ 为

$$R_{\max} = \left[\dfrac{P_t G^2 \lambda^2 \sigma}{(4\pi)^3 P_{l\min}} \right]^{1/4},$$

其中 P_t 为发射机功率(W),G 为天线增益(dB),λ 为雷达波长,σ 为雷达截面积(m²),

P_{Imin}为接收机的灵敏度.

已知某警戒雷达的技术参数为:发射机功率 $P_t = 20 \text{ kW}$,天线增益 $G = 24 \text{ dB}$,雷达波长 $\lambda = 2 \text{ m}$,雷达截面积 $\sigma = 1.5 \text{ m}^2$,接收机的灵敏度 $P_{\text{Imin}} = 10^{-5} \text{ W}$,求最大探测距离 $R_{\max}$.(可借助 MATLAB 软件)

1.4 指 数 函 数

本节资源

意大利科学家伽利略说过:"大自然这本书是用数学语言写成的,天地、日月星辰都按照数学公式运行."如果说数学是大自然的语言,那么指数函数则是其中重要的文字,它起源于古希腊时期复利的研究,后期广泛应用于科学工程领域和金融领域.

1.4.1 指数幂

引例 1(细胞分裂的规律) 细胞分裂时,由 1 个分裂成 2 个,2 个分裂成 4 个……细胞分裂 x 次后,细胞个数 y 与分裂次数 x 的函数关系式是什么?

解 分析如图 1.4.1 所示.

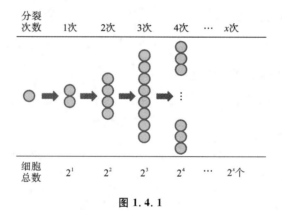

图 1.4.1

答 细胞个数 y 与分裂次数 x 的函数关系式为 $y = 2^x (x \in \mathbf{N}^+)$.

引例 2(分割木棰) 《庄子·天下》中记载了一个故事:长度为一尺的木杖,今天截取一半,明天截取一半的一半,后天截取剩下部分的一半,问截取 x 次后,木棰剩余量 y 关于 x 的函数关系式是什么?

解 分析如图 1.4.2 所示.

答 木棰剩余量 y 关于 x 的函数关系式为 $y = \left(\dfrac{1}{2}\right)^x (x \in \mathbf{N}^+)$.

引例中得到的两个函数 $y = 2^x$ 和 $y = \left(\dfrac{1}{2}\right)^x$ 称为指数函数.一般的指数函数定义如下:

定义 1.4.1 形如 $y = a^x (a > 0$ 且 $a \neq 1)$ 的函数称为**指数函数**,它的定义域为**实数集 R**,其中 a 称为**底数**,x 称为**指数**.

特别地,以无理数 $\text{e} = 2.71828\cdots$ 为底数的指数函数,记作 $y = \text{e}^x$.

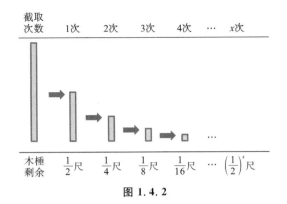

图 1.4.2

无理数 e 是工程、数学等自然学科的重要数字之一,其重要性甚至超过圆周率. 大自然中太阳花的种子排列、鹦鹉螺壳上的花纹都呈现螺线的形状,而螺线的方程式就是用 e 来定义的.

数学文化

不积跬步,无以至千里;不积小流,无以成江海. 例如:
$$1^{365}=1, \quad 1.01^{365}\approx37.8, \quad 1.02^{365}\approx1377.4.$$

如果每天没有进步,一年后你还是原来的你;如果每天进步 0.01,一年后你会有长足的进步;如果每天多 0.02 的进步,带来的变化则是上千倍.

其实,我们很多时候缺少的不是努力的决心,而是持之以恒的毅力. 例如:
$$0.99^{365}\approx0.026, \quad 0.98^{365}\approx0.0006.$$

反之,每天退步一点,再退步一点点,最终你将一无所有.

运算法则:已知 $a\neq0, b\neq0$,则

(1) $a^{x_1} \cdot a^{x_2}=a^{x_1+x_2}$;　　　　　　(2) $(a^{x_1})^{x_2}=a^{x_1 x_2}$;

(3) $a^x \cdot b^x=(ab)^x$;　　　　　　　　(4) $\dfrac{a^x}{b^x}=\left(\dfrac{a}{b}\right)^x$.

例如,$e^{x_1} \cdot e^{x_2}=e^{x_1+x_2}$;$(3^x)^u=3^{xu}$;$2^x \cdot 3^x=(2 \cdot 3)^x=6^x$;$\dfrac{20^x}{5^x}=\left(\dfrac{20}{5}\right)^x=4^x$.

例 1.4.1 化简下列各式.

(1) $6^x \cdot 4^x \div (3^x)$;　　(2) $\left(\dfrac{2}{3}\right)^x \cdot \left(\dfrac{3}{7}\right)^x \div \left(\dfrac{1}{7}\right)^x$;　　(3) $\dfrac{(12^x)^u}{(4^u)^x}$.

解　(1) $6^x \cdot 4^x \div (3^x)=\dfrac{(6 \cdot 4)^x}{3^x}=\dfrac{24^x}{3^x}=\left(\dfrac{24}{3}\right)^x=8^x$;

(2) $\left(\dfrac{2}{3}\right)^x \cdot \left(\dfrac{3}{7}\right)^x \div \left(\dfrac{1}{7}\right)^x=\dfrac{\left(\dfrac{2}{3} \cdot \dfrac{3}{7}\right)^x}{\left(\dfrac{1}{7}\right)^x}=\dfrac{\left(\dfrac{2}{7}\right)^x}{\left(\dfrac{1}{7}\right)^x}=\left(\dfrac{\frac{2}{7}}{\frac{1}{7}}\right)^x=2^x$;

(3) $\dfrac{(12^x)^u}{(4^u)^x}=\dfrac{12^{xu}}{4^{xu}}=\left(\dfrac{12}{4}\right)^{xu}=3^{xu}$.

1.4.2　指数函数的图象和性质

指数函数的图象和性质随着底数 a 取值的不同而不同.

在同一直角坐标系中作出函数 $y=2^x$, $y=\left(\dfrac{1}{2}\right)^x$, $y=3^x$ 和 $y=\left(\dfrac{1}{3}\right)^x$ 的图象,如图 1.4.3 所示,可得指数函数 $y=a^x$ 图象的性质:

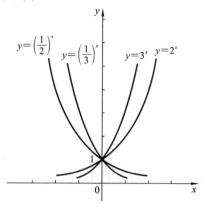

(1) 图象都在 x 轴的上方(即 $y>0$),且过定点 $(0,1)$;

(2) 当 $a>1$ 时,指数函数单调增加,且 $x>0$ 时,$y>1$,图象沿 x 轴正向无限向上延伸;$x<0$ 时,$y<1$,图象沿 x 轴负向无限接近 x 轴;

(3) 当 $0<a<1$ 时,指数函数单调减小,且 $x<0$ 时,$y>1$,图象沿 x 轴负向无限向上延伸;$x>0$ 时,$y<1$,图象沿 x 轴正向无限接近 x 轴;

图 1.4.3

(4) $y=a^x$ 的图象与 $y=\left(\dfrac{1}{a}\right)^x$ 的图象关于 y 轴对称.

归纳规律

整理归纳上述 4 条性质可得表 1.4.1.

表 1.4.1

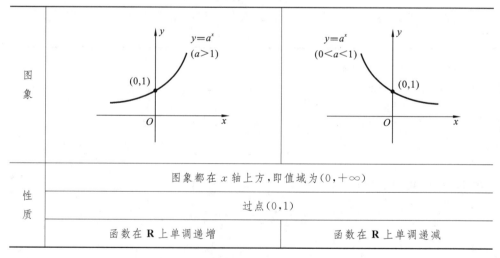

图象	<td colspan="2">见图</td>

性质	图象都在 x 轴上方,即值域为 $(0,+\infty)$	
性质	过点 $(0,1)$	
性质	函数在 **R** 上单调递增	函数在 **R** 上单调递减

指数函数图象的性质可归纳为方便记忆的五句口诀:

指数函数很简单,一"撇"一"捺"记心间;

是增是减底数见;图象恒过 $(0,1)$ 点;x 轴是渐近线.

例 1.4.2　比较下列各组数值的大小：

(1) $2.7^{\frac{1}{3}}$ 与 $2.7^{-\frac{1}{2}}$；　　　　(2) $0.6^{-1.3}$ 与 1.

解　(1) $2.7^{\frac{1}{3}}$ 与 $2.7^{-\frac{1}{2}}$ 可看作函数 $y=2.7^x$ 当 x 分别取 $\frac{1}{3}$，$-\frac{1}{2}$ 时的函数值. 由于 $a=2.7>1$，因此 $y=2.7^x$ 在 $\mathbf{R}$ 上是单调递增函数，又因为 $\frac{1}{3}>-\frac{1}{2}$，所以 $2.7^{\frac{1}{3}}>2.7^{-\frac{1}{2}}$.

(2) $0.6^{-1.3}$ 和 $1(=0.6^0)$ 可看作函数 $y=0.6^x$ 当 x 分别取 -1.3 和 0 时的函数值，由于 $a=0.6<1$，因此 $y=0.6^x$ 在 $\mathbf{R}$ 上是单调递减函数，又因为 $-1.3<0$，所以 $0.6^{-1.3}>1$.

例 1.4.3　求函数 $y=\sqrt{\left(\frac{1}{3}\right)^x-1}$ 的定义域.

解　要使函数有意义，要求 $\left(\frac{1}{3}\right)^x-1\geqslant0$，即 $\left(\frac{1}{3}\right)^x\geqslant1$，因为 $y=\left(\frac{1}{3}\right)^x$ 是指数函数，在 $\mathbf{R}$ 上是减函数，要使 $\left(\frac{1}{3}\right)^x\geqslant1=\left(\frac{1}{3}\right)^0$，必须使 $x\leqslant0$，即函数定义域为 $(-\infty,0]$.

例 1.4.4　2023 年 8 月 24 日，日本不顾全世界人民反对，公然向海洋排放福岛核污染水，核污染水包含很多放射性物质，对地球环境和人类健康造成巨大危害. 已知某放射性物质每经过一年，剩余的质量约是原来的 84%，设经过 x 年后，剩余的质量为 y，试建立剩余质量 y 与时间 x 的函数关系式.

解　设某放射性物质最初的质量是 m，则

衰变 1 年后，剩余质量是 $m\times0.84$；

衰变 2 年后，剩余质量是 $m\times0.84^2$；

衰变 3 年后，剩余质量是 $m\times0.84^3$；

……

可见，衰变 x 年后剩余的质量 $y=m\times0.84^x$.

知识拓展

在如图 1.4.4 所示的放电电路中，$t=0$ 时开关 S 闭合，电容器 C 对电阻 R 放电，电容器的电压随时间变化的规律是 $u_C=U_0\mathrm{e}^{-\frac{t}{\tau}}$，这是一个指数函数，以无理数 e 为底数，呈现的就是指数衰减，如图 1.4.5 所示，其中 U_0 是电容 C（单位：F）的初始电压（单位：V），$\tau=RC$ 是电路常数，R 是电阻（单位：Ω）.

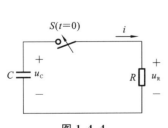

图 1.4.4

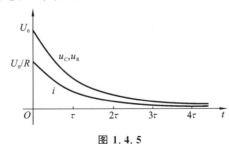

图 1.4.5

例 1.4.5 如图 1.4.5 所示放电电路中，$t=0$ 时开关 S 闭合，电容 $C=10^{-6}$ F，$R=20$ kΩ；当 $t=0$ 时，$u_C(0)=U_0=10$ V，试求当 $t=600$ ms 时电容上的电压 u_C．$\left(U_C=U_0 \mathrm{e}^{-\frac{t}{\tau}}, \tau=RC\right)$

解 $\qquad\qquad\qquad \tau=RC=20\times 10^3\times 10^{-6}\ \mathrm{s}=20\ \mathrm{ms}.$

当 $t=600$ ms 时，电容上的电压为

$$u_C=U_0 \mathrm{e}^{-t/\tau}=10\mathrm{e}^{-600/20}\ \mathrm{V}=10\mathrm{e}^{-3}\ \mathrm{V}\approx 0.5\ \mathrm{V}.$$

习 题 1.4

习题答案

一、知识强化

1. 化简下列各式：

(1) $2^x \cdot 5^x$；　　　　　　(2) $15^x \div 3^x$；　　　　　　(3) $9^x \cdot 10^x \div 6^x$．

2. 化简下列各式：

(1) $\left(\dfrac{2}{5}\right)^x \cdot \left(\dfrac{5}{9}\right)^x$；　　(2) $\left(\dfrac{5}{7}\right)^x \div \left(\dfrac{1}{7}\right)^x$；　　(3) $\left(\dfrac{5}{9}\right)^x \cdot \left(\dfrac{9}{7}\right)^x \div \left(\dfrac{1}{7}\right)^x$．

3. 化简下列各式：

(1) $\dfrac{(12^x)^y}{(3^y)^x}$；　　　　(2) $\dfrac{(20^y)^x}{(5^x)^y}$；　　　　(3) $\dfrac{4^x \cdot 4^y}{2^{x+y}}$；

(4) $\dfrac{15^{x+y}}{5^x \cdot 5^y}$．

4. 求下列指数函数的定义域：

(1) $y=\sqrt{5^x-1}$；　　　　(2) $y=\sqrt{\left(\dfrac{1}{4}\right)^x-1}$．

5. 借助指数函数的图象比较下列各组数值的大小：

(1) $3^{0.8}$，$3^{0.7}$；　　　　(2) $0.75^{-0.1}$，$0.75^{0.1}$．

6. 一件产品的产量原来是 a，计划在今后 m 年内，使产量每年平均比上一年增加 $p\%$，写出产量 y 随年数 x 变化的函数解析式．

二、专业应用

1. 已知电容电压 $u_C=U_S\left(1-\mathrm{e}^{-\frac{t}{\tau}}\right)$，其中 $u_S=5$ V，$\tau=0.001$ s，试求：

(1) 电容电压的表达式；　(2) $t=0.001$ s 时的电压数值．

2. 已知在 RC 串联充电路中，电容器的电压随时间变化的规律是 $u_C=U_S\left(1-\mathrm{e}^{-\frac{t}{\tau}}\right)$，电阻电压随时间变化的规律是 $u_R=U_S \mathrm{e}^{-\frac{t}{\tau}}$，电容电流随时间变化的规律是 $i_C=\dfrac{U_S}{R}\mathrm{e}^{-\frac{t}{\tau}}$，其中 U_S 是电源电压（单位：V），C 为电容（单位：F），$\tau=RC$ 是电路常数，R 是电阻（单位：Ω）．现已知 $R=5000$ Ω，$C=10^{-5}$ F，$U_S=10$ V，求电容器的电压 u_C、电阻电压 u_R、电容电流 i_C 的表达式，并借助 MATLAB 软件画出变化规律曲线．

1.5 对数函数

本节资源

瑞士数学家欧拉(图 1.5.1)说过:"数学家解决的每一个问题都会带来新的知识和发现."在没有计算器的时代,天文学家要计算一个空间距离,需要耗费巨大的时间,因为这些数字太大,例如对含有光速(299792458 m/s)计算式的运算. 对数的出现,让大数的乘、除运算转变为小数据的加、减运算,极大地降低了计算工作量.

图 1.5.1

图 1.5.2

1.5.1 对数

要了解什么是对数函数,必须先从历史的起源去了解什么是对数.

1. 对数的定义

古巴比伦有这样一个问题:"设本金为 1,年利率为 20%,问多少年后本息值为 2?"若用 x 表示年,则这个问题就转化为:"已知 $1.2^x = 2$,求 x."苏格兰数学家纳皮尔(图 1.5.2)将这个 x 取名为"logarithm(对数)",后来人简化表示为 $x = \log_{1.2} 2$.

推广到一般的情况,就有了如下定义:

定义 1.5.1 若 $a^b = N(a > 0$ 且 $a \neq 1)$,则把 b 称为以 a 为底的 N 的**对数**,记为

$$\log_a N = b,$$

其中 a 称为对数的**底数**,N 称为对数的**真数**.

可见,$a^b = N$ 与 $\log_a N = b$ 是同一种关系的不同表达形式. $a^b = N$ 称为**指数式**,$\log_a N = b$ 称为**对数式**.

例如,指数式 $2^3 = 8$ 可以写成对数式 $\log_2 8 = 3$,对数式 $\log_5 25 = 2$ 也可以写成指数式 $5^2 = 25$.

2. 对数的性质

由对数的定义可以得到对数的如下性质:

(1) 真数 $N > 0$(即零与负数没有对数);　　(2) $\log_a a = 1$;

(3) $\log_a 1 = 0$;　　(4) 对数恒等式 $a^{\log_a N} = N$;

(5) $\log_a a^b = b$.

证明 (1)、(2)、(3)略.

(4)若 $a^b = N$,则 $b = \log_a N$,将 $b = \log_a N$ 代入 $a^b = N$,可得 $a^{\log_a N} = N$.

(5)若 $a^b = N$,则 $b = \log_a N$,将 $N = a^b$ 代入 $b = \log_a N$,可得 $\log_a a^b = b$.

例 1.5.1 求下列各式的值:

(1) $\log_2 2 = $ _____;　　　　(2) $\log_{0.5} 1 = $ _____;

(3) $\log_3 3^5 = $ _____;　　　　(4) $\log_2 2^7 = $ _____;

(5) $\log_{0.4} 0.4^8 = $ _____;　　　(6) $3^{\log_3 4} = $ _____.

解 (1) $\log_2 2 = 1$;　　　　　　(2) $\log_{0.5} 1 = 0$;

(3) $\log_3 3^5 = 5$;　　　　　　(4) $\log_2 2^7 = 7$;

(5) $\log_{0.4} 0.4^8 = 8$;　　　　　(6) $3^{\log_3 4} = 4$.

3. 特殊对数

(1) **常用对数** 通常将以 10 为底的对数 $\log_{10} N$ 称为**常用对数**,简记作 $\lg N$.

例如,$\log_{10} 3$ 记为 $\lg 3$,$\log_{10} 15$ 记为 $\lg 15$.

(2) **自然对数** 在科学技术中还常用到以无理数 $e = 2.71828\cdots$ 为底的对数 $\log_e N$,称为**自然对数**,简记作 $\ln N$.

例如,$\log_e 2$ 记为 $\ln 2$,$\log_e 7$ 记为 $\ln 7$,等等.

例 1.5.2 求下列各式的值.

(1) $\lg 10 = $ _____;　　　　(2) $\lg 10^3 = $ _____;

(3) $\ln e^5 = $ _____;　　　　(4) $\ln e = $ _____;

(5) $\lg 100 = $ _____;　　　　(6) $\lg 1 = $ _____;

(7) $\ln e^7 = $ _____;　　　　(8) $\ln e^{\frac{1}{2}} = $ _____.

解 (1) $\lg 10 = 1$;　　　　　　(2) $\lg 10^3 = 3$;

(3) $\ln e^5 = 5$;　　　　　　(4) $\ln e = 1$;

(5) $\lg 100 = 2$;　　　　　　(6) $\lg 1 = 0$;

(7) $\ln e^7 = 7$;　　　　　　(8) $\ln e^{\frac{1}{2}} = \dfrac{1}{2}$.

4. 对数的运算法则

设 $a > 0$ 且 $a \neq 1$,$M > 0$,$N > 0$,则

(1) $\log_a (M \cdot N) = \log_a M + \log_a N$;

(2) $\log_a \dfrac{M}{N} = \log_a M - \log_a N$;

(3) $\log_a M^n = n \log_a M \ (n \in \mathbf{R})$;

(4) $\log_a N = \dfrac{\log_c N}{\log_c a}$,称为**换底公式**,把以 a 为底的对数换成以 c 为底的对数.

证明 (1) 设 $\log_a M = A$,$\log_a N = B$,则由对数的定义,得 $M = a^A$,$N = a^B$,所以

$$M \cdot N = a^A \cdot a^B = a^{A+B},$$

$$\log_a (M \cdot N) = A + B = \log_a M + \log_a N.$$

同理,可证法则(2)、(3).

（4）若在等式 $a^b = N$ 的两边取以 c 为底的对数，得

$$b\log_c a = \log_c N,$$

从而 $b = \dfrac{\log_c N}{\log_c a}$. 又由对数定义知 $b = \log_a N$, 故 $\log_a N = \dfrac{\log_c N}{\log_c a}$.

例 1.5.3　求下列各式的值：

（1）$\log_2(2^3 \cdot 2^5)$;　　　　　　（2）$\log_2 2^2 + \log_2 2^5$;

（3）$\lg 5 + \lg 20$;　　　　　　　　（4）$\lg 50 - \lg 5$;

（5）$\ln(e^4 \cdot e^3)$;　　　　　　　　（6）$\ln(e\sqrt{e}) + \ln(\sqrt{e})$.

解　（1）$\log_2(2^3 \cdot 2^5) = \log_2 2^{3+5} = \log_2 2^8 = 8\log_2 2 = 8$;

（2）$\log_2 2^2 + \log_2 2^5 = 2\log_2 2 + 5\log_2 2 = 2 + 5 = 7$;

（3）$\lg 5 + \lg 20 = \lg(5 \times 20) = \lg 100 = \lg 10^2 = 2\lg 10 = 2$;

（4）$\lg 50 - \lg 5 = \lg\left(\dfrac{50}{5}\right) = \lg 10 = 1$;

（5）$\ln(e^4 \cdot e^3) = \ln e^{4+3} = \ln e^7 = 7\ln e = 7$;

（6）$\ln(e\sqrt{e}) + \ln\sqrt{e} = \ln(e\sqrt{e} \times \sqrt{e}) = \ln e^2 = 2\ln e = 2$.

数学文化

英国数学家哈代（图 1.5.3）说过：数学家通常是先透过直觉来发现一个定理，这个结果对于他首先是似然的，然后他再着手去制造一个证明.

1614 年，苏格兰数学家纳皮尔出版的《奇妙的对数定理说明书》中认为，数学实践中最麻烦的是大数字的乘、除、开方和求立方. 纳皮尔从积化和差中获得灵感，认为加减运算比乘除运算简单，可优化计算. 接着，纳皮尔从 2 的指数、幂的对应关系中获得灵感，如表 1.5.1 所示.

图 1.5.3

表 1.5.1　2 的指数、幂的对应关系

n	0	1	2	3	4	5	6	7	8	9	10	11	12	13	…
2^n	1	2	4	8	16	32	64	128	256	512	1024	2048	4096	8192	…

第一行表示 2 的指数，第二行表示 2 的对应幂. 如果要计算第二行中两个数的乘积，可以通过对第一行对应数字的加来实现. 比如，计算 $50 < x \leqslant 200$ 的值，就可以先查询第一行对应的数字，即 64 对应 6，128 对应 7，然后再把第一行中的数字加起来，即 $6 + 7 = 13$；第一行中的 13，对应第二行中的 8192，所以有 $64 \times 128 = 8192$.

纳皮尔从运动学的角度进行研究，定义了对数、证明了相关性质、制作了最早的对数表. 后来人们还发明了对数计算尺，300 多年以来，对数计算尺一直是科学工作者特别是工程技术人员必备的计算工具，直到 20 世纪 70 年代才让位给电子计算器.

知识拓展

(1) **声压分贝**：定义为噪声源功率与基准声功率比值的对数乘以 10 的数值（或者声压比值的对数乘以 20 的数值）.

例如：$10\lg\dfrac{W}{W_0}$（W 是实测声功率，W_0 是标准声功率），$20\lg\dfrac{p}{p_0}$（p 是实测声压，p_0 是标准声压，$p_0=0.00002$ Pa）.

(2) **功率分贝**：定义为两个同类功率量或可与功率类比的量之比值的常数对数乘以 10 等于 1 时的极差（"可与功率类比的量"通常是指电流平方、电压平方、质点速度平方、加速平方、力平方、振幅平方、场强和声能密度等）.

例如：$N_{dB}=10\lg\dfrac{p_i}{p_0}$（$N_{dB}$ 是信号 p_i 对 p_0 的分贝值，p_i，p_0 为"功率类"量），$N_{dB}=20\lg\dfrac{U}{U_0}$（$U$ 为输出电压，U_0 为输入电压），$N_{dB}=20\lg\dfrac{I}{I_0}$（$I$ 为输出电流，I_0 为输入电流）.

例 1.5.4 信号具有一定的频率范围，工程上认为，在谐振曲线上不小于最大值的 0.707 倍的频率范围内，信号可以通过，且不失真. 将这一频率范围定义为电路的通频带，用字母 BW 表示，即图 1.5.4 中 f_1 到 f_2 之间的频率，求 f_1 和 f_2 的分贝值. $\left(N=20\lg\dfrac{I}{I_0}\right)$

解 f_1 点电流和 f_2 点电流相同，所以分贝值相同，即

$$N=20\lg\frac{I}{I_0}=20\lg\frac{\frac{I_0}{\sqrt{2}}}{I_0}=20\lg\frac{1}{\sqrt{2}}\approx20\lg0.707=-3\ (dB).$$

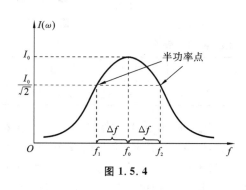

图 1.5.4

图 1.5.5

例 1.5.5 如图 1.5.5 所示，雷达馈线的定向耦合器作用是从主同轴线中取出一小部分能量，抽取能量的比值为耦合度，单位为分贝（dB）. 已知某型号定向耦合器的主线输入功率 $p_0=15$ kW，耦合器的输出功率为 $p=15$ mW，求耦合器的耦合度 N. （1 kW $=$ 1000 W，1 W $=$ 1000 mW，$N=10\lg\dfrac{p}{p_0}$）.

解

$$15 \text{ kW} = 15 \times 10^6 \text{ mW},$$

$$N = 10\lg\frac{p}{p_0} = 10\lg\frac{15}{15 \times 10^6} = 10\lg 10^{-6} = -60 \text{ (dB)}.$$

该型号定向耦合器的耦合度为-60 dB.

1.5.2　对数函数

定义 1.5.2　函数 $y = \log_a x (a > 0$ 且 $a \neq 1)$ 称为**对数函数**,其中 a 称为对数函数的**底数**,x 称为对数函数的**真数**. 对数函数的定义域为 $(0, +\infty)$,值域为 $(-\infty, +\infty)$.

若将 $y = \log_a x$ 写成指数式得 $a^y = x$,再交换 x, y 的位置得 $y = a^x$,可见对数函数 $y = \log_a x$ 与指数函数 $y = a^x$ 互为反函数.

数学文化

对数函数的发展主要经历了以下过程:

(1) 纳皮尔对数,记为 $Nap \cdot \log x, Nap \cdot \log x = 10^7 \ln\left(\dfrac{10^7}{y}\right)$. 纳皮尔对数既不是自然对数,也不是常用对数,与现今的对数有一定的差距.

(2) 英国数学家布里格斯在 1624 年创造了常用对数.

(3) 17 世纪中叶,我国数学家薛凤祚与波兰的穆尼斯合编《比例与对数》,首次将对数引入我国. 将 $\lg 2 = 0.3010$ 中 2 称为"真数",将 0.3010 称为"假数".

(4) 1742 年,J. 威廉给 G. 威廉的《对数表》所写的前言中表示指数可定义对数.

(5) 1748 年,欧拉在他的著作《无穷小分析引论》中明确提出对数函数是指数函数的逆函数,和现在教科书中提法一致.

(6) 1854 年,我国数学家藏煦对对数详加推究,发现了多种便捷求对数的方法,著成《对数简法》和《续对数简法》,后来译成英文获得数学界的好评.

观察对数函数 $y = \log_2 x$, $y = \log_3 x$ 和 $y = \log_{\frac{1}{2}} x$, $y = \log_{\frac{1}{3}} x$ 的图象. 由于对数函数是指数函数的反函数,根据互为反函数的图象关于直线 $y = x$ 对称的性质,作出这些函数的图象,如图 1.5.6 所示,考察可得对数函数 $y = \log_a x$ 的特性:

(1) 图象都在 y 轴右方(即 $x > 0$),且过点 $(1, 0)$;

(2) 当 $a > 1$ 时,对数函数单调递增;$x < 1$ 时, $y < 0$,图象沿 y 轴负向无限逼近 y 轴;$x > 1$ 时, $y > 0$,图象沿 y 轴正向无限向上延伸;

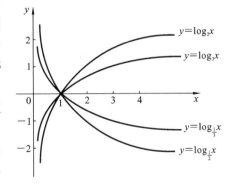

图 1.5.6

(3) 当 $0 < a < 1$ 时,对数函数单调递减;$x < 1$ 时,$y > 0$,图象沿 y 轴正向无限逼近 y 轴;$x > 1$ 时,$y < 0$,图象沿 y 轴负向无限向下延伸;

(4) $y = \log_a x$ 的图象与 $y = \log_{\frac{1}{a}} x$ 的图象关于 x 轴对称.

归纳规律

整理归纳上述 4 条性质可得表 1.5.2.

表 1.5.2

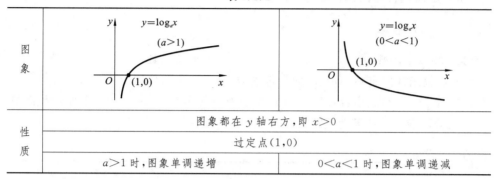

图象	图象都在 y 轴右方,即 $x>0$	
性质	过定点$(1,0)$	
	$a>1$ 时,图象单调递增	$0<a<1$ 时,图象单调递减

对数函数图象的性质也可归纳为:

"上坡""下坡"记心间,是增是减底数见;

图象恒过$(1,0)$点,y 轴总是渐近线.

例 1.5.6 求下列函数的定义域:

(1) $y=\log_a(4-x)$;　　　　　(2) $y=\ln(x^2+2x-3)$.

解 (1) 由 $4-x>0$ 得 $x<4$,所以函数 $y=\log_a(4-x)$ 的定义域是 $(-\infty,4)$;

(2) 由 $x^2+2x-3>0$ 得 $x<-3$ 或 $x>1$,所以函数 $y=\ln(x^2+2x-3)$ 的定义域是 $(-\infty,-3)\bigcup(1,+\infty)$.

例 1.5.7 比较下列各组数值的大小:

(1) $\lg 5$ 与 $\lg 3$;　　　　　(2) $\log_{\frac{1}{3}}\frac{1}{4}$ 与 1.

解 (1) 因为 $y=\lg x$ 在 $(0,+\infty)$ 上是单调增函数,所以 $\lg 5>\lg 3$.

(2) 因为 $y=\log_{\frac{1}{3}}x$ 在 $(0,+\infty)$ 上是单调减函数,又 $1=\log_{\frac{1}{3}}\frac{1}{3}$,所以

$$\log_{\frac{1}{3}}\frac{1}{4}>\log_{\frac{1}{3}}\frac{1}{3}=1.$$

例 1.5.8 为实现建设小康社会的目标,我国计划自 2000 年起国民生产总值增长率保持在 7.2%,试问多少年后我国国民生产总值能翻两番(2000 年的 4 倍)?

解 设 2000 年我国国民生产总值为 a,由题意知:

经过 1 年,国民生产总值为 $a+a\times0.072=a\times1.072$;

经过 2 年,国民生产总值为 $a\times1.072^2$;

依此类推,经过 x 年国民生产总值为 $y=a\times1.072^x$,代入 $y=4a$,得 $4a=a\times1.072^x$,即 $1.072^x=4$,所以

$$x=\log_{1.072}4=\frac{\lg 4}{\lg 1.072}\approx19.91.$$

综上所述,约经过 20 年,即到 2020 年我国国民生产总值能翻两番.

知识拓展

地震的里氏震级用常用对数来刻画. 以下是它的计算公式:

$$R = \lg\left(\frac{\alpha}{T}\right) + B,$$

其中, α 是监听站测得的以微米计的地面垂直运动幅度, T 是以秒计的地震波周期, B 是距离震中某个距离时地震波衰减的经验补偿因子.

例 1.5.9 对发生在距监听站 10000 km 处的地震源来说, $B = 6.8$. 如果记录到的地面垂直运动幅度为 $\alpha = 10\ \mu\text{m}$, 地震波周期为 $T = 1\ \text{s}$, 那么震级为多少?

解 由题意知, $B = 6.8$, $\alpha = 10\ \mu\text{m}$, $T = 1\ \text{s}$, 代入公式得

$$R = \lg\left(\frac{\alpha}{T}\right) + B = \lg\left(\frac{10}{1}\right) + 6.8 = 7.8,$$

即该次地震的里氏震级为 7.8 级.

习 题 1.5

习题答案

一、知识强化

1. 求下列各式的值:

(1) $\log_3 27$;　　　　(2) $\lg 1000$;　　　　(3) $\log_5 \dfrac{1}{25}$;

(4) $\ln \text{e}^3$;　　　　(5) $\log_3 \sqrt{3}$;　　　　(6) $\log_4 \dfrac{1}{2}$.

2. 求下列各式的值:

(1) $\lg 10 + \lg 100^2$;　　　　　　(2) $\lg 1000 - \lg 100$;

(3) $\lg \dfrac{1}{10} + \lg \dfrac{1}{100}$;　　　　　　(4) $\ln \text{e}^5 - \ln \text{e}^3$;

(5) $\ln \dfrac{1}{\text{e}} - \ln \dfrac{1}{\text{e}^2}$;　　　　　　(6) $\ln(\text{e}\sqrt{\text{e}}) + \ln(\sqrt{\text{e}})$;

(7) $\log_3(3^5 \times 9^{-2})$;　　　　　　(8) $3^{\log_3 5} - 10^{\lg 2} + \text{e}^{\ln 4}$.

3. 在同一坐标系中, 函数 $y = 3^x$ 与 $y = \log_3 x$ 的图象是(　　　).

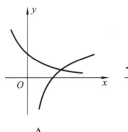

A.

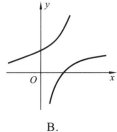

B.

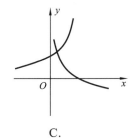

C.

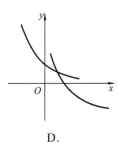

D.

4. 求下列函数的定义域：

(1) $y=\log_5(1-x)$；　　　　　　　(2) $y=\sqrt{\log_3 x}$.

5. 借助对数函数的图象比较下列各题中两个值的大小：

(1) $\lg 6$ 和 $\lg 8$；　　　　　　　(2) $\log_{0.5} 6$ 和 $\log_{0.5} 4$.

6. 如果我国的 GDP 年平均增长率保持为 7.3%，约多少年后我国的 GDP 在 1999 年的基础上翻两番（1999 年的 4 倍）？

二、专业应用

1. 雷达接收机的作用主要是变频、滤波、放大和解调等，采用分贝（dB）来度量电压的增益，公式为 $G_U=20\lg\dfrac{U_2}{U_1}$，其中 G_U 叫做电压增益，$\dfrac{U_2}{U_1}$ 叫做电压放大倍数，U_1 代表输入电压，U_2 代表输出电压。已知某雷达接收机的功放电路的电压增益 G_U 为 100 dB，问电压放大倍数 $\dfrac{U_2}{U_1}$ 为多少？

2. 雷达馈线的定向耦合器的作用是从主同轴线中取出一小部分能量，抽取能量的比值为耦合度（单位为分贝）. 已知某型号定向耦合器的主线输入功率 $p_0=15$ kW，耦合器的输出功率为 $p=15$ mW，求耦合器的耦合度.（1 kW $=1000$ W，1 W $=1000$ mW，$C=10\lg(p/p_0)$）

1.6　三角函数

本节资源

美国思想家艾默生（图 1.6.1）说过："数学不仅让智慧起舞，还赋予其翅膀."三角函数不光是工程数学的核心、解决解析几何问题的得力工具，更是探索数学之美的重要渠道. 在工程实际和军事应用中，许多问题都转化为三角函数问题，例如雷达探测距离、信号调制、交流电的表示（图 1.6.2），等等.

图 1.6.1

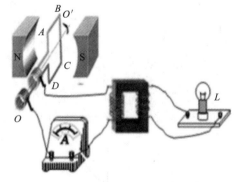

图 1.6.2

1.6.1　角

1. 角的概念

角的概念来自美索不达米亚的巴比伦文明，巴比伦人发现：春秋分日，太阳划过半个周天的轨迹,恰好等于180个太阳直径,受此启发,他们定义圆周为360°,平角为180°.现在,角可以看作是一条射线绕着它的端点在平面内旋转而形成的.如图1.6.3所示,一条射线由位置 OA,绕着它的端点 O,按逆时针方向旋转到另一位置 OB,就形成了角 α.射线开始旋转时的位置 OA 称为 α 的始边,旋转终止时的位置 OB 称为 α 的终边,射线的端点 O 称为 α 的顶点.为区别不同方向旋转形成的角,我们对角作如下定义:

定义 1.6.1 按逆时针方向旋转形成的角叫做**正角**,多旋转一周,其角度增加360°.按顺时针方向旋转形成的角叫做**负角**,多旋转一周,其角度增加-360°.如果一条射线没有作任何旋转,我们称它形成了一个**零角**.

经过上面的定义,角的概念就包含零角及任意大小的正角和负角.例如,图1.6.4中 $30°,390°,-330°$ 的角,以及图1.6.5中 $660°,-60°$ 的角.

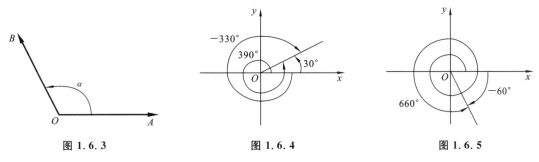

图 1.6.3　　　　　　　图 1.6.4　　　　　　　图 1.6.5

2. 弧度制

弧度制是另外一种广泛应用的度量角的方法,最早是由瑞士数学家欧拉在1748年出版的著作《无穷小分析引论》中提出的.

定义 1.6.2 把长度等于半径长的圆弧所对应的圆心角称为 **1 弧度的角**,记为 1 rad 或 1 弧度.这种用"弧度"作为单位来度量角的单位制称为**弧度制**.

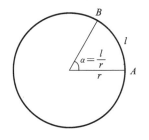

一般地,在半径为 r 的圆中,长度为 l 的圆弧所对圆心角是 $\dfrac{l}{r}$ 弧度,即 $\alpha=\dfrac{l}{r}$,如图1.6.6所示.

特别地,圆的周角为 $\dfrac{2\pi r}{r}=2\pi$ 弧度.因此,得到度与弧度的换

图 1.6.6

算关系:

$$360°=2\pi \text{ rad}, \quad 180°=\pi \text{ rad}.$$

今后我们用弧度制表示角的时候,"弧度"二字通常略去不写,而只写这个角所对应的弧度数,例如,$\alpha=1$ 表示 α 是 1 弧度的角.表1.6.1为一些特殊角的度数与弧度的对应关系.

表 1.6.1

度	0°	30°	45°	60°	90°	180°	270°	360°
弧度	0	$\dfrac{\pi}{6}$	$\dfrac{\pi}{4}$	$\dfrac{\pi}{3}$	$\dfrac{\pi}{2}$	π	$\dfrac{3\pi}{2}$	2π

数学文化

爱因斯坦说过:"美,本质上终究是简单性,只有既朴实清秀又底蕴深厚,才称得上至美".英国数学家莫德尔说过:"在数学里美的各个属性中,首先要推崇的大概是简单性了".弧度制的发展受到微积分发展的推动而产生,比度表示角更加简洁.两者相比,度是 60 进制,弧度制是 10 进制,实际运用中更加方便,体现了数学的简洁美.

知识拓展

密位制(gradient system)是度量角的一种方法.把一周角等分为 6000 份,每一份叫做 1 密位.以密位作为角的度量单位,这种度量角的单位制叫做角的密位制.密位制广泛应用在军事上解决弧度单位太大、应用不够方便的问题.1 密位 $=0.06° = 0.001047\cdots \text{rad} \approx 0.001 \text{ rad}$.当然,各国武器装备设计理念有所不同,以法国为代表的西方国家将圆周等分为 6400 份,即 $360° = 6400$ 密位.

1.6.2 三角形

1. 三角形的概念

三角形是由同一平面内不在同一直线上的三条线段"首尾"顺序依次连接所组成的封闭图形.按照角分为锐角三角形、直角三角形和钝角三角形.

2. 三角函数

在直角三角形 ABC(图 1.6.7)中定义三角函数:

(1) 比值 $\dfrac{BC}{AC}$ 称为角 A 的**正弦**,记为 $\sin A = \dfrac{BC}{AC}$;

(2) 比值 $\dfrac{AB}{AC}$ 称为角 A 的**余弦**,记为 $\cos A = \dfrac{AB}{AC}$;

(3) 比值 $\dfrac{BC}{AB}$ 称为角 A 的**正切**,记为 $\tan A = \dfrac{BC}{AB}$;

(4) 比值 $\dfrac{AB}{BC}$ 称为角 A 的**余切**,记为 $\cot A = \dfrac{AB}{BC}$;

(5) 比值 $\dfrac{AC}{AB}$ 称为角 A 的**正割**,记为 $\sec A = \dfrac{AC}{AB}$;

(6) 比值 $\dfrac{AC}{BC}$ 称为角 A 的**余割**,记为 $\csc A = \dfrac{AC}{BC}$.

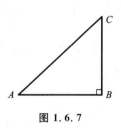

图 1.6.7

一些常用角的度数、弧度数及其三角函数值如表 1.6.2 所示.

表 1.6.2

角度	0°	30°	45°	60°	90°
弧度	0	$\dfrac{\pi}{6}$	$\dfrac{\pi}{4}$	$\dfrac{\pi}{3}$	$\dfrac{\pi}{2}$
$\sin\alpha$	0	$\dfrac{1}{2}$	$\dfrac{\sqrt{2}}{2}$	$\dfrac{\sqrt{3}}{2}$	1
$\cos\alpha$	1	$\dfrac{\sqrt{3}}{2}$	$\dfrac{\sqrt{2}}{2}$	$\dfrac{1}{2}$	0
$\tan\alpha$	0	$\dfrac{\sqrt{3}}{3}$	1	$\sqrt{3}$	—
$\cot\alpha$	—	$\sqrt{3}$	1	$\dfrac{\sqrt{3}}{3}$	0

归纳规律

正弦函数 $\sin\alpha$ 在 $0°,30°,45°,60°,90°$ 的三角函数值,可以按照 $\dfrac{\sqrt{0}}{2},\dfrac{\sqrt{1}}{2},\dfrac{\sqrt{2}}{2},\dfrac{\sqrt{3}}{2},$ $\dfrac{\sqrt{4}}{2}$ 来记忆;余弦函数 $\cos\alpha$ 与之相反,即为 $\dfrac{\sqrt{4}}{2},\dfrac{\sqrt{3}}{2},\dfrac{\sqrt{2}}{2},\dfrac{\sqrt{1}}{2},\dfrac{\sqrt{0}}{2}.$

数学文化

cosine(余弦)及 cotangent(余切)为英国人根日尔首先使用,最早出现在 1620 年他出版的著作《炮兵测量学》中;secant(正割)及 tangent(正切)为丹麦数学家托马斯·芬克首创,最早见于他的《圆几何学》一书中;cosecant(余割)一词为锐梯卡斯所创,最早见于他 1596 年出版的《宫廷乐章》一书.

1626 年,阿贝尔特·格洛德最早推出简写的三角符号:sin、tan、sec. 1675 年,英国人奥屈特最早推出余下的简写三角符号:cos、cot、csc. 但直到 1748 年,这些符号经过数学家欧拉的引用后,才逐渐通用起来.

例 1.6.1 计算下列各式的值:

(1) $\sin30°\cos30°$;　　　　　　　(2) $\tan\dfrac{\pi}{4}\cos60°$.

解 (1) $\sin30°\cos30°=\dfrac{1}{2}\times\dfrac{\sqrt{3}}{2}=\dfrac{\sqrt{3}}{4}$;

(2) $\tan\dfrac{\pi}{4}\cos60°=1\times\dfrac{1}{2}=\dfrac{1}{2}$.

例 1.6.2 如图 1.6.8 所示,直角三角形 ABC 中斜边 AC 的长度为 2,A 为 $30°$,求另外两边的长度.

解 由于 $\sin A=\dfrac{BC}{AC}$,所以 $BC=AC\sin A=2\sin30°=2\times\dfrac{1}{2}=1$.

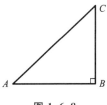

图 1.6.8

由于 $\cos A = \dfrac{AB}{AC}$，所以 $AB = AC\cos A = 2\cos 30° = 2 \times \dfrac{\sqrt{3}}{2} = \sqrt{3}$.

知识拓展

当带电粒子初速度 v_0 与磁场 B 成一个夹角 θ 时，如图 1.6.9 所示，把速度 v_0 分解成平行于磁场 B 的分量 $v_{/\!/}$ 与垂直磁场 B 的分量 $v_\perp$，即

$$v_{/\!/} = v_0\cos\theta, \quad v_\perp = v_0\sin\theta.$$

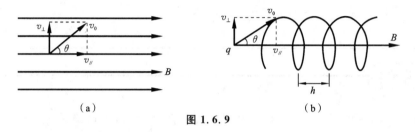

（a） （b）

图 1.6.9

例 1.6.3 已知当带电粒子初速度 v_0 为 10，与磁场 B 成一个夹角 θ 为 45°时，如图 1.6.9所示，把速度 v_0 分解成平行于磁场 B 的分量 $v_{/\!/}$ 与垂直磁场 B 的分量 $v_\perp$.

解 $v_{/\!/} = v_0\cos 45° = 10 \times \dfrac{\sqrt{2}}{2} = 5\sqrt{2}$；$\quad v_\perp = v_0\sin 45° = 10 \times \dfrac{\sqrt{2}}{2} = 5\sqrt{2}$.

知识拓展

如图 1.6.10 所示，设在磁感应强度为 B 的匀强磁场中，有一个与磁场方向垂直的平面，面积为 S，把 B 与 S 的乘积称为穿过这个面积的磁通量. 用字母 Φ 表示磁通量，则

$$\Phi = BS.$$

如果磁场 B 不与我们研究的平面垂直，例如图 1.6.11 中的 S，那么我们用这个面在垂直于磁场 B 的方向的投影面积 $S' = S\cos\theta$ 与 B 的乘积表示磁通量，即有

$$\Phi = BS\cos\theta,$$

上式中 θ 是磁场与平面法向的夹角.

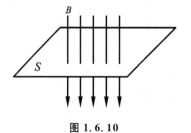

图 1.6.10

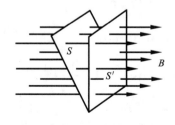

图 1.6.11

例 1.6.4 匀强磁场的磁感应强度为 0.1 T,矩形线框面积为 0.03 m²,线框与磁场方向夹角为 60°时,穿过线框的磁通量是多少?

解 已知 $B=0.1$ T,$S=0.03$ m²,$\theta=60°$,依据 B 与 S 不垂直时,磁通量的计算公式 $\Phi=BS\cos\theta$,代入数据计算可得

$$\Phi=0.1\times0.03\times\cos60°=0.003\times\frac{1}{2}=1.5\times10^{-3}(\text{Wb}).$$

例 1.6.5 已知某雷达电波发射后 800 μs 见到回波,此时垂直波瓣的仰角为 30°,如图 1.6.12 所示,求目标的高度.($1\ \mu s=10^{-6}$ s,雷达电波每微秒传播的距离为 300 m)

解 第一步,求出雷达到目标的斜距 D,则

$$D=\frac{1}{2}\times300\times800=120000\ (\text{m});$$

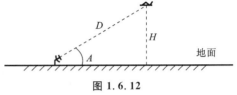

图 1.6.12

第二步,求出目标高度 H,$\frac{H}{D}=\sin A$,得

$$H=D\sin A=120000\times\sin30°=120000\times\frac{1}{2}=60000\ (\text{m}).$$

3. 常用公式

直角三角形中有两个常用的公式,下面分别进行介绍.

(1) **勾股定理**:在直角三角形中,两条直角边的平方和等于斜边的平方.

在如图 1.6.13 所示的三角形 ABC 中,即有

$$AC^2=AB^2+BC^2,$$

或者

$$AC=\sqrt{AB^2+BC^2}.$$

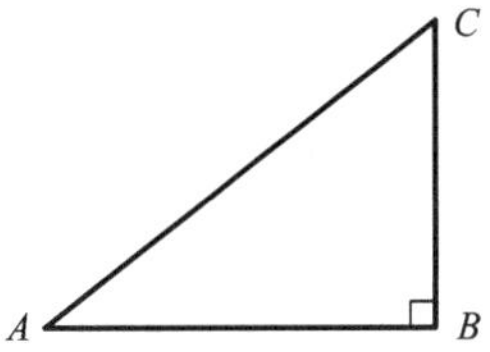

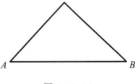

例 1.6.6 已知直角三角形 ABC 中斜边 AC 的长度为 13,一条直角边 BC 的长度为 5,求另外一边 AB 的长度.

图 1.6.13

解 由勾股定理知,$AC^2=AB^2+BC^2$,即

$$AB=\sqrt{AC^2-BC^2}=\sqrt{13^2-5^2}=\sqrt{144}=12,$$

所以 AC 的长度为 12.

(2) **余弦定理**:在三角形中,任何一边的平方等于另外两边平方的和减去这两边与它们夹角的余弦的两倍.

例如,在如图 1.6.14 所示的三角形 ABC 中,有

$$AC^2=AB^2+BC^2-2AB\cdot BC\cos B,$$
$$AB^2=AC^2+BC^2-2AC\cdot BC\cos C,$$
$$BC^2=AC^2+AB^2-2AC\cdot AB\cos A.$$

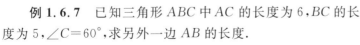

例 1.6.7 已知三角形 ABC 中 AC 的长度为 6,BC 的长度为 5,$\angle C=60°$,求另外一边 AB 的长度.

图 1.6.14

解 由余弦定理知,$AB^2=AC^2+BC^2-2AC\cdot BC\cos C$,则有

$$AB=\sqrt{AC^2+BC^2-2AC\cdot BC\cos C}=\sqrt{6^2+5^2-2\times6\times5\times\frac{1}{2}}=\sqrt{31},$$

所以 AB 的长度为 $\sqrt{31}$.

知识拓展

如图 1.6.15 所示,雷达探测对于远距离目标而言,由于地球表面的弯曲,地面不能看作是平面.利用余弦定理,可知其应当满足以下关系:

$$(r_e+H)^2=R^2+(r_e+H_a)^2-2R(r_e+H_a)\cos\left(\frac{\pi}{2}+\theta\right),$$

其中 H 为目标高度,H_a 为雷达天线架设高度,R 为目标斜距,θ 为目标俯仰角度,r_e 为等效地球曲率半径.

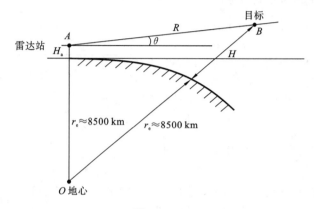

图 1.6.15

1.6.3　任意角的三角函数

如图 1.6.16 所示,设 α 是一个任意角,在 α 的终边上取任意一点 $P(x,y)$,它与原点 O 的距离 $|OP|=\sqrt{x^2+y^2}=r>0$,则

(1) 比值 $\dfrac{y}{r}$ 称为角 α 的**正弦**,记为 $\sin\alpha=\dfrac{y}{r}$;

(2) 比值 $\dfrac{x}{r}$ 称为角 α 的**余弦**,记为 $\cos\alpha=\dfrac{x}{r}$;

(3) 比值 $\dfrac{y}{x}$ 称为角 α 的**正切**,记为 $\tan\alpha=\dfrac{y}{x}$;

(4) 比值 $\dfrac{x}{y}$ 称为角 α 的**余切**,记为 $\cot\alpha=\dfrac{x}{y}$;

(5) 比值 $\dfrac{r}{x}$ 称为角 α 的**正割**,记为 $\sec\alpha=\dfrac{r}{x}$;

(6) 比值 $\dfrac{r}{y}$ 称为角 α 的**余割**,记为 $\csc\alpha=\dfrac{r}{y}$.

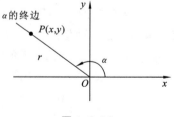

图 1.6.16

定义 1.6.3　根据相似三角形的知识,对于确定的角 α,这六个比值(如果有的话)都不会随点 P 在角 α 终边上的位置的移动而改变. 我们把这六个以角为自变量、以比值为

函数值的函数分别称为**正弦函数**、**余弦函数**、**正切函数**、**余切函数**、**正割函数**、**余割函数**，这六类函数统称为**三角函数**．

例 1.6.8　如图 1.6.17 所示，求过 P 点的终边对应的六个三角函数．

解　因为 $x=-3,y=-4$，所以

$$r=\sqrt{x^2+y^2}=\sqrt{(-3)^2+(-4)^2}=5,$$

故

$$\sin\alpha=\frac{y}{r}=-\frac{4}{5}, \quad \cos\alpha=\frac{x}{r}=-\frac{3}{5}, \quad \tan\alpha=\frac{y}{x}=\frac{4}{3},$$

$$\cot\alpha=\frac{x}{y}=\frac{3}{4}, \quad \sec\alpha=\frac{r}{x}=-\frac{5}{3}, \quad \csc\alpha=\frac{r}{y}=-\frac{5}{4}.$$

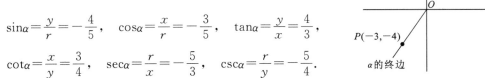

图 1.6.17

由三角函数的定义和各象限内点的坐标的符号，我们可以得到三角函数值在各象限的符号，如图 1.6.18 所示．

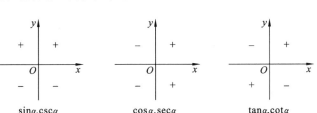

图 1.6.18

对于常用的 $\sin\alpha,\cos\alpha,\tan\alpha,\cot\alpha$ 四类三角函数，取正号的象限可以用"**一全正，二正弦，三两切，四余弦**"的口诀记忆．例如，"**三两切**"表示第三象限只有正切和余切函数为正．

例 1.6.9　确定下列三角函数值的符号：

(1) $\sin240°$；　　(2) $\tan\dfrac{10}{3}\pi$；　　(3) $\cos(-1180°)$；　　(4) $\tan125°\cdot\sin273°$．

解　(1) 因为 $240°$ 是第三象限角，所以 $\sin240°<0$．

(2) 因为 $\dfrac{10}{3}\pi=\dfrac{4\pi}{3}+2\pi$ 是第三象限角，所以 $\tan\dfrac{10}{3}\pi>0$．

(3) 因为 $-1180°=260°+(-4)\times360°$ 是第三象限角，所以 $\cos(-1180°)<0$．

(4) 因为 $125°$ 是第二象限角，$273°$ 是第四象限角，所以 $\tan125°<0,\sin273°<0$，故 $\tan125°\cdot\sin273°>0$．

1.6.4　常用三角函数公式

根据三角函数的定义，可以得到同角三角函数的下列基本关系式．

倒数关系：$\sin\alpha\cdot\csc\alpha=1$；$\cos\alpha\cdot\sec\alpha=1$；$\tan\alpha\cdot\cot\alpha=1$．

商的关系：$\tan\alpha=\dfrac{\sin\alpha}{\cos\alpha}$；$\cot\alpha=\dfrac{\cos\alpha}{\sin\alpha}$．

平方关系：$\sin^2\alpha+\cos^2\alpha=1$，$1+\tan^2\alpha=\sec^2\alpha$，$1+\cot^2\alpha=\csc^2\alpha$．

关于同角三角函数的基本关系式可按照图 1.6.19 所示的关系记忆.

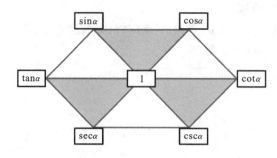

图 1.6.19

(1) 图中左侧都为"正",分别为**正弦、正切、正割**;右侧都为"余",分别为**余弦、余切、余割**;且左侧的导数均为"正",右侧的导数均为"负".

(2) 图中对角的函数成倒数关系,例如 $\tan\alpha=\dfrac{1}{\cot\alpha}$.

(3) 图中包含的三个倒立三角形,底边两个函数的平方和等于顶角函数的平方,例如 $\sin^2\alpha+\cos^2\alpha=1$.

(4) 图中任一三角函数都等于相邻两个三角函数的乘积,例如 $\sin\alpha=\cos\alpha\cdot\tan\alpha$.

这些关系式都是恒等式,α 的取值必须使等号两边有意义. 利用这些关系,可以根据角 α 的一个三角函数值求出其余的三角函数值,还可以化简三角函数式,证明有关三角恒等式等.

例 1.6.10 已知 $\sin\alpha=\dfrac{4}{5}$,并且 α 是第二象限的角,求角 α 其他三角函数的值.

解 由 $\sin^2\alpha+\cos^2\alpha=1$ 得 $\cos\alpha=\pm\sqrt{1-\sin^2\alpha}$,因 α 是第二象限的角,$\cos\alpha<0$,故

$$\cos\alpha=-\sqrt{1-\sin^2\alpha}=-\sqrt{1-\left(\dfrac{4}{5}\right)^2}=-\dfrac{3}{5},$$

于是

$$\tan\alpha=\dfrac{\sin\alpha}{\cos\alpha}=-\dfrac{4}{3},\quad \cot\alpha=\dfrac{1}{\tan\alpha}=-\dfrac{3}{4},$$

$$\sec\alpha=\dfrac{1}{\cos\alpha}=-\dfrac{5}{3},\quad \csc\alpha=\dfrac{1}{\sin\alpha}=\dfrac{5}{4}.$$

三角函数还有下列恒等式:

1. 二倍角的正弦、余弦公式

$\sin2\alpha=2\sin\alpha\cos\alpha$; $\cos2\alpha=\cos^2\alpha-\sin^2\alpha=1-2\sin^2\alpha=2\cos^2\alpha-1$.

其中,$\cos2\alpha=1-2\sin^2\alpha$,可以变换为 $\sin^2\alpha=\dfrac{1-\cos2\alpha}{2}$,或者 $\cos^2\alpha=\dfrac{1+\cos2\alpha}{2}$.

知识拓展

电路的功率 元件的瞬时功率是任一瞬间该元件吸收能量的速率. 当元件的电压、电流为关联参考方向时,元件吸收的瞬时功率 $p(t)$ 是其两端的瞬时电压和流经该元件的瞬时电流的乘积.

（1）如果电压 $u(t)=U_\mathrm{m}\sin(\omega t)$，电流 $i(t)=I_\mathrm{m}\sin(\omega t)$，则

$$p(t)=u(t)i(t)=U_\mathrm{m}\sin(\omega t)I_\mathrm{m}\sin(\omega t)$$
$$=U_\mathrm{m}I_\mathrm{m}\sin^2(\omega t)\quad(U_\mathrm{m}=\sqrt{2}U,I_\mathrm{m}=\sqrt{2}I,\text{故 }U_\mathrm{m}I_\mathrm{m}=2UI)$$
$$=UI(1-\cos(2\omega t)).\quad\left(\text{利用公式 }\sin^2\alpha=\frac{1-\cos2\alpha}{2}\right)$$

（2）如果电压 $u(t)=U_\mathrm{m}\sin(\omega t)$，电流 $i(t)=I_\mathrm{m}\cos(\omega t)$，则

$$p(t)=u(t)i(t)=U_\mathrm{m}\sin(\omega t)I_\mathrm{m}\cos(\omega t)$$
$$=\frac{1}{2}U_\mathrm{m}I_\mathrm{m}\sin(2\omega t)\quad(U_\mathrm{m}=\sqrt{2}U,I_\mathrm{m}=\sqrt{2}I,\text{故 }U_\mathrm{m}I_\mathrm{m}=2UI)$$
$$=UI\sin(2\omega t).\quad(\text{利用公式 }\sin2\alpha=2\sin\alpha\cos\alpha)$$

2. 负角公式

$\sin(-\alpha)=-\sin\alpha$；　　　　　　　$\cos(-\alpha)=\cos\alpha$；

$\tan(-\alpha)=-\tan\alpha$；　　　　　　　$\cot(-\alpha)=-\cot\alpha$.

3. 两角和与差的正弦、余弦

$\sin(\alpha-\beta)=\sin\alpha\cos\beta-\cos\alpha\sin\beta$；　　　$\sin(\alpha+\beta)=\sin\alpha\cos\beta+\cos\alpha\sin\beta$；

$\cos(\alpha-\beta)=\cos\alpha\cos\beta+\sin\alpha\sin\beta$；　　　$\cos(\alpha+\beta)=\cos\alpha\cos\beta-\sin\alpha\sin\beta$.

4. 积化和差公式

$\sin\alpha\cos\beta=\dfrac{1}{2}\left[\sin(\alpha+\beta)+\sin(\alpha-\beta)\right]$；　　$\cos\alpha\sin\beta=\dfrac{1}{2}\left[\sin(\alpha+\beta)-\sin(\alpha-\beta)\right]$；

$\cos\alpha\cos\beta=\dfrac{1}{2}\left[\cos(\alpha+\beta)+\cos(\alpha-\beta)\right]$；　　$\sin\alpha\cos\beta=-\dfrac{1}{2}\left[\cos(\alpha+\beta)-\cos(\alpha-\beta)\right]$.

5. 和差化积公式

$\sin\alpha+\sin\beta=2\sin\left(\dfrac{\alpha+\beta}{2}\right)\cos\left(\dfrac{\alpha-\beta}{2}\right)$；　　$\sin\alpha-\sin\beta=2\cos\left(\dfrac{\alpha+\beta}{2}\right)\sin\left(\dfrac{\alpha-\beta}{2}\right)$；

$\cos\alpha+\cos\beta=2\cos\left(\dfrac{\alpha+\beta}{2}\right)\cos\left(\dfrac{\alpha-\beta}{2}\right)$；　　$\cos\alpha-\cos\beta=-2\sin\left(\dfrac{\alpha+\beta}{2}\right)\sin\left(\dfrac{\alpha-\beta}{2}\right)$.

知识拓展

　　信号的调制是在发送端将调制信号从低频段变换到高频段，便于天线发射，实现不同信号源、不同系统的频分复用，并改善系统性能. 普通调幅是用低频调制信号去控制高频载波的振幅，使调制后已调波的振幅按调制信号的变化规律而线性变化.

　　若低频调制信号的表达式为

$$v_1(t)=V_1\cos(\Omega t),$$

高频信号振幅表达式为

$$v_2(t)=V_2\cos(\omega t),$$

其中 V_1 和 V_2 分别为低频信号和高频信号的振幅，Ω 和 ω 分别为低频信号和高频

信号的角频率.

调幅信号 $v_3(t)$ 的表达式为

$$v_3(t) = V_2\cos(\omega t) + MV_2\cos(\Omega t)\cos(\omega t),$$

其展开式为

$$v_3(t) = V_2\cos(\omega t) + \frac{1}{2}MV_2\cos(\omega+\Omega)t + \frac{1}{2}MV_2\cos(\omega-\Omega)t$$

$$\left(利用公式\ \cos\alpha\cos\beta = \frac{1}{2}[\cos(\alpha+\beta) + \cos(\alpha-\beta)]\right),$$

其中 M 为调制系数.

例 1.6.11 已知一段低频语音信号的表达式 $V_1\cos(\Omega t) = 0.3\cos(600\pi t)$,某电视台的高频信号表达式 $V_2\cos(\omega t) = 1.2\cos(10^5\pi t)$,调制系数 $M = 0.2$,求该语音信号经过该电视台的调幅广播后输出信号的表达式 $(V_2\cos(\omega t) + MV_2\cos(\Omega t)\cos(\omega t))$ 及其展开式.

解 输出信号的表达式为

$$V_3 = 1.2\cos(10^5\pi t) + 0.2\times1.2\cos(600\pi t)\cos(10^5\pi t),$$

其展开式为

$$V_3 = 1.2\cos(10^5\pi t) + 0.2\times1.2\times\frac{1}{2}[\cos(600\pi t + 10^5\pi t) + \cos(600\pi t - 10^5\pi t)]$$

$$= 1.2\cos(10^5\pi t) + 0.12\cos(100600\pi t) + 0.12\cos(-99400\pi t)$$

$$= 1.2\cos(10^5\pi t) + 0.12\cos(100600\pi t) + 0.12\cos(99400\pi t).$$

6. 其他化简公式

$$\sin\left(\frac{\pi}{2}\pm\alpha\right) = \cos\alpha; \qquad\qquad \cos\left(\frac{\pi}{2}\pm\alpha\right) = \mp\sin\alpha;$$

$$\tan\left(\frac{\pi}{2}\pm\alpha\right) = \pm\cot\alpha; \qquad\qquad \tan\left(\frac{\pi}{2}\pm\alpha\right) = \pm\cot\alpha;$$

$$\sin(\pi\pm\alpha) = \mp\sin\alpha; \qquad\qquad \cos(\pi\pm\alpha) = -\cos\alpha;$$

$$\tan\left(\frac{\pi}{2}\pm\alpha\right) = \mp\cot\alpha; \qquad\qquad \cot\left(\frac{\pi}{2}\pm\alpha\right) = \mp\tan\alpha;$$

$$\sin(\pi\pm\alpha) = \mp\sin\alpha; \qquad\qquad \cos(\pi\pm\alpha) = -\cos\alpha;$$

$$\tan(\pi\pm\alpha) = \pm\tan\alpha; \qquad\qquad \cot(\pi\pm\alpha) = \pm\cot\alpha;$$

$$\sin\left(\frac{3\pi}{2}\pm\alpha\right) = -\cos\alpha; \qquad\qquad \cos\left(\frac{3\pi}{2}\pm\alpha\right) = \pm\sin\alpha;$$

$$\tan\left(\frac{3\pi}{2}\pm\alpha\right) = \mp\cot\alpha; \qquad\qquad \cot\left(\frac{3\pi}{2}\pm\alpha\right) = \mp\tan\alpha;$$

$$\sin(2k\pi\pm\alpha) = \pm\sin\alpha; \qquad\qquad \cos(2k\pi\pm\alpha) = \cos\alpha\ (k\in\mathbf{Z});$$

$$\tan(2k\pi\pm\alpha) = \pm\tan\alpha; \qquad\qquad \cot(2k\pi\pm\alpha) = \cot\alpha\ (k\in\mathbf{Z}).$$

化简三角函数可以按照"**先分任意角,分解出锐角,奇变偶不变,正负看象限**"(奇为 $\frac{\pi}{2},\frac{3\pi}{2}$;偶为 $\pi,2\pi$)的口诀进行记忆.

例如,记忆 $\sin\left(\dfrac{3\pi}{2}+\alpha\right)=-\cos\alpha$,可以把 α 看作锐角,$\dfrac{3\pi}{2}$ 为"奇",所以函数名发生变化,变为 $\cos\alpha$;$\dfrac{3\pi}{2}+\alpha$ 在第四象限,而"四余弦",所以为负,因此 $\sin\left(\dfrac{3\pi}{2}+\alpha\right)=-\cos\alpha$.

例 1.6.12　求下列各三角函数值:

(1) $\sin420°$;　　　(2) $\sin135°$;　　　(3) $\tan\dfrac{5\pi}{3}$.

解　(1) 第一步,分解出锐角,$\sin420°=\sin(360°+60°)$.

第二步,由于 $360°$ 为"偶",所以函数名不变,仍为正弦 $\sin$.

第三步,正负看象限,$420°$ 在第一象限,而"一全正",所以它为"正"的 $\sin60°$,即 $\sin(360°+60°)=+\sin60°$,从而得到结果 $\dfrac{\sqrt{3}}{2}$.

计算过程如下:$\sin420°=\sin(360°+60°)=\sin60°=\dfrac{\sqrt{3}}{2}$.

(2) 第一步,分解出锐角,$\sin135°=\sin(90°+45°)$.

第二步,由于 $90°$ 为"奇",所以变函数名为余弦 $\cos$.

第三步,正负看象限,$135°$ 在第二象限,而"二正弦",所以为"正"的 $\cos45°$,即 $\sin(90°+45°)=+\cos45°$,从而得到结果 $\dfrac{\sqrt{2}}{2}$.

计算过程如下:$\sin135°=\sin(90°+45°)=\cos45°=\dfrac{\sqrt{2}}{2}$.

这一题也可以用另一种方法求解:$\sin135°=\sin(180°-45°)=\sin45°=\dfrac{\sqrt{2}}{2}$.

(3) $\tan\dfrac{5\pi}{3}=\tan\left(2\pi-\dfrac{\pi}{3}\right)=-\tan\dfrac{\pi}{3}=-\sqrt{3}$.

知识拓展

电感功率:在交流电路中,电感两端的电压不是固定值,而是一个随电流 i 变化的正弦型函数,电感瞬时功率的计算公式为 $p_L=u_L\cdot i$,其中 u_L 表示电感电压,i 表示电流.

例 1.6.13　已知在正弦交流电路中,电感两端的电压为 $u_L=\sqrt{2}U_L\sin(\omega t+\varphi_i+90°)$,电流强度为 $i=\sqrt{2}I\sin(\omega t+\varphi_i)$,求电感瞬时功率 p_L.

解　$p_L=u_L\cdot i=\sqrt{2}U_L\sin(\omega t+\tau_i+90°)\cdot\sqrt{2}I\sin(\omega t+\varphi_i)$　$\left(运用公式\ \sin\left(\dfrac{\pi}{2}\pm\alpha\right)=\cos\alpha\right)$

$\qquad=\sqrt{2}U_L\cos(\omega t+\varphi_i)\cdot\sqrt{2}I\sin(\omega t+\varphi_i)$　(运用公式 $\sin2\alpha=2\sin\alpha\cos\alpha$)

$\qquad=IU_L\sin2(\omega t+\varphi_i)$.

知识拓展

雷达的探测距离公式是在理想条件下得到的,所谓的理想条件是指雷达和目标发生作用的空间为自由空间,即满足三条:① 雷达与目标之间没有其他物体,电波传播不受地面及其他障碍物的影响,是按直线行进的;② 空间的介质是均匀的;③ 电波在传播中没有损耗.

当电波有地面反射时,某型雷达的探测距离公式为

$$r = R_{\max} \cdot F(\alpha)\sqrt{1 + R^2(\alpha) + 2|R| \cdot \cos\left(\frac{4\pi h}{\lambda}\sin\alpha + \varphi\right)},$$

其中,$R_{\max}$ 为雷达探测的最大距离,α 为直射波与水平方向的夹角,$F(\alpha)$ 为垂直方向上天线的方向因数,h 为天线高度,λ 为雷达的工作波长,φ 为雷达波的初相.

例 1.6.14 已知在理想平坦地面反射的条件下,求某型雷达的探测距离,其中 $R(\alpha) = 1, \varphi = 180°$,求 r.

解 将 $R(\alpha) = 1, \varphi = 180°$ 代入可得

$$r = R_{\max} \cdot F(\alpha)\sqrt{1 + 1^2 + 2 \times 1 \times \cos\left(\frac{4\pi h}{\lambda}\sin\alpha + 180°\right)} \quad (\text{运用公式 } \cos(x + 180°) = -\cos x)$$

$$= R_{\max} \cdot F(\alpha)\sqrt{2 - 2\cos\left(\frac{4\pi h}{\lambda}\sin\alpha\right)} \quad \left(\text{运用公式}\frac{1 - \cos x}{2} = \sin^2\frac{x}{2}\right)$$

$$= R_{\max} \cdot F(\alpha)\sqrt{4 \cdot \frac{1 - \cos\left(\frac{4\pi h}{\lambda}\sin\alpha\right)}{2}}$$

$$= R_{\max} \cdot F(\alpha) \cdot 2 \cdot \sin\frac{\frac{4\pi h}{\lambda}\sin\alpha}{2}$$

$$= 2R_{\max}F(\alpha)\sin\left(\frac{2\pi h}{\lambda}\sin\alpha\right),$$

所以,该雷达的探测距离公式是 $r = 2R_{\max}F(\alpha)\sin\left(\frac{2\pi h}{\lambda}\sin\alpha\right)$.

1.6.5 三角函数的图象与性质

1. 正弦函数的图象与性质

由正弦函数的定义 $\sin\alpha = \frac{y}{r}$,其中 y 是角 α 终边射线上任意一点的纵坐标,r 是该点距离原点的距离. 特别地,若取 $r = 1$,则角 α 的正弦值数值上就等于角 α 终边射线与单位圆相交交点的纵坐标 y. 于是,作正弦函数在区间 $[0, 2\pi]$ 上的图象,只需先在 y 轴的左侧作个单位圆,并过圆心作出不同的射线,这些射线就分别代表以 x 轴为始边的不同角度的终边,并相应地将这些角度在 x 轴正半轴上标出,这些射线与该单位圆的交点 y 就是相应角度的正弦值,将其平移到右侧相应角度正上方就得到一些点,将这些点用

一条光滑的曲线连接起来,该曲线就是正弦函数在区间$[0,2\pi]$上的图象,如图$1.6.20$所示.这种用单位圆来定义"正弦函数"的方法,出自于1748年欧拉出版的《无穷小分析引论》一书中.

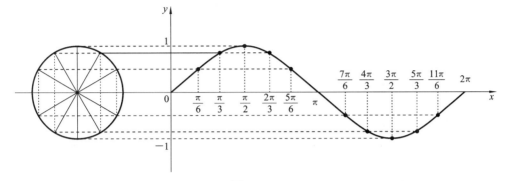

图 1.6.20

再由诱导公式$\sin(2k\pi+\alpha)=\sin\alpha$,就得到正弦函数$y=\sin x$在**R**上的图象.习惯上,我们把正弦函数的图象称为**正弦曲线**,如图$1.6.21$所示.

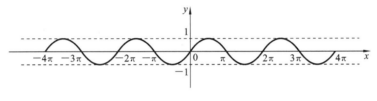

图 1.6.21

考察图象可得到正弦函数$y=\sin x$的性质.

(1) 定义域:$(-\infty,+\infty)$.

(2) 值域:$[-1,1]$,即$-1\leqslant\sin x\leqslant1$.

(4) 奇偶性:由$\sin(-x)=-\sin x$知,正弦函数是奇函数,图象关于原点对称.

(5) 周期性:由$\sin(x+2\pi)=\sin x$知,正弦函数是以2π为周期的周期函数.

数学文化

　　认识的发展是在实践基础上充满矛盾的辩证发展.认识的辩证过程就是在实践基础上由感性认识到理性认识,又由理性认识到实践的能动飞跃.通过单位圆作正弦型函数的图象,是欧拉研究单摆运动时提出的,后续数学家通过正弦型函数的图象的研究,加深了对正弦型函数的理解,进而推动了后续电学的发展,这一过程符合认识的辩证发展过程.

2. 余弦函数的图象与性质

余弦函数$y=\cos x$在**R**上的图象,习惯上称为**余弦曲线**,如图$1.6.22$所示.

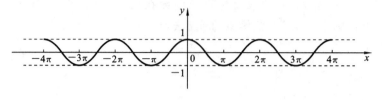

图 1.6.22

考察图象可得到余弦函数 $y=\cos x$ 的性质.

(1) 定义域：$(-\infty,+\infty)$.

(2) 值域：$[-1,1]$，即 $-1\leqslant\cos x\leqslant 1$.

(4) 奇偶性：由 $\cos(-x)=\cos x$ 知，余弦函数是偶函数，图象关于 y 轴对称.

(5) 周期性：余弦函数是以 2π 为周期的周期函数.

3. 正切、余切函数的图象与性质

正切函数 $y=\tan x$ 的图象称为**正切曲线**，如图 1.6.23 所示.

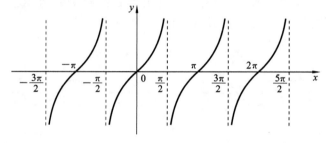

图 1.6.23

考察图象可得到正切函数 $y=\tan x$ 的性质.

(1) 定义域：$\left\{x\,\middle|\,x\in\mathbf{R}\ \text{且}\ x\neq k\pi+\dfrac{\pi}{2},k\in\mathbf{Z}\right\}$.

(2) 值域：$(-\infty,+\infty)$.

(3) 奇偶性：由 $\tan(-x)=-\tan x$ 知，正切函数是奇函数，其图象关于原点对称.

(4) 周期性：正切函数是以 π 为周期的周期函数.

余切函数 $y=\cot x$ 的图象称为**余切曲线**，如图 1.6.24 所示，其性质请同学们自行归纳.

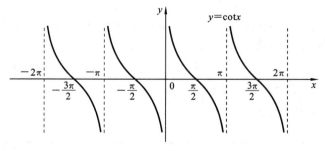

图 1.6.24

1.6.6　反三角函数

1. 反正弦函数

定义 1.6.4　根据函数的反函数的定义,正弦函数 $y=\sin x$ 对于 y 在 $[-1,1]$ 上的每一个值,x 在 $(-\infty,+\infty)$ 内有无穷多个值和它对应,但在单调区间 $\left[-\dfrac{\pi}{2},\dfrac{\pi}{2}\right]$ 上,x 有唯一确定的值与 y 对应,因此函数 $y=\sin x$ 在 $\left[-\dfrac{\pi}{2},\dfrac{\pi}{2}\right]$ 区间上存在反函数,称为**反正弦函数**,记为 $y=\arcsin x$. 它的定义域是 $[-1,1]$,值域是 $\left[-\dfrac{\pi}{2},\dfrac{\pi}{2}\right]$.

对于每一个属于 $[-1,1]$ 的数值 x,$\arcsin x$ 就表示属于 $\left[-\dfrac{\pi}{2},\dfrac{\pi}{2}\right]$ 的唯一确定的一个角. 而这个角的正弦值正好就等于 x,即

$$\sin(\arcsin x)=x.$$

根据互为反函数的函数的图象关于直线 $y=x$ 对称的性质,我们画出反正弦函数 $y=\arcsin x$ 的图象,如图 1.6.25 所示.

2. 反余弦函数

定义 1.6.5　函数 $y=\cos x$ 在 $x\in[0,\pi]$ 上是单调递减函数,它有反函数,称为**反余弦函数**,记为 $y=\arccos x$,它的定义域是 $[-1,1]$,值域是 $[0,\pi]$.

对于每一个属于 $[-1,1]$ 的数值 x,$\arccos x$ 表示属于 $[0,\pi]$ 的唯一确定的一个角,而这个角的余弦值正好就等于 x,即

$$\cos(\arccos x)=x.$$

由余弦函数 $y=\cos x,x\in[0,\pi]$ 的图象,利用关于直线 $y=x$ 对称的性质,可画出反余弦函数 $y=\arccos x$ 的图象,如图 1.6.26 所示.

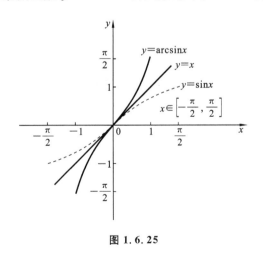

图 1.6.25

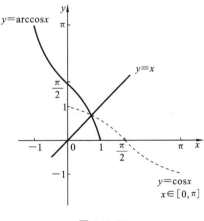

图 1.6.26

3. 反正切函数与反余切函数

定义 1.6.6　正切函数 $y=\tan x,x\in\left(-\dfrac{\pi}{2},\dfrac{\pi}{2}\right)$ 的反函数称为**反正切函数**,记为 $y=$

arctan$x$,它的定义域是$(-\infty,+\infty)$,值域是$\left(-\dfrac{\pi}{2},\dfrac{\pi}{2}\right)$.

定义 1.6.7 余切函数 $y=\cot x, x\in(0,\pi)$ 的反函数称为**反余切函数**,记为 $y=$ arccot$x$,它的定义域是$(-\infty,+\infty)$,值域是$(0,\pi)$.

图 1.6.27 与图 1.6.28 分别是反正切函数与反余切函数的图象. 反正切函数 $y=$ arctan$x$ 在区间$(-\infty,+\infty)$上是单调递增函数,且为奇函数,即有 $\arctan(-x)=-\arctan x, x\in(-\infty,+\infty)$. 反余切函数 $y=$ arccot$x$ 在区间$(-\infty,+\infty)$上是单调递减函数.

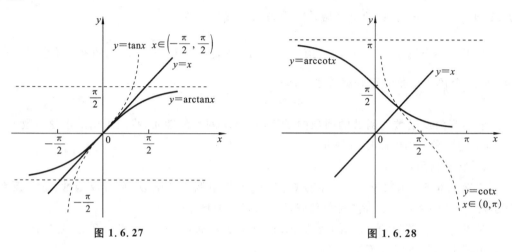

图 1.6.27　　　　　　　　　　　　图 1.6.28

1.6.7　正弦型函数

示波器的主要功能是将人眼看不见的电流信号、电压信号等转换成看得见的直观图形. 图 1.6.29 是示波器显示的交流电信号的图象,放大后的图象如图 1.6.30 所示,其函数关系式为

$$y=6\sin\left(10\pi x+\dfrac{\pi}{2}\right).$$

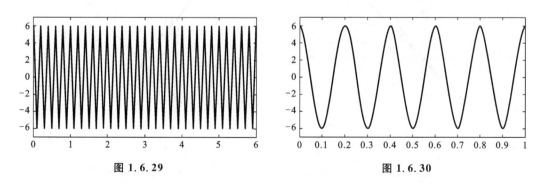

图 1.6.29　　　　　　　　　　　　图 1.6.30

1. 正弦型函数的概念

定义 1.6.8 一般地,把函数 $y=A\sin(\omega x+\varphi)$ 称为**正弦型函数**,其中 A 称为**振幅**(A 为大于零的常数),表示振动物体离开平衡位置的最大距离,数值上等于函数 $y=$

$A\sin(\omega x+\varphi)$的最大值,ω($\omega>0$)称为**角频率**,$\omega x+\varphi$称为**相位**,φ称为**初相**.振幅A、角频率ω、初相φ称为**正弦型函数的三要素**.

角频率ω、周期T、频率f的关系为

$$T=\frac{2\pi}{\omega},\qquad f=\frac{1}{T}=\frac{\omega}{2\pi}.$$

例 1.6.15 请指出三相交流电其中一相$u(t)=220\sin\left(100\pi t+\frac{2}{3}\pi\right)$(V)的振幅、角频率和初相,并计算值域、周期与频率.

解 振幅$A=220$,角频率$\omega=100\pi$,初相$\varphi=\frac{2\pi}{3}$,值域$u\in[-220,220]$,周期$T=\frac{2\pi}{\omega}$ $=0.02$(s),频率$f=\frac{1}{T}=50$(Hz).

注 我国工农业生产及生活用三相交流电的频率均为 50 Hz.

例 1.6.16 已知正弦交流电$i(t)$的振幅$A=6$(A),角频率$\omega=100\pi$(rad/s),初相$\varphi=-\frac{\pi}{2}$,试写出电流$i(t)$的函数表达式.

解 $i(t)=6\sin\left(100\pi t-\frac{\pi}{2}\right)$.

例 1.6.17 已知交流电的电流强度$i(t)$(单位:A)随时间t(单位:s)变化的部分曲线如图 1.6.31 所示,试写出i与t的函数关系式.

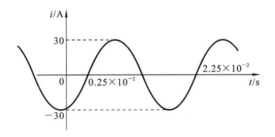

图 1.6.31

解 设电流的表达式为$i=I_{\mathrm{m}}\sin(\omega t+\varphi_0)$.

(1) 求振幅:$I_{\mathrm{m}}=30$(A).

(2) 求角频率:周期$T=2.25\times10^{-2}-0.25\times10^{-2}=2\times10^{-2}$(s),

角频率$\omega=\frac{2\pi}{T}=\frac{2\pi}{2\times10^{-2}}=100\pi$(rad/s).

(3) 求初相:当$t=0.25\times10^{-2}$时,相位$\omega t+\varphi_0=0$,可得$\varphi_0=-\frac{\pi}{4}$,所以电流i与时间t的函数关系式为$i(t)=30\sin\left(100\pi t-\frac{\pi}{4}\right)$.

2. 正弦型函数的图象

例 1.6.18 画出函数$y=2\sin\left(2x+\frac{\pi}{2}\right)$的简图.

回顾 $y=\sin x$ 在一个周期内的五点作图法,如图 1.6.32 所示.

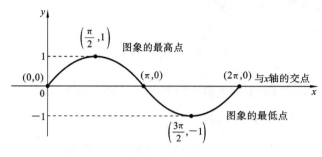

图 1.6.32

关键 将 $2x+\dfrac{\pi}{2}$ 整体看作自变量,在 $[0,2\pi]$ 一个周期内使用五点作图法.

解 (1)列表,如表 1.6.3 所示.

表 1.6.3

$2x+\dfrac{\pi}{2}$	0	$\dfrac{\pi}{2}$	π	$\dfrac{3\pi}{2}$	2π
x	$-\dfrac{\pi}{4}$	0	$\dfrac{\pi}{4}$	$\dfrac{\pi}{2}$	$\dfrac{3\pi}{4}$
y	0	2	0	-2	0

(2)描点.

(3)连线.绘出 $y=2\sin\left(2x+\dfrac{\pi}{2}\right)$ 的在一个周期内的简图,如图 1.6.33 所示.

(4)延伸.将 $y=2\sin\left(2x+\dfrac{\pi}{2}\right)$ 在一个周期内的图象左右延伸,即可得 $y=2\sin\left(2x+\dfrac{\pi}{2}\right)$ 在整个定义域 **R** 内的图象,如图 1.6.34 所示.

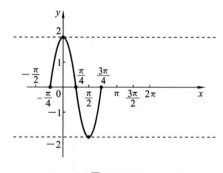

图 1.6.33

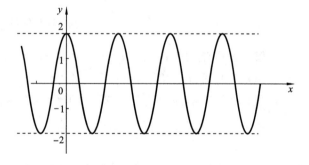

图 1.6.34

3. A,ω,φ 的变换对正弦型函数图象的影响

1)振幅 A 的变换

观察 $y=\sin x$,$y=2\sin x$,$y=\dfrac{1}{2}\sin x$ 在一个周期内的简图,如图 1.6.35 所示,可得振

幅 A 的变换规律:**改变振幅 A,图象纵向伸缩(横坐标不变)**.具体为

$$y=\sin x \xrightarrow{\text{纵坐标伸长到原来的 } A \text{ 倍}} y=A\sin x \ (A>1),$$

$$y=\sin x \xrightarrow{\text{纵坐标缩短到原来的 } A \text{ 倍}} y=A\sin x \ (0<A<1).$$

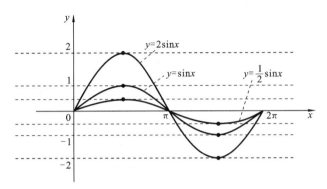

图 1.6.35

例 1.6.19　下列两组函数的图象相互间是如何变化的?

(1) $y=\sin x \Longleftrightarrow y=4\sin x$;

(2) $y=3\sin x \Longleftrightarrow y=4\sin x$.

解　(1) $y=\sin x \xrightleftharpoons[\text{纵坐标缩短到原来的 } 1/4]{\text{纵坐标伸长到原来的 } 4 \text{ 倍}} y=4\sin x$;

(2) $y=3\sin x \xrightleftharpoons[\text{纵坐标缩短到原来的 } 3/4]{\text{纵坐标伸长到原来的 } 4/3 \text{ 倍}} y=4\sin x$.

知识拓展

电子线路中放大器的作用是扩大电流或电压的幅度,如图 1.6.36 所示.

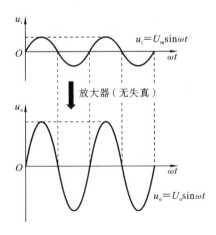

图 1.6.36

例 1.6.20 求正弦交流电 $u(t) = 310\sin\left(100\pi t + \dfrac{2}{3}\pi\right)$（单位：V）的最大值 U_m，并计算 $\dfrac{U_m}{\sqrt{2}}$.

解 $U_m = 310$（V）， $\dfrac{U_m}{\sqrt{2}} = 220$（V）.

注 $\dfrac{U_m}{\sqrt{2}}$ 称为交流电压的**有效值**，即与交流电压具有同样热效应的直流电压值；$\dfrac{I_m}{\sqrt{2}}$ 称为交流电流的**有效值**，即与交流电流具有同样热效应的直流电流值.

2）角频率 ω 的变换

观察 $y = \sin x$，$y = \sin 2x$，$y = \sin\dfrac{1}{2}x$ 在一个周期内的简图，如图 1.6.37 所示，可得角频率 ω 的变换规律：**改变角频率 ω，图象横向伸缩（纵坐标不变）**. 具体为

$$y = \sin x \xrightarrow{\text{横坐标缩短到原来的}\frac{1}{\omega}\text{倍}} y = \sin\omega x \ (\omega > 1),$$

$$y = \sin x \xrightarrow{\text{横坐标伸长到原来的}\frac{1}{\omega}\text{倍}} y = \sin\omega x \ (0 < \omega < 1).$$

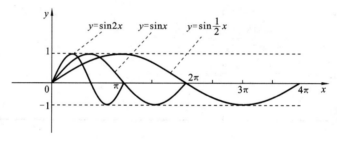

图 1.6.37

例 1.6.21 下列两组函数的图象间是如何变化的？

（1） $y = \sin x \Longrightarrow y = \sin 4x$；

（2） $y = \sin 4x \Longrightarrow y = \sin 2x$.

解 （1） $y = \sin x \xrightleftharpoons[\text{横坐标伸长到原来的 4 倍}]{\text{横坐标缩短到原来的 1/4}} y = \sin 4x$；

（2） $y = \sin 4x \xrightleftharpoons[\text{横坐标缩短到原来的 1/2}]{\text{横坐标缩短到原来的 2 倍}} y = \sin 2x$.

> **知识拓展**
>
> 图 1.6.38 所示的为电磁波分类图，由图可见，无线电波的角频率相对比较小，X 射线、伽马射线的角频率相对比较高. 角频率 ω 表示波形变化的快慢，角频率越高，波形变化越快. 由周期与角频率的反比关系 $T = \dfrac{2\pi}{\omega}$ 可知，角频率越高，电磁波的周期越短. 由频率与角频率的正比关系 $f = \dfrac{\omega}{2\pi}$ 可知，角频率越高，电磁波的频率越高.

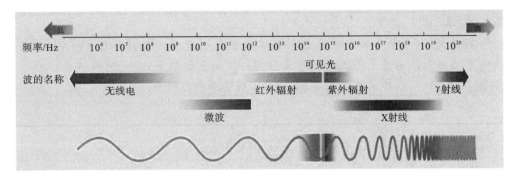

图 1.6.38

再由波长与频率的关系 $\lambda = \dfrac{v}{f}$（λ 是波长，v 是电磁波速度）可知，电磁波的频率越高，波长越短. 因此，无线电波、微波和雷达发射的电磁波频率较低，波长较长，X 射线、伽马射线频率高，波长短.

3）初相 φ 的变换

观察 $y = \sin x$，$y = \sin\left(x + \dfrac{\pi}{2}\right)$，$y = \sin\left(x - \dfrac{\pi}{2}\right)$ 在一个周期内的简图，如图 1.6.39 所示，可得初相 φ 的变换规律：**改变初相 φ，图象左右平移**. 具体为

$$y = \sin x \xrightarrow{\text{图象向左平移 } \varphi \text{ 个单位}} y = \sin(x + \varphi)\ (\varphi > 0),$$

$$y = \sin x \xrightarrow{\text{图象向右平移 } |\varphi| \text{ 个单位}} y = \sin(x + \varphi)\ (\varphi < 0).$$

$\left.\begin{array}{l}\text{左加}\\\text{右减}\end{array}\right.$

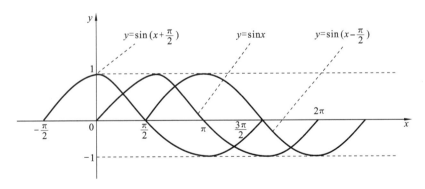

图 1.6.39

例 1.6.22　下列函数的图象间是如何变化的？

$$y = \sin x \Longleftrightarrow y = \sin\left(x + \dfrac{\pi}{3}\right).$$

解

$$y = \sin x \xrightleftharpoons[\text{图象向右平移 } \pi/3 \text{ 个单位}]{\text{图象向左平移 } \pi/3 \text{ 个单位}} y = \sin\left(x + \dfrac{\pi}{3}\right).$$

知识拓展

相位差：两个同频率正弦型函数的初相之差. 在电子对抗侦察技术中，相位法测向技术就是利用若干个天线接收来自同一辐射源的信号，通过比较各天线接收到的信号之间的相位来获取相位差，从而求得信号的方位角.

例 1.6.23 求正弦交流电 $i_1(t)$ 与 $i_2(t)$ 的相位差，其中

$$i_1(t) = 10\sin(100\pi t + \pi), \quad i_2(t) = 10\sin\left(100\pi t + \frac{\pi}{3}\right).$$

解 $i_1(t)$ 与 $i_2(t)$ 的相位差为 $\pi - \dfrac{\pi}{3} = \dfrac{2\pi}{3}$.

例 1.6.24 求雷达信号 $u_1(t)$ 与 $u_2(t)$ 的相位差，其中

$$u_1(t) = p\sin\left(\omega_0 t - \frac{\pi}{2}\right), \quad u_2(t) = p\sin(\omega_0 t - \pi).$$

解 $u_1(t)$ 与 $u_2(t)$ 的相位差为 $-\dfrac{\pi}{2} - (-\pi) = \dfrac{\pi}{2}$.

知识拓展

相位控制与相控阵雷达：相控阵雷达的全称为相位控制电子扫描阵列雷达. 它的天线阵面由几百个到几万个辐射单元和接收单元组成，这些单元有规则地排列在平面上，构成阵列天线. 每个辐射单元由天线振子、移相器等器件组成. **移相器是用来调节交流电压（电流）相位的装置.** 移相器由计算机控制，向天线振子馈入不同相位的电流来改变天线振子向空中发射电磁波束的"相位"，利用电磁波相干原理，使电磁波束能像转动的天线一样，一个相位一个相位地偏转，实现扫描，这种方式称为**电扫描.**

相控阵雷达使用 1 个不动的天线阵面，就可以对 120° 扇面内的目标进行探测，使用 3 个天线阵面，就能实现 360° 无间断地对目标进行探测和跟踪. 当相控阵雷达警戒、搜索远距离目标时，虽然看不到天线转动，但上万个辐射单元通过计算机控制集中向一个方向发射、偏转，即使是上万公里外来袭的洲际导弹和几万公里远的卫星，也逃不过它的"眼睛". 如果是监控较近的目标，这些辐射单元又可以分工负责，有的搜索，有的跟踪，有的引导，它们同时工作. 每个移相器可根据自己担负的任务，使电磁波束在不同的方向上偏转，相当于很多个天线在转动，其多功能性和反应速度之快非一般天线所能相比. 图 1.6.40 为美国 NMD 系统相控阵雷达.

图 1.6.40

与传统机械扫描雷达相比,在相同的孔径与操作波长下,相控阵雷达的反应时间短、目标更新速率高、多目标追踪能力强、抗干扰能力强、可靠性高,相对而言,它更加昂贵,技术要求更高,功率消耗与冷却需求更大等.

习　题　1.6

习题答案

一、知识强化

1. 把下列各角实现度数和弧度的转化:

(1) $60°$；　　　(2) $120°$；　　　(3) $135°$；　　　(4) $270°$；

(5) $\dfrac{\pi}{4}$；　　　(6) $\dfrac{\pi}{2}$；　　　(7) $\dfrac{5\pi}{4}$；　　　(8) $\dfrac{7\pi}{3}$.

2. 计算下列三角函数的值:

(1) $\sin\dfrac{\pi}{6}$；　　(2) $\sin\dfrac{\pi}{3}$；　　(3) $\sin\dfrac{\pi}{4}$；　　(4) $\sin\dfrac{\pi}{2}$；

(5) $\cos\dfrac{\pi}{6}$；　　(6) $\cos\dfrac{\pi}{3}$；　　(7) $\cos\dfrac{\pi}{4}$；　　(8) $\cos\dfrac{\pi}{2}$；

(9) $\tan\dfrac{\pi}{4}$；　　(10) $\tan\dfrac{\pi}{3}$；　　(11) $\cot\dfrac{\pi}{4}$；　　(12) $\cot\dfrac{\pi}{2}$.

3. 计算下列三角函数的值:

(1) $\sin\pi$；　　(2) $\sin\dfrac{2\pi}{3}$；　　(3) $\sin\dfrac{3\pi}{4}$；　　(4) $\sin 2\pi$；

(5) $\cos\pi$；　　(6) $\cos\dfrac{2\pi}{3}$；　　(7) $\cos\dfrac{3\pi}{4}$；　　(8) $\cos 2\pi$；

(9) $\cot\dfrac{\pi}{4}$；　　(10) $\cot\dfrac{2\pi}{3}$；　　(11) $\cot\dfrac{5\pi}{6}$；　　(12) $\cot\dfrac{4\pi}{4}$.

4. 填空题

(1) 设 $a=\sin\dfrac{\pi}{6}$, $b=\cos\dfrac{\pi}{6}$, $c=\tan\dfrac{\pi}{6}$, 则_____最大,_____最小.

(2) $150°=$_____ rad, $\dfrac{5\pi}{12}=$_____ $°$.

(3) $\cos\dfrac{4\pi}{3}=$_____, $\sin\dfrac{2\pi}{3}=$_____.

(4) $\tan\dfrac{3\pi}{4}=$_____, $\tan\dfrac{5\pi}{3}=$_____.

(5) $\arcsin\dfrac{\sqrt{2}}{2}=$_____, $\arccos 0=$_____.

5. 计算下列三角函数的值:

(1) $2\cos\dfrac{\pi}{2}+3\sin\dfrac{\pi}{4}$； (2) $3\cos\dfrac{\pi}{3}-4\sin\dfrac{\pi}{6}$；

(3) $2\cos\dfrac{\pi}{2}-7\sin\dfrac{\pi}{2}$； (4) $5\cos0-7\cos2\pi+9\sin0$；

(5) $5\cos\dfrac{3\pi}{2}-2\sin\dfrac{3\pi}{4}$； (6) $\cos\dfrac{3\pi}{2}-2\sin\dfrac{5\pi}{6}$；

(7) $4\cos\dfrac{2\pi}{3}-7\sin\dfrac{3\pi}{2}$； (8) $7\cos2\pi-10\sin2\pi$.

6. 已知角 α 的终边经过点 $P(4,-3)$，求 α 的六个三角函数值.

7. 已知三角形 ABC 中斜边 AC 的长度为 6，BC 的长度为 5，$\angle C=60°$，求另外一边 AB 的长度.

8. 已知 $\tan\alpha=3$，计算 $\dfrac{4\sin\alpha-2\cos\alpha}{5\cos\alpha+3\sin\alpha}$.

9. 已知 $\cos\alpha=\dfrac{4}{5}$，$\alpha\in\left(\dfrac{3\pi}{2},2\pi\right)$，求 $\sin2\alpha,\cos2\alpha,\tan2\alpha$ 的值.

10. 已知 $\sin\alpha=\dfrac{1}{3}$，$\alpha\in\left(\dfrac{\pi}{2},\pi\right)$，$\cos\beta=\dfrac{3}{5}$，$\beta\in\left(\dfrac{3\pi}{2},2\pi\right)$，求 $\sin(\alpha+\beta),\sin(\alpha-\beta)$ 的值.

11. 计算下列反三角函数的值：

(1) $\arcsin0$； (2) $\arcsin1$； (3) $\arcsin\dfrac{1}{2}$；

(5) $\arccos0$； (6) $\arccos1$； (7) $\arccos\dfrac{1}{2}$.

12. 求下列函数的定义域和值域：

(1) $y=\arccos(x+1)$； (2) $y=\arcsin\sqrt{x}$.

13. 求下列正弦型函数的最大值、周期、角频率和初相：

(1) $y=2\sin\left(x+\dfrac{\pi}{2}\right)$； (2) $y=7\sin(2x+\pi)$； (3) $f(x)=220\sin\left(2x+\dfrac{\pi}{3}\right)$.

14. 画出函数 $y=3\sin\left(2x+\dfrac{\pi}{3}\right)$ 的简图，并简述其图象如何由 $y=\sin x$ 的图象变换而来.

二、专业应用

1. 已知某雷达电波发射后 $600\ \mu s$ 见到回波，此时垂直波瓣的仰角为 $30°$，如图 $1.6.41$ 所示，求目标的高度.（雷达电波每微秒的传播距离为 300 m）

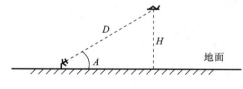

图 1.6.41

2. 已知在正弦交流电路中，电感两端的电压为 $u_L=\sqrt{2}U_L\sin(\omega t+\varphi_i-90°)$，电流强度为 $i=\sqrt{2}I\sin(\omega t+\varphi_i+90°)$，求 p_L.

3. 已知正弦交流电的电流 $i(t)$ 的振幅 $A=10$（A），角频率 $\omega=100\pi(\mathrm{rad/s})$，初相 $\varphi=\dfrac{2\pi}{3}$，写出该电流的函数表达式.

4. 求正弦交流电 $i_1(t)$ 与 $i_2(t)$ 的相位差，其中 $i_1(t)=5\sin\left(100\pi t-\dfrac{2\pi}{3}\right)$，$i_2(t)=5\sin\left(100\pi t+\dfrac{5\pi}{3}\right)$.

本节资源

1.7　复　数

英国生物学家达尔文（图 1.7.1）说过：“发现每一个新的群体在形式上都是数学的，因为我们不可能有其他的指导.”虚数在被发现之前，曾一度被认为是虚妄的.然而，真理性的东西一定可以经得住时间的考验.经过许多数学家 200 多年的努力，虚数揭去了神秘的面纱，成为了数系大家庭中一员，将实数集才扩充到复数集.复数在物理学中应用于描述波动现象，同样在电路分析、控制分析、信号分析中被广泛应用.

图 1.7.1

1.7.1　复数的定义

数的概念来源于生活，为了计数的需要产生了自然数；为了表示相反意义的量，有了负数；为了解决测量、分配中的等分问题，有了分数；为了度量（如边长为 1 km 的正方形田地的对角线长度）的需要，产生了无理数.数的概念的发展一方面是生产、生活的需要，另一方面也是数学科学本身发展的需要.

当数集扩展到实数集 **R** 以后，像 $x^2=-1$ 这样的方程还是无解的，因为没有一个实数的平方等于 -1.正如 16 世纪意大利米兰学者卡当在 1545 年所著的《重要的艺术》一书中，首次出现了 $5+\sqrt{-15}$ 和 $5-\sqrt{-15}$ 这两个表示式，为了解方程的需要，人们引入了一个新的数 i，由此产生了复数.

1. 虚数单位

定义 1.7.1　把 i 当作数，满足 $i^2=-1$，数 i 称为**虚数单位**；实数可以与 i 进行四则运算，而且进行四则运算时，原有的加法、乘法运算律仍然成立，只需把 i 看作一个代数符号，代换 $i^2=-1$ 即可.

> **说明**
>
> （1）工程数学上虚数单位也用字母 j 表示，即 $j^2=-1$，这是为了区分电流的表示 i 和虚数单位 i.
>
> （2）i 的运算周期性.由 $i^1=i$，$i^2=-1$，$i^3=-i$，$i^4=1$，进而得到
> $$i^{4n+1}=i,\quad i^{4n+2}=-1,\quad i^{4n+3}=-i,\quad i^{4n}=1.$$

2. 复数

法国数学家达朗贝尔(图 1.7.2)在 1747 年指出,如果按照多项式的四则运算规则对虚数进行运算,那么它的结果总是 $a+bi$ 的形式.

定义 1.7.2 将形如 $z=a+bi$ 的数称为**复数**,其中 a 和 b 都是实数,a 称为复数的**实部**,b 称为复数的**虚部**,记作 Rez $=a$,Im$z=b$.

全体复数组成的集合叫做**复数集**,用字母 **C** 表示.

例如,$z=-3+2i$ 是复数,Re$z=-3$,Im$z=2$;$z=-\sqrt{3}i$ 是复数,Re$z=0$,Im$z=-\sqrt{3}$.

图 1.7.2

3. 复数与实数、虚数、纯虚数及 0 的关系

(1) 对于复数 $z=a+bi$,当 $b=0$ 时,$z=a$ 是实数 a.

(2) 当 $a=0$ 且 $b\neq0$ 时,$z=bi$ 称为**纯虚数**.

(3) 当 $a=b=0$ 时,$z=a+bi$ 就是实数 0.

注意:两个复数如果都是实数,可以比较它们的大小;如果不全是实数,就不能比较大小. 例如:$1+3i$ 和 $3i$ 没有大小关系,$1+3i$ 和 1 也没有大小关系.

例 1.7.1 求 $1+i$ 的实部和虚部,并计算 $(1+i)^2$ 和 $(1+i)^3$.

解 $1+i$ 的实部为 1,虚部为 1. 按照和的平方公式,求得

$$(1+i)^2=1^2+2i+i^2=1+2i-1=2i;$$

按照乘法的分配律,求得

$$(1+i)^3=2i(1+i)=2i+2i^2=-2+2i.$$

例 1.7.2 实数 m 取什么数值时,复数 $z=m+1+(m-1)i$ 分别是实数和纯虚数.

解 (1) 当 $m-1=0$,即 $m=1$ 时,复数 z 是实数;

(2) 当 $m+1=0$,且 $m-1\neq0$,即 $m=-1$ 时,复数 z 是纯虚数.

1.7.2 复数的表示

复数 $a+bi$ 与有序实数对 (a,b) 一一对应,而有序实数对 (a,b) 与坐标平面上的点是一一对应的,所以复数与坐标平面上的点一一对应. 对平面直角坐标系进行改造,横轴称为**实轴**,单位为 1,纵轴(不包括原点)称为**虚轴**,单位为 i,于是复数 $a+bi$ 就可以用这样平面内的点 $M(a,b)$ 来表示,其中实部 a 和虚部 b 分别为点 M 的横坐标和纵坐标,如图 1.7.3 所示. 把表示复数的平面称为**复平面**.

定义 1.7.3 如图 1.7.4 所示,复数 $z=a+bi$ 对应的点为 $M(a,b)$,相对应的向量 $\overrightarrow{OM}$ 的长度 r 称为这个复数的**模**,记作 $|z|=r=\sqrt{a^2+b^2}$,以实轴的正方向为始边,向量 $\overrightarrow{OM}$ 为终边的角 $\theta(-\pi<\theta\leqslant\pi)$ 称为复数 $a+bi$ 的辐角,记为 arg$z$.

由图 1.7.4 和三角函数的定义不难得出

$$a+bi=r\cos\theta+ir\sin\theta=r(\cos\theta+i\sin\theta).$$

根据欧拉公式,$e^{i\theta}=\cos\theta+i\sin\theta$,所以 $a+bi=r(\cos\theta+i\sin\theta)=re^{i\theta}$.

定义 1.7.4 $z=a+bi$ 称为复数的**代数形式**,$r(\cos\theta+i\sin\theta)$ 称为复数 $a+bi$ 的**三角**

形式，$r\mathrm{e}^{\mathrm{i}\theta}$ 称为复数 $a+b\mathrm{i}$ 的**指数形式**，$r\angle\theta$ 称为复数 $a+b\mathrm{i}$ 的**极坐标形式**.

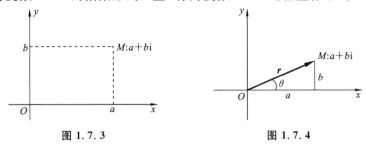

图 1.7.3　　　　　　　　　　图 1.7.4

数学文化

　　数学是体现了理性、严谨、求真的精神，激发、促进、鼓舞并驱使人类不断地探索. 从人们认为 $5+\sqrt{-15}$ 和 $5-\sqrt{-15}$ 这两个表示式是没有意义的、想象的、虚无缥缈的开始，到高斯利用复数与向量之间一一对应的关系，阐述了复数的几何加法与乘法，复数理论经历了 200 多年才比较完整和系统地建立，是许多数学家秉承数学精神不断探索的结果，并持续为科技进步奠定理论基础.

例 1.7.3　求 $1+\sqrt{3}\mathrm{i}$ 的模和辐角，并写出其三角形式、指数形式和极坐标形式.

解　模为 $|1+\sqrt{3}\mathrm{i}|=\sqrt{1^{2}+(\sqrt{3})^{2}}=2$，即 $1+\sqrt{3}\mathrm{i}=2\left(\dfrac{1}{2}+\dfrac{\sqrt{3}}{2}\mathrm{i}\right)$.

由于 $a+b\mathrm{i}=r(\cos\theta+\mathrm{i}\sin\theta)$，所以

$$\cos\theta=\frac{1}{2}\ (-\pi<\theta\leqslant\pi),\quad 即\quad \theta=\frac{\pi}{3}.$$

因此，$1+\sqrt{3}\mathrm{i}$ 的模为 2，辐角为 $\dfrac{\pi}{3}$，其三角形式为 $2\left(\cos\dfrac{\pi}{3}+\mathrm{i}\sin\dfrac{\pi}{3}\right)$，指数形式为 $2\mathrm{e}^{\mathrm{i}\frac{\pi}{3}}$，极坐标形式为 $2\angle\dfrac{\pi}{3}$.

例 1.7.4　求 $3\angle\dfrac{\pi}{6}$ 的模和辐角，并写出其代数形式、三角形式和指数形式.

解　$3\angle\dfrac{\pi}{6}$ 的模为 3，辐角为 $\dfrac{\pi}{6}$，指数形式为 $3\mathrm{e}^{\mathrm{i}\frac{\pi}{6}}$，三角形式为 $3\left(\cos\dfrac{\pi}{6}+\mathrm{i}\sin\dfrac{\pi}{6}\right)$，而

$$3\left(\cos\frac{\pi}{6}+\mathrm{i}\sin\frac{\pi}{6}\right)=3\left(\frac{\sqrt{3}}{2}+\frac{1}{2}\mathrm{i}\right)=\frac{3\sqrt{3}}{2}+\frac{3}{2}\mathrm{i},$$

所以，其代数形式为 $\dfrac{3\sqrt{3}}{2}+\dfrac{3}{2}\mathrm{i}$.

知识拓展

　　相量分析法：相量分析法是一种专用的分析正弦稳态电路的变换方法，是由德国出生的数学家和工程师斯坦梅茨在 1893 年提出的.

　　正弦电压为 $u(t)=U_{\mathrm{m}}\cos(\omega t+\theta)$，则

$$u(t)=\text{Re}[U_m\text{e}^{\text{j}(\omega t+\theta)}]=\text{Re}[U_m\text{e}^{\text{j}\theta}\text{e}^{\text{j}\omega t}]=[\dot{U}_m\text{e}^{\text{j}\omega t}]=\text{Re}[\dot{U}_m\angle\omega t],$$

其中 $\dot{U}_m=U_m\text{e}^{\text{j}\theta}$，$U_m$ 为电压最大值，ω 为角频率，θ 为初相，$\dot{U}_m$ 称为电压振幅相量.

同样地，可以得到电流振幅向量 $\dot{I}_m=I_m\text{e}^{\text{j}\theta}$.

例 1.7.5 已知某电路电压 $u(t)=311\cos\left(50t+\dfrac{\pi}{4}\right)$，电流 $i(t)=5\sin(314t+\pi)$，求该电路的电压振幅向量 $\dot{U}_m$ 和电流振幅向量 $\dot{I}$.

解 电压振幅向量 $\dot{U}_m$ 为 $311\angle\dfrac{\pi}{4}$，由于

$$i(t)=5\sin(314t+\pi)\quad\left(\text{利用公式 }\sin\alpha=\cos\left(\alpha-\dfrac{\pi}{2}\right)\right)$$

$$=5\cos\left(314t+\pi-\dfrac{\pi}{2}\right)=5\cos\left(314t+\dfrac{\pi}{2}\right),$$

所以，电流振幅向量 $\dot{I}_m$ 为 $5\angle\dfrac{\pi}{2}$.

1.7.3 复数的计算

设复数

$$z_1=r_1(\cos\theta_1+\text{i}\sin\theta_1)=r_1\text{e}^{\text{i}\theta_1}=r_1\angle\theta_1,$$
$$z_2=r_2(\cos\theta_2+\text{i}\sin\theta_2)=r_2\text{e}^{\text{i}\theta_2}=r_2\angle\theta_2,$$

则有 $\quad z_1\cdot z_2=r_1r_2[\cos(\theta_1+\theta_2)+\text{i}\sin(\theta_1+\theta_2)]=r_1r_2\text{e}^{\text{i}(\theta_1+\theta_2)}=r_1r_2\angle(\theta_1+\theta_2),$

$$\dfrac{z_1}{z_2}=\dfrac{r_1}{r_2}[\cos(\theta_1-\theta_2)+\text{i}\sin(\theta_1-\theta_2)]=\dfrac{r_1}{r_2}\text{e}^{\text{i}(\theta_1-\theta_2)}=\dfrac{r_1}{r_2}\angle(\theta_1-\theta_2).$$

运算法则：两复数相乘就是把模相乘，辐角相加；两复数相除，就是把模相除，辐角相减.

例 1.7.6 计算下列各式：

(1) $\sqrt{2}\left(\cos\dfrac{\pi}{12}+\text{i}\sin\dfrac{\pi}{12}\right)\times\sqrt{3}\left(\cos\dfrac{\pi}{6}+\text{i}\sin\dfrac{\pi}{6}\right)$；

(2) $4\left(\cos\dfrac{4\pi}{3}+\text{i}\sin\dfrac{4\pi}{3}\right)\div\left[2\left(\cos\dfrac{5\pi}{6}+\text{i}\sin\dfrac{5\pi}{6}\right)\right]$.

解 (1) 原式 $=\sqrt{2}\times\sqrt{3}\left[\cos\left(\dfrac{\pi}{12}+\dfrac{\pi}{6}\right)+\text{i}\sin\left(\dfrac{\pi}{12}+\dfrac{\pi}{6}\right)\right]$

$$=\sqrt{6}\left(\cos\dfrac{\pi}{4}+\text{i}\sin\dfrac{\pi}{4}\right)=\sqrt{3}+\sqrt{3}\text{i};$$

(2) 原式 $=\dfrac{4}{2}\left[\cos\left(\dfrac{4\pi}{3}-\dfrac{5\pi}{6}\right)+\text{i}\sin\left(\dfrac{4\pi}{3}-\dfrac{5\pi}{6}\right)\right]=2\left(\cos\dfrac{\pi}{2}+\text{i}\sin\dfrac{\pi}{2}\right)=2\text{i}.$

例 1.7.7 计算：(1) $\text{e}^{\text{i}\frac{\pi}{12}}\times2\text{e}^{\text{i}\frac{\pi}{4}}$； (2) $4\text{e}^{\text{i}\frac{4\pi}{3}}\div2\text{e}^{\text{i}\frac{\pi}{3}}$.

解 (1) 原式 $=2\text{e}^{\text{i}\left(\frac{\pi}{12}+\frac{\pi}{4}\right)}=2\text{e}^{\text{i}\frac{\pi}{3}}=2\left(\cos\dfrac{\pi}{3}+\text{i}\sin\dfrac{\pi}{3}\right)=1+\sqrt{3}\text{i};$

(2) 原式 $=\dfrac{4}{2}\text{e}^{\left(\frac{4\pi}{3}-\frac{\pi}{3}\right)}=2\text{e}^{\text{i}\pi}=2(\cos\pi+\text{i}\sin\pi)=-2.$

例 1.7.8 计算：(1) $5\angle\dfrac{\pi}{3}\times2\angle\dfrac{\pi}{6}$； (2) $4\angle\dfrac{5\pi}{12}\div2\angle\dfrac{\pi}{6}$.

解　(1) 原式 $=5\times2\angle\left(\dfrac{\pi}{3}+\dfrac{\pi}{6}\right)=10\angle\dfrac{\pi}{2}=10\left(\cos\dfrac{\pi}{2}+i\sin\dfrac{\pi}{2}\right)=10i$;

(2) 原式 $=4\div2\angle\left(\dfrac{5\pi}{12}-\dfrac{\pi}{6}\right)=2\angle\dfrac{\pi}{4}=2\left(\cos\dfrac{\pi}{4}+i\sin\dfrac{\pi}{4}\right)=\sqrt{2}+\sqrt{2}i.$

知识拓展

在正弦交流电中,电流强度 i 随时间 t 变化的规律为 $i=I_m\cos(\omega t+\varphi_i)$,电压 u 随时间 t 变化的规律为 $u=U_m\cos(\omega t+\varphi_u)$,电流强度和电压可以表示成复数的形式,称为**电流相量和电压相量**.

电流相量: $\dot{I}=I_m e^{j(\omega t+\varphi_i)}=I_m\cos(\omega t+\varphi_i)+jI_m\sin(\omega t+\varphi_i).$

电压相量: $\dot{U}=U_m e^{j(\omega t+\varphi_u)}=U_m\cos(\omega t+\varphi_u)+jU_m\sin(\omega t+\varphi_u).$

可以看到,实际的电流强度和电压分别为电流相量、电压相量的实数部分.

$Z=\dfrac{\dot{U}}{\dot{I}}$ 称为**阻抗**. Z 是一个复数,Z 的实数部分为**电阻**,虚数部分为**电抗**.

例 1.7.9　设电路上的电压 $u(t)=220\cos(\omega t+36°)$ (V),电流 $i(t)=10\cos(\omega t+6°)$ (A),求电路的电阻和电抗.

解　由题意知,电压相量 $\dot{U}=220e^{j(\omega t+36°)}$ (V),电流相量 $\dot{I}=10e^{j(\omega t+6°)}$ (A),复阻抗为

$$Z=\dfrac{\dot{U}}{\dot{I}}=\dfrac{220e^{j(\omega t+36°)}}{10e^{j(\omega t+6°)}}=22e^{j[(\omega t+36°)-(\omega t+6°)]}=22e^{j30°}=22(\cos30°+j\sin30°)$$

$$=11\sqrt{3}+11j\ (\Omega),$$

所以,电阻为 $11\sqrt{3}$ Ω,电抗为 11 Ω.

习　题　1.7

习题答案

一、知识强化

1. 求 $2+3i$ 的实部和虚部,并计算 $(2+3i)^2$.

2. 求 $-4-3i$ 的实部和虚部,并计算 $(-4-3i)^2$.

3. 实数 m 取什么数值时,复数 $z=2m+1+(m-2)i$ 是纯虚数.

4. 将复数 $z=1+i$ 转化为三角形式.

5. 将复数 $z=3+3\sqrt{3}i$ 转化为指数形式.

6. 求 $1-\sqrt{3}i$ 的模和辐角,并写出其三角形式、指数形式和极坐标形式.

7. 将下列复数转化为代数形式:

(1) $2\angle\dfrac{3\pi}{4}$;　　　　　(2) $4e^{j\frac{7\pi}{3}}$.

8. 计算下列各式:

(1) $9\left(\cos\dfrac{3\pi}{2}+i\sin\dfrac{3\pi}{2}\right)\div\left[3\left(\cos\dfrac{3\pi}{4}+i\sin\dfrac{3\pi}{4}\right)\right]$;

(2) $\sqrt{2}\left(\cos\dfrac{\pi}{12}+\mathrm{i}\sin\dfrac{\pi}{12}\right)\times\sqrt{3}\left(\cos\dfrac{\pi}{6}+\mathrm{i}\sin\dfrac{\pi}{6}\right)$.

9. 计算下列各式:

(1) $12\mathrm{e}^{\mathrm{i}\frac{\pi}{2}}\div 4\mathrm{e}^{\mathrm{i}\frac{\pi}{3}}$;　　　　(2) $4\mathrm{e}^{\mathrm{i}\frac{5\pi}{3}}\div 2\mathrm{e}^{\mathrm{i}\frac{2\pi}{3}}$.

10. 计算下列各式:

(1) $2\angle\dfrac{\pi}{4}\times 3\angle\dfrac{\pi}{4}$;　　　　(2) $8\angle\dfrac{5\pi}{12}\div 4\angle\dfrac{\pi}{12}$.

二、专业应用

1. 已知电流 i_1 和电流 i_2 的相量分别为 $3\angle 45°$ 和 $3\angle -45°$,求它们的和相量.

2. 已知某电路电压 $u(t)=311\cos\left(20t+\dfrac{\pi}{2}\right)$,电流 $i(t)=10\cos\left(\dfrac{\pi}{2}t-\pi\right)$,求该电路的电压振幅向量 $\dot{U}_\mathrm{m}$ 和电流振幅向量 $\dot{I}_\mathrm{m}$.

3. 设电路上的电压 $u(t)=220\cos(\omega t+34°)$（V）,电流 $i(t)=10\cos(\omega t-26°)$（A）,求电路的电阻和电抗.

本节资源

1.8 初等函数

华罗庚(图 1.8.1)说过:"宇宙之大,粒子之微,火箭之速,化工之巧,地球之变,生物之谜,日用之繁,无处不用数学."初等函数是整个数学大厦的重要基石,支撑起高等数学的各个理论分支.自从法国数学家刘维尔(图 1.8.2)在 1834 年给出了初等函数的概念和分类,初等函数在数学各分支的应用就变得更系统、更有条理.

图 1.8.1

图 1.8.2

1.8.1 复合函数的定义

后续专业课中会出现下面这样的函数:

$$y=\sin(x^2),\quad y=\ln\cos(2x),\quad i(t)=\mathrm{e}^{-2t},\quad y=\sqrt{x^2+1},\quad \varepsilon(r)=\arcsin(1-r^2).$$

这些函数比之前学习的基本初等函数更复杂,它们的特点是:**一个函数的因变量同时又**

是另一个函数的自变量.

例如 $y=\sin(x^2)$,它的里面是二次函数 $u=x^2$,外面是正弦函数 $y=\sin u$,这里二次函数的因变量 u 同时又是正弦函数的自变量 u,这就是一个复合函数.

定义 1.8.1　设函数 $y=f(u)$,$u=g(x)$,当函数 $y=f(u)$ 的定义域与函数 $u=g(x)$ 的值域有交集时,则称 $y=f[g(x)]$ 是由 $y=f(u)$ 和 $u=g(x)$ 构成的**复合函数**,其中 $y=f(u)$ 称为**外层函数**,$u=g(x)$ 称为**内层函数**,u 称为**中间变量**.

> **说明**
>
> (1) 不是任何两个函数都可以复合成一个函数,只有**外层函数的定义域与内层函数的值域有共同的部分**,复合函数才能存在.
>
> 如图 1.8.3 所示,如果外层函数 $y=f(u)$,$u\in D_f$ 和内层函数 $u=g(x)$,$x\in D$ 要组成复合函数,就必须保证外层函数 $y=f(u)$ 的定义域 D_f 与内层函数 $u=g(x)$ 的值域 R_g 有交集.
>
>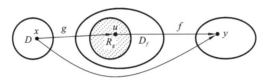
>
> **图 1.8.3**
>
> 例如,函数 $y=\arcsin u$ 和 $u=2+x^2$,因为 $y=\arcsin u$ 的定义域 $D=[-1,1]$,$u=2+x^2$ 的值域 $R_f=[2,+\infty)$,则两者没有公共部分,所以这两个函数不能构成复合函数.
>
> (2) 复合函数的概念可以推广到两个以上函数复合的情况. 例如 $y=\lg u$,$u=3+v^2$,$v=\cos x$ 构成的复合函数是 $y=\lg(3+\cos^2 x)$.

1.8.2　复合函数的分解

复合函数的分解就是由外到内把复合函数拆分成若干个相互衔接的简单函数. 这里的简单函数是指基本初等函数或由基本初等函数进行四则运算所构成的函数.

例 1.8.1　指出下列函数是由哪些简单函数复合而成的:

(1) $y=\sin\sqrt{x}$;　　　　　　　(2) $y=\mathrm{e}^{2x-1}$.

解　(1) $y=\sin\sqrt{x}$ 是由 $y=\sin u$,$u=\sqrt{x}$ 复合而成的;

(2) $y=\mathrm{e}^{2x-1}$ 是由 $y=\mathrm{e}^u$,$u=2x-1$ 复合而成的.

例 1.8.2　指出下列函数是由哪些简单函数复合而成的:

(1) $y=\cos^2 x$;　　　　　　　(2) $y=\cos x^2$.

解　(1) 注意 $y=\cos^2 x=(\cos x)^2$,所以 $y=\cos^2 x$ 是由 $y=u^2$,$u=\cos x$ 复合而成的;

(2) 注意 $y=\cos x^2=\cos(x^2)$,所以 $y=\cos x^2$ 是由 $y=\cos u$,$u=x^2$ 复合而成的.

复合函数的分解可以推广至三层以上的情形:对函数 $y=f\{g[h(x)]\}$,可以分解为 $y=f(u)$,$u=g(v)$,$v=h(x)$.可将复合函数分解的过程类比为俄罗斯套娃的拆分过程,如图 1.8.4 所示.

$y=f\{g[h(x)]\}$ $y=f(u)$ $u=g(v)$ $v=h(x)$

图 1.8.4

复合函数的分解过程可以总结为口诀：**由外向内，逐层展开，彻底分解，直至最简**.

数学文化

辩证法中的分析法是在思维过程中把研究对象分解为不同的组成部分、方面、特征等，对于它们分别加以研究，认识事物的各个方面，从中找出事物的本质.运用分析法将复合函数逐层分解为简单函数，使函数的组成和结构更清晰，便于系统地运用.例如，求复合函数的导数，就需要运用复合函数的分解.

例 1.8.3 指出下列电工学中函数是由哪些简单函数复合而成的：

(1) $i(t)=e^{-2t}$；   (2) $s(t)=\sin\left(2\pi t+\dfrac{\pi}{3}\right)$；

(3) $R(\delta)=e^{-0.115\delta}$；   (4) $\varepsilon(r)=\arcsin(1-r^2)$.

注 自变量不一定要用 x 表示.

解 (1) $i(t)=e^{-2t}$ 是由 $i=e^u$，$u=-2t$ 复合而成的；

(2) $s(t)=\sin\left(2\pi t+\dfrac{\pi}{3}\right)$ 是由 $s=\sin u$，$u=2\pi t+\dfrac{\pi}{3}$ 复合而成的；

(3) $R(\delta)=e^{-0.115\delta}$ 是由 $R=e^u$，$u=-0.115\delta$ 复合而成的；

(4) $\varepsilon(r)=\arcsin(1-r^2)$ 是由 $\varepsilon=\arcsin u$，$u=1-r^2$ 复合而成的.

1.8.3 基本初等函数

高等数学将基本初等函数归为五类：幂函数、指数函数、对数函数、三角函数、反三角函数.

定义 1.8.2 一般地，由基本初等函数经过有限次四则运算和有限次复合运算构成并可以用一个式子表示的函数，称为**初等函数**.

例如，$y=\sqrt{1-x^2}$，$y=e^{\sin\frac{1}{x}}$ 等都是初等函数.

1.8.4 分段函数

前面讨论的函数在其定义域内都是**只用一个解析式表示**的函数，但在工程技术中经常会出现这样的函数，在其定义域的不同子集上**用不同的解析式表示**，这样的函数称为**分段函**

数. 要注意的是,尽管分段函数包含几个表达式,但它是一个函数,不能说成是几个函数.

下面介绍几个常用的分段函数.

1. 绝对值函数

绝对值函数可表示为

$$y=|x|=\begin{cases} x, & x\geqslant 0, \\ -x, & x<0, \end{cases}$$

它的定义域为 **R**,值域为 $[0,+\infty)$,函数图象如图 1.8.5 所示.

2. 取整函数

取整函数

$$y=[x],$$

其中,$[x]$ 表示取不超过 x 的最大整数. 例如:$[0.3]=0,[5.9]=5,[-1.352]=-2$. 它的定义域为 **R**,值域为 **Z**(全体整数),其函数图象如图 1.8.6 所示,它是由无穷多条与 x 轴平行的长度为 1 的线段组成的阶梯形,每一线段左端是实心点,右端是空心点.

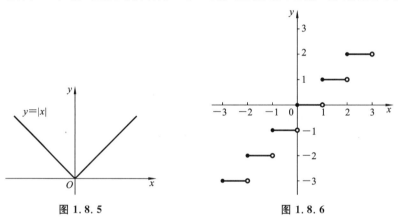

图 1.8.5　　　　　　　　图 1.8.6

知识拓展

　　周岁,是国际通用的年龄计算方式,它计算的是出生后已经度过的时间长度. 若某人是 2000 年 8 月 15 日出生的,到 2015 年 5 月 15 日,他的准确年龄是 14 岁 9 个月,9 个月相当于 0.75 年,所以这个人的准确年龄可以表示为

$$x=14.75(年).$$

　　对这个年龄**取整**,去掉月份,得

$$y=[x]=[14.75]=14 （年）,$$

就得到周岁年龄为 14 周岁.

　　还是这个人,到 2015 年 11 月 15 日,他的准确年龄是 15 岁 3 个月,即

$$x=15.25 （年）.$$

　　对这个年龄**取整**,去掉月份,得

$$y=[x]=[15.25]=15 （年）,$$

就得到周岁年龄 15 周岁.

3. 符号函数

符号函数

$$y = \text{sgn}\, x = \begin{cases} 1, & x > 0, \\ 0, & x = 0, \\ -1, & x < 0, \end{cases}$$

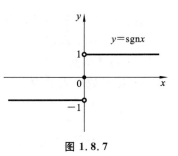

图 1.8.7

它的定义域是 **R**,值域是三个数的集合 $\{-1, 0, 1\}$. 当自变量分别取正数、零、负数时,函数值分别为 $1, 0, -1$,函数图象如图 1.8.7 所示. 符号函数是一种逻辑函数,其作用是判断实数的正负.

知识拓展

蔡氏电路是一种非线性电路,1983 年由学者蔡少棠发明,第一次在混沌理论和混沌电路之间架起桥梁,它们的结合具有明确的工程背景. 蔡氏电路的核心是一个称为"蔡氏二极管"的分段线性电阻.

一种改进的基于符号函数的蔡氏电路中,蔡氏二极管的状态方程为

$$f(x) = m_1 x + (m_0 - m_1)\text{sgn}\, x,$$

其中就包含了符号函数 $\text{sgn}\, x$. 符号函数的物理电路图如图 1.8.8 所示.

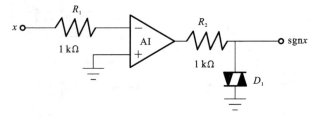

图 1.8.8

例 1.8.4 设分段函数 $f(x) = \begin{cases} x^2, & -2 \leqslant x < 0, \\ 2, & x = 0, \\ 1+x, & 0 < x \leqslant 3. \end{cases}$

(1) 确定函数的定义域,并画出函数图象;

(2) 计算 $f(-1)$,$f(0)$,$f(2)$.

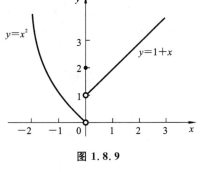

图 1.8.9

解 (1) 函数的定义域 $D = [-2, 3]$,函数图象如图 1.8.9 所示;

(2) 因为当 $-2 \leqslant x < 0$ 时,$f(x) = x^2$,所以 $f(-1) = (-1)^2 = 1$.

同理,可得 $f(0) = 2$,$f(2) = 1 + 2 = 3$.

例 1.8.5 某城市的出租车计价方法为:3 km 以内按起步价收 8 元,超过 3 km 后,超过部分每公里为 1.40 元,求车费与里程之间的函数关系.

解 设车费和里程分别用因变量 F 和自变量 s 表示,则由题意可以列出函数关系:

$$F(s)=\begin{cases} 8, & 0<s\leq3, \\ 8+1.40(s-3), & s>3. \end{cases}$$

例 1.8.6　为了鼓励人们节约用电,电力公司对居民用电按阶梯方式收取电费. 表 1.8.1 是某省居民的月度用电阶梯价格,试写出该省居民月度用电的费用函数.

表 1.8.1

月用电量/(kW·h)	电价/(元/(kW·h))
50 及以下的部分	0.288
超过 50 至 200 的部分	0.318
超过 200 的部分	0.388

解　由题意知,该省居民月度用电应缴的电费是用电量的分段函数,设某居民某次缴费时的用电量为 x,应缴费用为 y,则有

当 $x\leq50$ 时,$y=0.288x$.

当 $50<x\leq200$ 时,$y=(x-50)\times0.318+50\times0.288=0.318x-1.5$.

当 $x>200$ 时,

$$y=(x-200)\times0.388+(200-50)\times0.318+50\times0.288=0.388x-15.5,$$

综上所述,

$$y=\begin{cases} 0.288x, & x\leq50, \\ 0.318x-1.5, & 50<x\leq200, \\ 0.388x-15.5, & x>200. \end{cases}$$

习　题　1.8

习题答案

一、知识强化

1. 指出下列函数是由哪些简单函数复合而成:

(1) $y=\sqrt{3x-1}$；

(2) $y=(1+2x)^3$；

(3) $y=e^{2x}$；

(4) $y=\ln(3x+1)$；

(5) $y=\sin(1+2x)$；

(6) $y=\cos(2x^2-1)$；

(7) $y=\cos^2 x$；

(8) $y=\cos x^2$；

(9) $y=(1+\ln x)^5$；

(10) $y=\arctan(e^x)$；

(11) $y=\ln\sin x$；

(12) $y=2^{(x^2+1)}$；

(13) $y=\tan^2(5x+7)$；

(14) $y=\cot\left(3x+\dfrac{\pi}{2}\right)^2$.

2. 设 $f(x)=\begin{cases} 3x, & -1<x<1, \\ 2, & x=1, \\ 3x^2, & 1<x<2, \end{cases}$ 求 $f(0),f(1),f\left(\dfrac{3}{2}\right)$.

3. 设函数 $f(t)=\begin{cases} t+2, & t<0, \\ t^x, & 0\leqslant t<2, \\ (t-2)^2, & t\geqslant 2, \end{cases}$ 求 $f(-4),f(1),f(2)$.

4 求下列复合函数的值：

(1) 若 $f(x)=\dfrac{1}{1-x}$，求 $f[f(x)]$；

(2) 设 $\varphi(t)=t^3+1$，求 $\varphi(t^2),[\varphi(t)]^2$.

5. 将函数 $y=5-[2x-1]$ 用分段函数表示，并画出函数的图形.

二、专业应用

1. 指出下列电工课程中的函数是由哪些简单函数复合而成的：

(1) $i(t)=e^{-5t+1}$；　　(2) $s(t)=\cos^2\left(2\pi t+\dfrac{\pi}{3}\right)$；　　(3) $\varepsilon(r)=\arccos(1-2r^2)$.

2. 已知某正弦交流电的电流为 $i(t)=220\sin\left(50t+\dfrac{\pi}{2}\right)$，将电流表达式分解.

3. 已知某雷达的最大探测距离为 $R'(a)=330e^{-0.115\delta a}$，将距离表达式分解.

单元测试

第 2 章 高 等 数 学

与初等数学研究的是常量和匀变量有所不同,高等数学研究的是非匀变量,具有高度的抽象性、严密的逻辑性和广泛的应用性,能够深入地揭示事物的本质规律.极限思想贯穿于微积分学,它来自生产实践中对精确值的求解.以极限概念为基础建立、发展起来的微积分学是高等数学的主要内容.本章主要讨论极限、导数、微分、不定积分、定积分等一元函数的微积分知识,以及相关专业、军事中的应用,在此基础上讨论微分方程和无穷级数.

2.1 函数的极限与连续

本节资源

德国数学家赫尔曼·外尔(图 2.1.1)说过:"数学是无穷的科学."极限能够展示数学中无穷的可能,掌握极限就掌握了数学的精髓.极限是学习微积分的基础,也是微积分的重要工具,其思想和方法贯穿整个微积分.

2.1.1 数列的极限

定义 2.1.1 按照一定规律,以自然数顺序排成的一列数

$$a_1, a_2, a_3, \cdots, a_n, \cdots$$

称为**数列**,记为 $\{a_n\}$.

图 2.1.1

数列里的每一个数称为数列的项,第一个位置上的数称为第一项,第二个位置上的数称为第二项,以此类推,第 n 个位置上的数称为第 n 项.如果数列的第 n 项 a_n 可以用一个关于 n 的公式表示,那么 a_n 称为数列的**通项**,这个公式称为数列的**通项公式**.如数列 $-\dfrac{1}{2}$, $\dfrac{1}{4}$, $-\dfrac{1}{8}$, $\cdots$, $\left(-\dfrac{1}{2}\right)^n$, $\cdots$ 的通项公式为 $a_n = \left(-\dfrac{1}{2}\right)^n$.

极限思想产生于某些实际问题的精确值,在数学灿烂的历史长河中有很多典型范例.

引例 1(分割木棰) 我国古代思想家庄子(图 2.1.2)的著作《庄子·天下》中记载了他的一位朋友惠施提出的一个命题:"一尺之棰,日取其半,万世不竭."其意思是长度为一尺的木杖,今天截取一半,明天截取剩下部分的一半,后天再截取剩下部分的一半,如此反复下去,总有一半留下,所以永远截取不完.墨子(图 2.1.3)说:"非半弗,则不动,说在端."意思是,将一线段按一半一半地无限分割下去,就必将出现一个不能再分割的"非

半",这个"非半"就是点.

图 2.1.2 图 2.1.3

用数学表述庄子的这个命题,将木杖的长度记为 1,截取一半,长度变为 1/2,再截取一半,长度变为 1/4,再截取一半,长度变为 1/8,如此反复下去,就得到一个数列:

$$1, \frac{1}{2}, \frac{1}{4}, \frac{1}{8}, \frac{1}{16}, \cdots,$$

或者写成

$$1, \frac{1}{2}, \frac{1}{2^2}, \frac{1}{2^3}, \frac{1}{2^4}, \cdots, \frac{1}{2^n}, \cdots,$$

记作数列 $a_n = \frac{1}{2^n} (n \in \mathbf{N})$,下标 n 表示截取木杖的次数.

可以观察到,随着 n 不断增大,记作 $n \to \infty$,数列 a_n 不断变小,越来越接近于常数 0,即有 $a_n \to 0$,于是我们称**常数 0 为数列** $\{a_n = \frac{1}{2^n}\}$ 当 $n \to \infty$ **时的极限**,记作

$$\lim_{n \to \infty} a_n = \lim_{n \to \infty} \frac{1}{2^n} = 0 \quad \text{或} \quad a_n = \frac{1}{2^n} \to 0 \quad (n \to \infty).$$

引例 2(割圆术) 计算圆的面积是一个古老而悠久的数学问题,历史上很多数学家对此作出了研究.公元 3 世纪,我国魏晋时期的数学家刘徽创立的"割圆术",创造性地将极限思想应用到数学领域.

令圆的半径为 1,先作圆的内接正六边形,如图 2.1.4 所示,其面积记为 A_1;再作内接正十二边形,其面积记为 A_2,一次次进行下去,作出圆的一系列内接正 $3 \times 2^n (n \in \mathbf{N})$ 边形,面积分别记为

$$A_1, A_2, A_3, \cdots, A_n, \cdots,$$

从而得到一个正多边形面积的数列.

刘徽说:"割之弥细,所失弥少,割之又割,以至于不可割,则与圆合体,而无所失矣."意思是,随着分割次数 n 的不断增加,内接正多边形的边数也不断增加,内接正多边形与圆的差异就越小,其面积 A_n 就越来越接近于圆的面积 S.我们现在知道,圆的面积公式为 $S = \pi r^2$,当 $r = 1$ 时,$S = \pi$,于是我们称**圆面积 π 为内接正多边形面积数列 $\{A_n\}$ 当 $n \to \infty$ 时的极限**,记作

$$\lim_{n \to \infty} A_n = \pi \quad \text{或} \quad A_n \to \pi \quad (n \to \infty).$$

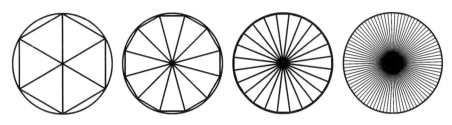

图 2.1.4

计算出内接正 3×2^n 边形的面积,就得到了圆周率 π 的近似值. 刘徽用这一方法,给出了 π 的取值介于 3.1415 和 3.1416 之间,这是我国古代一个了不起的数学成就,比欧洲数学家得到类似结果早了 1000 多年.

例 2.1.1 观察数列 $a_n = \dfrac{1}{n}$,考察 $n \to \infty$ 时数列的变化趋势.

解 写出数列的各项:

$$a_1 = 1, a_2 = \frac{1}{2}, a_3 = \frac{1}{3}, \cdots, a_{100} = \frac{1}{100}, \cdots.$$

如图 2.1.5 所示,随着 $n \to \infty$,数列 a_n 不断变小,即有 $a_n \to 0$. 于是我们称**常数** 0 **为数列** $\{a_n = \dfrac{1}{n}\}$ **当** $n \to \infty$ **时的极限**,记作 $\lim\limits_{n \to \infty} \dfrac{1}{n} = 0$.

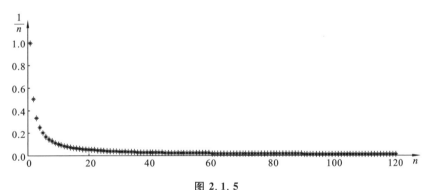

图 2.1.5

定义 2.1.2 对于数列 $\{x_n\}$,当 n 无限增大时,若数列的一般项 x_n 无限地接近于某一确定的数 a,则称常数 a 是数列 $\{x_n\}$ 的极限,或称数列 $\{x_n\}$ 收敛于 a,记作 $\lim\limits_{n \to \infty} x_n = a$;若数列没有极限,则称数列是发散的.

例 2.1.2 观察下列数列的极限:

(1) $x_n = 1 + \dfrac{(-1)^{n+1}}{n}$;   (2) $x_n = 0.\underbrace{99\cdots9}_{n \text{个}}$;   (3) $x_n = n^2$.

解 观察上述数列通项当 $n \to \infty$ 时的变化趋势,其极限分别是

(1) $\lim\limits_{n \to \infty} x_n = \lim\limits_{n \to \infty} \left(1 + \dfrac{(-1)^{n+1}}{n}\right) = 1$;

(2) $\lim\limits_{n \to \infty} x_n = \lim\limits_{n \to \infty} \left(1 - \dfrac{1}{10^n}\right) = 1$;

（3）由于当 $n \to \infty$ 时，$n^2 \to \infty$，所以数列 $x_n = n^2$ 的极限不存在．

严格的数学定义如下：

定义 2.1.3　如果对于任意给定的正数 ε（不论多么小），总存在正整数 N，使得对于 $n > N$ 的一切 x_n，都有不等式 $|x_n - A| < \varepsilon$ 成立，则称常数 A 是数列 $\{x_n\}$ 的**极限**，或者称数列 $\{x_n\}$ **收敛**于 A，记为

$$\lim_{n \to \infty} x_n = A \quad 或 \quad x_n \to A, (n \to \infty).$$

如果数列没有极限，则称数列是**发散**的．

> **说明**
>
> 　　数列其实是一种特殊的函数，它以自然数 n 为自变量，写成函数形式就是 $f(n) = a_n$．对于数列 $\left\{ f(n) = \dfrac{1}{n} \right\}$，将自变量 n 改写成实数 x，数列就变成了函数 $f(x) = \dfrac{1}{x}$，相应 $n \to \infty$ 就变成了 x 取正值且无限增大，记为 $x \to +\infty$．对于函数 $f(x) = \dfrac{1}{x}$（$x > 0$），当 $x \to +\infty$ 时，也有极限的概念．

2.1.2　函数的极限

　　19 世纪，法国数学家柯西（图 2.1.6）比较完整地阐述了极限概念及其理论，他在《分析教程》中指出："当一个变量逐次所取的值无限趋于一个定值，最终使变量的值与该定值之差要多小就多小，这个定值就叫做所有其他值的极限值."通过自变量的改变，相应函数值无限地趋近于某个定值，这个定值就是函数的极限．

图 2.1.6

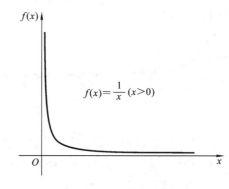

图 2.1.7

1．$x \to +\infty$ 时函数的极限

　　引例 3　观察函数 $f(x) = \dfrac{1}{x}$（$x > 0$）的图象（图 2.1.7），当 x 无限增大时，函数曲线向右无限延伸，无限接近于 x 轴，也就是函数值无限趋近于常数 0，于是称常数 0 为函数 $f(x) = \dfrac{1}{x}$（$x > 0$）当 $x \to +\infty$ 时的极限，记作

$$\lim_{x \to +\infty} f(x) = \lim_{x \to +\infty} \frac{1}{x} = 0.$$

由此给出以下定义:

定义 2.1.4 设函数 $f(x)$ 在 x 大于某个正数时有定义,当 x 无限增大时,函数 $f(x)$ 的值无限趋近于某个确定的常数 A,则称 A 为函数 $f(x)$ **当 $x \to +\infty$ 时的极限**,记为

$$\lim_{x \to +\infty} f(x) = A \quad \text{或} \quad f(x) \to A \quad (x \to +\infty).$$

2. $x \to -\infty$ 时函数的极限

引例 4 继续讨论函数 $f(x) = \frac{1}{x}$. 当 $x < 0$ 时, $f(x)$ 也有定义,函数图象如图 2.1.8 所示. 可以看到,**当 x 取负值而绝对值无限增大时**(记为 $x \to -\infty$),函数曲线向左方无限延伸,无限接近 x 轴,也就是函数值无限趋近于常数 0,于是称常数 0 为函数 $f(x) = \frac{1}{x}$ $(x < 0)$ 当 $x \to -\infty$ 时的极限,记作

$$\lim_{x \to -\infty} f(x) = \lim_{x \to -\infty} \frac{1}{x} = 0.$$

由此给出以下定义:

定义 2.1.5 设函数 $f(x)$ 在 x 小于某个负数时有定义,当自变量 x 取负值而绝对值无限增大时,函数 $f(x)$ 的值无限趋近于某个确定的常数 A,则称 A 为函数 $f(x)$ **当 $x \to -\infty$ 时的极限**,记为

$$\lim_{x \to -\infty} f(x) = A \quad \text{或} \quad f(x) \to A \quad (x \to -\infty).$$

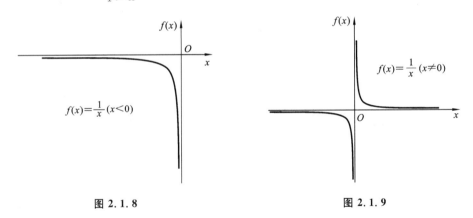

图 2.1.8　　　　　　　　　　　图 2.1.9

3. $x \to \infty$ 时函数的极限

引例 5 进一步讨论函数 $f(x) = \frac{1}{x}$. 事实上,当 $x \neq 0$ 时, $f(x)$ 都有定义,函数图象如图 2.1.9 所示. 可以看到,**无论 x 的正负,当 $|x|$ 无限增大时**,函数曲线向左方和右方无限延伸,无限接近 x 轴,也就是函数值无限趋近于常数 0,于是称常数 0 为函数 $f(x) = \frac{1}{x}$ $(x \neq 0)$ 当 $x \to \infty$ 时的极限,记作

$$\lim_{x \to \infty} f(x) = \lim_{x \to \infty} \frac{1}{x} = 0.$$

由此给出以下定义：

定义 2.1.6 设函数 $f(x)$ 在 $|x|$ 大于某个正数时有定义,当 $|x| \to +\infty$ 时,函数 $f(x)$ 的值无限趋近于相同的常数 A,则称 A 为函数 $f(x)$ 当 $x \to \infty$ 时的极限,记为

$$\lim_{x \to \infty} f(x) = A \quad \text{或} \quad f(x) \to A \quad (x \to \infty).$$

例 2.1.3 观察函数 $f(x) = \dfrac{x}{x+1}$ 的图象(图 2.1.10),考察 $x \to \infty$ 时 $f(x)$ 的极限.

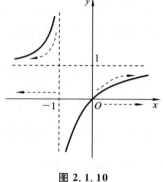

图 2.1.10

解 可以看到,当 $|x| \to +\infty$ 时,函数曲线向左方和右方无限延伸,无限接近水平直线 $y = 1$,也就是函数值无限趋近于常数 1,所以常数 1 为 $f(x) = \dfrac{x}{x+1}$ 当 $x \to \infty$ 时的极限.

说明

$x \to \infty$ **这一变化方式是任意的**,也就是说,无论 x 的取值、正负如何任意地变化,只要满足 $|x| \to +\infty$,就有 $x \to \infty$ 成立. 这一点请特别注意理解.

另一方面,$x \to \infty$ 这个**任意的变化方式**中,当然就包含了 $x \to +\infty$ 和 $x \to -\infty$ 两种**特殊的方式**. 根据这两种特殊情况的极限是否存在,可以判断 $x \to \infty$ 时函数的极限是否存在,判断方法由下面定理给出.

定理 2.1.1 当 $x \to \infty$ 时,函数 $f(x)$ 的极限为 A 的充分必要条件是

$$\lim_{x \to +\infty} f(x) = \lim_{x \to -\infty} f(x) = A.$$

定理 2.1.1 告诉我们,在自变量 $x \to +\infty$ 和 $x \to -\infty$ 两种变化趋势下,函数必须有**相同的极限**,才有 $\lim\limits_{x \to \infty} f(x)$ 存在. 如果 $\lim\limits_{x \to +\infty} f(x)$ **不存在**,或者 $\lim\limits_{x \to -\infty} f(x)$ **不存在**,或者两个极限虽然存在但**不相等**,则 $\lim\limits_{x \to \infty} f(x)$ 不存在.

如在例 2.1.3 中,$\lim\limits_{x \to +\infty} \dfrac{x}{x+1} = \lim\limits_{x \to -\infty} \dfrac{x}{x+1} = 1$,所以根据定理 2.1.1,可得 $\lim\limits_{x \to \infty} \dfrac{x}{x+1} = 1$.

数学文化

当 $x \to \infty$ 时,函数 $f(x)$ 的极限为 A,诠释的是无限接近的过程.这启示我们,每个人追逐梦想的时候,要不忘初心,砥砺前行,无限接近,方得始终.我们要设定自己人生的目标,精力集中到一点,确定正确的路径,并为此付出不懈的努力,一步一步靠近梦想.

例 2.1.4 观察 $f(x) = \arctan x$ 的图象(图 2.1.11),考察 $x \to \infty$ 时 $f(x)$ 的极限.

解 (1) 当 $x \to +\infty$ 时,函数曲线向右上方无限延伸,无限接近渐近线 $y = \dfrac{\pi}{2}$,也就是

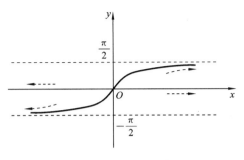

图 2.1.11

函数值无限趋近于常数 $\dfrac{\pi}{2}$，所以 $\lim\limits_{x \to +\infty} \arctan x = \dfrac{\pi}{2}$.

（2）当 $x \to -\infty$ 时，函数曲线向左下方无限延伸，无限接近渐近线 $y = -\dfrac{\pi}{2}$，也就是函数值无限趋近于常数 $-\dfrac{\pi}{2}$，所以 $\lim\limits_{x \to -\infty} \arctan x = -\dfrac{\pi}{2}$.

（3）因为 $x \to +\infty$ 和 $x \to -\infty$ 时函数的极限不相等，所以根据定理判断，$\lim\limits_{x \to \infty} \arctan x$ 不存在.

4. $x \to x_0$ 时函数的极限

除了可以考察 $x \to \infty$ 时函数的极限外，对于定义域里的一点 x_0，还可以考察 $x \to x_0$ 时函数的极限.

引例 6　观察函数 $f(x) = x^2 - 4x + 4$ 的图象（图 2.1.12），已知 $x = 2$ 时 $f(2) = 0$，当 $x \to 2$ 时，函数值 $f(x)$ 越来越接近常数 0，所以有 $\lim\limits_{x \to 2}(x^2 - 4x + 4) = 0$.

由此给出 $x \to x_0$ 时函数极限的定义.

定义 2.1.7　设函数 $f(x)$ 在点 x_0 的某去心邻域内有定义，若 $x \to x_0$ 时，$f(x)$ 的值无限趋近于常数 A，则**称 A 为 $f(x)$ 当 $x \to x_0$ 时的极限**，记为

$$\lim_{x \to x_0} f(x) = A \quad \text{或} \quad f(x) \to A \quad (x \to x_0).$$

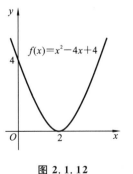

图 2.1.12

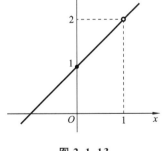

图 2.1.13

例 2.1.5　观察 $f(x) = \dfrac{x^2 - 1}{x - 1}$ 的图象（图 2.1.13），考察 $x \to 1$ 时 $f(x)$ 的极限.

解　该函数实际是 $f(x) = x + 1(x \neq 1)$，可见，当 $x = 1$ 时，函数无定义，但当 $x \to 1$

时,函数值无限趋近于常数 2,所以 $\lim\limits_{x \to 1} \dfrac{x^2-1}{x-1} = 2$.

从例 2.1.5 我们可以看到,$x \to x_0$ 时函数的极限是否存在,与函数在点 x_0 处有无定义没有关系,与函数在点 x_0 处函数值的大小也没有关系.

5. 左极限和右极限

$x \to x_0$ 表示 x 以任意的方式趋于 x_0,而在某些情形中,会限定 x 从 x_0 的左侧($x < x_0$ 这一侧)无限趋近于 x_0,记为 $x \to x_0^-$;或者限定 x 从 x_0 的右侧($x > x_0$ 这一侧)无限趋近于 x_0,记为 $x \to x_0^+$,由此给出左极限和右极限的定义.

定义 2.1.8 若 $x \to x_0^-$ 时,函数 $f(x)$ 的值无限趋近于常数 A,则称 A 为 $f(x)$ 当 $x \to x_0^-$ 时的**左极限**,记为

$$\lim_{x \to x_0^-} f(x) = A \quad \text{或} \quad f(x) \to A \quad (x \to x_0^-).$$

定义 2.1.9 若 $x \to x_0^+$ 时,函数 $f(x)$ 的值无限趋近于常数 A,则称 A 为 $f(x)$ 当 $x \to x_0^+$ 时的**右极限**,记为

$$\lim_{x \to x_0^+} f(x) = A \quad \text{或} \quad f(x) \to A \quad (x \to x_0^+).$$

定理 2.1.2 当 $x \to x_0$ 时,函数 $f(x)$ 的极限为 A 的充分必要条件是 $f(x)$ 在 x_0 的**左极限和右极限都存在且相等**,即

$$\lim_{x \to x_0^-} f(x) = \lim_{x \to x_0^+} f(x) = A.$$

> **说明**
>
> 定理 2.1.2 告诉我们,在自变量 $x \to x_0^-$ 和 $x \to x_0^+$ 两种变化趋势下,函数必须有相同的极限才有 $\lim\limits_{x \to x_0} f(x)$ 存在. 如果**左极限** $\lim\limits_{x \to x_0^-} f(x)$ **不存在**,或者**右极限** $\lim\limits_{x \to x_0^+} f(x)$ **不存在**,或者左右极限虽然存在但**不相等**,则 $\lim\limits_{x \to x_0} f(x)$ 不存在.

例 2.1.6 判断分段函数 $f(x) = \begin{cases} 1-x, & x \neq 0 \\ 2, & x = 0 \end{cases}$ 当 $x \to 0$ 时是否有极限.

解 函数图象如图 2.1.14 所示. 观察函数图象的变化趋势可得:

左极限 $\lim\limits_{x \to 0^-} f(x) = \lim\limits_{x \to 0^-} (1-x) = 1$,

右极限 $\lim\limits_{x \to 0^+} f(x) = \lim\limits_{x \to 0^+} (1-x) = 1$.

根据定理 2.1.2,左右极限都存在且相等,所以 $\lim\limits_{x \to 0} f(x) = \lim\limits_{x \to 0} (1-x) = 1$.

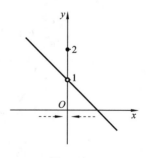

图 2.1.14

注 (1) 此时函数在 $x = 0$ 处的函数值为 2,与极限值不相等,但这不影响函数的极限存在.

(2) 对于分段函数,在考察分段点处的极限时,通常要分别求出左极限和右极限,然后根据定理 2.1.2 判断极限是否存在.

知识拓展

在电工技术基础课中,当 RC 电路发生谐振时,电路相当于一个电阻.

谐振角频率公式为

$$\omega_0 = \frac{1}{\sqrt{LC}}\sqrt{1-\frac{1}{Q^2}},$$

其中,L 为电感,C 为电容,R 为电阻,Q 为品质因数.

实际中线圈的电阻很小,$Q \gg 1$,则

$$\frac{1}{Q} \to 0, \quad \sqrt{1-\frac{1}{Q^2}} \to 1,$$

则 ω_0 的极限趋于 $\frac{1}{\sqrt{LC}}$.

由于谐振频率 $f_0 = \frac{\omega_0}{2\pi}$,所以 $\omega_0 \approx \frac{1}{\sqrt{LC}}$,$f_0 \approx \frac{1}{2\pi\sqrt{LC}}$.

例 2.1.7　在电工学中,石英谐振器可以等效为一个串联谐振回路和一个并联谐振回路.它有两个容性区和一个感性区,并有两个谐振频率 f_s 和 f_p.f_s 称为串联谐振频率,是电感 L_q 与电容 C_q 发生串联谐振时的频率;f_p 称为并联谐振频率,是电感 L_q 与电容 C_0 发生并联谐振时的频率.石英谐振器的串联谐振频率和并联谐振频率可以分别写为

$$f_s = \frac{1}{2\pi\sqrt{L_q C_q}}, \quad f_p = \frac{1}{2\pi\sqrt{L_q \dfrac{C_0 C_q}{C_0 + C_q}}}.$$

请推导这两者之间的关系 ($C_0 \gg C_q$).

解　因 $f_p = \dfrac{1}{2\pi\sqrt{L_q \dfrac{C_0 C_q}{C_0 + C_q}}}$,$f_s = \dfrac{1}{2\pi\sqrt{L_q C_q}}$,故可以化简为 $f_p = \dfrac{f_s}{\sqrt{\dfrac{C_0}{C_0 + C_q}}}$.

由于 $C_0 \gg C_q$,则 $\dfrac{C_q}{C_0} \to 0$,所以 $\dfrac{1}{\sqrt{\dfrac{C_0}{C_0 + C_q}}} \to 1$,即 f_s,f_p 很接近.

注意　石英晶体通常工作在 f_s 与 f_p 之间的感性区间,在该区间内石英晶体的电抗特性极其陡峭,石英晶体对频率变化的自动调节灵敏度极高,这里体现了数学的极限思想.

2.1.3　函数极限的运算

定理 2.1.3　设 $\lim\limits_{x \to x_0} f(x) = A$,$\lim\limits_{x \to x_0} g(x) = B$,则有

(1) $\lim\limits_{x \to x_0} [f(x) \pm g(x)] = \lim\limits_{x \to x_0} f(x) \pm \lim\limits_{x \to x_0} g(x) = A \pm B$;

(2) $\lim\limits_{x \to x_0} [f(x) \cdot g(x)] = \lim\limits_{x \to x_0} f(x) \cdot \lim\limits_{x \to x_0} g(x) = AB$;

(3) $\lim\limits_{x \to x_0} \dfrac{f(x)}{g(x)} = \dfrac{\lim\limits_{x \to x_0} f(x)}{\lim\limits_{x \to x_0} g(x)} = \dfrac{A}{B}$，这里要求 $B \neq 0$.

根据定理 2.1.3 易知，有限个函数的代数和的极限等于各自极限的代数和. 特别地，设 n 为大于 0 的自然数，k 为常数，则有

(1) $\lim\limits_{x \to x_0} [f(x)]^n = [\lim\limits_{x \to x_0} f(x)]^n = A^n$；

(2) $\lim\limits_{x \to x_0} kf(x) = k \lim\limits_{x \to x_0} f(x) = kA$.

例 2. 1. 8　求 $\lim\limits_{x \to 1}(3x^2 + 2x - 1)$.

解　$\lim\limits_{x \to 1}(3x^2 + 2x - 1) = \lim\limits_{x \to 1} 3x^2 + \lim\limits_{x \to 1} 2x - 1 = 3 + 2 - 1 = 4$.

例 2. 1. 9　求 $\lim\limits_{x \to 2} \dfrac{x^3 - 1}{x^2 - 5x + 3}$.

解　$\lim\limits_{x \to 2} \dfrac{x^3 - 1}{x^2 - 5x + 3} = \dfrac{\lim\limits_{x \to 2}(x^3 - 1)}{\lim\limits_{x \to 2}(x^2 - 5x + 3)} = \dfrac{2^3 - 1}{2^2 - 5 \times 2 + 3} = -\dfrac{7}{3}$.

$x \to \infty$ 时，分子、分母都是多项式函数，趋于无穷大，称为 $\dfrac{\infty}{\infty}$ **型极限**，求解方法是降幂，将分子和分母函数除以 x 的最高次幂，转化为无穷小后再计算.

例 2. 1. 10　求 $\lim\limits_{x \to \infty} \dfrac{3x^3 + x^2 + 2}{7x^3 + 5x^2 - 3}$.

解　将分子、分母分别除以 x^3，得

$$\lim\limits_{x \to \infty} \dfrac{3x^3 + x^2 + 2}{7x^3 + 5x^2 - 3} = \lim\limits_{x \to \infty} \dfrac{3 + \dfrac{1}{x} + \dfrac{2}{x^3}}{7 + \dfrac{5}{x} - \dfrac{3}{x^3}} = \dfrac{3}{7}.$$

例 2. 1. 11　求 $\lim\limits_{n \to \infty} \left(\dfrac{1}{n^2} + \dfrac{2}{n^2} + \cdots + \dfrac{n}{n^2} \right)$.

分析　当 $n \to \infty$ 时，上式是无限项之和，不能直接应用极限运算法则，可以先将函数求和后再求极限.

解　$\lim\limits_{n \to \infty} \left(\dfrac{1}{n^2} + \dfrac{2}{n^2} + \cdots + \dfrac{n}{n^2} \right) = \lim\limits_{n \to \infty} \dfrac{1 + 2 + \cdots + n}{n^2} = \lim\limits_{n \to \infty} \dfrac{n(n+1)}{2n^2} = \dfrac{1}{2}$.

知识拓展

如图 2.1.15 所示的并联电路，两个电阻分别为 R_1 和 R_2，则并联电路的总电阻是 $R = \dfrac{R_1 R_2}{R_1 + R_2}$.

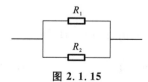

图 2. 1. 15

例 2.1.12 如图 2.1.15 所示的电阻并联电路,问当 R_1 不变,$R_2 \to +\infty$ 时,总电阻 R 的极限是多少?

解 $\lim\limits_{R_2 \to +\infty} R = \lim\limits_{R_2 \to +\infty} \dfrac{R_1 R_2}{R_1 + R_2} = \lim\limits_{R_2 \to +\infty} \dfrac{R_1}{\dfrac{R_1}{R_2}+1} = \dfrac{R_1}{\lim\limits_{R_2 \to +\infty} \dfrac{R_1}{R_2}+1} = \dfrac{R_1}{0+1} = R_1.$

物理意义:当 $R_2 \to +\infty$ 时,含 R_2 的这条电路不通,相当于开路,电流全部从 R_1 流过,所以总电阻 $R = R_1$.

2.1.4 两个重要的极限

1. 重要极限 I

$$\lim_{x \to 0} \frac{\sin x}{x} = 1.$$

当 $x \to 0$ 时,观察 $\dfrac{\sin x}{x}$ 值的变化,由于 $\dfrac{\sin x}{x}$ 是偶函数,在点 $x=0$ 的两侧情形一致,所以只需观察 x 取正数的情形,见表 2.1.1

表 2.1.1

x/rad	1	0.1	0.01	0.001
$\dfrac{\sin x}{x}$	0.84147098	0.99833417	0.9999334	0.9999984

从表 2.1.1 可看出,当 $x \to 0$ 时,$\dfrac{\sin x}{x} \to 1$,由函数极限的定义,有 $\lim\limits_{x \to 0} \dfrac{\sin x}{x} = 1$.

> **说明**
>
> 这种极限更一般的形式是:
> $$\lim_{x \to \Delta} \frac{\sin \varphi(x)}{\varphi(x)} = \lim_{x \to \Delta} \frac{\varphi(x)}{\sin \varphi(x)} = 1,$$
> 其中 $\varphi(x)$ 表示自变量的函数,当 $x \to \Delta$ 时,$\varphi(x) \to 0$.

例 2.1.13 运用重要极限 I 求下列各极限:

(1) $\lim\limits_{x \to 0} \dfrac{\tan x}{x}$; (2) $\lim\limits_{x \to 0} \dfrac{\sin 2x}{3x}$; (3) $\lim\limits_{x \to 0} \dfrac{\sin 3x}{\sin 5x}$; (4) $\lim\limits_{x \to -1} \dfrac{x^3+1}{\sin(x+1)}$.

解 (1) $\lim\limits_{x \to 0} \dfrac{\tan x}{x} = \lim\limits_{x \to 0} \dfrac{\sin x}{x} \cdot \dfrac{1}{\cos x} = \lim\limits_{x \to 0} \dfrac{\sin x}{x} \cdot \lim\limits_{x \to 0} \dfrac{1}{\cos x} = 1$;

(2) $\lim\limits_{x \to 0} \dfrac{\sin 2x}{3x} = \lim\limits_{x \to 0} \left(\dfrac{2}{3} \cdot \dfrac{\sin 2x}{2x} \right) = \dfrac{2}{3} \lim\limits_{x \to 0} \dfrac{\sin 2x}{2x} = \dfrac{2}{3}$;

(3) $\lim\limits_{x \to 0} \dfrac{\sin 3x}{\sin 5x} = \lim\limits_{x \to 0} \left(\dfrac{\sin 3x}{3x} \cdot \dfrac{5x}{\sin 5x} \cdot \dfrac{3}{5} \right) = \dfrac{3}{5} \lim\limits_{x \to 0} \dfrac{\sin 3x}{3x} \cdot \lim\limits_{x \to 0} \dfrac{5x}{\sin 5x} = \dfrac{3}{5}$;

(4) $\lim\limits_{x \to -1} \dfrac{x^3+1}{\sin(x+1)} = \lim\limits_{x \to -1} \dfrac{(x+1)(x^2-x+1)}{\sin(x+1)}$

$\qquad\qquad = \lim\limits_{x \to -1} \dfrac{x+1}{\sin(x+1)} \cdot \lim\limits_{x \to -1} (x^2-x+1) = 3.$

2. 重要极限 Ⅱ

$$\lim_{x \to \infty}\left(1+\frac{1}{x}\right)^{x} = \mathrm{e}.$$

当 $x \to +\infty$ 和 $x \to -\infty$ 时,观察函数 $\left(1+\frac{1}{x}\right)^{x}$ 的值的变化,见表 2.1.2.

表 2.1.2

x	10	100	1000	10000	100000
$\left(1+\frac{1}{x}\right)^{x}$	2.50	2.705	2.717	2.718	2.71827
x	-10	-100	-1000	-10000	-100000
$\left(1+\frac{1}{x}\right)^{x}$	2.88	2.732	2.720	2.7183	2.71828

从表 2.1.2 可以看出,当 $x \to +\infty$ 和 $x \to -\infty$ 时,函数 $\left(1+\frac{1}{x}\right)^{x}$ 趋向一个定值,可以证明这个数是一个无理数,记为 $\mathrm{e} = 2.71828182\cdots$. 由函数极限的定义,即有 $\lim\limits_{x \to \infty}\left(1+\frac{1}{x}\right)^{x} = \mathrm{e}$.

当 $x \to 0$ 时,该重要极限的另一种形式是

$$\lim_{x \to 0}(1+x)^{\frac{1}{x}} = \mathrm{e}.$$

数学文化

　　e 与自然有着密不可分的联系,e 的产生来源于 17 世纪瑞士数学家雅各布·伯努利对复利的研究. 伯努利考虑:设有本金 1 元,年利率 100%,那一年之后的本息就是 2 元. 如果每半年存一次,相应半年利率为 50%,那过完上半年的本息是 1.5 元,继续存完下半年后的本息为 2.25 元.

　　如果进一步地增多存取次数,令存取的次数为 n,则每次的利率为 $\frac{1}{n}$,年收益为 $\left(1+\frac{1}{n}\right)^{n}$.

　　伯努利研究发现:随着存取的次数增多,收益在逐渐变大,使 n 进一步增大,趋近于无穷,虽然 $\left(1+\frac{1}{n}\right)^{n}$ 还会继续增加,但是不能无限增加,从而存在着一个极限. 很可惜这个极限伯努利也没有计算出来. 直到 1748 年,瑞士数学家欧拉计算出了这个极限的值,并用欧拉姓氏的首字母 e 给这个值命名.

2.1.5　无穷大与无穷小

　　英国数学家罗素说过:"过去关于数学无限小与无限大的许多纠缠不清的困难问题在今天的逐一解决,可能是我们这个时代必须夸耀的伟大成就之一". 在当时法国的数学家柯

西指出:当一个变量的数值无限地减小使之收敛到极限 0,就说这个变量称为"无穷小".

定义 2.1.10　在自变量 x 的某一变化过程中,如果函数 $f(x)$ 的极限为 0,则称函数 $f(x)$ 为该变化过程中的**无穷小**.

例如,由于 $\lim\limits_{x\to 1}(x-1)=0$,故函数 $f(x)=x-1$ 是 $x\to 1$ 时的无穷小. 又如,由于 $\lim\limits_{x\to\infty}\dfrac{1}{x}=0$,故 $\dfrac{1}{x}$ 是 $x\to\infty$ 时的无穷小.

无穷小指的是**极限为零的函数**(或**变量**),不是一个很小的数,不能将它与一个很小的数(如 $0.01,0.0001,10^{-10}$ 等)相混淆;但 0 是唯一可以看作无穷小的数,这是因为作为常函数 $f(x)\equiv 0$,则对任意的极限过程,都有 $\lim f(x)=0$.

定理 2.1.4　在自变量的同一变化过程中,则

(1) 有限个无穷小的代数和仍是无穷小;

(2) 有限个无穷小的乘积仍是无穷小;

(3) 常数与无穷小的乘积仍是无穷小;

(4) 有界函数与无穷小的乘积仍是无穷小.

例如,求 $\lim\limits_{x\to 0}x\sin\dfrac{1}{x}$. 当 $x\to 0$ 时,$\sin\dfrac{1}{x}$ 是有界函数 $\left(因\left|\sin\dfrac{1}{x}\right|\leqslant 1\right)$,而 x 是无穷小,所以 $\lim\limits_{x\to 0}x\sin\dfrac{1}{x}=0$.

知识拓展

由电工学知识,如果交流电的频率为 f,在电容器容值 C 不变的情况下,电容器容抗 X_C 和交流电频率 f 之间的函数关系是 $X_C=\dfrac{1}{2\pi fC}$,不难看出,随着频率 f 增大,容抗 X_C 减小,且有 $\lim\limits_{f\to\infty}X_C=\lim\limits_{f\to\infty}\dfrac{1}{2\pi fC}=0$,即当 $f\to\infty$ 时,$X_C=\dfrac{1}{2\pi fC}$ 为无穷小.

上述结果的实际意义是,当交流电频率很高时,容抗接近于零,即电容对高频交流电来说,可以看作是短路的,高频交流电可以直接通过.

不同的无穷小在自变量变化过程中趋近于 0 的快慢不同. 例如,在 $x\to 0$ 的过程中,$x^2\to 0$ 比 $x\to 0$"快些",$\sqrt[3]{x}\to 0$ 比 $x\to 0$"慢些",而 $\sin x\to 0$ 与 $x\to 0$"快慢相当". 因此,有必要进一步讨论两个无穷小之商的各种情况.

定义 2.1.11　设 α,β 是自变量 $x\to\Delta$ 过程中的两个无穷小:

(1) 若 $\lim\limits_{x\to\Delta}\dfrac{\beta}{\alpha}=0$,称 β 是比 α **高阶的无穷小**,记作 $\beta=o(\alpha)$;

(2) 若 $\lim\limits_{x\to\Delta}\dfrac{\beta}{\alpha}=c\neq 0$,$c$ 为常数,称 β 与 α 是**同阶无穷小**;

(3) 若 $\lim\limits_{x\to\Delta}\dfrac{\beta}{\alpha}=1$，称 β 与 α 是**等价无穷小**，记作 $\alpha\sim\beta$.

例如，因为 $\lim\limits_{x\to 0}\dfrac{2x^3}{x^2}=2\lim\limits_{x\to 0}x=0$，所以当 $x\to 0$ 时，$2x^3$ 是比 x^2 高阶的无穷小，即 $2x^3=o(x^2)$；

因为 $\lim\limits_{x\to 0}\dfrac{\sin 2x}{x}=2\lim\limits_{x\to 0}\dfrac{\sin 2x}{2x}=2$，所以当 $x\to 0$ 时，$\sin 2x$ 和 x 是同阶无穷小，

因为 $\lim\limits_{x\to 0}\dfrac{\sin x}{x}=1$，所以当 $x\to 0$ 时，$\sin x$ 和 x 是等价无穷小.

常见的等价无穷小如下：

$\sin x\sim x$，$\tan x\sim x$，$\arctan x\sim x$，$\arcsin x\sim x$，$e^x-1\sim x$，$\ln(1+x)\sim x$.

定义 2.1.12　在自变量 x 的某一变化过程中，如果函数 $f(x)$ 的绝对值无限增大，则称 $f(x)$ 为该变化过程中的**无穷大**.

例如，函数 $f(x)=x^2$，当 $x\to\infty$ 时，$f(x)\to+\infty$，所以 $f(x)=x^2$ 是当 $x\to\infty$ 时的无穷大.

无穷大指的是**绝对值无限增大的函数**（或**变量**），不是一个很大的数，不能将它与一个很大的数（如 10^{10}，10^{100}，10^{1000} 等）相混淆. 一个函数是否为无穷大必须以自变量的某一变化过程为前提. 如函数 $f(x)=\dfrac{1}{x}$，当 $x\to 0$ 时是无穷大，但在 x 的其他变化过程中就可以不是无穷大.

2.1.6　函数的连续

在现实生活中许多变量都是连续变化的，如气温的变化、植物的生长、河水的流动、物体的热胀冷缩等，其特点是时间变化很小时，这些量的变化也很小. 变量的这种变化现象体现在数学上就是函数的连续性；反映在几何上，其图象就是一条连续的曲线. 函数的连续性是与函数的极限密切相关的另一个概念.

1. 函数在一点处连续

引例 7　观察函数 $f(x)=2-x$ 的图象（图 2.1.16），判定函数在 $x=1$ 处的连续性.

直观上看，$f(x)=2-x$ 的图象为一条连续的直线，在 $x=1$ 这一点的附近也是连续的，所以 $f(x)$ 在 $x=1$ 处连续.

从函数有无定义来看，$f(x)=2-x$ 在 $x=1$ 处有定义，函数值 $f(1)=1$.

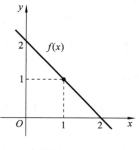

图 2.1.16

从极限来看，$x\to 1$ 时，$\lim\limits_{x\to 1}f(x)=\lim\limits_{x\to 1}(2-x)=1$，函数在 $x=1$ 处有极限，并且此时极限值等于函数值，即有 $\lim\limits_{x\to 1}f(x)=f(1)=1$.

这些结果不是偶然的，而是函数 $f(x)$ 在点 $x=1$ 处连续的特性决定的. 由以上三个特性我们给出函数在一点处连续的定义.

定义 2.1.13　设函数 $f(x)$ 在点 x_0 的某邻域内有定义，如果有 $\lim\limits_{x\to x_0}f(x)=f(x_0)$，则

称函数 $f(x)$ 在点 x_0 处**连续**.

简单地说,**若极限值等于函数值,则函数在该点处连续**.

本节开篇中提到,连续的概念反映在函数关系上,就是自变量的微小变化,只能引起函数值的微小变化. 自变量的变化越小,函数值的变化就越小.

例 2.1.14　判断函数 $f(x)=\begin{cases}-x, & x<0 \\ 0, & x=0 \\ x, & x>0\end{cases}$ 在点 $x=0$ 处的是否连续.

解　函数在点 $x=0$ 两侧的表达式不同,求极限时需要分别求左极限和右极限.
$$\lim_{x\to 0^-}f(x)=\lim_{x\to 0^-}(-x)=0, \quad \lim_{x\to 0^+}f(x)=\lim_{x\to 0^+}x=0,$$
因为左、右极限存在且相等,所以极限存在,$\lim_{x\to 0}f(x)=0$.

又 $f(0)=0$,极限等于函数值,所以 $f(x)$ 在点 $x=0$ 处连续.

归纳规律

函数 $f(x)$ 在点 x_0 处连续必须同时满足下列三个条件:

(1) $f(x)$ 在点 x_0 处有函数值;

(2) $f(x)$ 在点 x_0 处有极限(或者左、右极限存在且相等,即 $\lim_{x\to 0^-}f(x)=\lim_{x\to 0^+}f(x)$);

(3) 极限等于函数值,$\lim_{x\to x_0}f(x)=f(x_0)$.

如果上述条件中任意一个不满足,则函数在点 x_0 处不连续.

例 2.1.15　判断函数 $f(x)=\begin{cases}2-x, & x\neq 1 \\ 2, & x=1\end{cases}$ 在点 $x=1$ 处是否连续.

解　函数图象如图 2.1.17 所示. 按照判断方法,$f(x)$ 在 $x=1$ 处有函数值,$f(1)=2$,$f(x)$ 在点 x_0 处有极限,$\lim_{x\to 1}f(x)=1$,但是极限不等于函数值,所以 $f(x)$ 在点 $x=1$ 处不连续.

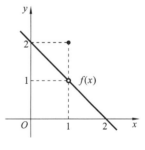

图 2.1.17

2. 函数在区间上连续

根据左、右极限的定义,参照定义 2.1.13 可以给出函数左、右连续的定义,进而给出函数在开区间、闭区间上连续的定义.

定义 2.1.14　如果函数 $f(x)$ 在点 x_0 处的左(右)极限存在且等于该点的函数值,即
$$\lim_{x\to x_0^-}f(x)=f(x_0)\ (\lim_{x\to x_0^+}f(x)=f(x_0)),$$
则称 $f(x)$ **在点 x_0 处左(右)连续**.

定义 2.1.15　如果函数 $f(x)$ 在开区间 (a,b) 内每一点都连续,则称 $f(x)$ 在开区间 (a,b) 内连续.

定义 2.1.16 如果函数 $f(x)$ 在开区间 (a,b) 内连续,且在左端点 a 处右连续,在右端点 b 处左连续,则称 $f(x)$ **在闭区间** $[a,b]$ **上连续**.

3. 连续函数的性质

定理 2.1.5 若函数 $f(x),g(x)$ 在点 x_0 处连续,则

$$f(x)\pm g(x), \quad f(x)\cdot g(x), \quad \frac{f(x)}{g(x)} \ (g(x)\neq 0)$$

也在点 x_0 处连续.

也就是说,**连续函数的四则运算得到的函数仍是连续函数**.

定理 2.1.6 设函数 $u=g(x)$ 在点 x_0 处连续,$u_0=g(x_0)$,$y=f(u)$ 在点 u_0 处连续,则复合函数 $y=f[g(x)]$ 在点 x_0 处连续,即

$$\lim_{x\to x_0}f[g(x)]=f[\lim_{x\to x_0}g(x)]=f[g(x_0)].$$

也就是说,**连续函数的复合函数仍是连续函数**.

在函数都连续的条件下,求复合函数 $y=f[g(x)]$ 的极限时,**函数符号 f 与极限符号 $\lim$ 可以交换顺序,求极限就是求复合连续函数的函数值**.

4. 初等函数的连续性

由连续函数的定义,我们可以证明基本初等函数在其定义域内都是连续的;由定理 2.1.5 和定理 2.1.6 可知,连续函数经过四则运算或复合运算以后也是连续函数;再由初等函数的定义,我们可以得出如下重要结论:

定理 2.1.7 一切初等函数在其定义区间内都是连续的.

这里所谓定义区间,就是包含在函数的定义域内的区间.

例 2.1.16 求 $\lim\limits_{x\to 0}(1+x)^2$.

解 函数 $(1+x)^2$ 是由初等函数 $y=u^2$ 和 $u=1+x$ 复合成的,所以是连续函数,则

$$\lim_{x\to 0}(1+x)^2=1.$$

例 2.1.17 求极限 $\lim\limits_{x\to\frac{\pi}{2}}\ln(\sin x)$.

解 因为 $\ln(\sin x)$ 为初等函数,$x=\dfrac{\pi}{2}$ 为其定义区间内的点,即连续点,所以求极限就是求初等函数的函数值,即

$$\lim_{x\to\frac{\pi}{2}}\ln(\sin x)=\ln\left(\sin\frac{\pi}{2}\right)=\ln 1=0.$$

2.1.7 函数的间断

定义 2.1.17 如果函数 $f(x)$ 在点 x_0 处不连续,则称 $f(x)$ 在点 x_0 处**间断**,x_0 称为 $f(x)$ 的**间断点**.

间断是连续的反面,直观判断函数是否间断,就看函数图象是否连续. 函数要满足三个条件,在给定点处才连续,三个条件有一个不满足,函数就不连续,是间断的. 下面给出函数在一点处间断的判断方法.

函数 $f(x)$ 在点 x_0 处出现下列三种情形之一,则函数在点 x_0 处间断:

(1) $f(x)$ 在点 x_0 处没有函数值(没有定义);

(2) $f(x)$ 在点 x_0 处没有极限(左、右极限不相等或者至少一个不存在);

(3) 极限不等于函数值,则函数在点 x_0 处间断.

例 2.1.18　判断函数 $f(x)=\begin{cases} x^2, & x\neq 0 \\ 1, & x=0 \end{cases}$ 在点 $x=0$ 处是否间断.

解　函数图象如图 2.1.18 所示,直观判断,函数曲线在点 $x=0$ 处不连续,为间断点.

根据判断方法,在 $x=0$ 处,$f(0)=1$,$\lim\limits_{x\to 0}f(x)=\lim\limits_{x\to 0}x^2=0$,极限不等于函数值,所以 $x=0$ 为间断点.

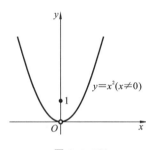

图 2.1.18

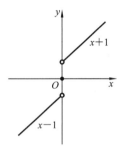

图 2.1.19

例 2.1.19　判断函数 $f(x)=\begin{cases} x-1, & x<0 \\ 0, & x=0 \\ x+1, & x>0 \end{cases}$ 在点 $x=0$ 处是否间断.

解　函数图象如图 2.1.19 所示,函数曲线在点 $x=0$ 处不连续,为间断点.

根据判断方法,在点 $x=0$ 处,

$$\lim_{x\to 0^-}f(x)=\lim_{x\to 0^-}(x-1)=-1, \quad \lim_{x\to 0^+}f(x)=\lim_{x\to 0^+}(x+1)=1,$$

左、右极限存在但不相等,因此 $f(x)$ 在点 $x=0$ 处没有极限,所以点 $x=0$ 为间断点.

图 2.1.20 所示是一个带开关的电路,开关打开时,电阻上的电压为 0,开关闭合后,电阻上的电压为 u_S,电阻电压随时间的变化关系为

$$u(t)=\begin{cases} 0, & 0<t<t_0, \\ u_S, & t\geqslant t_0. \end{cases}$$

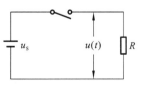

图 2.1.20

例 2.1.20 在如图 2.1.20 所示的电路中,电阻电压随时间的变化关系为

$$u(t)=\begin{cases}0, & 0<t<t_0,\\ u_s, & t\geq t_0.\end{cases}$$

这是一个阶梯函数,请判断 $t=t_0$ 是否为间断点.

解 左极限 $\lim\limits_{t\to t_0^-}u(t)=0$,右极限 $\lim\limits_{t\to t_0^+}u(t)=u_s$,左、右极限存在,但不相等,所以 $t=t_0$ 为间断点.

数学文化

马克思主义哲学认为,连续和间断是表征物质结构及其发展过程的时空矛盾的一对概念.它们是现实发展中的一切现象和过程普遍具有的本质联系的一种表现形式,是人们揭示和认识事物和过程的联系和区别的客观依据.

所谓连续,是指物质结构及其发展过程在时空上的毗邻性和持续性.它是事物赖以存在和发展的保障,是物质在结构上具有整体性和层次性的内在依据.在发展过程中,连续表现为事物在一定条件下,具有从一种状态过渡到另一种状态的特性,并且在这种过渡中保持着原来状态的某些特征.连续是在特定的相互联系和制约中实现的,其根源在于作为事物整体的相对稳定性和不可分性.

所谓间断,是指物质结构及其发展过程在时空上的分离性和跳跃性.它以物质及其发展过程的可分性和构成要素在整体范围内的相对独立性为基础.它表现为客观世界存在着多种多样的在空间和时间上互相隔开的事物、现象和过程.它使物质世界在结构上呈现出复杂程度和组织程度不同的各个系统的等级关系.在发展过程中,间断表现为某种状态和阶段与另一状态和阶段的相对分界性,以及在一定条件下向新质飞跃的特征.

事物和过程的连续和间断是对立统一的,连续和间断各有其规定性,但又密不可分,相互包容,相互依存,在一定条件下可以相互转化.

习 题 2.1

习题答案

一、知识强化

1. 判断下列函数极限是否存在,若存在,求出极限(也可借助软件画图直观判断):

(1) $y=\dfrac{1}{\sqrt{x}}$ $(x\to+\infty)$;

(2) $y=\ln x$ $(x\to+\infty)$;

(3) $y=2^{\frac{1}{x}}(x\to-\infty)$;

(4) $y=\cos x$ $(x\to0)$.

2. 计算下列极限:

(1) $\lim\limits_{x\to2}(x^2-1)$;

(2) $\lim\limits_{x\to3}\dfrac{x-3}{x^2+1}$;

(3) $\lim\limits_{x \to \infty} \dfrac{x^2 - 1}{2x^2 - x - 1}$;

(4) $\lim\limits_{x \to +\infty} \dfrac{2^x + 3^x}{2^{x+1} + 3^{x+1}}$;

(5) $\lim\limits_{x \to 0} \dfrac{\sin 3x}{\tan 5x}$;

(6) $\lim\limits_{x \to 0} \dfrac{5x}{\sin 7x}$;

(7) $\lim\limits_{x \to \infty} \left(1 + \dfrac{2}{x}\right)^x$;

(8) $\lim\limits_{x \to \infty} \left(1 - \dfrac{1}{x}\right)^x$.

3. 当 $x \to 0$ 时, 下列函数中哪些是无穷小? 哪些是无穷大?

(1) $y = \tan x$;　　　(2) $y = \dfrac{1}{2} e^x$;　　　(3) $y = \ln x^2$;

(4) $y = \ln(1 + x)$;　　　(5) $y = e^{\frac{1}{x}}$;　　　(6) $y = \arcsin x$.

4. 求分段点处的左、右极限, 并讨论分段点处函数的极限.

(1) $f(x) = \begin{cases} x + 1, & x < 0, \\ x - 1, & x > 0; \end{cases}$　　　(2) $f(x) = \begin{cases} x^2, & 0 < x \leqslant 1, \\ 1, & x > 1. \end{cases}$

5. 设 $f(x) = \begin{cases} 3x, & -1 < x < 1, \\ 2, & x = 1, \\ 3x^2, & 1 < x < 2, \end{cases}$　求 $\lim\limits_{x \to -1^+} f(x), \lim\limits_{x \to 1} f(x), \lim\limits_{x \to 2^-} f(x)$.

6. 设函数 $f(x) = \begin{cases} 1 + e^x, & x < 0, \\ x + a, & x \geqslant 0, \end{cases}$ 试确定常数 a, 使 $f(x)$ 为连续函数.

7. 讨论函数 $f(x) = \begin{cases} e^x - 1, & x \leqslant 0, \\ x \sin \dfrac{1}{x}, & x > 0, \end{cases}$ 在点 $x = 0$ 处是否连续.

8. 判断并说明下列函数的间断点的类型:

(1) $f(x) = \dfrac{x^2 - 1}{x^2 - 3x + 2}$, $x = 1, x = 2$;

(2) $f(x) = \dfrac{x}{\sin x}$, $x = 0$;

(3) $f(x) = \begin{cases} 4x, & 0 \leqslant x \leqslant 2, \\ x^2 + 1, & 2 < x \leqslant 4, \end{cases}$ $x = 2$;

(4) $f(x) = \cos \dfrac{1}{x}$, $x = 0$.

二、专业应用

在电容充电过程中, 电源电压 u_C 和电阻上电压 u_R 表示, $u_C = U_S(1 - e^{-\frac{t}{\tau}})$, $u_R = U_S e^{-\frac{t}{\tau}}$ 其中 U_S 与 τ 均为常数, 试判断 $t \to \infty$ 时 u_C, u_R 的变化规律.

2.2　导数的概念

本节资源

英国哲学家培根(图 2.2.1)说过: "数学是打开科学大门的钥匙." 导数作为数学史上最重要的发现之一, 是打开数学大门的一把钥匙, 作为微积分学的一个关键概念, 其应用几乎涉及所有的数学学科.

2.2.1 导数的定义

随着历史的进步和数学的发展,17世纪的欧洲,工、农、商、航海、天文学等都得到了很大的发展,现实的需要对自然科学提出了新的课题. 导数的思想起源于研究极值问题,但导数作为微积分的关键概念,继而是由英国数学家牛顿(图2.2.2)和德国数学家莱布尼茨(图2.2.3)在研究力学与几何学过程中分别建立的. 牛顿是从瞬时速度问题出发,莱布尼茨则是从切线问题入手,分别给出了导数的初步概念.

图2.2.1   图2.2.2   图2.2.3

引例(变速直线运动的瞬时速度)   已知某物体作变速直线运动,位移函数为 $s = s(t)$,求 t_0 时刻的瞬时速度 $v(t_0)$.

分析 (1) 作匀速直线运动的物体,在每一时刻速度不变,即瞬时速度等于平均速度,所以瞬时速度等于物体经过的位移除以所花的时间,即

$$v = \frac{s}{t}.$$

(2) 作变速直线运动的物体,若用 $\bar{v} = \dfrac{\Delta s}{\Delta t}$ 计算,得到的是平均速度. 显然,在不同的时间间隔里,平均速度是不一样的,因此瞬时速度不能这样计算.

如何定义和计算瞬时速度,17世纪的学者们进行了大量的研究,然而众说纷纭,难以定论,最终牛顿提出了创造性的思路. 牛顿是这样考虑的:

将一瞬间 t_0 扩展为一个小的时间段 $[t_0, t_0 + \Delta t]$,如图2.2.4所示.

图2.2.4

将 $[t_0, t_0 + \Delta t]$ 时间段上的平均速度作为瞬时速度的近似值,即

$$v(t_0) \approx \bar{v} = \frac{\Delta s}{\Delta t}.$$

从上述式子可以看出,当 Δt 越来越小,平均速度就越来越接近于时刻 t_0 的瞬时速度. 所以当 $\Delta t \to 0$ 时,对平均速度取极限,就得到瞬时速度.

瞬时速度就可以定义为平均速度在某时刻的极限,即

$$v(t_0) = \lim_{\Delta t \to 0} \bar{v} = \lim_{\Delta t \to 0} \frac{\Delta s}{\Delta t}.$$

归纳规律

　　物体作变速直线运动的速度虽然是随时间变化的,但在很短的时间段里,速度的变化并不大,因而就可以近似地看作是不变的,而且时间段取得越短,近似的程度就越高. 这样一来,**速度变(非匀)与不变(匀)的矛盾**,就可以在**"时间段很短"这个条件下相互转化**. 也就是说,当时间段取得很短很短时,可以近似地以匀速运动代替变速运动,即**以"匀"代"非匀",以"平均速度"代"瞬时速度"**;当时间段取得越来越短,以至于趋向于 0 时,平均速度的极限就等于瞬时速度.

　　这一过程可以归纳为三步:

　　(1) 把研究的一瞬间扩成一个小时段;

　　(2) 求此时段的平均速度,作为瞬时速度的近似值;

　　(3) 利用极限,求出精确值. 该极限值就定义为瞬时速度.

　　对于一点的问题,扩展到一个小区间上去研究,将变化的情况用不变的特性来近似代替,通过取极限来求得精确值. 这反映了人们从近似中去认识精确,从有限中去认识无限的辩证唯物主义认识过程.

　　观察 $\lim\limits_{\Delta t \to 0} \frac{\Delta s}{\Delta t}$, Δt 表示在时间段 $[t_0, t_0 + \Delta t]$ 内时间的增量,即自变量的增量;$s(t)$ 为位移函数,Δs 表示在时间段 $[t_0, t_0 + \Delta t]$ 内位移的增量,即位移函数的增量.

　　一般,我们习惯于将自变量的增量记为 Δx,相应的函数 $y = f(x)$ 在 $[x_0, x_0 + \Delta x]$ 上的增量记为 Δy,从而可将 $\lim\limits_{\Delta t \to 0} \frac{\Delta s}{\Delta t}$ 记为 $\lim\limits_{\Delta x \to 0} \frac{\Delta y}{\Delta x}$.

　　$\lim\limits_{\Delta x \to 0} \frac{\Delta y}{\Delta x}$ 稍显复杂,数学上常将其记为相对简单的符号 $f'(x_0)$,即

$$f'(x_0) = \lim_{\Delta x \to 0} \frac{\Delta y}{\Delta x}.$$

　　由此给出函数在一点处的导数的定义.

　　定义 2.2.1　设函数 $y = f(x)$ 在点 x_0 的某个邻域内有定义,当自变量 x 在点 x_0 处取增量 Δx 时,函数 y 取相应的增量 Δy,如果当 $\Delta x \to 0$ 时,极限 $\lim\limits_{\Delta x \to 0} \frac{\Delta y}{\Delta x}$ 存在,则称函数 $f(x)$ 在点 x_0 **处可导**,这个极限称为函数 $f(x)$ 在点 x_0 **处的导数**,记为

$$f'(x_0), y'|_{x=x_0}, \quad \left.\frac{\mathrm{d}f(x)}{\mathrm{d}x}\right|_{x=x_0}, \quad \left.\frac{\mathrm{d}y}{\mathrm{d}x}\right|_{x=x_0},$$

即有 $f'(x_0) = \lim\limits_{\Delta x \to 0} \frac{\Delta y}{\Delta x}$.

　　由定义 2.2.1 可以看到,导数的本质就是**增量比的极限**.

　　导数是一种极限. 当自变量增量趋于零时,函数增量比自变量增量的极限就是导数.

观察图 2.2.5,当 $x=x_0+\Delta x$ 时,$y=f(x_0+\Delta x)$,所以函数的增量可表示为

$$\Delta y=f(x_0+\Delta x)-f(x_0),$$

从而导数的定义一般写成如下形式:

$$f'(x_0)=\lim_{\Delta x\to 0}\frac{f(x_0+\Delta x)-f(x_0)}{\Delta x}.$$

回顾引例,由导数的定义可知,t_0 时刻的瞬时速度 $v(t_0)$ 就是位移函数 $s(t)$ 在 t_0 处的导数 $s'(t_0)$,即 $v(t_0)=s'(t_0)$.

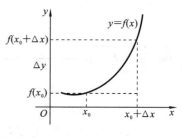

图 2.2.5

知识拓展

电流强度:定义为单位时间内通过导体横截面积的电荷量,数值上可以表示为

$$i=\frac{\mathrm{d}q}{\mathrm{d}t},$$

其中 i 为瞬时电流,q 为电荷量.

电流功率:定义为单位时间内电场力所做的功,用符号 P 表示. 它是表示电流做功快慢的物理量,数值表示为

$$P(t)=\frac{\mathrm{d}W}{\mathrm{d}t}.$$

功率的单位为瓦特,简称为瓦,用符号 W 表示.

2. 切线的斜率

莱布尼茨说过:"切线就是割线的极限位置."莱布尼茨是在研究一般曲线的切线问题时,从曲线的割线入手探讨割线和切线的关系,最终给出导数的初步定义.

如图 2.2.6 所示,已知函数 $y=f(x)$ 的图象为连续曲线,M 为曲线上的一定点,坐标为 $M(x_0,f(x_0))$,给定自变量的增量 Δx,当 $x=x_0+\Delta x$ 时,$y=f(x_0+\Delta x)$,对应着函数曲线上另一点 N,坐标为 $N(x_0+\Delta x,f(x_0+\Delta x))$,连接点 M 和点 N,得割线 MN,割线 MN 与点 M 处的切线之间有什么联系呢?

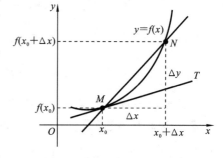

图 2.2.6

莱布尼茨运用变化的观点和极限的方法来考察这一问题.

当 $\Delta x\to 0$ 时,$x_0+\Delta x\to x_0$,$f(x_0+\Delta x)\to f(x_0)$,对应点 N 沿曲线趋近于点 M,带动割线 MN 旋转. 当点 N 与点 M 重合时,割线将旋转到一个特殊的位置,这个位置就定义为切线所在的位置.

后来,经学者们完善,将切线定义为:当平面曲线 $y=f(x)$ 上任一点 N 沿曲线趋近于切点 $M(x_0,f(x_0))$ 时,**割线 MN 的极限就是曲线在点 M 处的切线 MT**.

进一步,在图 2.2.6 中点 x_0 处,当自变量取增量 Δx 时,对应函数的增量

$$\Delta y = f(x_0 + \Delta x) - f(x_0),$$

而**增量比** $\dfrac{\Delta y}{\Delta x}$ **恰好表示割线** MN **的斜率**. 当 $\Delta x \to 0$ 时,割线 MN 的极限为切线 MT. 相应地,由导数的定义知,增量比的极限 $\lim\limits_{\Delta x \to 0} \dfrac{\Delta y}{\Delta x} = f'(x_0)$. 也就是说,**割线** MN **的斜率的极限就是切线** MT **的斜率**,它等于 $f'(x_0)$.

数学文化

从数学的角度来考察瞬时速度和切线斜率问题,它们所要解决的问题相同,都是求一个变量相对于另一个相关变量的变化快慢程度,即变化率的问题;处理问题的思想方法都是用矛盾转化的辩证方法;数学结构相同,都是当自变量的改变量趋于零时,函数的改变量与自变量的改变量之比的极限.

由此给出定理 2.2.1,它表达了导数的几何意义.

定理 2.2.1　若函数 $f(x)$ 在点 x_0 处可导,则导数 $f'(x_0)$ 就是曲线 $y = f(x)$ 在点 $M(x_0, f(x_0))$ 处的切线 MT 的斜率,即

$$k_{MT} = f'(x_0).$$

几何拓展:如何确定曲线 $y = f(x)$ 在给定点 $M(x_0, y_0)$ 处的切线方程?

关键:根据导数的几何意义确定切线的斜率.

由直线的点斜式方程,曲线 $y = f(x)$ 在点 $M(x_0, y_0)$ 处的**切线方程**为

$$y - y_0 = f'(x_0)(x - x_0).$$

过切点 $M(x_0, y_0)$ 且与切线垂直的直线称为曲线 $y = f(x)$ 在点 M 处的**法线**. 若 $f'(x_0) \neq 0$,则**法线方程**为

$$y - y_0 = -\frac{1}{f'(x_0)}(x - x_0).$$

知识拓展

在物理学中,有图 2.2.7 所示的"位移-时间"关系曲线,图 2.2.8 所示的"速度-时间"关系曲线. 在电工学中,有图 2.2.9、图 2.2.10 所示的伏安特性曲线.

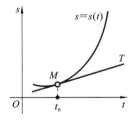

图 2.2.7

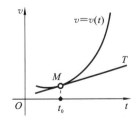

图 2.2.8

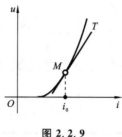 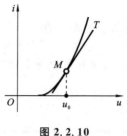

图 2.2.9   图 2.2.10

图 2.2.7 中，位移函数 $s(t)$ 在点 $M(t_0, s(t_0))$ 处切线的斜率为 $s'(t_0)$，表示物体在 t_0 时刻的位移的变化率——速度 $v(t_0) = s'(t_0)$。

图 2.2.8 中，速度函数 $v(t)$ 在点 $M(t_0, v(t_0))$ 处切线的斜率为 $v'(t_0)$，表示物体在 t_0 时刻的速度的变化率——加速度 $a(t_0) = v'(t_0)$。

图 2.2.9 中，在点 $M(i_0, u(i_0))$ 处切线的斜率为 $u'(i_0)$，表示在点 i_0 处的电压对电流的变化率——电阻 $r(i_0) = u'(i_0)$。

图 2.2.10 中，在点 $M(u_0, i(u_0))$ 处切线的斜率为 $i'(u_0)$，即物体在点 u_0 处的电流对电压的变化率——电导 $g(u_0) = i'(u_0)$。

2.2.2 导数的计算

如果函数 $f(x)$ 在区间 I 内的每一点都可导，则称 $f(x)$ 在区间 I 内**可导**。此时，在区间 I 内的每一点 x 处，都对应着 $f(x)$ 的一个导数值 $f'(x)$，这样在区间 I 内就构成了一个新的函数，这个函数称为 $f(x)$ 的**导函数**，记为

$$f'(x), \quad y', \quad \frac{\mathrm{d}y}{\mathrm{d}x}, \quad \frac{\mathrm{d}f(x)}{\mathrm{d}x}.$$

在不致混淆时，也将导函数简称为导数。

显然，函数 $f(x)$ 在点 x_0 处的导数，就是 $f(x)$ 在点 x_0 处的导函数值。因此，**要计算函数在某点的导数，可先求出函数的导函数，然后计算在该点的导函数值**，即有

$$f'(x_0) = f'(x)\big|_{x=x_0}.$$

下面给出几个导函数：

(1) $C' = 0$；   (2) $(x^2)' = 2x$；   (3) $(x^3)' = 3x^2$；

(4) $(\mathrm{e}^x)' = \mathrm{e}^x$；   (5) $(\sin x)' = \cos x$；   (6) $(\cos x)' = -\sin x$。

例 2.2.1 利用定义求解：

(1) $C' = 0$；   (2) $(x^2)' = 2x$。

解 (1) 根据定义知，$f'(x) = \lim\limits_{\Delta x \to 0} \dfrac{\Delta y}{\Delta x}$，求增量得 $\Delta y = C - C = 0$，作增量比得 $\dfrac{\Delta y}{\Delta x} = \dfrac{C-C}{\Delta x} = 0$，取极限得

$$f'(x) = C' = \lim_{\Delta x \to 0} \frac{\Delta y}{\Delta x} = 0.$$

（2）根据定义知，$f'(x)=\lim\limits_{\Delta x\to 0}\dfrac{\Delta y}{\Delta x}$，求增量得

$$\Delta y=f(x+\Delta x)-f(x)=(x+\Delta x)^2-x^2=2x\cdot\Delta x+(\Delta x)^2,$$

作增量比得 $\dfrac{\Delta y}{\Delta x}=\dfrac{2x\cdot\Delta x+(\Delta x)^2}{\Delta x}=2x+\Delta x$，取极限得

$$f'(x)=(x^2)'=\lim\limits_{\Delta x\to 0}\dfrac{\Delta y}{\Delta x}=2x.$$

类似地，$(x^3)'=3x^2$，$(e^x)'=e^x$，$(\sin x)'=\cos x$，$(\cos x)'=-\sin x$ 也可以按照上述方法进行验证.

例 2.2.2　求下列函数的导数：

（1）$5'$；　　　（2）设 $f(x)=x^2$，求 $f'(3)$；　　　（3）设 $f(x)=e^x$，求 $f'(0)$.

解　（1）$5'=0$；

（2）$f'(3)=(x^2)'|_{x=3}=2x|_{x=3}=2\times 3=6$；

（3）$f'(0)=(e^x)'|_{x=0}=e^x|_{x=0}=e^0=1$.

例 2.2.3　求曲线 $f(x)=x^3$ 在点 $M(2,8)$ 处的切线方程和法线方程.

分析　曲线在点 $M(x_0,y_0)$ 处的切线方程为 $y-y_0=f'(x_0)(x-x_0)$，法线方程为 $y-y_0=-\dfrac{1}{f'(x_0)}(x-x_0)$，点 M 的坐标为 $(2,8)$，可知 $x_0=2$，$y_0=8$.

此题的关键是求 $f'(x_0)$，需要先求 $f'(x)$，再将 $x_0=2$ 代入求出 $f'(2)$.

解　第一步，求导函数 $f'(x)$，$f'(x)=(x^3)'=3x^2$.

第二步，求导函数值 $f'(x_0)$. 由 $x_0=2$ 得 $f'(2)=3\times 2^2=12$.

第三步，将导函数值代入切线方程，得 $y-8=12(x-2)$，即 $12x-y-16=0$.

第四步，将导函数值代入法线方程，得 $y-8=-\dfrac{1}{12}(x-2)$，即 $x+12y-98=0$.

例 2.2.4　设电容器上施加的交流电压为 $u(t)=U_\mathrm{m}\sin t$，电容为常数 C，电容器储存的电荷量 $q=Cu$，试讨论在 t_0 时的瞬时电流.

解　根据瞬时电流的定义知，$i=\dfrac{\mathrm{d}q}{\mathrm{d}t}=C\dfrac{\mathrm{d}u}{\mathrm{d}t}$，接下来计算 $\dfrac{\mathrm{d}u}{\mathrm{d}t}$，也就是电压的导数. 根据求导规则可得 $\dfrac{\mathrm{d}u}{\mathrm{d}t}=U_\mathrm{m}\cos t$，则 $i=CU_\mathrm{m}\cos t$，所以，t_0 时的瞬时电流 $i_0=CU_\mathrm{m}\cos t_0$.

知识拓展

感应电动势：线圈发生电磁感应现象时产生的电动势叫做感应电动势. 若穿过线圈的磁通量为 $\Phi(t)$，n 为线圈的匝数，感应电动势的表达式为

$$\varepsilon=n\dfrac{\mathrm{d}\Phi}{\mathrm{d}t}=n\Phi'(t).$$

例 2.2.5　一个线圈匝数为 100，通过线圈的磁通量函数为 $\Phi(t)=t^3$，求线圈中的感应电动势.

解 根据感应电动势的公式知，$\varepsilon = n\dfrac{\mathrm{d}\Phi}{\mathrm{d}t} = n\Phi'(t)$，可得

$$\varepsilon = 100 \cdot \frac{\mathrm{d}\Phi}{\mathrm{d}t} = 100 \cdot (t^3)' = 300t^2 (\mathrm{V}),$$

所以感应电动势为 $300t^2(\mathrm{V})$.

数学文化

    17 世纪，生产力的发展推动了自然科学和技术的发展．大约在 1629 年，法国数学家费马研究了作曲线的切线和求函数极值的方法；1637 年左右，他写了一篇手稿《求最大值与最小值的方法》，在作切线时构造了差分．

    在前人创造性研究的基础上，牛顿、莱布尼茨等数学家从不同的角度开始系统地研究微积分．牛顿的微积分理论被称为"流数术"，他称变量为流量，称变量的变化率为流数，相当于我们所说的导数．牛顿关于"流数术"的主要著作是《求曲边形面积》、《运用无穷多项方程的计算法》和《流数术和无穷级数》．流数理论的重点在于一个变量的函数，在于自变量的变化与函数的变化的比的构成，也在于决定这个比当变化趋于零时的极限．

    1750 年，达朗贝尔在为法国科学院出版的《百科全书》"微分"条目中提出了关于导数的一种观点，可以用现代符号简单表示为

$$\frac{\mathrm{d}y}{\mathrm{d}x} = \lim_{\Delta x \to 0}\frac{\Delta y}{\Delta x}.$$

    1823 年，柯西在他的《无穷小分析教程概论》中定义导数为：如果函数 $y = f(x)$ 在变量 x 的两个给定的界限之间保持连续，并且我们为这样的变量指定一个包含在这两个不同界限之间的值，那么就使变量得到一个无穷小增量．19 世纪 60 年代以后，魏尔斯特拉斯创造了 $\varepsilon\text{-}\delta$ 语言，对微积分中出现的各种类型的极限重新表达．

习 题 2.2

习题答案

一、知识强化

1. 对下列函数求 $\dfrac{\Delta y}{\Delta x}$ 的值：

(1) $y = x^3 - 2$，当 $x = 2$，$\Delta x = 0.1$ 时；

(2) $y = \dfrac{1}{x}$，当 $x = 2$，$\Delta x = 0.01$ 时．

2. 根据导数定义，求 $y = 3x^2$ 的导数，并求 $y'|_{x=-3}$，$y'|_{x=-\frac{1}{2}}$，$y'|_{x=2}$．

3. 曲线 $y = 3x^3 + 2$ 在点 $(1, 5)$ 处的切线方程和法线方程．

4. 求曲线 $f(x) = \mathrm{e}^x - 3$ 在点 $M(0, -2)$ 处的切线方程和法线方程．

5. 将一个物体垂直上抛,经过时间 t s 后物体上升的高度为 $s=10t-\dfrac{1}{2}gt^2$,求物体在 1 s 到 $(1+\Delta t)$ s 这段时间内的平均速度及物体在 1 s 末的瞬时速度.

二、专业应用

1. 已知在电路中,通过电路的电荷量 q 的表达式为 $10\sin(t)$,求电路的电流强度.

2. 一个线圈匝数为 300,通过线圈的磁通量函数为 $\Phi(t)=t^4+2$,求线圈中的感应电动势.(提示:感应电动势 $\varepsilon=n\dfrac{\mathrm{d}\Phi}{\mathrm{d}t}$)

三、军事应用

一架巡逻直升机在距地面 3 km 的高度以 120 km/h 的常速沿着一条水平笔直的高速公路向前飞行,飞行员观察到迎面驶来一辆汽车,通过雷达测出直升机与汽车之间的距离为 5 km,并且此距离以 160 km/h 的速度减少,试求出汽车行驶的速度.

2.3　导数的运算

本节资源

英国数学家麦克斯韦(图 2.3.1)说过:"四则运算可以看作是数学家的全部装备."包括四则运算在内的导数的运算,不仅是运用高等数学的重要理论,更是解决实际问题的重要方法.

2.3.1　导数的四则运算法则

上节介绍了几个常用函数的导数:

(1) $C'=0$;　　　　　　　(2) $(x^2)'=2x$;

(3) $(x^3)'=3x^2$;　　　　(4) $(\mathrm{e}^x)'=\mathrm{e}^x$;

(4) $(\sin x)'=\cos x$;　　(5) $(\cos x)'=-\sin x$.

图 2.3.1

在微分学和实际应用中,遇到的函数会更复杂,例如,下列函数的导数等于什么?

(1) $(4x^3-5\cos x+18)'=?$　　(2) $(x\cdot\mathrm{e}^x)'=?$　　(3) $\left(\dfrac{\sin x}{x^2}\right)'=?$

(3) $[(2x+6)^3]'=?$　　(4) $\dfrac{\mathrm{d}\mathrm{e}^{2t+3}}{\mathrm{d}t}=?$　　(5) $(\cos x)''=?$

本节先介绍函数的和、差、积、商的求导法则和基本初等函数的求导公式,在此基础上,讨论复合函数的求导法则和二阶导数的求解方法.

定理 2.3.1　如果函数 $u=u(x)$ 和 $v=v(x)$ 都在点 x 处可导,则它们的和、差在点 x 处可导,且 $(u\pm v)'=u'\pm v'$.

函数的代数和的求导法则可推广到有限个可导函数的情况,例如:

$$(u+v-w)'=u'+v'-w'.$$

例 2.3.1　求下列函数的导数:

(1) $y=x^3-x^2+4$;　　　　(2) $y=x^2-\cos x+\sqrt{2}$.

解 (1) $y' = (x^3 - x^2 + 4)' = (x^3)' - (x^2)' + (4)' = 3x^2 - 2x + 0 = 3x^2 - 2x$；

(2) $y' = (x^2 - \cos x + \sqrt{2})' = (x^2)' - (\cos x)' + (\sqrt{2})' = 2x + \sin x$.

定理 2.3.2 如果函数 $u = u(x)$ 和 $v = v(x)$ 都在点 x 处可导，则它们的积在点 x 处可导，且 $(uv)' = u'v + uv'$.

特别地，$(Cu)' = Cu'$（其中 C 为任意常数）.

函数乘积的求导法则可推广到有限个可导函数的情况，例如：
$$(uvw)' = u'vw + uv'w + uvw'.$$

例 2.3.2 求下列函数的导数：

(1) $y = x^2 \sin x$； (2) $y = 2x^3 - 3x^2 + 4$； (3) $y = 5x^2 - x^3 e^x$.

解 (1) $y = (x^2 \sin x)' = (x^2)' \sin x + x^2 (\sin x)' = 2x \sin x + x^2 \cos x$；

(2) $y' = (2x^3 - 3x^2 + 4)' = (2x^3)' - (3x^2)' + (4)' = 6x^2 - 6x = 6(x^2 - x)$；

(3) $y' = (5x^2 - x^3 e^x)' = (5x^2)' - (x^3 e^x)' = 5(x^2)' - [(x^3)' e^x + x^3 (e^x)']$
$$= 5 \cdot 2x - (3x^2 e^x + x^3 e^x) = 10x - 3x^2 e^x - x^3 e^x.$$

例 2.3.3 设函数 $f(x) = (1 + x^2)(3 - x^3)$，求 $f'(1)$ 和 $f'(-1)$.

解 $f'(x) = (1 + x^2)'(3 - x^3) + (1 + x^2)(3 - x^3)' = 2x(3 - x^3) + (1 + x^2)(-3x^2)$
$$= 6x - 2x^4 - 3x^2 - 3x^4 = 6x - 3x^2 - 5x^4,$$

所以 $f'(1) = 6x - 3x^2 - 5x^4 |_{x=1} = -2$， $f'(-1) = 6x - 3x^2 - 5x^4 |_{x=-1} = -14$.

定理 2.3.3 如果函数 $u = u(x)$ 和 $v = v(x)$ 都在点 x 处可导，当作分母的函数 $v(x) \neq 0$ 时，它们的商在点 x 处可导，且
$$\left(\frac{u}{v} \right)' = \frac{u'v - uv'}{v^2} \quad (v \neq 0).$$

例 2.3.4 求下列函数的导数：

(1) $y = \dfrac{2 - 3x}{2 + x}$； (2) $y = \dfrac{1}{x^2 + 1}$.

解 (1) $y' = \left(\dfrac{2 - 3x}{2 + x} \right)' = \dfrac{(2 - 3x)'(2 + x) - (2 - 3x)(2 + x)'}{(2 + x)^2}$
$$= \frac{-3(2 + x) - (2 - 3x)}{(2 + x)^2} = -\frac{8}{(2 + x)^2};$$

(2) $y' = \left(\dfrac{1}{x^2 + 1} \right)' = \dfrac{0 - (x^2 + 1)'}{(x^2 + 1)^2} = -\dfrac{2x}{(x^2 + 1)^2}$.

例 2.3.5 求正切函数 $y = \tan x$ 的导数.

解 由 $\tan x = \dfrac{\sin x}{\cos x}$ 得
$$(\tan x)' = \left(\frac{\sin x}{\cos x} \right)' = \frac{(\sin x)' \cos x - \sin x (\cos x)'}{\cos^2 x}$$
$$= \frac{\cos x \cos x + \sin x \sin x}{\cos^2 x} = \frac{1}{\cos^2 x} = \sec^2 x,$$

即
$$(\tan x)' = \sec^2 x.$$

用类似的方法可得余切函数 $y = \cot x$ 的导数为
$$(\cot x)' = -\csc^2 x.$$

2.3.2　基本求导公式

我们将前面例子中得到的基本初等函数的导数归纳如下,称为基本导数公式. 基本导数公式是微积分的基础.

(1) $(C)' = 0$；

(2) $(x^a)' = \alpha x^{a-1}$；

(3) $(a^x)' = a^x \cdot \ln a \ (a>0, a \neq 1)$；

(4) $(e^x)' = e^x$；

(5) $(\log_a x)' = \dfrac{1}{x \ln a} \ (a>0, a \neq 1)$；

(6) $(\ln x)' = \dfrac{1}{x}$；

(7) $(\sin x)' = \cos x$；

(8) $(\cos x)' = -\sin x$；

(9) $(\tan x)' = \sec^2 x$；

(10) $(\cot x)' = -\csc^2 x$；

(11) $(\sec x)' = \sec x \cdot \tan x$；

(12) $(\csc x)' = -\csc x \cdot \cot x$；

(13) $(\arcsin x)' = \dfrac{1}{\sqrt{1-x^2}}$；

(14) $(\arccos x)' = -\dfrac{1}{\sqrt{1-x^2}}$；

(15) $(\arctan x)' = \dfrac{1}{1+x^2}$；

(16) $(\text{arccot } x)' = -\dfrac{1}{1+x^2}$.

例 2.3.6　由基本导数公式求下列函数的导数.

(1) $\sqrt{x}$；　(2) $\dfrac{1}{x}$；　(3) 2^x；　(4) $\left(\dfrac{1}{3}\right)^x$；　(5) $\log_5 x$；　(6) $\log_{\frac{1}{4}} x$.

解　(1) $(\sqrt{x})' = (x^{\frac{1}{2}})' = \dfrac{1}{2} \cdot x^{\frac{1}{2}-1} = \dfrac{1}{2} x^{-\frac{1}{2}}$；

(2) $\left(\dfrac{1}{x}\right)' = (x^{-1})' = (-1) \cdot x^{-1-1} = -x^{-2}$；

(3) $(2^x)' = 2^x \cdot \ln 2$；

(4) $\left[\left(\dfrac{1}{3}\right)^x\right]' = \left(\dfrac{1}{3}\right)^x \ln \dfrac{1}{3} = -\ln 3 \cdot \dfrac{1}{3^x}$；

(5) $(\log_5 x)' = \dfrac{1}{x \ln 5}$；

(6) $(\log_{\frac{1}{4}} x)' = \dfrac{1}{x \ln \dfrac{1}{4}} = -\dfrac{1}{x \ln 4}$.

例 2.3.7　设 $y = x^2 (\ln x) \cos x$, 求 $\dfrac{\mathrm{d}y}{\mathrm{d}x}$.

解　$\dfrac{\mathrm{d}y}{\mathrm{d}x} = (x^2)'(\ln x)\cos x + x^2 (\ln x)'\cos x + x^2 \ln x (\cos x)'$

$\qquad = 2x(\ln x)\cos x + x\cos x - x^2(\ln x)\sin x$.

例 2.3.8　由基本导数公式求下列函数的导数:

(1) 设 $s(t) = \sin t$, 求 $\dfrac{\mathrm{d}s(t)}{\mathrm{d}t}$；　(2) 设 $y = u^3$, 求 $\dfrac{\mathrm{d}y}{\mathrm{d}u}$；　(3) 设 $R(\delta) = 2e^{\delta}$, 求 $\dfrac{\mathrm{d}R(\delta)}{\mathrm{d}\delta}$.

分析　函数既可以用 y 表示,也可以用其他符号如 s, R 表示;自变量既可以用 x 表示,也可以用其他符号如 t, δ, u 表示. 所以,基本导数公式中的自变量和函数换成其他字母表示,求导公式依然成立.

解 (1) $\dfrac{\mathrm{d}s(t)}{\mathrm{d}t}=\dfrac{\mathrm{d}\sin t}{\mathrm{d}t}=\cos t$； (2) $\dfrac{\mathrm{d}y}{\mathrm{d}u}=\dfrac{\mathrm{d}u^3}{\mathrm{d}u}=3u^2$； (3) $\dfrac{\mathrm{d}R(\delta)}{\mathrm{d}\delta}=\dfrac{\mathrm{d}(2\mathrm{e}^\delta)}{\mathrm{d}\delta}=2\mathrm{e}^\delta$.

2.3.3 复合函数的求导法则

引例 函数 $y=\sin 2x$ 的导数等于什么？

思考 由基本导数公式知，$(\sin x)'=\cos x$，那么 $(\sin 2x)'=\cos 2x$ 吗？

验证 根据倍角公式，$y=\sin 2x=2\sin x\cos x$，因此根据函数乘法的求导公式，有
$$(\sin 2x)'=(2\sin x\cos x)'=2[(\sin x)'\cos x+\sin x(\cos x)']$$
$$=2(\cos^2 x-\sin^2 x)=2\cos 2x.$$

解答 $2\cos 2x$ 才是正确的求导结果，而 $\cos 2x$ 是错误的. 其原因是，函数 $\sin 2x$ 是**复合函数**，是由 $y=\sin u$ 和 $u=2x$ 复合而成的二重复合函数. **复合函数不是基本初等函数，因此不能直接使用基本初等函数的导数公式**.

下面定理给出了二重复合函数的求导法则.

定理 2.3.4 若 $u=g(x)$ 在点 x 处可导，而 $y=f(u)$ 在对应的点 $u=g(x)$ 处可导，那么复合函数 $y=f[g(x)]$ 在点 x 处可导，且
$$y'=f'(u)\cdot g'(x) \quad \text{或} \quad \frac{\mathrm{d}y}{\mathrm{d}x}=\frac{\mathrm{d}y}{\mathrm{d}u}\cdot\frac{\mathrm{d}u}{\mathrm{d}x}.$$

复合函数的求导法则可叙述为：**复合函数对自变量的导数，等于外层函数对中间变量的导数乘以中间变量对自变量的导数**. 这一法则又称为**链式法则**.

根据复合函数的求导法则，由于 $y=\sin 2x$ 是 $y=\sin u$ 和 $u=2x$ 复合而成的函数，所以 $y=\sin 2x$ 的导数是
$$\frac{\mathrm{d}y}{\mathrm{d}x}=\frac{\mathrm{d}y}{\mathrm{d}u}\cdot\frac{\mathrm{d}u}{\mathrm{d}x}=\frac{\mathrm{d}\sin u}{\mathrm{d}u}\cdot\frac{\mathrm{d}(2x)}{\mathrm{d}x}=\cos u\cdot 2=2\cos 2x.$$

例 2.3.9 求函数 $y=\sin(3x^2)$ 的导数.

解 函数 y 可分解为 $y=\sin u,u=3x^2$，于是得
$$\frac{\mathrm{d}y}{\mathrm{d}x}=\frac{\mathrm{d}y}{\mathrm{d}u}\cdot\frac{\mathrm{d}u}{\mathrm{d}x}=\frac{\mathrm{d}\sin u}{\mathrm{d}u}\cdot\frac{\mathrm{d}(3x^2)}{\mathrm{d}x}=\cos u\cdot 6x=6x\cos(3x^2).$$

例 2.3.10 求函数 $y=(3x^2+2)^3$ 的导数.

解 函数 y 可分解为 $y=u^3,u=3x^2+2$，于是得
$$\frac{\mathrm{d}y}{\mathrm{d}x}=\frac{\mathrm{d}y}{\mathrm{d}u}\cdot\frac{\mathrm{d}u}{\mathrm{d}x}=\frac{\mathrm{d}u^3}{\mathrm{d}u}\cdot\frac{\mathrm{d}(3x^2+2)}{\mathrm{d}x}=3u^2\cdot 6x=3(3x^2+2)^2\cdot 6x=18x(3x^2+2)^2.$$

归纳规律

复合函数的求导主要分为两个步骤：**先分解，再求导**. 第一步依据 1.8 节"初等函数"中复合函数的分解过程进行：**由外向内，逐层展开，彻底分解，直至最简**. 第二步的关键是：**正确求导不掉链，最后不忘代回来**. 归纳成口诀：**由外向内，逐层求导，依次相乘，回代变量**.

数学文化

瑞士数学家约翰·伯努利在 1697 年发表的一篇论文中提到:"一个对数函数无论多么复杂,它的微分等于对数里面函数表达式的微分除以表达式。"比如:

$$(\ln\sin x)' = \ln'(\sin x)(\sin x)' = \frac{\cos x}{\sin x}.$$

其实这也就是我们现在所说的链式法则的雏形.

例 2.3.11　求函数 $y = \ln(3x+5)$ 的导数.

解　函数 y 可分解为 $y = \ln u, u = 3x+5$,则有

$$\frac{dy}{dx} = \frac{dy}{du} \cdot \frac{du}{dx} = \frac{d\ln u}{du} \cdot \frac{d(3x+5)}{dx} = \frac{1}{u} \cdot 3 = \frac{1}{3x+5} \cdot 3 = \frac{3}{3x+5}.$$

对复合函数求导法则熟练以后,可以不把中间变量 u 写出来,只要按逻辑过程操作就可以.

如例 2.3.11 求函数 $y = \ln(3x+5)$ 的导数解答过程可写成

$$y' = \frac{1}{3x+5} \cdot (3x+5)' = \frac{3}{3x+5}.$$

例 2.3.12　函数 $y = (2x+6)^3$,求 y'.

解　$y' = 3(2x+6)^2 \cdot (2x+6)' = 3(2x+6)^2 \cdot 2 = 6(2x+6)^2.$

例 2.3.13　函数 $y = \sin(3-2x)$,求 y'.

解　$y' = \cos(3-2x) \cdot (3-2x)' = \cos(3-2x) \cdot (-2) = -2\cos(3-2x).$

例 2.3.14　函数 $y = e^{-3x^2}$,求 $y'|_{x=1}$.

解　$y' = e^{-3x^2} \cdot (-3x^2)' = -6x e^{-3x^2}$,所以 $y'|_{x=1} = -6e^{-3}.$

例 2.3.15　函数 $y = \sin(x^2)$,求 $\dfrac{dy}{dx}$.

解　$\dfrac{dy}{dx} = [\sin(x^2)]' = \cos(x^2)(x^2)' = 2x\cos(x^2).$

例 2.3.16　函数 $y = \sin^2 x$,求 y'.

解　$y' = [(\sin x)^2]' = 2\sin x \cdot (\sin x)' = 2\sin x\cos x.$

例 2.3.17　设雷达信号的表达式为正弦型函数 $s(t) = \sin(2t+1)$,求 $s'(t)$.

解　$s'(t) = [\sin(2t+1)]' = \dfrac{d\sin(2t+1)}{d(2t+1)} \cdot \dfrac{d(2t+1)}{dt}$

$\qquad = \cos(2t+1) \cdot (2t+1)' = 2\cos(2t+1).$

例 2.3.18　设一种信号强度呈指数衰减的信号发生器,衰减方式为 $R(\delta) = 2e^{-2\delta}$,求 $R'(0.1)$.

解　$R'(\delta) = 2(e^{-2\delta})' = 2e^{-2\delta} \cdot \dfrac{d(-2\delta)}{d\delta} = -4e^{-2\delta}$,所以 $R'(0.1) = -4e^{-0.2}.$

例 2.3.19　已知正弦交流电 $i(t) = 20\sin(10t+\pi)$(A),电感线圈的自感系数为 10 H,求自感电压.

解 根据自感电压公式知，$u_L = L\dfrac{di(t)}{dt}$，而

$$\frac{di(t)}{dt} = 20(\sin(10t+\pi))' = 20 \cdot \cos(10t+\pi) \cdot 10 = 200\cos(10t+\pi),$$

于是 $u_L = L\dfrac{di(t)}{dt} = 2000\cos(10t+\pi)$，所以自感电压为 $2000\cos(10t+\pi)$.

知识拓展

自感电动势：已知正弦交流电 $i = I_m\sin\omega t$ 在线圈内产生的自感电动势为 $\varepsilon_L = -L\dfrac{di}{dt}$，其中 L 表示线圈的自感系数，i 表示电流强度，公式中的负号表示自感电动势总是阻止电路中电流的变化. 试求自感电动势 ε_L.

$$\varepsilon_L = -L\frac{di}{dt} = -L(I_m\sin\omega t)' = -LI_m\omega\cos\omega t \quad \left(\text{运用公式 } \sin\left(x+\frac{\pi}{2}\right) = \cos x\right)$$

$$= -LI_m\omega\sin\left(\omega t+\frac{\pi}{2}\right) \quad \left(\text{运用公式 } -\sin x = \sin(x-\pi)，\text{将 } \omega t+\frac{\pi}{2} \text{ 看作 } x\right)$$

$$= LI_m\omega\sin\left(\omega t+\frac{\pi}{2}-\pi\right) = LI_m\omega\sin\left(\omega t-\frac{\pi}{2}\right).$$

由计算结果可知，自感电动势 ε_L 也是一个正弦量，但在相位上 ε_L 滞后于电流 i 为 $\dfrac{\pi}{2}$. 交流电在电感线圈上同时产生自感电压和自感电动势，两者大小相同，符号相反.

二重复合函数的求导法则可推广到三个中间变量的情形. 例如，设

$$y = f(u), \quad u = g(v), \quad v = h(x),$$

则复合函数 $y = f\{g[h(x)]\}$ 的导数为

$$\frac{dy}{dx} = \frac{dy}{du} \cdot \frac{du}{dv} \cdot \frac{dv}{dx}.$$

例 2.3.20 $y = \ln(\sin x^2)$，求 y'.

解 函数 y 可分解为 $y = \ln u, u = \sin v, v = x^2$，于是

$$\frac{dy}{dx} = \frac{dy}{du} \cdot \frac{du}{dv} \cdot \frac{dv}{dx} = \frac{d\ln u}{du} \cdot \frac{d\sin v}{dv} \cdot \frac{dx^2}{dx} = \frac{1}{u} \cdot \cos v \cdot 2x$$

$$= \frac{1}{\sin x^2} \cdot \cos x^2 \cdot 2x = 2x\cot x^2.$$

2.3.4 二阶导数

我们知道，瞬时速度 $v(t)$ 是路程函数 $s(t)$ 对时间 t 的导数，加速度函数 $a(t)$ 是速度函数 $v(t)$ 对时间 t 的导数，因此，$a(t)$ 就是 $s(t)$ 对 t 的**导数的导数**. 将加速度函数 $a(t)$ 称为路程函数 $s(t)$ 对时间 t 的**二阶导数**，记作 $a(t) = [v(t)]' = [s'(t)]' = s''(t)$.

定义 2.3.1 一般地，函数 $y = f(x)$ 的导函数 $f'(x)$ 仍是 x 的函数，如果导函数 $f'(x)$ 可导，导函数 $f'(x)$ 的导数称为函数 $y = f(x)$ 的**二阶导数**，记为

$$f''(x)，\quad y''，\quad \frac{\mathrm{d}^2 f(x)}{\mathrm{d}x^2}，\quad \frac{\mathrm{d}^2 y}{\mathrm{d}x^2}.$$

例 2.3.21　求下列函数的二阶导数：

(1) $y = x^3 + 3x^2 + 1$；　　(2) $y = x\ln x$.

解　(1) $y' = 3x^2 + 6x，\quad y'' = 6x + 6$；

(2) $y' = (x\ln x)' = \ln x + x \cdot \dfrac{1}{x} = 1 + \ln x，\quad y'' = (1 + \ln x)' = \dfrac{1}{x}.$

例 2.3.22　已知带电粒子作变速直线运动，其运动方程为 $s(t) = A\cos(\omega t + \varphi)$（$A$，$\omega$，$\varphi$ 是常数），求物体运动的加速度.

解　因为 $s(t) = A\cos(\omega t + \varphi)，\quad v(t) = s'(t) = -A\omega\sin(\omega t + \varphi)$，

$$a(t) = v'(t) = s''(t) = -A\omega\cos(\omega t + \varphi) \cdot \omega = -A\omega^2\cos(\omega t + \varphi)，$$

所以，物体运动的加速度为 $-A\omega^2\cos(\omega t + \varphi)$.

知识拓展

　　瞬时角加速度：描述刚体角速度的大小和方向对时间变化率的物理量，在国际单位制中，单位是 $\mathrm{rad/s^2}$，通常用希腊字母 α 来表示，公式为

$$\alpha = \frac{\mathrm{d}^2\theta}{\mathrm{d}t^2}.$$

例 2.3.23　一质点沿半径为 $0.1\ \mathrm{m}$ 的圆周运动，其角位置（以弧度表示）可用公式 $\theta = 2 + 4t^3$ 表示，求它在 $t = 2\ \mathrm{s}$ 的角速度及角加速度.

解　已知 $\theta = 2 + 4t^3$，依据角速度公式 $\omega = \dfrac{\mathrm{d}\theta}{\mathrm{d}t}$，代入数据可得

$$\omega = \frac{\mathrm{d}\theta}{\mathrm{d}t}\bigg|_{t=2} = (2 + 4t^3)'\big|_{t=2} = 12t^2\big|_{t=2} = 12 \times 2^2 = 48\ (\mathrm{rad/s}).$$

依据角加速度公式 $\alpha = \dfrac{\mathrm{d}^2\theta}{\mathrm{d}t^2}$，代入数据可得

$$\alpha = \frac{\mathrm{d}^2\theta}{\mathrm{d}t^2}\bigg|_{t=2} = (2 + 4t^3)''\big|_{t=2} = 24t\big|_{t=2} = 24 \times 2 = 48\ (\mathrm{rad/s^2}).$$

2.3.5　隐函数的导数

德国数学家高斯说过："数学中的一些美丽定理证明隐藏的极深."基本函数的求导公式相对容易获得规律，但是在数学中有这样的一类函数：自变量 x 和 y 的关系无法直接表示.这类函数的导数该如何求解呢？

1. 隐函数的概念

我们前面学习的函数，其自变量 x 与因变量 y 之间的关系可以表示为 $y = f(x)$，例如：幂函数 $y = x^n$，指数函数 $y = a^x$，对数函数 $y = \log_a x$，三角函数 $y = \sin x$，$y = \cos x$ 等，这种形式的函数称为**显函数**.

如果变量 x 与 y 之间的函数关系不是直接用 $y = f(x)$ 来表示，而是由一个含有 x 和

y 的方程 $F(x,y)=0$ 所确定的,即 y 与 x 的关系隐含在方程 $F(x,y)=0$ 中,称这类函数为**隐函数**.例如,方程 $y^3+xy+x=0$,$e^y+\sin(xy)=1$ 所确定的函数都是隐函数.

将隐函数化为显函数的过程称为**隐函数的显化**.例如,方程 $x+y^3-1=0$ 可以转化成 $y=\sqrt[3]{1-x}$,就把隐函数化成了显函数,但是有些函数是不可显化的,例如 $e^y+\sin(xy)=1$ 就无法显化成 $y=f(x)$.

2. 隐函数的求导方法

对隐函数求导的具体步骤如下:

(1) 方程 $F(x,y)=0$ 两边同时对 x 求导,把 $F(x,y)=0$ 中的 y 看成 x 的函数,利用**复合函数的求导法则**,得到一个含有 y' 的方程式;

(2) 解出 y',注意所得的结论中允许保留 y.

例 2.3.24 求由方程 $x^2+y^3=3xy$ 所确定的隐函数 y 的导数 y'.

解 用隐函数的求导方法,在方程两边分别对 x 求导,得
$$2x+3y^2y'=3y+3xy',$$
整理得 $2x-3y=3xy'-3y^2y'$,即 $2x-3y=3y'(x-y^2)$,所以
$$y'=\frac{2x-3y}{3(x-y^2)}.$$

例 2.3.25 求由方程 $x+y-\frac{1}{2}\sin y+3=0$ 所确定的隐函数 y 的二阶导数 y''.

解 应用隐函数求导方法,在方程两边分别对 x 求导,得
$$1+y'-\frac{1}{2}\cos y \cdot y'=0,$$
整理得
$$y'\left(1-\frac{1}{2}\cos y\right)=-1,$$
所以 $y'=\frac{2}{\cos y-2}$,对 y' 继续对 x 求导得 $y''=\frac{2\sin y \cdot y'}{(\cos y-2)^2}$,再将 $y'=\frac{2}{\cos y-2}$ 代入得
$$y''=\frac{2\sin y}{(\cos y-2)^2} \cdot \frac{2}{\cos y-2}=\frac{4\sin y}{(\cos y-2)^3},$$
所以
$$y''=\frac{4\sin y}{(\cos y-2)^3}.$$

例 2.3.26 求曲线 $xy+\ln y=1$ 在点 $M(1,1)$ 处的切线方程.

解 先求由 $xy+\ln y=1$ 所确定的隐函数的导数.在方程两边对 x 求导,得
$$y+xy'+\frac{1}{y}y'=0,$$
整理得 $\left(x+\frac{1}{y}\right)y'=-y$,所以
$$y'=\frac{-y}{x+\frac{1}{y}}=-\frac{y^2}{xy+1}.$$

在点 $M(1,1)$ 处,有 $k=y'\Big|_{\substack{x=1\\y=1}}=-\frac{1}{2}$,于是,在点 $M(1,1)$ 处的切线方程为

$$y-1=-\frac{1}{2}(x-1)，\quad 即\quad x+2y-3=0.$$

2.3.6　参数方程导数

1. 由参数方程所确定的函数的概念

如果 y 与 x 之间的函数关系 $y=f(x)$ 是由参数方程 $\begin{cases}x=x(t)\\y=y(t)\end{cases}$ 确定的,其中 t 为参数,则称此函数关系所表达的函数为**由参数方程所确定的函数**,简称为**参函数**.

2. 参数方程的求导方法

在实际问题中常需要求参数方程的导数,但直接消去参数 t 有时会很困难,所以我们希望能找到一种方法可以直接由参数方程算出它们所确定的函数的导数.下面就来讨论这种求导方法.

设参数方程 $\begin{cases}x=x(t)\\y=y(t)\end{cases}$ 确定了 y 是 x 的函数,且 $x=x(t)$，$y=y(t)$ 都可导，$x'(t)\neq0$，$x=x(t)$ 有反函数 $t=x^{-1}(t)$,则

$$\frac{\mathrm{d}y}{\mathrm{d}x}=\frac{\mathrm{d}y/\mathrm{d}t}{\mathrm{d}x/\mathrm{d}t}.$$

这就是由参数方程所确定的函数的导数公式.

例 2.3.27　已知圆的参数方程为 $\begin{cases}x=a\cos\theta,\\y=a\sin\theta,\end{cases}$ 求 $\dfrac{\mathrm{d}y}{\mathrm{d}x}$.

解　因为 $\dfrac{\mathrm{d}x}{\mathrm{d}\theta}=-a\sin\theta$，$\dfrac{\mathrm{d}y}{\mathrm{d}\theta}=a\cos\theta$,所以

$$\frac{\mathrm{d}y}{\mathrm{d}x}=\frac{\mathrm{d}y/\mathrm{d}\theta}{\mathrm{d}x/\mathrm{d}\theta}=\frac{a\cos\theta}{-a\sin\theta}=-\cot\theta.$$

例 2.3.28　已知椭圆的参数方程为 $\begin{cases}x=a\cos\theta,\\y=b\sin\theta,\end{cases}$ 求椭圆在 $\theta=\dfrac{\pi}{4}$ 处的导数.

解　由题可知 $\dfrac{\mathrm{d}x}{\mathrm{d}\theta}=-a\sin\theta$，$\dfrac{\mathrm{d}y}{\mathrm{d}\theta}=b\cos\theta$,有

$$\frac{\mathrm{d}y}{\mathrm{d}x}=\frac{\mathrm{d}y/\mathrm{d}\theta}{\mathrm{d}x/\mathrm{d}\theta}=\frac{b\cos\theta}{-a\sin\theta}=-\frac{b}{a}\cot\theta,$$

所以

$$\frac{\mathrm{d}y}{\mathrm{d}x}\Big|_{\theta=\frac{\pi}{4}}=-\frac{b}{a}\cot\frac{\pi}{4}=-\frac{b}{a}.$$

习　题　2.3

习题答案

一、知识强化

1. 求下列函数的导数:

(1) $y=3x^2-\dfrac{2}{x^2}+5$；

(2) $y=x^{\frac{2}{3}}+\cos x-2$；

(3) $y = x^{10} + 10^x$；

(4) $y = e^x - 2x$；

(5) $y = \ln x + \sin x$；

(6) $y = \sqrt{x} - \dfrac{1}{x^2}$；

(7) $\rho = \sqrt{\varphi} \sin \varphi$；

(8) $y = x^5 \sin x$；

(9) $y = x^3 \cos x$；

(10) $y = (1 + x^2) \sin x$；

(11) $y = 2^x \ln x$；

(12) $y = x^2 \ln x$；

(13) $s = \dfrac{t}{\sin t}$；

(14) $y = \dfrac{1}{1 + \sqrt{x}}$；

(15) $y = \dfrac{x^2}{\cos x}$；

(16) $y = \dfrac{x}{1 - x}$.

2. 求下列函数在给定点处的导数值：

(1) $y = x^5 + 3 \sin x$，求 $y'|_{x=0}$，$y'|_{x=\frac{\pi}{2}}$；

(2) $f(t) = \dfrac{1 - \cos t}{1 + \cos t}$，求 $f'\left(\dfrac{\pi}{2}\right)$，$f'(0)$；

(3) $f(x) = \dfrac{3}{5 - x} + \dfrac{x^2}{5}$，求 $f'(0)$，$f'(2)$.

3. 求下列函数的导数：

(1) $y = (3x^2 + 1)^{10}$；

(2) $y = (x^2 + 4x - 7)^5$；

(3) $y = \cos\left(5t + \dfrac{\pi}{4}\right)$；

(4) $y = 220 \sin\left(4x + \dfrac{\pi}{2}\right)$；

(5) $y = \sin^2 x$；

(6) $y = e^{-3x^2}$；

(7) $y = \sqrt[3]{\dfrac{1}{1 + x^2}}$；

(8) $y = \ln(1 + x^2)$；

(9) $y = \cos^3(x^2 + 1)$；

(10) $y = e^{-\frac{x}{2}} \cos 3x$；

(11) $y = \dfrac{1 - \ln x}{1 + \ln x}$；

(12) $y = (x - 1)\sqrt{x^2 + 1}$；

(13) $y = \ln(\sec x + \tan x)$；

(14) $y = \arcsin(1 - 2x)$.

4. 求下列函数的二阶导数：

(1) $y = x^{10} + 3x^5 + \sqrt{2} x^3$；

(2) $y = (x + 3)^4$；

(3) $y = e^x + x^2$；

(4) $y = e^x + \ln x$.

5. 求函数 $y = \sqrt{x}$ 的导数 $\dfrac{\mathrm{d}y}{\mathrm{d}x}$ 及其在 $x = 1$ 处的导数值 $\dfrac{\mathrm{d}y}{\mathrm{d}x}\bigg|_{x=1}$.

6. 设 $f(x) = (x + 10)^6$，求 $f''(2)$.

7. 求下列方程所确定的函数 $y = y(x)$ 的导数：

(1) $x \cos y = \sin(x + y)$；　　(2) $y e^x + \ln y = 1$；　　(3) $2x^2 y - xy^2 + y^3 = 6$.

8. 求下列参数方程所确定的函数的导数 $\dfrac{\mathrm{d}y}{\mathrm{d}x}$：

(1) $\begin{cases} x = 1 - t^2, \\ y = t - t^3; \end{cases}$

(2) $\begin{cases} x = \sin t, \\ y = t; \end{cases}$

(3) $\begin{cases} x = \sin^3 t, \\ y = \cos^3 t; \end{cases}$ （4） $\begin{cases} x = \sqrt{1-t}, \\ y = \sqrt{t}. \end{cases}$

9. 已知参数方程 $\begin{cases} x = e^t \sin t, \\ y = e^t \cos t, \end{cases}$ 求 $\dfrac{\mathrm{d}y}{\mathrm{d}x} \Big|_{t=\frac{\pi}{3}}$.

10. 求下列隐函数的导数 $\dfrac{\mathrm{d}y}{\mathrm{d}x}$:

(1) $x^2 - y^2 = 16$; （2） $x + xy - y^2 = 0$;

(3) $x e^y + y = 0$; （4） $x^2 + y^2 + \cos(x+y) = 0$.

二、专业应用

1. 已知物体的运动方程为 $s = t^2 - 6t + 5$,其中 s 的单位是米, t 的单位是秒,问在什么时候该物体的速度为零?

2. 从时间 $t = 0$ 开始到 t s 时通过导线的电量（单位:C）由公式 $Q = 2t^2 + 3t + 1$ 表示,试求 $t = 3$ s 时的电流强度（单位:A）.

3. 已知正弦交流电 $i(t) = 220 \sin(40t - 2\pi)$,自感系数 L 为 20 H,求自感电压. $\left(\text{自感电压公式 } u_\mathrm{L} = L \dfrac{\mathrm{d}i(t)}{\mathrm{d}t}\right)$

三、军事应用

已知炮弹出膛后在空中的运动方程为

$$\begin{cases} x = v_0 \cos\alpha \cdot t, \\ y = v_0 \sin\alpha \cdot t - \dfrac{1}{2} g t^2, \end{cases}$$

其中 v_0 是炮弹出膛口时的速度,求:

(1) 炮弹在时刻 t 的运动方向; （2）炮弹在时刻 t 的速度.

本节资源

2.4　导数的应用

我国数学家陈省身(图 2.4.1)说过:"历史上数学的进展不外两途:增加对于已知材料的了解,和推广范围."导数不仅应用于判断函数的单调性,还广泛应用于判断函数的极值、最值、凹凸性等.

2.4.1　函数的单调性

法国数学家约瑟夫·拉格朗日(图 2.4.2)说过:"一个人的贡献和他的自负严格地成反比,这似乎是品行上的一个公理."拉格朗日说的贡献与自负成反比的关系,在数学上就体现为单调递减.

引例　图 2.4.3 为某市 2023 年元旦这一天 24 小时的气温变化图:

图 2.4.1

图 2.4.2

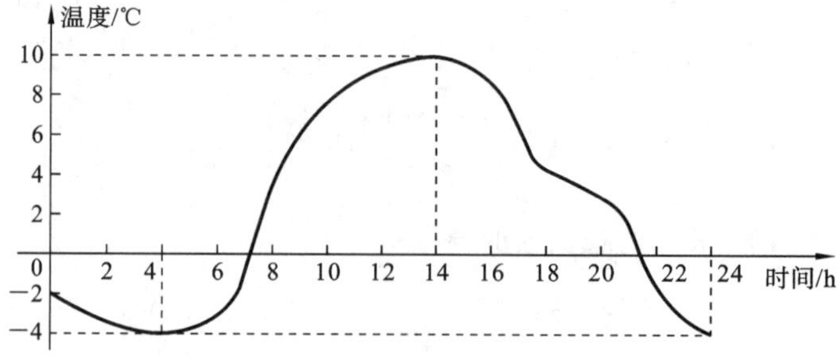

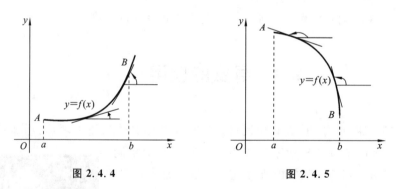

图 2.4.3

(1) 观察这个气温变化图,说出气温在这一天内的变化情况;

(2) 当天的最高温度、最低温度是多少? 在几点钟达到?

(3) 什么时间段气温下降? 什么时间段气温上升?

实际生活中,我们常常需要了解数据的变化规律,或者说,随着自变量的变化,函数值如何变化. 这类问题在数学中反映了函数的一个基本性质——单调性. 单调性与函数的什么特点有关系呢?

单调性的判定:如图 2.4.4 所示,如果函数在区间 $[a,b]$ 上是增函数,那么它的图象是一条沿 x 轴正向上升的曲线,曲线上各点处切线的倾斜角都是锐角,它们的斜率都是正的,即 $f'(x)>0$.

同样,如图 2.4.5 所示,如果函数在区间 $[a,b]$ 上是减函数,那么它的图象是一条沿 x 轴正方向下降的曲线,曲线上各点处切线的倾斜角都是钝角,因此,它们的斜率都是负的,即 $f'(x)<0$.

图 2.4.4

图 2.4.5

由此可见,函数的单调性与其导数的正负有关.事实上,导数的正负可以用来判断函数的单调性.

定理 2.4.1(单调性判定定理) 设函数 $f(x)$ 在闭区间 $[a,b]$ 上连续,在开区间 (a,b) 内可导,则在 (a,b) 内,有如下结论成立:

(1) 如果 $f'(x)>0$,那么 $f(x)$ **单调递增**,区间 (a,b) 称为函数的**单调递增区间**;

(2) 如果 $f'(x)<0$,那么 $f(x)$ **单调递减**,区间 (a,b) 称为函数的**单调递减区间**.

例 2.4.1 确定 $f(x)=3x-x^3$ 的单调性与单调区间.

解 函数的定义域为 $(-\infty,+\infty)$,则

$$f'(x) = 3 - 3x^2 = 3(1 - x^2).$$

判断单调性就是判断函数的导数的正负. 要想知道导数在哪个区间上为正, 哪个区间上为负, 就要先找到 $f'(x) = 0$ 的点.

令 $f'(x) = 0$, 得 $x_1 = -1, x_2 = 1$. 这两个点把定义域分成三个区间, 如表 2.4.1 所示.

在 $(-\infty, -1)$ 和 $(1, +\infty)$ 内, $f'(x) < 0$, $f(x)$ 单调递减;

在 $(-1, 1)$ 内, $f'(x) > 0$, $f(x)$ 单调递增.

使 $f'(x) = 0$ 的点, 称为函数的**驻点**; 导数不存在的点, 称为**不可导点**.

表 2.4.1

x	$(-\infty, -1)$	-1	$(-1, 1)$	1	$(1, +\infty)$
y'	$-$	0	$+$	0	$-$
y	递减	-2	递增	2	递减

归纳规律

确定函数的单调性和单调区间的步骤为:

(1) 确定函数的定义域, 求出导数;

(2) 求出驻点和不可导点, 并以这两类点为分界点, 将定义域分为若干个区间;

(3) 考察导数在各区间内的符号, 判断函数在相应区间上的单调性.

2.4.2　函数的极值

1. 极值的定义

极值是函数的局部性态, 讨论的是一点处的函数值与该点附近其他点处的函数值的大小关系.

定义 2.4.1　设函数 $f(x)$ 在点 x_0 的某邻域内有定义, 对邻域内的任意一点 $x(x \neq x_0)$, 不等式 $f(x_0) > f(x)$(或 $f(x_0) < f(x)$)恒成立, 那么称 $f(x_0)$ 是函数 $f(x)$ 的一个**极大值**(或**极小值**), x_0 称为 $f(x)$ 的**极大值点**(或**极小值点**).

极大值与极小值统称为**极值**, 极大值点与极小值点统称为**极值点**.

如图 2.4.6 所示, $f(x_1)$ 与 $f(x_3)$ 是函数的极大值, $f(x_2)$ 与 $f(x_4)$ 是函数的极小值. 从图中还可以看出极大值 $f(x_1)$ 在数值上比极小值 $f(x_4)$ 小, 这是合理的, 因为极值是函数的局部性态.

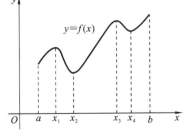

图 2.4.6

2. 极值的判定法

从图 2.4.6 我们还可以看出, 对于连续函数来说,极值点一定出现在函数单调性的分界点. 因此, 对可导函数有可推出如下定理.

定理 2.4.2（极值的必要条件） 若函数 $f(x)$ 在点 x_0 处可导, 且在点 x_0 处取得极值, 那么 $f'(x_0)=0$.

使 $f'(x)=0$ 的点称为函数的**驻点**. 因此, 可导函数的极值点一定是驻点, 但驻点不一定是极值点. 例如, 对于如图 2.4.7 所示的函数 $f(x)=x^3$, $x=0$ 是它的驻点, 但不是函数的极值点.

另外, 极值点还可能出现在不可导点处. 例如, 图 2.4.8 所示的函数 $f(x)=(x-2)^{\frac{2}{3}}$, $x=2$ 是不可导点, 但 $x=2$ 恰是极小值点.

因此, **连续函数的极值点一定在驻点和不可导点处**, 但并非所有的驻点和不可导点都是极值点, 那么, 如何判断驻点和不可导点是不是极值点呢? 我们有如下定理.

定理 2.4.3（第一充分条件） 设 $f(x)$ 在点 x_0 处连续且在 x_0 的某个去心邻域内可导, 在这个邻域内, 则

(1) 若 $x<x_0$ 时, $f'(x)>0$, $x>x_0$ 时, $f'(x)<0$, 则 x_0 是 $f(x)$ 的极大值点;

(2) 若 $x<x_0$ 时, $f'(x)<0$, $x>x_0$ 时, $f'(x)>0$, 则 x_0 是 $f(x)$ 的极小值点;

(3) 若 x_0 的某去心邻域内, $f'(x)$ 的符号相同, 那么 x_0 不是 $f(x)$ 的极值点.

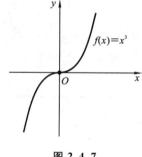

图 2.4.7

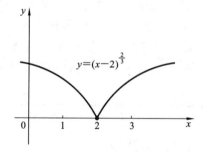

图 2.4.8

归纳规律

由定理 2.4.2 和定理 2.4.3 可以给出求函数极值点和极值的步骤:

(1) 确定 $f(x)$ 的定义域;

(2) 求出 $f'(x)$;

(3) 求出 $f(x)$ 的全部驻点和不可导点, 这些点把定义域分成若干个小区间;

(4) 讨论 $f'(x)$ 在各小区间内的符号, 求出函数的极值点和极值.

例 2.4.2 求函数 $f(x)=x-\dfrac{3}{2}x^{\frac{2}{3}}$ 的极值.

解 函数的定义域为 $(-\infty,+\infty)$, 且 $f'(x)=1-x^{-\frac{1}{3}}(x\neq0)$.

令 $f'(x)=0$, 得驻点 $x=1$, 而当 $x=0$ 时 $f'(x)$ 不存在. 驻点 $x=1$ 和不可导点 $x=0$ 把定义域分成三个小区间, 根据 $f'(x)$ 在每个小区间内的符号, 确定函数 $f(x)$ 的单调性,

将所得的结果列于表 2.4.2.

表 2.4.2

x	$(-\infty,0)$	0	$(0,1)$	1	$(1,+\infty)$
$f'(x)$	正	不存在	负	0	正
$f(x)$	递增	极大值	递减	极小值	递增

由上表可知,$f(x)$ 在点 $x=0$ 处取得极大值 $f(0)=0$,在点 $x=1$ 处取得极小值 $f(1)$ $=-\dfrac{1}{2}$.

例 2.4.3　交流电压的一种形式是 $u(t)=U_{\mathrm{m}}\sin(\omega t)$,试在一个周期内讨论其极值情况.

解　函数 $u(t)$ 是一个正弦型函数,最小正周期为 $T=\dfrac{2\pi}{\omega}$,下面在 $\left[0,\dfrac{2\pi}{\omega}\right]$ 区间内讨论其极值.

令 $u'(t)=U_{\mathrm{m}}\omega\cos(\omega t)=0$,则 $\cos(\omega t)=0$,解得

$$\omega t=\frac{\pi}{2}\quad\text{或}\quad\omega t=\frac{3\pi}{2},$$

即在 $\left[0,\dfrac{2\pi}{\omega}\right]$ 内,驻点为 $t=\dfrac{\pi}{2\omega}$ 或 $t=\dfrac{3\pi}{2\omega}$. 同时,$u(t)$ 没有不可导点.

两个驻点把 $\left[0,\dfrac{2\pi}{\omega}\right]$ 区间分成三个小区间,根据 $u'(t)$ 在每个小区间内的符号,确定函数 $u(t)$ 的单调性,将所得的结果列于表 2.4.3.

表 2.4.3

t	$\left[0,\dfrac{\pi}{2\omega}\right)$	$\dfrac{\pi}{2\omega}$	$\left(\dfrac{\pi}{2\omega},\dfrac{3\pi}{2\omega}\right)$	$\dfrac{3\pi}{2\omega}$	$\left(\dfrac{3\pi}{2\omega},\dfrac{2\pi}{\omega}\right]$
$u'(t)$	正	0	负	0	正
$u(t)$	递增	极大值	递减	极小值	递增

由上表可知,$u(t)$ 在点 $t=\dfrac{\pi}{2\omega}$ 处取得极大值 $u\left(\dfrac{\pi}{2\omega}\right)=U_{\mathrm{m}}$,在点 $t=\dfrac{3\pi}{2\omega}$ 处取得极小值 $u\left(\dfrac{3\pi}{2\omega}\right)=-U_{\mathrm{m}}$.

2.4.3　函数的最值

我国数学家华罗庚在《优选法平话及其补充》中指出:"优选的方法的问题处处有,常常见,但问题简单,易于解决,故不为人们所注意.自从工艺过程日益繁复,质量要求精益求精,优选的问题也就提到日程上来了."所谓优选,就是要找到函数的最值.下面我们运用单调性和极值来找寻求最值的方法.

1. 最值的定义

定义 2.4.2　设 $f(x)$ 在区间 I 上有定义,若存在 $x_0\in I$,使得对 I 上的一切 x,恒有 $f(x)\leqslant f(x_0)$(或 $f(x)\geqslant f(x_0)$),则称 $f(x_0)$ 是函数 $f(x)$ 在 I 上的**最大值**(或**最小值**).

函数的最大值与最小值统称为**最值**,使函数取到最值的点称为**最值点**.

由上述定义可以看到,函数的最值与前面学习的极值很相似,都涉及函数值的比较.区别在于:最值是在**整个区间**上函数值的比较,极值则是在**一点附近**函数值的比较.由此可见,极值是**局部性**的,而最值是**全局性**的.类比我们的人生,暂时的成功并不代表一生的成功,暂时的失败也并不代表未来一事无成,我们应有局部和整体的思想,正确看待一时的成功与失败,胜不骄,败不馁.

2. 最值的求法

要求最值,首先要考察最值是否存在.对于闭区间上的连续函数,有以下定理保证最值存在.

定理 2.4.4(最值定理) 闭区间 $[a,b]$ 上的连续函数 $f(x)$ 一定存在最大值和最小值.

如图 2.4.9 所示,连续函数 $f(x)$ 在点 x_0 处取得最大值 M,在点 x_1 处取得最小值 m.

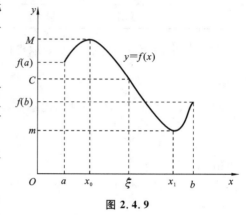

图 2.4.9

有了最值定理作保证,下面我们讨论闭区间上连续函数最值的求法.

归纳规律

类似于极值的求法,我们可以判定最值只可能在驻点、不可导点或端点处取得.因此,对于闭区间 $[a,b]$ 上的连续函数,求最值的步骤如下.

(1) **求导**:求导数 $f'(x)$.

(2) **找点**:求 $f(x)$ 在 (a,b) 内所有的驻点和不可导点,即 $x_1,\cdots,x_n$.

(3) **算值**:计算上述所有点和端点的函数值 $f(x_1),\cdots,f(x_n)$ 和 $f(a),f(b)$.

(4) **比较**:比较函数值的大小,其中最大的就是最大值,最小的就是最小值.

例 2.4.4 求函数 $f(x)=2(x-1)^2+3(x-2)^2$ 在区间 $[-1,2]$ 上的最值.

解 由于函数在区间上连续,所以存在最大值和最小值.

第一步,求导. $f'(x)=4(x-1)+6(x-2)=10x-16$.

第二步,找点. 令 $f'(x)=0$,求得驻点 $x=\dfrac{8}{5}$.

第三步,算值. $f(-1)=35,f(2)=2,f\left(\dfrac{8}{5}\right)=\dfrac{6}{5}$.

第四步,比较. 函数在 $x=-1$ 取到最大值 35,在 $x=\dfrac{8}{5}$ 取到最小值 $\dfrac{6}{5}$.

函数在闭区间上有多个可能的极值点,因此要逐个比较大小.如果函数在闭区间上只有一个极值点,它是最值点吗?我们有如下结论回答这个问题.

结论 若函数在区间内**连续**,且**只有一个**极小或(极大)值点,则这个点就是最小或(最大)值点.这个结论对闭区间、开区间和无穷区间都是成立的.

3. 最值的应用

例 2.4.5 一间谍在河北岸 A 处进行间谍活动,被我军执勤战士发现. 间谍以 7 m/s 的速度向正北逃窜,同时我军战士骑摩托车从河南岸 B 处向正东追击,速度为 14 m/s,已知河的宽度为 50 m,问我军战士何时射击最好?

分析 什么时候射击最好呢? 显然,距离目标越近,射击命中率越高,所以相距最近时射击最好. 由于在间谍逃窜与战士追击的过程中,他们之间的距离在随时发生改变. 这样就可能存在一个时刻,他们之间的距离最近,此时命中率最高. 那么,战士与间谍的距离是如何随时间变化的呢?

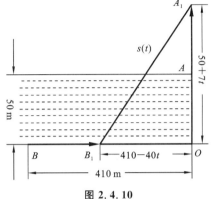

图 2.4.10

解 设 t 为追击时间,如图 2.4.10 所示,经过时间 t 后,我军战士追击至 B_1 点,间谍逃窜至 A_1 点. 距离 B_1A_1 为直角三角形的斜边. 根据已知条件,AO 长 50 m,BO 长 410 m,所以 A_1O 长 $50+7t$,B_1O 长 $410-14t$. 因此,战士与间谍之间的距离为

$$s(t)=\sqrt{(50+7t)^2+(410-14t)^2} \quad (t \geqslant 0).$$

这样,何时射击最好的问题,就转化为函数 $s(t)$ 在哪一点处取最小值的问题.

第一步:求导. $s'(t)=\dfrac{245t-5390}{\sqrt{(50+7t)^2+(410-14t)^2}}$.

第二步:找点. 令 $s'(t)=0$,求得唯一驻点为 $t=22$. 这个函数没有不可导点.

按照极值的判别方法,$t=22$ 是极小值点. 由前述结论知,这个唯一的极值点就是函数的最小值点. 也就是说,追击 22 s 后,射击最好.

在实际应用中,若问题本身存在最值,且可导的目标函数在区间内部只有唯一驻点,则该驻点就是所求的最值点.

知识拓展

在真空状态下,炮弹发射出去做抛体运动,根据力学原理,可以得到炮弹的运动轨迹方程为

$$\begin{cases} x=v_0 t\cos\alpha, \\ y=v_0 t\sin\alpha-\dfrac{1}{2}gt^2, \end{cases}$$

其中初速度为 v_0,发射角为 α. 消去方程中的 t,可得炮弹的轨迹方程为

$$y=x\tan\alpha-\dfrac{g}{2v_0^2\cos^2\alpha}x^2.$$

例 2.4.6 设火炮以初速度 v_0,发射角为 α 发射炮弹,问在理想状态下,α 为多大时,炮弹的射程最大? 最大射程为多少?

解 已知炮弹的轨迹方程为

$$y = x\tan\alpha - \frac{g}{2v_0^2\cos^2\alpha}x^2,$$

令 $y=0$，解得 $x_1 = \frac{v_0^2}{g}\sin 2\alpha, x_2 = 0$. 射程可以表示为

$$d = x_1 = \frac{v_0^2}{g}\sin 2\alpha,$$

令 $\frac{\mathrm{d}d}{\mathrm{d}\alpha} = \frac{2v_0^2}{g}\cos 2\alpha = 0$，解得 $\alpha = \frac{\pi}{4}$.

因此，当 $\alpha = \frac{\pi}{4}$ 时，炮弹的射程最大，最大射程为 $\frac{v_0^2}{g}$.

> **知识拓展**
>
> **电功率**指的是电流在单位时间内做的功，是表示消耗电能快慢的物理量，用 P 表示，单位为瓦特. 计算公式为 $P=UI$，其中 U,I 分别指电压和电流，ε 为电源电动势. 现有电路图如图 2.4.11 所示.
>
> 由全电路欧姆定律知，电流强度 $I = \frac{\varepsilon}{R+r}$，$U = \varepsilon - Ir$，所以电功率表示为
>
> $$P = P(R) = UI = (\varepsilon - Ir)I = \left(\varepsilon - \frac{\varepsilon}{R+r}r\right)\frac{\varepsilon}{R+r}.$$
>
> **图 2.4.11**

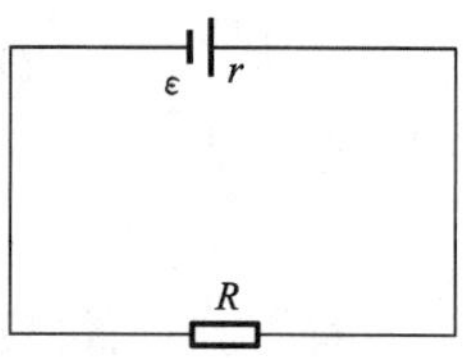

例 2.4.7 图 2.4.11 中 U,I 分别指电压和电流，由电动势 ε、内阻 r 的电源与外电阻 R 构成闭合电路，在 ε 与 r 不变时，R 等于多少才能使外电阻 R 上获得的电功率最大，最大电功率为多少？

解 由电学知识知，电功率为 $P(R) = \varepsilon^2\left[\frac{1}{R+r} - \frac{r}{(R+r)^2}\right]$，令

$$P'(R) = \varepsilon^2\left[-\frac{1}{(R+r)^2} + \frac{2r}{(R+r)^3}\right] = \varepsilon^2\frac{r-R}{(R+r)^3} = 0,$$

解得 $R=r$. 这表明函数 $P(R)$ 在区间 $(0, +\infty)$ 内存在唯一驻点 $R=r$，由该问题的实际意义可知，电功率的最大值一定存在，故在唯一驻点 $R=r$ 处，电功率 P 取得最大值. 即当外阻等于内阻时，输出功率最大，最大功率为 $P(r) = \frac{\varepsilon^2}{4r}$.

2.4.4 曲线的凹凸性与拐点

法国数学家笛卡尔说过："数形结合是科学的本质."下面用数形结合的方法研究函数的凹凸性和拐点.

前面研究了函数的单调性. 它反映在图形上就是曲线的上升或下降. 但是曲线在上升或下降的过程中，还有一个弯曲方向的问题. 例如，图 2.4.12 中有两条曲线弧 ACB 和

ADB,虽然它们都是上升的,但在上升过程中存在弯曲方向的不同,因而图形显著不同.

而图形的弯曲方向,在几何上是用曲线的"凹凸性"来描述的.下面我们就来研究曲线的凹凸性及其判别法.

观察图 2.4.13 中的曲线弧 AB(设其方程为 $y=f(x)$),它是向下凹的,其几何特征是:曲线上切线的斜率随着切点横坐标 x 的增大而变大,即 $f'(x)$ 是单调增加函数.

再观察图 2.4.14 中的曲线弧 MN(设其方程为 $y=g(x)$,它是向上凸的,其几何特征是:曲线上切线的斜率随着切点横坐标的增大而变小,即 $g(x)$ 是单调减少函数.

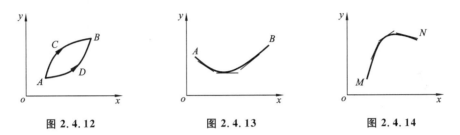

图 2.4.12　　　　　　图 2.4.13　　　　　　图 2.4.14

由此我们对曲线弧的凹凸性作如下定义:

定义 2.4.3　设曲线弧 L 的方程为 $y=f(x)$,$x\in[a,b]$,$f(x)$ 在 $[a,b]$ 上连续,且在 (a,b) 内可导,那么

如果 $f'(x)$ 在 (a,b) 内单调增加,则称 L 在 $[a,b]$ 上是凹的,或称凹弧;

如果 $f'(x)$ 在 (a,b) 内单调减少,则称 L 在 $[a,b]$ 上是凸的,或称凸弧.

如果 $f'(x)$ 在 (a,b) 内二阶可导,那么用二阶导数的符号就能确定一阶导数是单调增加还是单调减少,从而得到以下曲线凹凸性的判别法.

曲线凹凸性的判别法:设 $f'(x)$ 在 $[a,b]$ 上连续,在 (a,b) 内具有二阶导数,那么

(1) 若在 (a,b) 内 $f''(x)>0$,则曲线弧 $y=f(x)$ 在 $[a,b]$ 上是凹的;

(2) 若在 (a,b) 内 $f''(x)<0$,则曲线弧 $y=f(x)$ 在 $[a,b]$ 上是凸的.

以上两种判别方法虽然是对闭区间 $[a,b]$ 给出的,但适用于任何区间(包括无限区间).

例 2.4.8　判定曲线 $y=\ln x$ 的凹凸性.

解　$y=\ln x$ 在它的定义区间 $(0,+\infty)$ 内连续.因为 $y''=-\dfrac{1}{x^2}$ 在定义域内单调减少,所以由曲线凹凸性的定义可知,曲线 $y=\ln x$ 在 $(0,+\infty)$ 内是凸的.

例 2.4.9　讨论下列曲线的凹凸性:

(1) $y=x^3$;　　　　　　(2) $y=\sqrt[3]{x}$.

解　这两个函数均在 $(-\infty,+\infty)$ 内连续.

(1) $y'=3x^2$,$y''=6x$.显然,在 $(-\infty,0)$ 内 $y''<0$,在 $(0,+\infty)$ 内 $y''>0$,故 $y=x^3$ 的图形在 $(-\infty,0)$ 部分是凸的,在 $(0,+\infty)$ 部分是凹的,如图 2.4.15 所示.

(2) 当 $x\neq 0$ 时,$y'=\dfrac{1}{3}\cdot\dfrac{1}{x^{2/3}}$,$y''=-\dfrac{2}{9}\cdot\dfrac{1}{x^{5/3}}$,在点 $x=0$ 处 $y=\sqrt[3]{x}$ 的二阶导数不存在.而在 $(-\infty,0)$ 内 $y''>0$,在 $(0,+\infty)$ 内 $y''<0$,所以 $y=\sqrt[3]{x}$ 的图形在 $(-\infty,0]$ 部分是凹

的,在$[0,+\infty)$部分是凸的,如图 2.4.16 所示.

连续曲线上凸弧与凹弧的分界点称为曲线的拐点,如图 2.4.17 所示.

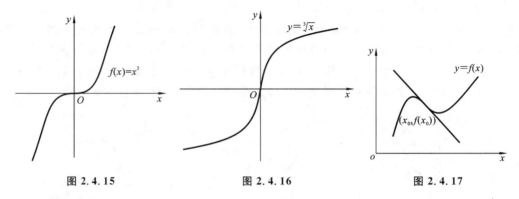

图 2.4.15   图 2.4.16   图 2.4.17

从图 2.4.15 中可见,点$(0,0)$是曲线 $y=x^3$ 的拐点,此时 $x=0$ 是 y''的零点;又从图 2.4.16 中可见,点$(0,0)$是曲线 $y=\sqrt[3]{x}$的拐点,此时 $x=0$ 是 y''不存在的点.

一般地,我们有以下结论:

如果连续函数 $y=f(x)$ 在定义域内除了一些点外均二阶可导,那么只要用使得 $f''(x)=0$ 的点与二阶导数不存在的点把定义域划分为若干个区间,就可使 $f''(x)$ 在各个区间内都保持固定的符号,从而 $y=f(x)$ 的图形在每个区间上的凹凸性保持不变,而这些分点就是曲线上的可能的拐点的横坐标:如果分点两侧 $f''(x)$ 的符号相反,则分点就是拐点的横坐标,否则就不是.

例 2.4.10 求曲线 $y=x^4-2x^3+1$ 的拐点及凹、凸区间.

解 函数 $y=x^4-2x^3+1$ 的定义域为$(-\infty,+\infty)$,则
$$y'=4x^3-6x^2, \quad y''=12x^2-12x=12x(x-1).$$
令 $y''=0$,解得 $x_1=0,x_2=1$.

$x_1=0$ 和 $x_2=1$ 把定义域划分为$(-\infty,0),(0,1)$与$(1,+\infty)$.

表 2.4.4

x	$(-\infty,0)$	0	$(0,1)$	1	$(1,+\infty)$
y''	+	0	−	0	+
凹凸性、拐点	凹	$(0,1)$,拐点	凸	$(1,0)$,拐点	凹

数学文化

凹凸性反映了函数单调递增或单调递减的不同方式.以图 2.4.12 为例,函数曲线 ACB 和 ADB 都是单调递增的,最终得到的函数值也是相等的,但是增长的方式不同.ACB 是凸曲线,对应的增长方式是先快后慢,ADB 是凹曲线,对应的增长方式是先慢后快.这两种增长方式都是常见的.例如,我国经济总量 GDP 的增长在 1980—2010 年期间,因为基数低,增长因素充分,所以增长很快.2010 年以后,

因为基数大,我国经济转型,加上美国在贸易领域对我国的制裁,增长就变慢了,呈现出 ACB 这种凸曲线的增长方式.又如我国的高科技研究,在 2015 年以前,处于打基础、积累阶段,成果涌现相对少,增长较慢.在 2015 年以后,科学研究进入"喷发"状态,各项世界先进成果层出不穷,增长较快,呈现出 ADB 这种凹曲线的增长方式.

凹凸性反映的不同增长方式提示我们,对于不同情况的任务,考虑条件、困难的不同,我们将沿着不同的路径来完成.对于条件较好、难度较小的任务,我们要"大干快上",先达到一个较高的水平,再逐渐完善,对应先快后慢的实现路径.对于条件较差、难度较大的任务,我们要"稳打稳扎",持续发力,夯实基础,终将爆发,对应先慢后快的实现路径.要避免急躁冒进,"欲速则不达".

2.4.5　中值定理

要利用导数来研究函数的性质,首先就要了解导数值与函数值之间的联系.反映这些联系的是微分学中的几个中值定理.在本节中,我们先讲罗尔定理,然后根据它推出拉格朗日中值定理和柯西中值定理.

1. 罗尔定理

首先观察图 2.4.18,在 $x \in [a,b]$ 的区间内有连续函数曲线弧 $AB: y = f(x)$.此图形的两个端点的纵坐标相等,即 $f(a) = f(b)$,所以线段 AB 是一条水平的线段,而在曲线弧 AB 上,我们至少可以找到一点 C(通常在曲线弧的最高点或最低点,见图 2.4.19)的切线与线段 AB 平行,如果记图中 C 点的横坐标为 ξ,那么就有 $f'(\xi) = 0$.如果用分析的语言把这个几何现象描述出来,就可得到下面的罗尔定理.

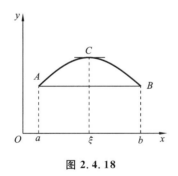 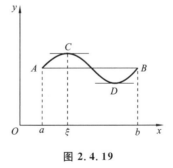

图 2.4.18　　　　　　　图 2.4.19

定理 2.4.5（罗尔定理）　如果函数 $y = f(x)$ 满足(1) 在闭区间 $[a,b]$ 上连续;(2) 在开区间 (a,b) 内可导;(3) 在区间端点处的函数值相等 $f(a) = f(b)$,那么在 (a,b) 内至少有一点 $\xi, a < \xi < b$,使函数 $y = f(x)$ 在该点的导数等于零,即 $f'(\xi) = 0$.

证明　由于 $y = f(x)$ 在闭区间 $[a,b]$ 上连续,根据闭区间上连续函数的最大值和最小值定理,$f(x)$ 在闭区间 $[a,b]$ 上必定取得最大值 M 和最小值 m.

情况 1　$M = m$.这时 $y = f(x)$ 在区间 $[a,b]$ 上必为常数 $y = M$,于是 $f'(x) = 0$.因此,可以任取一点 $\xi \in (a,b)$,使 $f'(\xi) = 0$.

情况2 $M>m$. 这时 M 和 m 这两个数中至少有一个不等于 $f(a)$. 不妨设 $M\neq$ $f(a)$(如果设 $m\neq f(a)$,证明完全类似),由于 $f(a)=f(b)$,因此 $M\neq f(b)$,于是存在 $\xi\in$ (a,b),使 $f(\xi)=M$. 因此,存在 ξ 的某个邻域,使该邻域内的任一点 x,均满足 $f(x)\leqslant$ $f(\xi)$.

于是,对于 $\xi+\Delta x\in U(\xi)$,有 $f(\xi+\Delta x)\leqslant f(\xi)$,从而当 $\Delta x>0$ 时,$\dfrac{f(\xi+\Delta x)-f(\xi)}{\Delta x}$ $\leqslant 0$;当 $\Delta x<0$ 时,$\dfrac{f(\xi+\Delta x)-f(\xi)}{\Delta x}\geqslant 0$.

根据函数 $f(x)$ 在 ξ 可导的条件和极限的保号性,便得到

$$f'(\xi^+)=\lim_{\Delta x\to 0^+}\frac{f(\xi+\Delta x)-f(\xi)}{\Delta x}\leqslant 0, \quad f'(\xi^-)=\lim_{\Delta x\to 0^-}\frac{f(\xi+\Delta x)-f(\xi)}{\Delta x}\geqslant 0,$$

所以 $f'(\xi)=0$. 定理证毕.

通常称导数等于零的点为函数的驻点.

例 2.4.11 验证函数 $f(x)=x^2-2x$ 在区间 $(0,2)$ 内存在一点 ξ,使得 $f'(\xi)=0$,并求出 ξ.

解 因为 $f(x)=x^2-2x$ 是多项式函数,所以函数 $f(x)$ 在区间 $[0,2]$ 上连续,并在区间 $(0,2)$ 内可导. 又因为 $f(0)=f(2)=0$,满足罗尔定理的三个条件,所以函数 $f(x)=x^2$ $-2x$ 在区间 $[0,2]$ 上存在一点 ξ,使得 $f'(\xi)=0$.

对函数 $f(x)$ 求导得 $f'(x)=2x-2$,令 $f'(\xi)=0$,得到 $\xi=1$.

注意 罗尔定理的三个条件对于结论的成立都是重要的. 例如,函数

$$f(x)=x^{\frac{2}{3}} \quad (-8\leqslant x\leqslant 8)$$

在闭区间 $[-8,8]$ 上连续,且 $f(-8)=f(8)=4$,满足罗尔定理的条件(1)、(3),当 $x\neq 0$ 时,$f'(x)=\dfrac{2}{3}x^{-\frac{1}{3}}$;当 $x=0$ 时,$f'(x)$ 不存在,而条件(2)不满足.

由图 2.4.20 容易看出,这个函数在开区间 $(-8,8)$ 内不存在使导数为零的点.

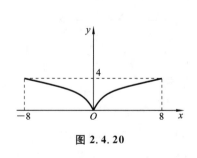

图 2.4.20

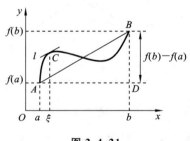

图 2.4.21

2. 拉格朗日中值定理

上面我们学会了罗尔中值定理,在此定理的基础上,我们把图 2.4.19 绕 A 点旋转一个小的角度,此时 $f(a)\neq f(b)$,图形旋转后,如图 2.4.21 所示,切线和割线相对位置不变:切线 l 和割线 AB 依然平行,它们的斜率依然相等,割线 AB 的斜率为 $\dfrac{f(b)-f(a)}{b-a}$,切

线 l 的斜率为 $f'(\xi)$，所以 $\dfrac{f(b)-f(a)}{b-a}=f'(\xi)$，这就是拉格朗日中值定理的图形表达.

定理 2.4.6（拉格朗日中值定理）　如果函数 $y=f(x)$ 满足（1）在闭区间 $[a,b]$ 上连续；（2）在开区间 (a,b) 内可导，那么在区间 (a,b) 内至少有一点 $\xi(a<\xi<b)$，则有下列等式成立：

$$\frac{f(b)-f(a)}{b-a}=f'(\xi).$$

证明　构造函数

$$\varphi(x)=f(x)-f(a)-\frac{f(b)-f(a)}{b-a}(x-a),$$

则 $\varphi(a)=0=\varphi(b)$.

由定理的条件可知，$\varphi(x)$ 在闭区间 $[a,b]$ 上连续，在开区间 (a,b) 内可导，可知在 (a,b) 内至少存在一点 $\xi(a<\xi<b)$，使得 $\varphi'(\xi)=0$，即

$$\left[f(x)-f(a)-\frac{f(b)-f(a)}{b-a}(x-a)\right]'\bigg|_{x=\xi}=0,$$

$$f'(\xi)-\frac{f(b)-f(a)}{b-a}=0,$$

由此得 $f'(\xi)=\dfrac{f(b)-f(a)}{b-a}$，即

$$f(b)-f(a)=f'(\xi)(b-a).$$

定理证毕.

对比分析：罗尔定理的条件（3），即 $f(a)=f(b)$，很多函数不能满足，这就限制了罗尔定理的应用范围. 观察图 2.4.21，拉格朗日中值定理取消了条件（3），放松了对函数的要求，从而得到一个类似于罗尔定理的新结论，因此拉格朗日中值定理是罗尔中值定理的拓展. 反之，罗尔中值定理是拉格朗日中值定理的特殊情况.

例 2.4.12　验证函数 $f(x)=x^2-2x$ 在区间 $(1,2)$ 内存在一点 ξ，使得 $\dfrac{f(2)-f(1)}{2-1}=f'(\xi)$，并求出 ξ.

解　因为 $f(x)=x^2-2x$ 是多项式函数，所以函数 $f(x)$ 在 $[0,2]$ 上连续，并在 $(0,2)$ 内可导，满足拉格朗日中值定理的条件，所以在 $(1,2)$ 内存在一点 ξ，使得 $\dfrac{f(2)-f(1)}{2-1}=f'(\xi)$.

根据 $f(x)=x^2-2x$ 可得 $f(1)=1^2-2=-1$，$f(2)=2^2-4=0$，所以

$$\frac{f(2)-f(1)}{2-1}=\frac{0-(-1)}{2-1}=1.$$

又因为函数 $f(x)$ 的导数为 $f'(x)=2x-2$，令 $f'(\xi)=2\xi-2=1$，求得 $\xi=\dfrac{3}{2}$.

例 2.4.13　证明：当 $x>0$ 时，$\dfrac{x}{x+1}<\ln(x+1)<x$.

分析　（1）本题是不等式的证明题，令 $f(x)=\ln(1+x)$，有 $f'(x)=\dfrac{1}{1+x}$，导数与不

等式两端有相似之处;(2) 这是一个连续不等式 $\dfrac{x}{x+1}<\ln(x+1)<x$,拉格朗日中值定理是证明连续不等式的常用方法之一.

解 设 $f(t)=\ln(x+t)$,则 $f(t)$ 在区间 $[0,x]$ 上满足拉格朗日中值定理的条件,所以

$$f(x)-f(0)=f'(\xi)(x-0)\ (0<\xi<x).$$

由于 $f(x)=\ln(1+x),f(0)=0,f'(\xi)=\dfrac{1}{1+\xi}$,得

$$\ln(1+x)-0=f'(\xi)x=\frac{1}{1+\xi}(x-0),\quad 即\quad \ln(1+x)=\frac{x}{1+\xi}.$$

又由于 $0<\xi<x$,所以

$$\frac{x}{x+1}<\frac{x}{\xi+1}<x,$$

由此就证得

$$\frac{x}{x+1}<\ln(x+1)<x.$$

3. 柯西中值定理

拉格朗日中值定理的研究对象是一个函数,如果我们把自变量换成参数 t,把 x 看作是 t 的函数 $x=f(t)$,同样,把 y 看作是 t 的函数 $y=F(t)$,相当于作了两个变量代换,此时拉格朗日中值定理变成了如下新的形式:

$$\frac{f(b)-f(a)}{F(b)-F(a)}=\frac{f'(\xi)}{F'(\xi)}.$$

它在几何上的含义如图 2.4.22 所示,$F(t)$ 为横坐标,$f(t)$ 为纵坐标,$F(t)$、$f(t)$ 对应的参数方程曲线依然保持不变,也就是切线和割线相对位置不变:切线 l 和割线 AB 依然平行,割线 AB 的斜率为 $\dfrac{f(b)-f(a)}{F(b)-F(a)}$,切线 l 的斜率为 $\dfrac{f'(\xi)}{F'(\xi)}$,所以 $\dfrac{f(b)-f(a)}{F(b)-F(a)}=\dfrac{f'(\xi)}{F'(\xi)}$. 这就是柯西中值定理.

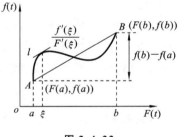

图 2.4.22

定理 2.4.7(柯西中值定理) 如果函数 $f(x)$ 及 $F(x)$ 满足(1) 在闭区间 $[a,b]$ 上连续;(2) 在开区间 (a,b) 内可导;(3) 对任意 $x\in(a,b)$,$F'(x)\neq0$,那么在 (a,b) 内至少有一点 $\xi(a<\xi<b)$,则有下述等式成立:

$$\frac{f(b)-f(a)}{F(b)-F(a)}=\frac{f'(\xi)}{F'(\xi)}.$$

证明 首先注意到 $F(b)-F(a)\neq0$. 这是由于

$$F(b)-F(a)=(b-a)F'(\eta),$$

其中 $a<\eta<b$.根据假定 $F'(\eta)\neq0$,又 $b-a\neq0$,所以

$$F(b)-F(a)\neq0.$$

引进辅助函数

$$\varphi(x) = f(x) - f(a) - \frac{f(b)-f(a)}{F(b)-F(a)}\left[F(x)-F(a)\right],$$

易证 $\varphi(x)$ 满足罗尔定理的条件：$\varphi(b)=\varphi(a)=0$，$\varphi(x)$ 在闭区间 $[a,b]$ 上连续，在开区间内 (a,b) 可导. 根据罗尔定理，可知在 a,b 之间至少存在一点 ξ，使得 $\varphi'(\xi)=0$.

由于

$$\varphi'(x) = f'(x) - \frac{f(b)-f(a)}{F(b)-F(a)}F'(x),$$

从而得 $\dfrac{f(b)-f(a)}{F(b)-F(a)}=\dfrac{f'(\xi)}{F'(\xi)}$. 证毕.

例 2.4.14　验证函数 $f(x)=x^2-2x$，$F(x)=x^2$ 在区间 $(1,2)$ 内存在一点 ξ，使得 $\dfrac{f(2)-f(1)}{F(2)-F(1)}=\dfrac{f'(\xi)}{F'(\xi)}$，并求出 ξ.

解　因为 $f(x)=x^2-2x$，$F(x)=x^2$，$f(x)$、$F(x)$ 均是多项式函数，所以函数 $f(x)$，$F(x)$ 在 $[0,2]$ 上连续，并在 $(0,2)$ 内可导，满足柯西中值定理的条件，所以在 $(1,2)$ 内存在一点 ξ，使得

$$\frac{f(2)-f(1)}{F(2)-F(1)}=\frac{f'(\xi)}{F'(\xi)}.$$

因为 $f(x)=x^2-2x$，可得

$$f(1)=1^2-2=-1, \quad f(2)=2^2-4=0,$$

又 $F(x)=x^2$，有

$$F(1)=1^2=1, \quad F(2)=2^2=4,$$

所以

$$\frac{f(2)-f(1)}{F(2)-F(1)}=\frac{0-(-1)}{4-1}=\frac{1}{3}.$$

函数 $f(x)$、$F(x)$ 的导数为 $f'(x)=2x-2$，$F'(x)=2x$，所以 $\dfrac{f'(x)}{F'(x)}=\dfrac{2x-2}{2x}$.

令 $\dfrac{f'(\xi)}{F'(\xi)}=\dfrac{2\xi-2}{2\xi}=\dfrac{1}{3}$，$\xi=\dfrac{3}{2}$，所以在 $(1,2)$ 内确定一点 $\xi=\dfrac{3}{2}$，使得

$$\frac{f(2)-f(1)}{F(2)-F(1)}=\frac{f'(\xi)}{F'(\xi)}.$$

归纳规律

　　将三个中值定理的图形结合来看，从罗尔定理的图形到拉格朗日中值定理的图形，只是图形发生了旋转，从拉格朗日中值定理的图形到柯西中值定理的图形，只是函数名发生了变化，图形不变. 图形的特点往往反映了定理的本质，三个中值定理对应的图形大同小异，这也就意味着三个中值定理的数学本质是统一的，只是具体表述和使用情形上互有不同，体现了一体三面的辩证关系.

数学文化

　　人们对微分中值定理研究了约 200 多年的时间,从费马定理开始,经历了从特殊到一般、从直观到抽象、从强条件到弱条件的发展阶段.人们正是在这一发展过程中,逐渐认识到它们的内在联系和本质.当法国数学家 O.博内通过构造辅助函数的方法,利用罗尔定理证明了拉格朗日中值定理,后人又利用拉格朗日定理证明了柯西中值定理.三个中值定理所体现的是一体三面的辩证关系.如同瑞典数学家克拉默所说,"在对数学史上任一时期,人们对数学作出贡献进行评价:那些能把过去统一起来并同时为未来的拓广开辟了广阔道路的概念,应当算作是最为深刻的概念."从广义上讲,微分中值定理就是这样的概念.

2.4.6 洛必达法则

　　洛必达法则作为求解未定式极限的重要方法,揭示了未定式极限的本质.

　　如果当 $x \to a$(或 $x \to \infty$)时,两个函数 $f(x)$ 与 $F(x)$ 都趋于零或都趋于无穷大,那么极限 $\lim\limits_{\substack{x \to a \\ (x \to \infty)}} \dfrac{f(x)}{F(x)}$ 可能存在,也可能不存在.通常把这种极限叫做未定式,并简记为 $\dfrac{0}{0}$ 型或 $\dfrac{\infty}{\infty}$ 型.前面讨论过的重要极限 $\lim\limits_{x \to 0} \dfrac{\sin x}{x}$ 就是 $\dfrac{0}{0}$ 型未定式.对于这类极限,即使它存在也不能用"商的极限等于极限之商"这一法则.下面根据柯西中值定理来导出求这类极限的一种简便的方法.

　　先讨论 $x \to a$ 时的 $\dfrac{0}{0}$ 型未定式,关于这种情形有如下的定理:

定理 2.4.8 设函数 $f(x)$ 和 $F(x)$ 在点 a 的某去心邻域内有定义,则

(1) 当 $x \to a$ 时,函数 $f(x)$ 与 $F(x)$ 都趋于零;

(2) 在点 a 的某个去心邻域 $\mathring{U}(a, \delta)$ 内,$f'(x)$ 及 $F'(x)$ 都存在,且 $F'(x) \neq 0$;

(3) $\lim\limits_{x \to a} \dfrac{f'(x)}{F'(x)}$ 存在(或为无穷大),那么

$$\lim_{x \to a} \frac{f(x)}{F(x)} = \lim_{x \to a} \frac{f'(x)}{F'(x)}.$$

　　这就是说,$\lim\limits_{x \to a} \dfrac{f'(x)}{F'(x)}$ 存在时,$\lim\limits_{x \to a} \dfrac{f(x)}{F(x)}$ 也存在,且两者相等;当 $\lim\limits_{x \to a} \dfrac{f'(x)}{F'(x)}$ 为无穷大时,$\lim\limits_{x \to a} \dfrac{f(x)}{F(x)}$ 也是无穷大.

　　这种在一定条件下,通过分子、分母分别求导再求极限来确定未定式的值的方法称为**洛必达法则**.

　　如果 $\lim\limits_{x \to a} \dfrac{f'(x)}{F'(x)}$ 当 $x \to a$ 时仍为 $\dfrac{0}{0}$ 型未定式,且 $f'(x)$ 及 $F'(x)$ 能满足定理中 $f(x)$、$F(x)$ 所要满足的条件,则可继续使用洛必达法则,即

$$\lim_{x \to a} \frac{f(x)}{F(x)} = \lim_{x \to a} \frac{f'(x)}{F'(x)} = \lim_{x \to a} \frac{f''(x)}{F''(x)}.$$

例 2.4.15　求 $\lim\limits_{x \to 0} \dfrac{\sin ax}{\sin bx}$ $(b \neq 0)$.

解　$\lim\limits_{x \to 0} \dfrac{\sin ax}{\sin bx} = \lim\limits_{x \to 0} \dfrac{a \cos ax}{b \cos bx} = \dfrac{a}{b}$.

例 2.4.16　求 $\lim\limits_{x \to 1} \dfrac{x^3 - 3x + 2}{x^3 - x^2 - x + 1}$.

解　$\lim\limits_{x \to 1} \dfrac{x^3 - 3x + 2}{x^3 - x^2 - x + 1} = \lim\limits_{x \to 1} \dfrac{3x^2 - 3}{3x^2 - 2x - 1} = \lim\limits_{x \to 1} \dfrac{6x}{6x - 2} = \dfrac{3}{2}$.

注意：上式中的 $\lim\limits_{x \to 1} \dfrac{6x}{6x - 2}$ 已不是未定式，不能对它应用洛必达法则，否则要导致错误结果. 在反复应用洛必达法则的过程中，要特别注意验证每次所求的极限是不是未定式，如果不是未定式，就不能应用洛必达法则.

例 2.4.17　求 $\lim\limits_{x \to 0} \dfrac{1 - \dfrac{\sin x}{x}}{1 - \cos x}$.

解　$\lim\limits_{x \to 0} \dfrac{1 - \dfrac{\sin x}{x}}{1 - \cos x} = \lim\limits_{x \to 0} \dfrac{x - \sin x}{x(1 - \cos x)}$. 由于当 $x \to 0$ 时，$1 - \cos x \sim \dfrac{x^2}{2}$，因此

$$\lim_{x \to 0} \frac{x - \sin x}{x(1 - \cos x)} = \lim_{x \to 0} \frac{x - \sin x}{x^3 / 2} = 2 \lim_{x \to 0} \frac{1 - \cos x}{3x^2} = 2 \lim_{x \to 0} \frac{x^2 / 2}{3x^2} = \frac{1}{3}.$$

从本例可以看到，在应用洛必达法则求极限的过程中，遇到可以应用等价无穷小的代换和重要极限时应尽量应用，以简化运算.

对于 x 的其他变化趋势（如 $x \to \infty$，$x \to x_0^+$，$x \to x_0^-$，$x \to +\infty$ 或 $x \to -\infty$）的 $\dfrac{0}{0}$ 型未定式，以及 x 的各种变化趋势下的 $\dfrac{\infty}{\infty}$ 型未定式，也有相应的洛必达法则. 下面我们通过例题来加以说明.

例 2.4.18　求 $\lim\limits_{x \to +\infty} \dfrac{\dfrac{\pi}{2} - \arctan x}{\dfrac{1}{x^2}}$.

解　本题为 $x \to +\infty$ 时的 $\dfrac{0}{0}$ 型未定式，应用洛必达法则，可得

$$\lim_{x \to +\infty} \frac{\dfrac{\pi}{2} - \arctan x}{\dfrac{1}{x^2}} = \lim_{x \to +\infty} \frac{-\dfrac{1}{1 + x^2}}{-\dfrac{2}{x^3}} = \lim_{x \to +\infty} \frac{x^3}{2(1 + x^2)} = \lim_{x \to +\infty} \frac{x}{2\left(\dfrac{1}{x^2} + 1\right)} = +\infty.$$

例 2.4.19　求 $\lim\limits_{x \to +\infty} \dfrac{\ln x}{x^n}$ $(n$ 为正整数$)$.

解　本题为 $x \to +\infty$ 时的 $\dfrac{\infty}{\infty}$ 型未定式，应用洛必达法则，可得

$$\lim_{x \to +\infty} \frac{\ln x}{x^n} = \lim_{x \to +\infty} \frac{\frac{1}{x}}{n x^{n-1}} = \lim_{x \to +\infty} \frac{1}{n x^n} = 0.$$

例 2.4.20 求 $\lim\limits_{x \to +\infty} \dfrac{x^n}{e^{\lambda x}}$ ($\lambda > 0$, n 为正整数).

解 本题为 $x \to +\infty$ 时的 $\dfrac{\infty}{\infty}$ 型未定式,相继应用洛必达法则 n 次,得

$$\lim_{x \to +\infty} \frac{x^n}{e^{\lambda x}} = \lim_{x \to +\infty} \frac{n x^{n-1}}{\lambda e^{\lambda x}} = \lim_{x \to +\infty} \frac{n(n-1) x^{n-2}}{\lambda^2 e^{\lambda x}} = \cdots = \lim_{x \to +\infty} \frac{n!}{\lambda^n e^{\lambda x}} = 0.$$

未定式除了前面讨论的 $\dfrac{0}{0}$ 与 $\dfrac{\infty}{\infty}$ 这两种基本类型外,还有其他三种形式的未定式,分别介绍如下:

(1) 乘积形式的未定式 $\lim[f(x) \cdot g(x)]$,其中 $\lim f(x) = 0$, $\lim g(x) = \infty$,简记为 $0 \cdot \infty$;

(2) 和差形式的未定式 $\lim[f(x) \pm g(x)]$,其中 $\lim f(x) = \infty$, $\lim g(x) = \infty$,简记为 $\infty \pm \infty$;

(3) 幂指函数形式的未定式 $\lim f(x)^{g(x)}$,有下列三个类型:

① $\lim f(x) = 1$, $\lim g(x) = \infty$,简记为 1^∞(前面讨论的重要极限 $\lim\limits_{x \to \infty} \left(1 + \dfrac{1}{x}\right)^x$ 就是 1^∞ 型未定式);

② $\lim f(x) = 0$, $\lim g(x) = 0$,简记为 0^0;

③ $\lim f(x) = \infty$, $\lim g(x) = 0$,简记为 ∞^0.

所有这些类型的未定式都可转化为 $\dfrac{0}{0}$ 或 $\dfrac{\infty}{\infty}$ 这两种基本类型的未定式,进而用洛必达法则求解. 下面通过例子来说明.

例 2.4.21 求 $\lim\limits_{x \to 0^+} x^\mu \ln x$ ($\mu > 0$).

解 这是 $0 \cdot \infty$ 型未定式,把 $x^\mu \ln x$ 改写为 $\dfrac{\ln x}{x^{-\mu}}$,于是得到 $x \to 0^+$ 时的 $\dfrac{\infty}{\infty}$ 型未定式. 应用洛必达法则,得

$$\lim_{x \to 0^+} \ln x = \lim_{x \to 0^+} \frac{\ln x}{x^{-\mu}} = \lim_{x \to 0^+} \frac{\frac{1}{x}}{-\mu x^{-\mu-1}} = \lim_{x \to 0^+} \frac{-x^\mu}{\mu} = 0.$$

例 2.4.22 求 $\lim\limits_{x \to 1} \left(\dfrac{x}{x-1} - \dfrac{1}{\ln x}\right)$.

解 这是 $\infty - \infty$ 型未定式,把 $\dfrac{x}{x-1} - \dfrac{1}{\ln x}$ 改写为 $\dfrac{x \ln x - (x-1)}{(x-1)\ln x}$,于是得到 $x \to 1$ 时的 $\dfrac{0}{0}$ 型未定式. 应用洛必达法则,得

$$\lim_{x \to 1} \left(\frac{x}{x-1} - \frac{1}{\ln x}\right) = \lim_{x \to 1} \frac{x \ln x - (x-1)}{(x-1)\ln x} = \lim_{x \to 1} \frac{\ln x}{\frac{x-1}{x} + \ln x}$$

$$= \lim_{x\to 1} \frac{x\ln x}{x-1+x\ln x} = \lim_{x\to 1} \frac{1+\ln x}{2+\ln x} = \frac{1}{2}.$$

例 2.4.23 求 $\lim_{x\to +\infty} x^{\frac{1}{x}}$.

解 这是 ∞^0 型未定式,把 $x^{\frac{1}{x}}$ 改写为 $e^{\frac{\ln x}{x}}$,对指数部分 $\frac{\ln x}{x}$ 应用洛必达法则可得

$$\lim_{x\to +\infty} \frac{\ln x}{x} = \lim_{x\to +\infty} \frac{1}{x} = 0,$$

于是

$$\lim_{x\to +\infty} x^{\frac{1}{x}} = \lim_{x\to +\infty} e^{\frac{\ln x}{x}} = e^0 = 1.$$

利用本题的结果,特别地取 $x=n$(正整数),可得 $\lim_{x\to +\infty} \sqrt[n]{n} = 1$.

例 2.4.24 求 $\lim_{x\to 0^+} (\sin x)^x$.

解 这是 0^0 型未定式. 把 $(\sin x)^x$ 改写为 $e^{x\ln\sin x}$,而指数 $x\ln\sin x$ 是 $x\to 0^+$ 时的 $0\cdot\infty$ 未定式. 应用洛必达法则,得

$$\lim_{x\to 0^+} x\ln\sin x = \lim_{x\to 0^+} \frac{\ln\sin x}{\frac{1}{x}} = \lim_{x\to 0^+} \frac{\frac{\cos x}{\sin x}}{-\frac{1}{x^2}} = \lim_{x\to 0^+} \frac{-x^2\cos x}{\sin x} = \lim_{x\to 0^+} \frac{-x^2\cos x}{x} = 0,$$

于是

$$\lim_{x\to 0^+} (\sin x)^x = \lim_{x\to 0^+} e^{x\ln\sin x} = e^0 = 1.$$

习　题　2.4

习题答案

一、知识强化

1. 判定下列函数的单调性:

(1) $f(x) = x^2 - x$; (2) $y = \dfrac{x-1}{x+1}$ $(x > -1)$.

2. 确定下列函数的单调区间和每个单调区间上的单调性:

(1) $y = x^4 - 2x^2 - 5$; (2) $y = x + \sqrt{1-x}$; (3) $y = x - e^x$.

3. 求下列函数的极值:

(1) $y = x - \ln(1+x)$; (2) $y = x^3 e^{-x}$;

(3) $y = x + \dfrac{1}{x}$; (4) $y = 2x^3 - 6x^2 - 18x + 7$.

4. 求下列函数在所给区间上的最大值与最小值(可借助 MATLAB 软件验证):

(1) $y = \sqrt[3]{x^2} + 2$, $x \in [-1, 2]$;

(2) $y = 4x^3 - 18x^2 + 27$, $x \in [0, 2]$.

5. 要制造一个容积为 V 的无盖圆桶,问底面半径 r 和高 h 应如何确定,用料最省?

6. 判断下列曲线的凹凸性:

(1) $y = 4x - x^2$; (2) $y = x\arctan x$.

7. 求下列曲线的拐点及凹凸区间:

(1) $y=x^3-5x^2+3x-5$；　　　　　(2) $y=\ln(x^2+1)$.

8. 已知曲线 $y=x^3+ax^2-9x+4$ 在 $x=1$ 处有拐点，试确定系数 a，并求该曲线的凹凸区间和拐点.

9. a,b 为何值时，点 $(1,3)$ 为曲线 $y=ax^3+bx^2$ 的拐点？

10. 对函数 $y=\ln\sin x$ 在区间 $\left[\dfrac{\pi}{6},\dfrac{5\pi}{6}\right]$ 上验证罗尔定理的正确性.

11. 证明：不管 b 取何值，方程 $x^3-3x+b=0$ 在区间 $\left[\dfrac{\pi}{6},\dfrac{5\pi}{6}\right]$ 上至多有一个实根.

12. 设 $f(x)$ 和 $g(x)$ 都在 $[a,b]$ 上连续，在 (a,b) 内可导，且 $f(a)=g(a)$，$f(b)=g(b)$. 证明：在 (a,b) 内少有一点 c，使 $f'(c)=g'(c)$.

13. 设某段直线公路的限速为 $100\ \text{km/h}$，交警在相距 $10\ \text{km}$ 的两点 A、B 检测车辆行驶情况. 现测得某车于上午 8:15 经 A 点进入该路段，车速是 $90\ \text{km/h}$；上午 8:20 该车经 B 点驶离，车速是 $95\ \text{km/h}$. 交警由此认定该车超速，并进行了处罚. 试问交警的依据是什么？

14. 用洛必达法则求下列极限：

(1) $\lim\limits_{x\to 0}\dfrac{\sin 5x}{x}$；

(2) $\lim\limits_{x\to 0}\dfrac{e^x-e^{-x}}{\sin x}$；

(3) $\lim\limits_{x\to 0}\dfrac{1-\cos x^2}{x^2\sin x^2}$；

(4) $\lim\limits_{x\to 0}\dfrac{e^x-\cos x}{x\sin x}$；

(5) $\lim\limits_{x\to 1}\left(\dfrac{1}{\ln x}-\dfrac{x}{\ln x}\right)$；

(6) $\lim\limits_{x\to 0}x\cot 2x$.

二、专业应用

在电路中，已知含源单口网络可以等效为一个电压源和电阻的串联组合，作为负载的无源单口网络可以等效为一个电阻，电阻 R_L 获得的功率为

$$P_L=I^2R_L=\left(\dfrac{U_{OC}}{R_0+R_L}\right)^2R_L,$$

其中 U_{OC} 为电压，R_0 为固定电阻是常数. 请问 R_L 为何值时可以获最大功率？

三、军事应用

如图 2.4.23 所示，某军需铁路线上 AB 段的距离为 $100\ \text{km}$，某雷达站 C 距 A 处为 $20\ \text{km}$，AC 垂直于 AB. 为了军用物资运输需要，要在 AB 线上选定一点 D 向雷达站修筑一条公路. 已知每千米铁路上的运费与公路上的运费之比为 $3:5$，为了使军用物资从供应站 B 运到雷达站 C 的运费最省，问 D 应选在何处？

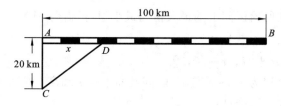

图 2.4.23

2.5 微　　分

本节资源

英国数学家、逻辑学家罗素(图 2.5.1)说过："微积分需要连续,而连续需要无穷小,但是没人能探明无穷小的样子."数学家在致力于研究无穷小的过程中,产生了"无限细分"的思想,体现之一就是微分. 微分是一元函数微分学的又一个重要概念. 与用导数研究函数变化率不同的是,微分主要研究函数增量的近似值.

图 2.5.1

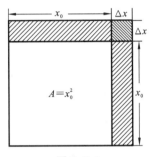

图 2.5.2

2.5.1　微分的定义

引例　设有一块边长为 x_0 的正方形金属薄片,如图 2.5.2 所示,受热后它的边长伸长了 Δx,问其面积增加了多少?

解　正方形的面积 A 与边长 x 的函数关系为 $A=x^2$,金属薄片受热后,边长 x_0 伸长到 $x_0+\Delta x$,这时面积 A 相应的改变量为

$$\Delta A=(x_0+\Delta x)^2-x_0^2=2x_0\Delta x+(\Delta x)^2.$$

从上式看出,ΔA 由两部分构成,第一部分 $2x_0\Delta x$ 是 Δx 的线性函数,第二部分是 $(\Delta x)^2$,当 Δx 很小时,第二部分的值比第一部分的值小得多,可以忽略不计,因此,用第一部分 $2x_0\Delta x$ 作为 ΔA 的近似值,即 $\Delta A\approx2x_0\Delta x$.

根据以上分析,给出下面定义.

定义 2.5.1　设函数 $y=f(x)$ 在点 x_0 的某区间内有定义,若函数增量 Δy 可表示为

$$\Delta y=A\Delta x+o(\Delta x),$$

其中 A 是不依赖于 Δx 的常数,则称函数 $y=f(x)$ 在点 x_0 处**可微**,$A\Delta x$ 称为函数在点 x_0 处的**微分**.

定义 2.5.1 中并未指明常数 A 是什么,下面的定理将告诉我们,$A=f'(x_0)$.

定理 2.5.1　设函数 $y=f(x)$ 在点 x_0 的某区间内**可导**(从而也有定义),则函数在点 x_0 处**可微**,且微分为 $f'(x_0)\Delta x$,记作 $\mathrm{d}y|_{x=x_0}$,即有

$$\mathrm{d}y|_{x=x_0}=f'(x_0)\Delta x.$$

同样地,把 x 看作它自身的函数,根据微分的定义,有 $\mathrm{d}x=x'\cdot\Delta x=\Delta x$. 也就是说,

自变量 x 也有微分,它的微分 $\mathrm{d}x$ 就是自变量的增量 Δx,即 $\mathrm{d}x = \Delta x$.

若 $f(x)$ 在区间 I 内的每一点 x 都可微,则称函数 $f(x)$ **在区间 I 内可微**. 将 x_0 改写为一般的 x,则 $y = f(x)$ 在点 x 处的微分可以写成 $\mathrm{d}y = f'(x)\mathrm{d}x$,从而

$$f'(x) = \frac{\mathrm{d}y}{\mathrm{d}x}.$$

上式表示,**函数的导数等于函数的微分与自变量的微分的商**,因此导数也称为"**微商**",**函数可导也称为函数可微**. 反之,函数可微也就是函数可导,两者是等价的.

例 2.5.1 设函数 $y = x^2$,当 $x = 2$,$\Delta x = 0.01$ 时,求增量 Δy 和微分 $\mathrm{d}y$.

解 先求函数在 $x = 2$ 处的增量:

$$\Delta y = f(2 + 0.01) - f(2) = (2 + 0.01)^2 - 2^2 = 0.0401.$$

函数在 $x = 2$ 处的微分 $\mathrm{d}y \big|_{\substack{x=2 \\ \Delta x=0.01}} = (x^2)' \Delta x \big|_{\substack{x=2 \\ \Delta x=0.01}} = 2x\Delta x \big|_{\substack{x=2 \\ \Delta x=0.01}} = 0.04.$

可以看出,以 $\mathrm{d}y$ 代替 Δy 的近似值程度很好,而 $\mathrm{d}y$ 比 Δy 更容易计算.

例 2.5.2 求函数 $y = x^3$ 在点 $x = 1$ 处的微分.

解 $y = x^3$ 在 $x = 1$ 处的微分为 $\mathrm{d}y|_{x=1} = (x^3)'|_{x=1}\mathrm{d}x = (3x^2)|_{x=1}\mathrm{d}x = 3\mathrm{d}x.$

例 2.5.3 求函数 $y = \tan x$ 的微分.

解 $y = \tan x$ 的微分为 $\mathrm{d}y = (\tan x)'\mathrm{d}x = \sec^2 x\mathrm{d}x.$

归纳规律

从微分的表达式 $\mathrm{d}y = f'(x)\mathrm{d}x$ 可以看出,求微分其实就是求导数,因此求解一般初等函数的微分,就是先根据求导的各种方法求出导数,再写出微分表达式即可.

函数微分的几何意义:

如图 2.5.3 所示,设函数曲线 $y = f(x)$,过其上一点 $M(x_0, y_0)$ 的切线为 MT,它的倾角为 α. 当自变量 x 有增量 $\Delta x = MQ$ 时,函数 y 的增量 $\Delta y = NQ$,同时切线的纵坐标也得到对应的增量 PQ. 从直角三角形 MPQ 中可知

$$PQ = \tan\alpha \cdot MQ = f'(x)\Delta x = \mathrm{d}y.$$

由此可知,函数 $f(x)$ 在点 x_0 的微分 $\mathrm{d}y$ 的几何意义,是曲线在点 $M(x_0, y_0)$ 处的切线的纵坐标对应于 Δx 的增量.

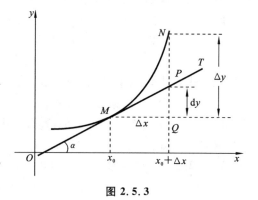

图 2.5.3

2.5.2 微分的运算

法国马克思主义哲学家阿尔都塞(图 2.5.4)在《保卫马克思》中说过:"矛盾是一切事物发展的动力."微分的概念是在解决曲与直的矛盾中产生的,在微小局部可以用直线去近似替代曲线,它的直接应用就是函数的线性化.

由微分的几何意义可知,当 $|\Delta x|$ 很小时,可用微分 $\mathrm{d}y = f'(x_0)\Delta x$ 来近似代替 Δy,

从而使 Δy 的计算大为简化. 在工程技术中, 在精度要求不是非常高的情况下, 可利用微分进行近似计算.

例 2.5.4 要在半径 $r=1$ cm 的某金属球面上镀一层厚度为 0.01 cm 的铜, 估计需用铜多少克? (铜的密度 $\rho=8.9$ g/cm³)

解 先用微分求镀层的体积的近似值, 再乘以密度, 便得需用铜的质量.

球的体积函数为 $V=f(r)=\dfrac{4}{3}\pi r^3$, 由题意可知, $r=1$,

$\Delta r=0.01$, 于是

图 2.5.4

$$\Delta V \approx dV = \left(\frac{4}{3}\pi r^3\right)' \Delta r \Big|_{\substack{r=1 \\ \Delta r=0.01}} = 4\pi r^2 \Delta r \Big|_{\substack{r=1 \\ \Delta r=0.01}} \approx 0.13 \text{ cm}^3,$$

故镀层需用铜的质量 $m \approx 8.9 \times 0.13 = 1.16$ (g).

例 2.5.5 求 $\sqrt[3]{1.02}$ 的近似值.

分析 该题是求函数 $f(x)=\sqrt[3]{x}$ 在点 1.02 处的值, $1.02=1+0.02$, 而 0.02 是较小的量, 可看作 Δx, 所以原问题是求 $f(x)=\sqrt[3]{x}$ 在 $1+0.02$ 处的近似值问题.

解 设 $f(x)=\sqrt[3]{x}$, 取 $x_0=1$, $\Delta x=0.02$, 则

$$f(x_0+\Delta x) \approx f(x_0) + f'(x_0)\Delta x,$$

$$\sqrt[3]{1.02} = f(1+0.02) \approx f(1) + f'(1) \cdot 0.02,$$

而

$$f(1)=1, \quad f'(1)=(\sqrt[3]{x})'\Big|_{x=1} = \frac{1}{3\sqrt[3]{x^2}}\Big|_{x=1} = \frac{1}{3},$$

所以

$$\sqrt[3]{1.02} \approx 1 + \frac{1}{3} \times 0.02 \approx 1.0067.$$

根据上述解题步骤可知, 要对一个函数进行估值, 只需要利用如下公式即可:

$$f(x_0+\Delta x) \approx f(x_0) + f'(x_0)\Delta x.$$

类似函数的估值, 如 $\ln(x_0+\Delta x) \approx \ln x_0 + \dfrac{1}{x_0} \cdot \Delta x$.

归纳规律

当 x 的绝对值很小时, 也就是 $x=0$, 在零的附近就可以用线性函数近似代替其他的函数, 例如:

$$e^x \approx 1+x, \quad \ln(1+x) \approx x, \quad \sin x \approx x, \quad (1+x)^\alpha \approx 1+\alpha x.$$

例 2.5.6 求 $\ln 3.5$ 的近似值.

解 利用 $\ln(x_0+\Delta x) \approx \ln x_0 + \dfrac{1}{x_0} \cdot \Delta x$, 可得

$$\ln(3+0.5) \approx \ln 3 + \frac{1}{3} \times 0.5 \approx 1.265.$$

　　频率稳定度指的是工作频率的偏移量与工作频率之比. 单级振荡式雷达发射机的频率稳定度较低,通常在 $10^{-4} \sim 10^{-3}$ 之间,而主振放大式雷达发射机的频率稳定度较高,在 $10^{-8} \sim 10^{-6}$ 之间.信号的频率稳定度是如何测量出来的呢?

　　可靠性(可靠度)指设备执行任务的可靠程度.用平均无故障工作时间 MTBF 来衡量,其经验公式为

$$R(\mu) = e^{-\frac{24}{\mu}},$$

其中 μ 为发射机的失效率,$\mu = \mu_1 + \mu_2 + \cdots + \mu_n = \dfrac{1}{\text{MTBF}}$.

　　例 2.5.7　某发射机内有 4 个高压整流管、2 个闸流管、2 个发射管、2 个放电管,其寿命分别为 1000 h、700 h、1100 h、500 h,求发射机的平均无故障工作时间及可靠度.

　　解　平均无故障工作时间为

$$\text{MTBF} = \frac{1}{\mu} = \frac{1}{\dfrac{4}{1000} + \dfrac{2}{700} + \dfrac{2}{1100} + \dfrac{2}{500}} = 78.9 \ (\text{h}),$$

可靠度为 $R(78.9) = e^{-\frac{24}{78.9}} \approx e^{-0.3}$.

　　由于 -0.3 比较接近 0,可利用 $e^x \approx 1 + x$ 进行估算,即 $e^{-0.3} = 1 - 0.3 = 0.7$,所以发射机的可靠度为 0.7.

　　例 2.5.8　用微分的近似思想推导雷达高度修正公式 $\Delta H \approx \dfrac{r^2}{2R}$.($r$ 为飞机的斜距,R 为地球半径).

　　解　如图 2.5.5 所示,雷达位于地面上的 A 点,飞机位于空中的 B 点,雷达垂直波瓣相对 A 点水平面的仰角为 α,测出飞机的斜距为 $H = r \sin\alpha$,由此计算出飞机的高度为 $H = r \sin\alpha$,而飞机的实际高度应是 $BD = BC + CD$,BD 与 H 有差别,因此需要修正高度.

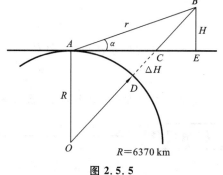

图 2.5.5

　　已知地球半径 $R = 6370$ km,斜距 r 和高度 H 相对地球半径是很小的,仰角 α 也很小,所以斜距 r 与 AC,高度 H 与 BC 相差很小,可以近似地看作相等,即 $AC \approx r$,$BC \approx H$.

　　AE 是 A 点处地面的切线,$AE \perp OA$,$\triangle OAC$ 是一个直角三角形,由勾股定理可得

$$OA^2 + AC^2 = OC^2,$$

$$R^2 + r^2 = (R + \Delta H)^2 = R^2 + 2R \cdot \Delta H + (\Delta H)^2,$$

化简得

$$r^2 = 2R \cdot \Delta H + (\Delta H)^2.$$

　　因为 ΔH 相对于地球半径 R 是很小的,而且 $(\Delta H)^2$ 更小,对比上式右边两项,$(\Delta H)^2 \ll 2R \cdot \Delta H$,所以 $(\Delta H)^2$ 可以忽略不计,从而得到 $r^2 \approx 2R \cdot \Delta H$,即

$$\Delta H \approx \frac{r^2}{2R},$$

因此，最终飞机的高度为 $BD \approx H + \Delta H \approx r\sin\alpha + \frac{r^2}{2R}$.

归纳规律

在微分的应用中已经知道，当 $|x|$ 很小时，有如下的近似等式：
$$e^x \approx 1+x, \quad \ln(1+x) \approx x.$$

这些都是用一次多项式来近似表达函数的例子．但是这种近似表达式还存在着不足之处：首先是精确度不高，这所产生的误差仅是关于 x 的高阶无穷小；其次是用它来作近似计算时，不能具体估算出误差大小．因此，对于精确度要求较高且需要估计误差时，就必须用高次多项式来近似表示函数，同时给出误差公式.

下面给出几个常用函数的多项式展开式：

$$e^x = 1 + x + \frac{1}{2!}x^2 + \cdots + \frac{1}{n!}x^n + \cdots,$$

$$\sin x = x - \frac{1}{3!}x^3 + \frac{1}{5!}x^3 + \cdots + \frac{(-1)^{m-1}}{(2m-1)!}x^{2m-1} + \cdots,$$

$$\cos x = 1 - \frac{1}{2!}x^2 + \frac{1}{4!}x^4 - \cdots + \frac{(-1)^m}{(2m)!}x^{2m} + \cdots,$$

$$\ln(1+x) = x - \frac{1}{2}x^2 + \frac{1}{3}x^3 - \cdots + \frac{(-1)^{n-1}}{n}x^n + \cdots,$$

$$(1+x)^\alpha = 1 + \alpha x + \frac{\alpha(\alpha-1)}{2!}x^2 + \cdots + \frac{\alpha(\alpha-1)\cdots(\alpha-n+1)}{n!}x^n + \cdots.$$

例 2.5.9　假定雷达最大的探测距离为 $\sqrt[5]{240}$，请估计该近似值.

解　因为 $\sqrt[5]{240} = \sqrt[5]{243-3} = 3 \times \left(1 - \frac{1}{3^4}\right)^{\frac{1}{5}}$，按照公式，取 $\alpha = \frac{1}{5}$，$x = -\frac{1}{3^4}$，可得

$$\sqrt[5]{240} = 3\left(1 - \frac{1}{5} \cdot \frac{1}{3^4} - \cdots\right) \approx 3\left(1 - \frac{1}{5} \cdot \frac{1}{3^4}\right),$$

所以 $\sqrt[5]{240} = 2.9925$.

数学文化

古典微分几何、近代微分几何、现代微分几何是数学中重要的三个分支．这三个分支相互发展、相互依托，每一个分支都有自己的特点和研究方法.

古典微分几何起源于欧几里得几何，它主要研究的是欧几里得空间中的曲线和曲面．古典微分几何的基本概念是曲率，它描述了曲线或曲面的弯曲程度．通过计算曲率，可以得到曲线或曲面在某一点的切线、法线以及曲率、半径等几何性质．古典微分几何的主要方法是微分和积分，通过微分和积分可以推导出曲率的计算公式，进而研究曲线和曲面的性质.

近代微分几何是在 19 世纪发展起来的. 它的研究对象是流形. 流形是一种具有局部欧几里得结构的空间, 它可以是曲线、曲面, 也可以是更高维度的空间. 近代微分几何的基本概念是切空间和切丛, 它描述了流形上的切向量和切向量场. 通过切向量和切向量场, 可以定义流形上的曲率和张量, 进而研究流形的几何性质. 近代微分几何的主要方法是微分流形论, 它使用微分和积分的工具, 研究流形上的微分结构和几何性质.

现代微分几何是在 20 世纪发展起来的. 它的研究对象是具有各种附加结构 (如黎曼度量、联络张量场等) 的流形. 黎曼度量是一种用来度量流形上距离和角度的工具, 黎曼联络是一种用来推广微分的工具, 它们描述了流形上的度量和联络结构. 通过黎曼度量和黎曼联络, 可以定义流形上的黎曼曲率和联络曲率, 从而研究流形的几何性质. 现代微分几何的主要方法是黎曼几何和测地线理论, 研究流形的几何性质和物理应用.

习 题 2.5

习题答案

一、知识强化

1. 求下列各函数的微分:

(1) $y = \dfrac{1}{x} + 2\sqrt{x}$;　　　　(2) $y = \dfrac{x^3 - 1}{x^3 + 1}$;　　　　(3) $y = \cos(x^2)$;

(4) $y = e^{\sin 2x}$;　　　　(5) $y = \ln\sqrt{1 - x^2}$;　　　　(6) $y = (e^x + e^{-x})^2$;

(7) $y = e^{-x}\cos 3x$;　　　　(8) $y = \arcsin\sqrt{1 - x^2}$.

2. 已知函数 $y = x^2 + x$, 求 x 由 2 变到 1.99 时函数的改变量与微分.

3. 将适当的函数填入下列括号内使等式成立:

(1) $\mathrm{d}\sin x = ($ 　　 $)\mathrm{d}x$;　　　 (2) $\mathrm{d}\cos x = ($ 　　 $)\mathrm{d}x$;

(3) $\mathrm{d}\sin 2t = ($ 　　 $)\mathrm{d}t$;　　　 (4) $\mathrm{d}\cos(\omega t) = ($ 　　 $)\mathrm{d}t$.

4. 将适当的函数填入下列括号内, 使等式成立:

(1) $\mathrm{d}($ 　　 $) = 2\mathrm{d}x$;　　　 (2) $\mathrm{d}($ 　　 $) = 3x\mathrm{d}x$;

(3) $\mathrm{d}($ 　　 $) = \cos t\mathrm{d}t$;　　　 (4) $\mathrm{d}($ 　　 $) = \sin(\omega x)\mathrm{d}x$.

二、专业应用

已知工作波长为 5 cm 的雷达, 最大探测距离为 300 km. 考虑大气衰减时, 衰减系数 $\delta = 0.1$ dB/km, 问在雷达站附近 50 km 处雷达的最大探测距离的近似值为多少? (最大探测距离公式 $R'_{\max} = R_{\max}e^{-0.115\delta R_a}$, $R'_{\max}$ 为实际最大探测距离, $R_{\max}$ 为理论最大探测距离, δ 为衰减系数, R_a 为雷达与目标间的距离).

三、军事应用

有一名狙击手欲射击前方约 800 m 的一处目标, 由于操作失误, 狙击手把方向转螺多调了 1 档,使其水平方向的射击角度发生了 1 密位的偏差,求在不考虑其他因素的前提下该次射击的水平偏差量.(提示:1 mil(密位)＝0.06°＝0.001047 rad)

本节资源

2.6　原函数与不定积分

美国数学家加德纳(图 2.6.1)说过:"数学的真谛就在于不断寻求用越来越简单的方法证明定理和解决数学问题."不定积分作为微分和导数的逆运算为定积分的求解提供了简易的方法支撑.

2.6.1　原函数的概念

运用函数的求导方法,能求得很多函数的导函数,反之,给出一个导函数,能不能找出被求导的那个函数呢? 这实际上是求导运算的逆运算的问题,先看两个例子.

由已学过的基本求导公式,知道在区间 $(-\infty,+\infty)$ 内,
$$(x^2)'=2x, \quad (\sin x)'=\cos x,$$
于是 $2x$ 是函数 x^2 的导数,$\cos x$ 是函数 $\sin x$ 的导数. 现在反过来,给出函数 $2x$ 和 $\cos x$,问什么函数的导数等于这两个函数呢?

图 2.6.1

从右往左逆着看上面两式,很快就能得到答案:x^2 和 $\sin x$. 由于 x^2 和 $\sin x$ 的导数分别等于 $2x$ 和 $\cos x$,称 x^2 是 $2x$ 的**一个原函数**,$\sin x$ 是 $\cos x$ 的**一个原函数**. 由此给出如下定义.

定义 2.6.1　设函数 $f(x)$ 定义在区间 I 上,如果存在可导函数 $F(x)$,对区间 I 上任何 x,都有
$$F'(x)=f(x),$$
则称函数 $F(x)$ 是 $f(x)$ 在区间 I 上的**一个原函数**.

例如,设作变速直线运动的物体的位移函数为 $s(t)$,那么,物体在时刻 t 的瞬时速度函数 $v(t)=s'(t)$,从而位移 $s(t)$ 就是瞬时速度 $v(t)$ 的**一个原函数**.

值得注意的是,要找一个函数的原函数,前提是这个函数的原函数是存在的. 那么,什么样的函数才能有原函数呢? 对于这个问题有如下的结论:

原函数存在定理　如果函数 $f(x)$ 在区间 I 上连续,则 $f(x)$ 在区间 I 上一定存在原函数.

对于函数 $y=2x$,由求导公式知,除了有 $(x^2)'=2x$,还有 $(x^2+1)'=2x$,$(x^2-2)'=2x$,等等,按照定义,x^2+1 和 x^2-2 也是 $2x$ 的原函数,可见一个函数的**原函数确实不唯一**. 那么,这些原函数之间又有什么样的关系呢?

可以看到,x^2、x^2+1、x^2-2 彼此相差一个常数,即与 x^2 相差一个常数的函数都是

$2x$ 的原函数.

一般地,设 $F(x)$ 是 $f(x)$ 在区间 I 上的一个原函数,对于任意常数 C,$F(x)+C$ 也是 $f(x)$ 的原函数,即 $f(x)$ 有无穷多个原函数. 也就是说,$f(x)$ 在区间 I 上的所有原函数都可以表示成 $F(x)+C$ 的形式.

2.6.2 不定积分的概念

定义 2.6.2 如果 $F(x)$ 是 $f(x)$ 在区间 I 上的一个原函数,那么 $f(x)$ 的**所有原函数** $F(x)+C$ 称为 $f(x)$ 在区间 I 上的**不定积分**,记作 $\int f(x)\mathrm{d}x$,即

$$\int f(x)\mathrm{d}x = F(x)+C,$$

式中,"$\int$" 称为**积分号**,$f(x)$ 称为**被积函数**,x 称为**积分变量**,任意常数 C 称为**积分常数**.

由定义可知,如果要求不定积分 $\int f(x)\mathrm{d}x$,只要找到函数 $f(x)$ 的一个原函数 $F(x)$,再加上积分常数 C 即可.

例 2.6.1 求下列不定积分:

(1) $\int 2x\mathrm{d}x$;　　　　　　(2) $\int \cos x\mathrm{d}x$.

解 (1) 因为 $(x^2)'=2x$,即 x^2 是 $2x$ 的一个原函数,所以 $\int 2x\mathrm{d}x = x^2 + C$.

(2) 因为 $(\sin x)'=\cos x$,即 $\sin x$ 是 $\cos x$ 的一个原函数,所以 $\int \cos x\mathrm{d}x = \sin x + C$.

归纳规律

由不定积分的定义知,**积分运算是导数和微分运算的逆运算**,即有

(1) $\left[\int f(x)\mathrm{d}x\right]' = f(x)$;

(2) $\int F'(x)\mathrm{d}x = F(x)+C$.

这就是说,**若先积分后求导,则积分与求导互相抵消,函数不变**;反之,**若先求导后积分,则积分与求导抵消后相差积分常数 C**. 利用这个结论可以检验积分结果正确与否. 积分和导数微分的互逆关系,体现了数学运算的对称性.

例 2.6.2 检验下列积分的正确性:

(1) $\int x^2\mathrm{d}x = \dfrac{1}{3}x^3 + C$;　　　　　　(2) $\int \sin(2x)\mathrm{d}x = \cos(2x) + C$.

解 (1) 由于 $\left(\dfrac{1}{3}x^3+C\right)' = \dfrac{1}{3}\cdot 3x^2 = x^2$,所以 $\int x^2\mathrm{d}x = \dfrac{1}{3}x^3 + C$ 是正确的.

(2) 由于 $(\cos(2x)+C)' = -2\sin(2x)\neq \sin(2x)$,所以 $\int \sin(2x)\mathrm{d}x = \cos(2x) + C$ 是错误的.

2.6.3　不定积分的运算及性质

由于求不定积分是求导数的逆运算,因此根据这种互逆关系,可以从基本导数公式推导出相应的基本积分公式.

例如,根据幂函数的导数规律,有

$$\left(\frac{1}{\mu+1}x^{\mu+1}\right)'=\frac{1}{\mu+1}(x^{\mu+1})'=x^{\mu}\quad(\mu\neq-1),$$

所以

$$\int x^{\mu}\mathrm{d}x=\frac{1}{\mu+1}x^{\mu+1}+C\quad(\mu\neq-1).$$

又如,当 $x>0$ 时,$(\ln|x|)'=(\ln x)'=\dfrac{1}{x}$;当 $x<0$ 时,$(\ln|x|)'=[\ln(-x)]'=\dfrac{1}{x}$,故

$$\int\frac{1}{x}\mathrm{d}x=\ln\mid x\mid+C.$$

用同样的方法可以得到其他的不定积公式,把它们列举如下,称为**基本积分公式**.

(1) $\displaystyle\int k\mathrm{d}x=kx+C$ (k 为常数);　　(2) $\displaystyle\int x^{\mu}\mathrm{d}x=\frac{1}{\mu+1}x^{\mu+1}+C$ ($\mu\neq-1$);

(3) $\displaystyle\int\frac{1}{x}\mathrm{d}x=\ln|x|+C$;　　　　(4) $\displaystyle\int a^{x}\mathrm{d}x=\frac{a^{x}}{\ln a}+C$;

(5) $\displaystyle\int\mathrm{e}^{x}\mathrm{d}x=\mathrm{e}^{x}+C$;　　　　　　(6) $\displaystyle\int\sin x\mathrm{d}x=-\cos x+C$;

(7) $\displaystyle\int\cos x\mathrm{d}x=\sin x+C$;　　　　(8) $\displaystyle\int\sec^{2}x\mathrm{d}x=\tan x+C$;

(9) $\displaystyle\int\csc^{2}x\mathrm{d}x=-\cot x+C$;　　(10) $\displaystyle\int\frac{1}{\sqrt{1-x^{2}}}\mathrm{d}x=\arcsin x+C$;

(11) $\displaystyle\int\frac{1}{1+x^{2}}\mathrm{d}x=\arctan x+C$.

这些公式可通过对等式右端的函数求导后等于左端的被积函数来直接验证.基本积分公式是求不定积分的基础,必须熟记.

根据不定积分的定义和导数的运算法则,不定积分有如下性质:

性质 2.6.1　设函数 $f(x)$ 及 $g(x)$ 的原函数存在,则

$$\int[f(x)\pm g(x)]\mathrm{d}x=\int f(x)\mathrm{d}x\pm\int g(x)\mathrm{d}x,$$

即两个函数的代数和的不定积分,等于各个函数的不定积分的代数和,此性质对于有限个函数的代数和也是成立的.

性质 2.6.2　设函数 $f(x)$ 的原函数存在,k 为非零常数,则

$$\int kf(x)\mathrm{d}x=k\int f(x)\mathrm{d}x,$$

即求不定积分时,被积函数中非零的常数因子 k 可以提到积分号外.

例 2.6.3　求 $\displaystyle\int(\mathrm{e}^{x}-\cos x)\mathrm{d}x$.

解 $\int (e^x - \cos x)dx = \int e^x dx - \int \cos x dx = e^x - \sin x + C.$

例 2.6.4 求 $\int (x^2 - 5)dx.$

解 $\int (x^2 - 5)dx = \int x^2 dx - \int 5dx = \frac{1}{3}x^3 - 5x + C.$

> **知识拓展**
>
> 近年来,世界范围内每年的石油消耗率呈指数增长. 假定增长指数为常数 p, 则石油消耗率的估算函数可以表示为 $R(t) = ke^{pt}$,其中 k 为常数. 世界范围内每年的石油消耗率的增长指数大约为 0.07. 1970 年初,消耗率大约为每年 161 亿桶. 设 $R(t)$ 表示从 1970 年起第 t 年的石油消耗率,则 $R(t) = 161e^{0.07t}$(亿桶).

例 2.6.5 估算世界范围内从 1970 年到 2010 年间石油消耗的总量.

解 设 $T(t)$ 表示从 1970 年起($t=0$)直到第 t 年的石油消耗总量,要求从 1970 年到 2010 年石油消耗总量,即求 $T(40)$. 由于 $T(t)$ 是石油消耗总量,$T'(t)$ 就是石油消耗率 $R(t)$,即 $T'(t) = R(t)$,那么 $T(t)$ 就是 $R(t)$ 的一个原函数.

$$T(t) = \int R(t)dt = \int 161e^{0.07t}dt = \frac{161}{0.07}e^{0.07t} + C = 2300e^{0.07t} + C.$$

由 $T(0) = 0$,得 $C = -2300$,所以 $T(t) = 2300(e^{0.07t} - 1)$.

从 1970 年到 2010 年间石油消耗总量为

$$T(40) = 2300(e^{0.07 \times 40} - 1) \approx 35523 \text{(亿桶)}.$$

2.6.4 换元积分法

英国数学家、物理学家牛顿在 17 世纪末发表的《自然哲学的数学原理》中指出:"由于古人认为在研究自然事物时力学最为重要,而今人则舍弃其实体形状和隐蔽性质,力图以数学定律说明自然现象."牛顿在这本书中详细介绍了不定积分的概念和求解方法. 他利用变量替换的思想,成功地解决了一系列复杂的不定积分问题.

1. 第一类换元法

例 2.6.6 求不定积分 $\int \cos(2x)dx.$

尝试 如果直接套用公式 $\int \cos x dx = \sin x + C$,得 $\int \cos(2x)dx = \sin(2x) + C.$ 这个结果正确吗?可以利用求导和求不定积分的互逆关系进行检验.

检验 因为 $(\sin(2x) + C)' = 2\cos(2x)$,与被积函数相差系数 2,所以结果不正确.

解 因为被积函数 $\cos(2x)$ 是复合函数,中间的变量是 $2x$,不是 x,因此不能直接应用基本积分公式 $\int \cos x dx = \sin x + C$,需要先做变形,做法如下.

注意到被积函数 $\cos(2x)$ 中的变量是 $2x$,先将积分变量从 dx 变为 $\frac{1}{2}d(2x)$,得

$$\int \cos(2x)\mathrm{d}x = \frac{1}{2}\int \cos(2x)\mathrm{d}(2x).$$

再令 $2x = u$，于是

$$\frac{1}{2}\int \cos(2x)\mathrm{d}(2x) = \frac{1}{2}\int \cos u\,\mathrm{d}u = \frac{1}{2}\sin u + C = \frac{1}{2}\sin(2x) + C.$$

检验　因为 $\left(\dfrac{1}{2}\sin(2x) + C\right)' = \dfrac{1}{2}\cdot 2\cdot \cos(2x) = \cos(2x)$，所以上述方法得到的结果是正确的.

小结　上述方法的关键是先将积分变量 $\mathrm{d}x$ 凑成了 $\dfrac{1}{2}\mathrm{d}(2x)$，再通过变量代换 $2x = u$ 化简不定积分为 $\dfrac{1}{2}\int \cos u\,\mathrm{d}u$，然后利用基本积分公式求得结果.

定理 2.6.1（第一类换元法）　设 $\int f(u)\mathrm{d}u = F(u) + C$，又 $u = \varphi(x)$ 有连续导数，则

$$\int f[\varphi(x)]\varphi'(x)\mathrm{d}x = F[\varphi(x)] + C.$$

归纳规律

上面展示的求不定积分的方法称为**第一类换元积分法**，也称为**凑微分法**. 求解步骤如下.

第一步：**凑微分**. 如果不定积分能写成 $\int f[\varphi(x)]\varphi'(x)\mathrm{d}x$ 的形式，就把 $\varphi'(x)$ 写到微分号后面，凑成 $\int f[\varphi(x)]\mathrm{d}\varphi(x)$ 的形式.

第二步：**换元**. 作代换 $\varphi(x) = u$，把积分写成 $\int f(u)\mathrm{d}u$ 的形式.

第三步：**积分**. 求出积分得 $F(u) + C$.

第四步：**回代**. 把 $u = \varphi(x)$ 代入 $F(u) + C$ 中.

凑微分法用等式表示为

$$\int g(x)\mathrm{d}x = \int f[\varphi(x)]\varphi'(x)\mathrm{d}x = \int f[\varphi(x)]\mathrm{d}\varphi(x)$$

$$= \int f(u)\mathrm{d}u = F(u) + C = F(\varphi(x)) + C.$$

上述步骤中，关键是怎样将不定积分拆分成 $\int f[\varphi(x)]\varphi'(x)\mathrm{d}x$ 的形式，再将 $\varphi'(x)$ 凑成 $\mathrm{d}\varphi(x)$.

例 2.6.7　求不定积分 $\int (2x+1)^2\mathrm{d}x$.

解　先将 $\mathrm{d}x$ 凑微分成 $\dfrac{1}{2}\mathrm{d}(2x+1)$，再令 $2x+1 = u$，得

$$\int (2x+1)^2 \, \mathrm{d}x = \frac{1}{2} \int (2x+1)^2 \, \mathrm{d}(2x+1) = \frac{1}{2} \int u^2 \, \mathrm{d}u = \frac{1}{6} u^3 + C$$

$$= \frac{1}{6}(2x+1)^3 + C.$$

例 2.6.8 求不定积分 $\int \dfrac{1}{x-a} \mathrm{d}x$.

解 先将 $\mathrm{d}x$ 凑微分成 $\mathrm{d}(x-a)$, 再令 $x-a=u$, 得

$$\int \frac{1}{x-a} \mathrm{d}x = \int \frac{1}{x-a} \mathrm{d}(x-a) = \int \frac{1}{u} \mathrm{d}u = \ln|u| + C = \ln|x-a| + C.$$

例 2.6.9 求不定积分 $\int \cos(2x+1) \mathrm{d}x$.

解 先将 $\mathrm{d}x$ 凑微分成 $\dfrac{1}{2} \mathrm{d}(2x+1)$, 再令 $2x+1=u$, 得

$$\int \cos(2x+1) \mathrm{d}x = \frac{1}{2} \int \cos(2x+1) \mathrm{d}(2x+1) = \frac{1}{2} \int \cos u \, \mathrm{d}u = \frac{1}{2} \sin u + C$$

$$= \frac{1}{2} \sin(2x+1) + C.$$

例 2.6.10 求不定积分 $\int \dfrac{x \mathrm{d}x}{1+3x^2}$.

解 $\int \dfrac{x \mathrm{d}x}{1+3x^2} = \dfrac{1}{2} \int \dfrac{1}{1+3x^2} \mathrm{d}x^2 = \dfrac{1}{6} \int \dfrac{1}{1+3x^2} \mathrm{d}(1+3x^2) = \dfrac{1}{6} \ln(1+3x^2) + C.$

例 2.6.11 求不定积分 $\int x \mathrm{e}^{-x^2} \mathrm{d}x$.

解 先将 $x \mathrm{d}x$ 凑微分成 $\dfrac{1}{2} \mathrm{d}(x^2)$, 得 $\int x \mathrm{e}^{x^2} \mathrm{d}x = \dfrac{1}{2} \int \mathrm{e}^{x^2} \mathrm{d}(x^2) = \dfrac{1}{2} \mathrm{e}^{x^2} + C.$

例 2.6.12 求不定积分 $\int \sin^3 x \mathrm{d}x$.

解 $\int \sin^3 x \mathrm{d}x = \int \sin^2 x \cdot \sin x \mathrm{d}x = -\int (1-\cos^2 x) \mathrm{d}\cos x$

$$= -\int \mathrm{d}\cos x + \int \cos^2 x \mathrm{d}\cos x = -\cos x + \frac{1}{3} \int \mathrm{d}\cos^3 x$$

$$= -\cos x + \frac{1}{3} \cos^3 x + C.$$

2. 第二类换元法

第一类换元法解决了相当多的被积函数为复合函数的积分, 但是, 对于有些积分还无法解决, 例如, 积分 $\int \dfrac{1}{1+\sqrt{x}} \mathrm{d}x$ 就是如此.

计算这个积分的困难在于被积函数中含有的根式 $\sqrt{x}$, 为了解决这个问题, 可令 $x=t^2$ $(t>0)$, 于是 $\sqrt{x}=t$, $\mathrm{d}x=(t^2)' \mathrm{d}t = 2t \mathrm{d}t$, 把它们代入所求积分中, 就得

$$\int \frac{1}{1+\sqrt{x}} \mathrm{d}x = \int \frac{2t}{1+t} \mathrm{d}t = 2 \int \frac{(1+t)-1}{1+t} \mathrm{d}t = 2 \left[\int \mathrm{d}t - \int \frac{1}{1+t} \mathrm{d}t \right]$$

$$= 2[t - \ln(1+t)] + C.$$

再将 $\sqrt{x}=t$ 代回,即可得原来的积分

$$\int \frac{1}{1+\sqrt{x}}\mathrm{d}x = 2[\sqrt{x}-\ln(1+\sqrt{x})]+C.$$

显然,这里的换元方法与前面的换元方法是不相同的.第一类换元法是令 $\varphi(x)=u$,这里是令 $x=\varphi(t)$,我们把这种换元方法称为第二类换元法.

定理 2.6.2（第二类换元法）　设 $x=\varphi(t)$ 具有连续的导数,且 $\varphi'(t)\neq 0$,

$$\int f[\varphi(t)]\varphi'(t)\mathrm{d}t = F(t)+C,$$

则

$$\int f(x)\mathrm{d}x = F[\varphi^{-1}(x)]+C,$$

其中 $t=\varphi^{-1}(x)$ 是 $x=\varphi(t)$ 的反函数.

例 2.6.13　求 $\displaystyle\int \frac{\mathrm{d}x}{\sqrt{x}+\sqrt[3]{x}}$.

解　令 $\sqrt[6]{x}=t$,即作代换 $x=t^6$,$\mathrm{d}x=6t^5\mathrm{d}t$,于是

$$\int \frac{\mathrm{d}x}{\sqrt{x}+\sqrt[3]{x}} = \int \frac{6t^5}{t^3+t^2}\mathrm{d}t = 6\int \frac{t^3}{t+1}\mathrm{d}t = 6\int \frac{t^3+1-1}{t+1}\mathrm{d}t = 6\int\left[(t^2-t+1)-\frac{1}{t+1}\right]\mathrm{d}t$$

$$= 6\left[\frac{t^3}{3}-\frac{t^2}{2}+t-\ln\mid t+1\mid\right]+C$$

$$= 2\sqrt{x}-3\sqrt[3]{x}+6\sqrt[6]{x}-6\ln(\sqrt[6]{x}+1)+C.$$

2.6.5　分部积分法

前面用复合函数求导法则导出了换元积分法,下面利用两函数乘积的求导法则来导入另一种积分法——分部积分法.

设 $u(x),v(x)$ 是两个可微函数,由导数和微分性质,有

$$(uv)'=uv'+u'v,\quad \mathrm{d}(uv)=u\mathrm{d}v+v\mathrm{d}u,\quad 即\ u\mathrm{d}v=\mathrm{d}(uv)-v\mathrm{d}u,$$

两边积分,得 $\displaystyle\int u\mathrm{d}v = uv-\int v\mathrm{d}u$. 这就是**分部积分公式**.

> **说明**
>
> 　分部积分法的作用:如果 $\displaystyle\int v\mathrm{d}u$ 比 $\displaystyle\int u\mathrm{d}v$ 容易求解时,分部积分法可以化难为易.
>
> 　对于被积函数是**反三角函数乘幂函数**、**对数函数乘幂函数**、**幂函数乘三角函数**、**幂函数乘指数函数**这些类型的不定积分,都可以使用分部积分法.

例 2.6.14　求不定积分 $\displaystyle\int x\cos x\mathrm{d}x$(幂函数乘三角函数型).

解　设 $x=u$,$\cos x\mathrm{d}x=\mathrm{d}\sin x=\mathrm{d}v$,则 $\sin x=v$,$\mathrm{d}u=\mathrm{d}x$,于是由分部积分公式得

$$\int x\cos x\mathrm{d}x = \int x\mathrm{d}\sin x = x\sin x-\int \sin x\mathrm{d}x = x\sin x+\cos x+C.$$

归纳规律

利用分部积分公式时,如果 u,v 选择不当,可能使所求积分更加复杂. 选择 u 和 v 的一般法则是:按照"**反三角函数、对数函数、幂函数、三角函数、指数函数(简称:反对幂三指)**"的顺序,将顺序在前的作为 u,将顺序在后的凑成 $\mathrm{d}v$. 例如 $\int x\cos x\mathrm{d}x$,x 是幂函数,排在三角函数 $\cos x$ 前面,所以将 x 作为 u,将 $\cos x\mathrm{d}x$ 凑成 $\mathrm{d}v$.

例 2.6.15 求不定积分 $\int x^2\mathrm{e}^x\mathrm{d}x$(幂函数乘指数函数型).

解 按照法则,幂函数 x^2 排在指数函数 e^x 前面,所以设 $x^2=u$,$\mathrm{e}^x\mathrm{d}x=\mathrm{d}\mathrm{e}^x=\mathrm{d}v$,则 $v=\mathrm{e}^x$,$\mathrm{d}u=2x\mathrm{d}x$,于是

$$\int x^2\mathrm{e}^x\mathrm{d}x=\int x^2\mathrm{d}\mathrm{e}^x=x^2\mathrm{e}^x-\int \mathrm{e}^x\mathrm{d}(x^2)=x^2\mathrm{e}^x-2\int x\mathrm{e}^x\mathrm{d}x.$$

因 $\int x\mathrm{e}^x\mathrm{d}x$ 仍是幂函数乘指数函数型的不定积分,再用一次分部积分法,可得

$$\int x\mathrm{e}^x\mathrm{d}x=\int x\mathrm{d}\mathrm{e}^x=x\mathrm{e}^x-\int \mathrm{e}^x\mathrm{d}x=x\mathrm{e}^x-\mathrm{e}^x+C_1,$$

最后求得

$$\int x^2\mathrm{e}^x\mathrm{d}x=x^2\mathrm{e}^x-2x\mathrm{e}^x+2\mathrm{e}^x-2C_1=(x^2-2x+2)\mathrm{e}^x+C,\quad \text{其中 } C=-2C_1.$$

运用分部积分法熟练后,可不必写出如何选取 u,v,直接套用公式即可.

例 2.6.16 求不定积分 $\int \ln x\mathrm{d}x$(对数函数乘幂函数型).

解 将 $\ln x$ 视作 u,$\mathrm{d}x$ 视作 $\mathrm{d}v$,则

$$\int \ln x\mathrm{d}x=x\ln x-\int x\mathrm{d}(\ln x)=x\ln x-\int x\cdot\frac{1}{x}\mathrm{d}x$$

$$=x\ln x-\int \mathrm{d}x=x\ln x-x+C.$$

例 2.6.17 求不定积分 $\int \arcsin x\mathrm{d}x$(反三角函数乘幂函数型).

解 将 $\arcsin x$ 视作 u,$\mathrm{d}x$ 视作 $\mathrm{d}v$,则

$$\int \arcsin x\mathrm{d}x=x\arcsin x-\int x\mathrm{d}(\arcsin x)=x\arcsin x-\int \frac{x}{\sqrt{1-x^2}}\mathrm{d}x$$

$$=x\arcsin x-\int \frac{1}{2\sqrt{1-x^2}}\mathrm{d}x^2$$

$$=x\arcsin x+\int \frac{1}{2\sqrt{1-x^2}}\mathrm{d}(1-x^2)$$

$$=x\arcsin x+\sqrt{1-x^2}+C.$$

习题答案

习　题　2.6

一、知识强化

1. 运用基本积分公式和不定积分的性质求解下列不定积分：

(1) $\int 7x^3 \mathrm{d}x$；

(2) $\int x^{-\frac{3}{2}} \mathrm{d}x$；

(3) $\int (\mathrm{e}^x + 1) \mathrm{d}x$；

(4) $\int \dfrac{1}{x^3 \sqrt{x}} \mathrm{d}x$；

(5) $\int \sin \dfrac{x}{2} \cos \dfrac{x}{2} \mathrm{d}x$；

(6) $\int \mathrm{e}^{2x} \mathrm{d}x$；

(7) $\int \dfrac{x^2}{x^2 + 1} \mathrm{d}x$；

(8) $\int 3^{-x}(2 \cdot 3^x - 3 \cdot 2^x) \mathrm{d}x$；

(9) $\int \left(\sqrt{x} - \dfrac{1}{\sqrt{x}} \right) \mathrm{d}x$；

(10) $\int \dfrac{(1-x)^2}{\sqrt{x}} \mathrm{d}x$.

2. 求下列不定积分：

(1) $\int \dfrac{3}{3x-5} \mathrm{d}x$；

(2) $\int \dfrac{3}{(1-2x)^2} \mathrm{d}x$；

(3) $\int (x+1)^2 \mathrm{d}x$；

(4) $\int (2x-5)^3 \mathrm{d}x$；

(5) $\int \mathrm{e}^{-3x} \mathrm{d}x$；

(6) $\int 10^{2x} \mathrm{d}x$；

(7) $\int \sin 2x \mathrm{d}x$；

(8) $\int 3\sin(3x-5) \mathrm{d}x$；

(9) $\int 2\cos(x-1) \mathrm{d}x$；

(10) $\int 220\cos\left(50x - \dfrac{\pi}{4}\right) \mathrm{d}x$.

3. 求下列不定积分：

(1) $\int \dfrac{x^2}{x^3 + 1} \mathrm{d}x$；

(2) $\int \dfrac{1}{x\ln x} \mathrm{d}x$；

(3) $\int x\sqrt{1-x^2} \mathrm{d}x$；

(4) $\int \dfrac{1}{x^2} \cdot \cos \dfrac{1}{x} \mathrm{d}x$.

4. 运用分部积分法求下列不定积分：

(1) $\int x \cdot \sin x \mathrm{d}x$；

(2) $\int \arccos x \mathrm{d}x$；

(3) $\int x \cdot \ln x \mathrm{d}x$；

(4) $\int x \cdot \mathrm{e}^{-2x} \mathrm{d}x$.

5. 已知曲线 $y = f(x)$ 上任意一点 $P(x, y)$ 处切线的斜率 $k = \dfrac{1}{4}x$，若曲线过点 $\left(2, \dfrac{5}{2}\right)$，求此曲线方程.（提示：根据导数的几何意义和不定积分的概念求解）

二、专业应用

已知自感电压 $u_L(t)=8\cos(t-2\pi)$，自感系数 L 为 2 H，其中 $t=0$ 时，电流的初始值为 0，求电流的表达式.$\left(\text{自感电压公式 } u_L=L\dfrac{\mathrm{d}i(t)}{\mathrm{d}t}\right)$

三、军事应用

设战斗机着陆后的位置函数为 $s(t)$，着陆后的速度为 $v(t)$（$v(t)\geqslant 0$），根据经验，战斗机的着陆速度函数为 $v(t)=100-\dfrac{4}{5}t^3$，求战斗机完全停止前经过的路程 s.（提示：$t=0$ 时，$s=0$）

本节资源

2.7 定 积 分

德国数学家高斯（图 2.7.1）说过："有时候，你一开始未能得到一个最简单、最美妙的证明，但正是这样的证明才能深入到高等算术真理的奇妙联系中去. 这是我们继续研究的动力，并且最终能使我们有所发现."定积分的雏形可以追溯到阿基米德的穷竭法，源于计算由曲线所围成的图形的面积，经过开普勒、牛顿、莱布尼茨等数学家的证明和完善，终于形成了现在定积分的理论.

图 2.7.1

2.7.1 定积分概念的产生

引例 1 求变速直线运动的位移.

设飞机起飞时作变速直线运动，如图 2.7.2 所示，已知速度 $v(t)$ 是时间 t 的连续函数，且 $v(t)\geqslant 0$，计算飞机从时刻 T_1 到 T_2 这段时间内的位移 s.

图 2.7.2

在物理课上学习直线运动时，我们知道，只有当物体作匀速直线运动，即每一时刻的瞬时速度为常量 $v(t)\equiv v$ 时，位移 $s=v(T_2-T_1)$. 现在飞机作变速直线运动，显然不能直接用刚才的公式计算位移，想一想该怎么办？

我们注意到，飞机的速度 $v(t)$ 是时间 t 的连续函数，连续函数有一个特点，函数值是连续变化的，当自变量变化很小时，函数值的变化也很小. 具体到速度函数，当时间变化很小时，速度变化也很小，近似不变. 也就是说，在很小的时间段 Δt_i 上，飞机的速度可以近似成常量 v_i，飞机作匀速直线运动，从而经过的位移可以近似表示成 $v_i\Delta t_i$. 这体现了"以均匀

代替非均匀,以不变代替变化,以常数代替变量"的数学思想,是解决问题的关键.

为了实现上述近似问题,按如下步骤求解.

(1)**分割** 在时间段$[T_1,T_2]$中任意插入若干个分点,把$[T_1,T_2]$分割成若干个小时间段,每个小时间段记为Δt_i.

(2)**近似** 在小时间段Δt_i上,任意取一个时刻的速度v_i,飞机近似以速度v_i作匀速直线运动,于是在小时间段上走过的位移Δs_i可近似表示为$\Delta s_i \approx v_i \Delta t_i$,并且在每个小时间段上都可以这样近似.

(3)**求和** 把所有小时间段上走过的位移的近似值相加,就得到总位移s的近似值$s \approx \sum_i v_i \Delta t_i$.

(4)**取极限** 要让位移的近似值$\sum_i v_i \Delta t_i$尽量接近准确值s,就要在每个小时间段Δt_i上,让位移的近似值$v_i \Delta t_i$尽量接近准确值Δs_i,这就要在每个小时间段上让速度的变化尽量小. 怎么实现这个要求呢?办法就是让每个小时间段都越来越小,也就是对整个时间段$[T_1,T_2]$插入更多的分点,让分割越来越细,实际上是**取小时间段$\Delta t_i \to 0$的极限**的过程,这样做了以后,就有$s = \lim\limits_{\Delta t_i \to 0} \sum_i v_i \Delta t_i$.

引例 2 求曲边梯形的面积.

设$y = f(x)$为区间$[a,b]$上的非负连续函数,由直线$x=a,x=b,y=0$及曲线$y=f(x)$所围成的图形(图 2.7.3)称为曲边梯形,其中曲线弧称为曲边,求它的面积.

思考 由于曲边梯形的高$f(x)$在区间$[a,b]$上连续,因此在很小的区间上,高$f(x)$的变化非常小,可以近似地看作不变. 这样,如果将区间$[a,b]$划分成许多小区间,每个小区间形成的窄曲边梯形近似看作窄矩形,整个曲边梯形的面积就近似等于所有窄矩形面积之和. 当区间的划分无限小时,这个近似值就无限趋近于所求曲边梯形的面积. 这仍然体现了"**以直线代替曲线,以不变代替变化**"的数学思想和"**化整为零取近似,积零为整取极限**"的辩证思想.

对于上述问题可按以下四步求解:

(1)**分割** 在区间$[a,b]$中任意插入$n-1$个分点$a=x_0<x_1<\cdots<x_{n-1}<x_n=b$,把底边分成$n$个小区间,每个小区间的长度记为
$$\Delta x_i = x_i - x_{i-1} \quad (i=1,2,\cdots,n),$$
过各分点作x轴的垂线,把曲边梯形分成n个窄曲边梯形,如图 2.7.4 所示.

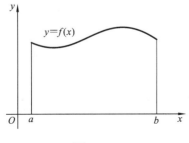

图 2.7.3

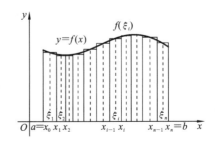

图 2.7.4

（2）**近似**　在每个小区间$[x_{i-1},x_i]$上随意取一点$\xi_i(x_{i-1}\leqslant\xi_i\leqslant x_i)$，以$\Delta x_i$为底，以$f(\xi_i)$为高的窄矩形的面积近似代替第$i$个窄曲边梯形的面积$\Delta A_i$，即

$$\Delta A_i\approx f(\xi_i)\Delta x_i\quad(i=1,2,\cdots,n).$$

这一步体现了"**以直代曲**"的数学思想，也是解决问题的关键.

（3）**求和**　把n个窄矩形的面积相加就得到整个曲边梯形面积A的近似值

$$A\approx\sum_{i=1}^{n}f(\xi_i)\Delta x_i\quad(i=1,2,\cdots,n).$$

（4）**取极限**　对区间$[a,b]$插入更多的分点，让分割越来越细，也就是取每个小区间的长度$\Delta x_i\to0$的极限. 这样，和式$\sum_{i=1}^{n}f(\xi_i)\Delta x_i$的极限就是曲边梯形的面积$A$，即

$$A=\lim_{\Delta x_i\to0}\sum_{i=1}^{n}f(\xi_i)\Delta x_i.$$

2.7.2　定积分的定义

在高等数学中，将引例中得到的位移的表达式$\lim\limits_{\Delta t_i\to0}\sum\limits_i v_i\Delta t_i$写成$\int_{T_1}^{T_2}v(t)\mathrm{d}t$，读作**速度函数$v(t)$在时间段$[T_1,T_2]$上的定积分**，即有$s=\int_{T_1}^{T_2}v(t)\mathrm{d}t$.

将速度函数$v(t)$换成一般的函数$f(x)$，将时间段$[T_1,T_2]$换成一般的闭区间$[a,b]$，将自变量t换成x，可以写出$\int_a^b f(x)\mathrm{d}x$.

类似的曲边梯形面积的表达式$\lim\limits_{\Delta x_i\to0}\sum\limits_{i=1}^{n}f(\xi_i)\Delta x_i$可以写成$\int_a^b f(x)\mathrm{d}x$，即有

$$A=\int_a^b f(x)\mathrm{d}x=\lim_{\Delta x_i\to0}\sum_{i=1}^{n}f(\xi_i)\Delta x_i.$$

这个表达式称为定积分，定义如下.

定义 2.7.1　如果函数$f(x)$在区间$[a,b]$上连续，或者$f(x)$在区间$[a,b]$上有界且只有有限个第一类间断点，则表达式$\int_a^b f(x)\mathrm{d}x$是存在的，称为$f(x)$在区间$[a,b]$上的**定积分**，记其结果为A，即有

$$A=\int_a^b f(x)\mathrm{d}x,$$

其中，"$\int$"称为**积分号**，$[a,b]$称为**积分区间**，a,b分别称为**积分下限**和**积分上限**，$f(x)$称为**被积函数**，x称为**积分变量**.

定义 2.7.1 给出的是定积分的一个简单的定义，定积分的严谨定义则是按照上述"分割、近似、求和、取极限"的步骤给出的，叙述如下.

定义 2.7.2　设函数$f(x)$在闭区间$[a,b]$上有界，则有以下步骤：

（1）**分割**　在$[a,b]$中任意插入若干个分点$a=x_0<x_1<\cdots<x_{n-1}<x_n=b$，将区间$[a,b]$分为$n$个小区间$[x_0,x_1],[x_1,x_2],\cdots,[x_{n-1},x_n]$，每个小区间长度记为$\Delta x_i=x_i-x_{i-1}(i=1,2,\cdots,n)$；

（2）**近似**　在每个小区间上任取一点 $\xi_i(x_{i-1} \leqslant \xi_i \leqslant x_i)$，作函数值 $f(\xi_i)$ 与小区间长度 Δx_i 的乘积 $f(\xi_i)\Delta x_i$；

（3）**求和**　作出和式 $\sum\limits_{i=1}^{n} f(\xi_i)\Delta x_i$，称为积分和；

（4）**取极限**　记 $\lambda = \max\limits_{1 \leqslant i \leqslant n}\{\Delta x_i\}$，如果不论区间 $[a,b]$ 如何分法，点 ξ_i 如何取法，只要当 $\lambda \to 0$ 时，极限 $\lim\limits_{\lambda \to 0}\sum\limits_{i=1}^{n} f(\xi_i)\Delta x_i$ 存在.

于是称这个极限为函数 $f(x)$ 在区间 $[a,b]$ 上的定积分，记作

$$\int_a^b f(x)\mathrm{d}x = \lim_{\lambda \to 0}\sum_{i=1}^{n} f(\xi_i)\Delta x_i.$$

说明

（1）定积分是一个数，它只与被积函数、积分上下限有关，而与积分变量的记号无关，即

$$\int_a^b f(x)\mathrm{d}x = \int_a^b f(t)\mathrm{d}t.$$

（2）定积分是和式的极限，不论区间 $[a,b]$ 如何分、点 ξ_i 如何取，当 $\lambda \to 0$ 时，和式都趋于同一个常数；若对区间 $[a,b]$ 不同的分法、点 ξ_i 不同的取法而导致趋于不同的常数，则称函数 $f(x)$ 在 $[a,b]$ 上不可积.

数学文化

从定义 2.7.2 可以看出，定积分表达了求解一类问题的统一的思路和处理过程. 从数学意义上看，定积分本质上是一个极限，事实上高等数学中连续、导数、定积分的概念都是用极限给出的. 极限表述的是自变量趋于定值或无穷大时，函数的变化趋势；连续表述的是自变量趋于定值时，极限值等于函数值；导数表述的是自变量的增量趋于零时，函数增量与自变量增量之比的极限；定积分表述的是对区间的分割越来越细时，积分和的极限. 可以看到，极限作为高等数学中的一个开创性概念，将连续、导数、定积分等概念联系在了一起，成为研究函数变化规律的一个重要工具.

知识拓展

电流强度 $I = I(t)$ 是一个随时间变化的量，交流电的电流强度 $I(t)$ 虽是变化的，但在很短的时间间隔内，可以近似地看作是不变的，于是在一个周期 $[0,T]$ 内消耗在电阻 R 上的功 W 为

$$W = \int_0^T RI^2(t)\mathrm{d}t.$$

2.7.3 定积分的几何意义

由计算曲边梯形面积的方法可看到：如果 $f(x) \geqslant 0$，图形在 x 轴上方，如图 2.7.5(a) 所示，则定积分 $\int_a^b f(x) \mathrm{d}x$ 表示曲边梯形的面积 A；如果 $f(x) \leqslant 0$，图形在 x 轴下方，如图 2.7.5(b) 所示，则定积分 $\int_a^b f(x) \mathrm{d}x$ 表示曲边梯形面积的负值，$\int_a^b f(x) \mathrm{d}x = -A$；如果 $f(x)$ 在区间 $[a, b]$ 上有正有负时，如图 2.7.5(c) 所示，则定积分 $\int_a^b f(x) \mathrm{d}x$ 等于曲线 $y = f(x)$ 与 $x = a, x = b$ 以及 x 轴围成的曲边梯形面积的代数和，即 $\int_a^b f(x) \mathrm{d}x = A_1 - A_2 + A_3$.

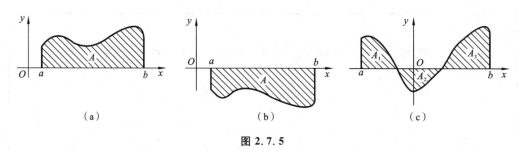

（a）　　　　　　　　　（b）　　　　　　　　　（c）

图 2.7.5

2.7.4 定积分的性质

前面我们学习了定积分的概念、定义和几何意义，为了增强定积分的应用性，我们一起来讨论定积分性质.

性质 2.7.1 定积分的值与表达式中积分变量的写法无关. 也就是说，$\int_a^b f(x) \mathrm{d}x$ 可以写成 $\int_a^b f(t) \mathrm{d}t$，$\int_a^b f(u) \mathrm{d}u$ 等形式，它们都表示同一个数学概念.

上述性质表明，改变积分变量，不改变积分区间，定积分表示的面积不会改变.

性质 2.7.2 规定积分上限和下限相同时，$\int_a^a f(x) \mathrm{d}x = 0$.

直观地说，当积分下限与上限相同时，积分区域为一个点，此时面积为 0.

性质 2.7.3 规定 $\int_b^a f(x) \mathrm{d}x = -\int_a^b f(x) \mathrm{d}x$.

性质 2.7.4 $\int_a^b \mathrm{d}x = b - a$，表示对常数 1 的定积分等于区间的长度 $b - a$，对应的几何意义是底边长为 $b - a$，高为 1 的矩形的面积.

设 $f(x)$ 和 $g(x)$ 在某区间上可积，则有以下性质.

性质 2.7.5 两个函数的和（差）的定积分等于它们的定积分的和（差），即

$$\int_a^b [f(x) \pm g(x)] \mathrm{d}x = \int_a^b f(x) \mathrm{d}x \pm \int_a^b g(x) \mathrm{d}x.$$

此性质可推广到有限个函数的情形.

性质 2.7.6 被积函数的常数因子可以提到积分号外面，即

$$\int_a^b kf(x)\mathrm{d}x = k\int_a^b f(x)\mathrm{d}x.$$

性质 2.7.7 对任意实数 C,有

$$\int_a^b f(x)\mathrm{d}x = \int_a^c f(x)\mathrm{d}x + \int_c^b f(x)\mathrm{d}x.$$

该性质表示定积分对积分区间具有可加性,不论 a,b,c 的相对位置如何,等式总成立.

性质 2.7.8 如果在区间 $[a,b]$ 上恒有 $f(x)\leqslant g(x)$,则

$$\int_a^b f(x)\mathrm{d}x \leqslant \int_a^b g(x)\mathrm{d}x \quad (a<b).$$

例 2.7.1 比较下列各对积分值的大小:

(1) $\displaystyle\int_0^{\frac{\pi}{2}} \cos x\mathrm{d}x$ 和 $\displaystyle\int_0^{\frac{\pi}{2}} \cos^2 x\mathrm{d}x$;　　　　(2) $\displaystyle\int_e^{2e} \ln x\mathrm{d}x$ 和 $\displaystyle\int_e^{2e} (\ln x)^2\mathrm{d}x$.

解 (1) 因为在 $\left(0,\dfrac{\pi}{2}\right)$ 上,$0\leqslant\cos x\leqslant1$,所以 $\cos x\geqslant\cos^2 x$.由性质 2.7.8 知

$$\int_0^{\frac{\pi}{2}} \cos x\mathrm{d}x \geqslant \int_0^{\frac{\pi}{2}} \cos^2 x\mathrm{d}x.$$

(2) 因为在 $[e,2e]$ 上,$\ln x\geqslant1$,所以 $\ln x\leqslant(\ln x)^2$.由性质 2.7.8 知

$$\int_e^{2e} \ln x\mathrm{d}x \leqslant \int_e^{2e} (\ln x)^2\mathrm{d}x.$$

习　题　2.7

习题答案

1. 利用定积分的性质,比较下列各组定积分的大小:

(1) $\displaystyle\int_1^2 x^2\mathrm{d}x$, $\displaystyle\int_1^2 x^3\mathrm{d}x$;　　　　(2) $\displaystyle\int_1^2 (\ln x)^2\mathrm{d}x$, $\displaystyle\int_1^2 (\ln x)^3\mathrm{d}x$;

(3) $\displaystyle\int_3^4 \ln x\mathrm{d}x$, $\displaystyle\int_3^4 (\ln x)^2\mathrm{d}x$;　　　　(4) $\displaystyle\int_0^{\frac{\pi}{2}} \sin^{10} x\mathrm{d}x$, $\displaystyle\int_0^{\frac{\pi}{2}} \sin^2 x\mathrm{d}x$.

2. 用定积分的几何意义说明下列等式:

(1) $\displaystyle\int_0^1 \sqrt{1-x^2}\mathrm{d}x = \dfrac{\pi}{4}$;　　　　(2) $\displaystyle\int_{-\frac{\pi}{2}}^{\frac{\pi}{2}} \cos x\mathrm{d}x = 2\int_0^{\frac{\pi}{2}} \cos x\mathrm{d}x$.

2.8　微积分基本公式

本节资源

恩格斯(图 2.8.1)在《自然辩证法》(图 2.8.2)中指出:"在一切理论成就中,未必再有什么像 17 世纪下半叶微积分的发明那样被看作人类精神的最高胜利了."微积分的核心定理就是微积分基本公式,它不仅揭示了导数和定积分的对立统一关系,同时也提供了计算定积分的一种简单有效的方法,为后面定积分的计算及应用奠定了基础.

图 2.8.1　　　　　　　　　　　　图 2.8.2

2.8.1　变速直线运动的位移

引例　设飞机在时间间隔 $[t_1,t_2]$ 内作变速直线运动,飞行速度为 $v(t)$ 且 $v(t)\geqslant0$,其位移函数为 $s(t)$,求飞机在该时间段内所经过的位移 s.

解　根据定积分的定义,所求位移为

$$s=\int_{t_1}^{t_2}v(t)\mathrm{d}t.$$

另一方面,位移 s 又可通过位移函数在时间间隔 $[t_1,t_2]$ 内的增量表示,即

$$s=s(t_2)-s(t_1),$$

所以有

$$\int_{t_1}^{t_2}v(t)\mathrm{d}t=s(t_2)-s(t_1).$$

由原函数的知识可知,位移函数是速度函数的原函数,即有 $v(t)=s'(t)$.

由此可知,速度函数 $v(t)$ 在区间 $[t_1,t_2]$ 上的定积分等于它的一个原函数(位移函数) $s(t)$ 在 $[t_1,t_2]$ 上的增量.

根据上述引例,我们可以把一般函数 $f(x)$ 的定积分都看成是物体以速度 $f(x)$ 作变速直线运动的情形,于是可以猜想:对于满足一定条件的函数 $f(x)$,它在区间 $[a,b]$ 上的定积分是否也等于它的原函数 $F(x)$ 在两端点的函数值之差,即

$$\int_a^bf(x)\mathrm{d}x=F(b)-F(a).$$

下面通过两个例子验证上述结论.

例 2.8.1　计算定积分 $\int_0^1x\mathrm{d}x$.

解　$\dfrac{x^2}{2}$ 是 x 的一个原函数,按猜想的方法,有

$$\int_0^1x\mathrm{d}x=\frac{x^2}{2}\bigg|_{x=1}-\frac{x^2}{2}\bigg|_{x=0}=\frac{1^2}{2}-\frac{0^2}{2}=\frac{1}{2}-0=\frac{1}{2}.$$

这个结果是否正确,下面按定积分的定义计算并进行验证.

被积函数 x 在积分区间 $[0,1]$ 上连续,所以它在区间 $[0,1]$ 上可积,并且积分与区间的分法和点 ξ_i 的取法无关,因此,为了便于计算,不妨把区间分成 n 等份,分点为 $x_i = \dfrac{i}{n}$ $(i=1,2,\cdots,n-1)$;这样,每个小区间 $[x_{i-1},x_i]$ 的长度 $\Delta x_i = \dfrac{1}{n}$ $(i=1,2,\cdots,n)$;取 $\xi_i = x_i$ $(i=1,2,\cdots,n)$.于是得和式

$$\sum_{i=1}^{n} f(\xi_i)\Delta x_i = \sum_{i=1}^{n} x_i \Delta x_i = \sum_{i=1}^{n} \frac{i}{n} \cdot \frac{1}{n} = \frac{1}{n^2} \sum_{i=1}^{n} i = \frac{1}{n^2}(1+2+3+\cdots+n)$$
$$= \frac{1}{n^2} \cdot \frac{n(n+1)}{2} = \frac{1}{2}\left(1+\frac{1}{n}\right).$$

当分割越来越细,即 $n \to \infty$ 时,上式右端的极限为 $\dfrac{1}{2}$.由定积分的定义知,$\displaystyle\int_0^1 x\mathrm{d}x = \dfrac{1}{2}$.可见,按定义计算的结果与用猜想的方法计算的结果是一致的.

例 2.8.2　求定积分 $\displaystyle\int_0^\pi \sin x\mathrm{d}x$.

解　按猜想方法,得

$$\int_0^\pi \sin x\mathrm{d}x = -\cos x \big|_{x=\pi} - (-\cos x) \big|_{x=0} = 2.$$

这个结果是否正确,我们根据定积分的定义,通过数学实验进行验证.

首先,按照定积分的定义,利用划分的小矩形面积之和来近似计算 $\sin x$ 在 $[0,\pi]$ 上的定积分值(图2.8.3),显然分割越细,近似精度就越高.

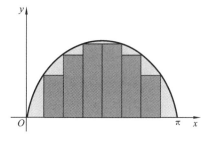

图 2.8.3

其次,利用表 2.8.1 中数学软件 MATLAB 的命令,将区间分成 n 等份,计算每点的函数值,求各矩形的面积和.

可以看到,随着划分越来越细,近似值越来越接近数值 2,实验的结果与用猜想的方法计算的结果是一致的.

表 2.8.1

数学实验(命令)	
语　　句	解　　释
x＝0:pi/n:pi	积分区间划分为 n 等份
y＝sin(x)	计算对应每点的函数值
s＝trapz(x,y)	近似计算定积分值

数学实验(结果)						
n	10	30	50	80	100	500	1000
s	1.9835	1.9926	1.9993	1.9997	1.9998	2.0000	2.0000

2.8.2 微积分基本公式

定理 2.8.1 如果函数 $f(x)$ 在区间 $[a,b]$ 上连续，又 $F(x)$ 是 $f(x)$ 的任一原函数，则

$$\int_a^b f(x)\mathrm{d}x = \left[F(x)\right]_a^b = F(b) - F(a).$$

上式称为**微积分基本公式**. 公式可表述为：**连续函数** $f(x)$ 在区间 $[a,b]$ 上的**定积分**，等于其**原函数** $F(x)$ 在 $[a,b]$ 上的**增量**.

这个公式最早是由牛顿和莱布尼茨各自独立得到的，因此也被称为**牛顿-莱布尼茨公式**. 牛顿-莱布尼茨公式是微积分学发展进程中的一座丰碑，它揭示了定积分与原函数之间的联系，为计算定积分提供了一条简捷的途径.

数学文化

莱布尼茨是德国著名数学家、物理学家和哲学家. 他 15 岁考入莱比锡大学学习法学，同时钻研数学和哲学，18 岁获得哲学硕士学位，并被聘为副教授，20 岁获得博士学位.

莱布尼茨研究兴趣极为广泛，涉猎数学、力学、光学、机械学、生物学、海洋学、地质学、法学、语言学、逻辑学、历史学、神学及外交学等 40 多个领域，并且在每一个领域都有杰出成就.

莱布尼茨于 1666 年发表了《论组合的艺术》的论文，这是数理逻辑的开山之作；1672 年把帕斯卡发明的能作加减运算的机械式计算机改进为能作加减乘除和开平方运算的新型手摇计算机；1675 年，发明了至今仍在沿用的积分符号" $\int$ "和微分符号"d"；1675 年，受中国《周易》的影响，提出了二进制，为 20 世纪电子计算机的发明奠定了基础，之后复制了一台机械计算机敬献给康熙皇帝，并建议成立北京科学院；1677 年，创立了微积分基本公式，奠定了微积分学的基础.

莱布尼茨热爱科学、刻苦钻研、勇于探索的精神值得我们学习.

通过变速直线运动的位移猜想并验证了微积分基本公式，而要严格证明微积分基本公式需要引入新的概念和定理.

定义 2.8.1 设函数 $f(x)$ 在区间 $[a,b]$ 上连续，于是 $\int_a^x f(x)\mathrm{d}x$ 存在，将它记为 $\int_a^x f(t)\mathrm{d}t$，显然，当 x 在 $[a,b]$ 上变动时，对于每一个 x 值，积分 $\int_a^x f(t)\mathrm{d}t$ 都有唯一确定的值与之对应，因此，$\int_a^x f(t)\mathrm{d}t$ 是积分上限 x 的函数，记作

$$\Phi(x) = \int_a^x f(t)\mathrm{d}t \quad (a \leqslant x \leqslant b),$$

$\Phi(x)$ 称为积分上限的函数.

定理 2.8.2　如果函数 $f(x)$ 在区间 $[a,b]$ 上连续,则积分上限的函数

$$\Phi(x) = \int_a^x f(t)\,\mathrm{d}t$$

在 $[a,b]$ 上可导,且

$$\Phi'(x) = \frac{\mathrm{d}}{\mathrm{d}x}\int_a^x f(t)\,\mathrm{d}t = f(x) \quad (a \leqslant x \leqslant b).$$

微积分基本公式证明如下:

证明　由定理 2.8.2 知 $\Phi(x) = \int_a^x f(t)\,\mathrm{d}t$ 也是 $f(x)$ 的一个原函数,于是

$$\Phi(x) - F(x) = C \quad (C \text{ 为任意常数}),$$

即

$$\int_a^x f(t)\,\mathrm{d}t = F(x) + C.$$

令 $x=a$,有 $\int_a^a f(t)\,\mathrm{d}t = F(a) + C$,即 $C = -F(a)$,因此有

$$\int_a^x f(t)\,\mathrm{d}t = F(x) - F(a),$$

再令 $x=b$,得

$$\int_a^b f(t)\,\mathrm{d}t = F(b) - F(a).$$

因定积分与积分变量的记号无关,即得

$$\int_a^b f(x)\,\mathrm{d}x = \left[F(x)\right]_a^b = F(b) - F(a).$$

例 2.8.3　计算下列定积分:

(1) $\int_0^{\frac{\pi}{3}} \cos x\,\mathrm{d}x$;　　　(2) $\int_{-3}^4 |x|\,\mathrm{d}x$;　　　(3) $\int_1^2 \left(x + \frac{1}{x}\right)^2 \mathrm{d}x$;　　　(4) $\int_0^2 \mathrm{e}^x\,\mathrm{d}x$.

解　(1) $\int_0^{\frac{\pi}{3}} \cos x\,\mathrm{d}x = \sin x \Big|_0^{\frac{\pi}{3}} = \frac{\sqrt{3}}{2}$;

(2) $\int_{-3}^4 |x|\,\mathrm{d}x = \int_{-3}^0 (-x)\,\mathrm{d}x + \int_0^4 x\,\mathrm{d}x = -\left[\frac{x^2}{2}\right]_{-3}^0 + \left[\frac{x^2}{2}\right]_0^4 = \frac{25}{2}$;

(3) $\int_1^2 \left(x + \frac{1}{x}\right)^2 \mathrm{d}x = \int_1^2 \left(x^2 + 2 + \frac{1}{x^2}\right)\mathrm{d}x = \left[\frac{x^3}{3} + 2x - \frac{1}{x}\right]_1^2 = \frac{29}{6}$;

(4) $\int_0^2 \mathrm{e}^x\,\mathrm{d}x = \left[\mathrm{e}^x\right]_0^2 = \mathrm{e}^2 - 1$.

例 2.8.4　设 $\int_0^a x^2\,\mathrm{d}x = 9$,求常数 a.

解　因为 $\int_0^a x^2\,\mathrm{d}x = \left[\frac{x^3}{3}\right]_0^a = \frac{a^3}{3}$,依题意知 $\frac{a^3}{3} = 9$,则 $a = 3$.

例 2.8.5　设 $f(x) = \begin{cases} x+1, & x \geqslant 0, \\ 1, & x < 0, \end{cases}$ 求 $\int_{-1}^2 f(x)\,\mathrm{d}x$.

解　$\int_{-1}^2 f(x)\,\mathrm{d}x = \int_{-1}^0 f(x)\,\mathrm{d}x + \int_0^2 f(x)\,\mathrm{d}x = \int_{-1}^0 \mathrm{d}x + \int_0^2 (x+1)\,\mathrm{d}x$

$$= \left[x\right]_{-1}^0 + \left[\frac{x^2}{2} + x\right]_0^2 = 5.$$

例 2.8.6 计算正弦曲线 $y=\sin x$ 在 $[0,\pi]$ 上与 x 轴所围成的平面图形的面积,如图 2.8.4 所示.

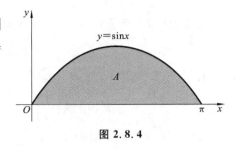

图 2.8.4

解 根据定积分的几何意义,所求面积为

$$A=\int_0^\pi \sin x\,\mathrm{d}x =-\left[\cos x\right]_0^\pi$$
$$=-\left[-1-1\right]=2.$$

> **知识拓展**
>
> 专业课中,有时还需要计算交流电的平均功率. 由于交流电是变化的,故在实际应用中常采用平均功率的概念,即
>
> $$\overline{P}=\frac{W}{T},$$
>
> 其中 W 为一个周期内消耗在电阻 R 上的功,T 为交流电变化一周所需的时间,即周期.
>
> 功为 $W=\int_0^T RI^2(t)\,\mathrm{d}t$,故平均功率为 $\overline{P}=\dfrac{1}{T}\int_0^T RI^2(t)\,\mathrm{d}t$.
>
> 电容储能是指利用电容器储存电能的技术. 电感器本身就是一个储能元件,以磁场方式储能. 电感元件吸收的功率为
>
> $$p=u_{\mathrm{L}}i_{\mathrm{L}}=L\frac{\mathrm{d}i_{\mathrm{L}}}{\mathrm{d}t}i_{\mathrm{L}}.$$
>
> 电流为零时,磁场亦为零,即无磁场能量;当电流从 0 增大到 i 时,电感元件储存的磁场能量为(即在任一时刻电感元件储存的磁场能量)
>
> $$W=\int_0^i Li\,\mathrm{d}i=\frac{1}{2}Li^2.$$

例 2.8.7 设某电感元件的线圈电感为 5,流过线圈的电流强度从 0 增加到 5,试计算电感元件中储存的磁场能量.

解 根据公式,电磁能量为

$$W=\int_0^i Li\,\mathrm{d}i=\frac{1}{2}Li^2,$$

代入已知条件,并根据微积分基本公式,可得

$$W=\int_0^5 5i\,\mathrm{d}i=\frac{5}{2}i^2\bigg|_0^5=\frac{125}{2}.$$

例 2.8.8 设交流电为 $i(t)=I_{\mathrm{m}}\sin t$,$I_{\mathrm{m}}$ 为电流的最大值,ω 为角频率,周期为 $T=2\pi$,求交流电的平均功率.

解 根据上述公式,可得 $\overline{P}=\dfrac{1}{T}\int_0^T RI^2(t)\,\mathrm{d}t$,代入上述表达式,得

$$\overline{P}=\frac{1}{2\pi}\int_0^{2\pi} RI_{\mathrm{m}}^2\sin^2 t\,\mathrm{d}t,$$

根据微积分基本公式,计算得 $\overline{P}=\dfrac{1}{2}RI_{\mathrm{m}}^2$.

交流电的有效值用 I 表示,以有效值计算发热功率,表达式为 $P=I^2R$. 因此 $P=\overline{P}$,即

$$I^2R=\frac{1}{2}RI_m^2,$$

化简得 $I=\dfrac{I_m}{\sqrt{2}}$,可见交流电的有效值为最大值的 $\dfrac{1}{\sqrt{2}}$.

知识拓展

力对时间的积累量叫做冲量,当力为变力时,冲量的计算公式为 $I=\displaystyle\int_0^t F\mathrm{d}t$.

例 2.8.9　一颗子弹在枪筒里前进时所受的合力大小为 $F=400-\dfrac{4}{3}\times10^5 t$,子弹经过 0.003 s 离开枪口,求子弹在枪筒中所受的冲量 I.

解　已知 $F=400-\dfrac{4}{3}\times10^5 t$,$t=0.003$ s,根据冲量计算公式 $I=\displaystyle\int_0^t F\mathrm{d}t$,代入数据,并根据微积分基本公式,可得

$$I=\int_0^{0.003}\left(400-\frac{4}{3}\times10^5 t\right)\mathrm{d}t=\left(400t-\frac{2}{3}\times10^5 t^2\right)\Big|_0^{0.003}=0.6\ (\mathrm{N}\cdot\mathrm{s}).$$

习　题　2.8

习题答案

一、知识强化

1. 运用牛顿-莱布尼茨公式计算下列定积分:

(1) $\displaystyle\int_1^4(x^3-\sqrt{x})\mathrm{d}x$;

(2) $\displaystyle\int_0^{\frac{\pi}{2}}\sin x\mathrm{d}x$;

(3) $\displaystyle\int_1^{\sqrt{3}}\frac{\mathrm{d}x}{1+x^2}$;

(4) $\displaystyle\int_0^1(\sqrt{x}-\mathrm{e}^x)\mathrm{d}x$;

(5) $\displaystyle\int_1^2\left(\frac{1}{x}-\frac{1}{x^2}\right)\mathrm{d}x$;

(6) $\displaystyle\int_0^2|1-x|\mathrm{d}x$.

(7) $\displaystyle\int_1^{\sqrt{3}}\tan^2 x\mathrm{d}x$;

(8) $\displaystyle\int_0^1\frac{1}{\sqrt{1-x^2}}\mathrm{d}x$.

2. 设分段函数 $f(x)=\begin{cases}x+1, & x\leqslant1,\\ x^2, & x>1,\end{cases}$ 求 $\displaystyle\int_0^2 f(x)\mathrm{d}x$.

3. 设分段函数 $f(x)=\begin{cases}\mathrm{e}^x, & -1\leqslant x\leqslant0,\\ \sin x+\cos x, & 0<x\leqslant\pi,\end{cases}$ 求定积分 $\displaystyle\int_{-1}^{\pi}f(x)\mathrm{d}x$.

二、专业应用

作直线运动的质点在任意位置所受的力 $F(x)=1-\mathrm{e}^x$,试求质点从点 $x_1=0$ 沿 x 轴到点 $x_2=1$ 处力所做的功.

三、军事应用

军用保障汽车以 4.8 m/s 的速度行驶,在距前方悬崖 10 m 时,以加速度 $a=-1.2$ m/s^2 刹车,问汽车会掉下悬崖吗?

本节资源

2.9　定积分的运算及应用

德国数学家菲利克斯·克莱因(图 2.9.1)说过:"如阿基米德、牛顿与高斯这样最伟大的数学家,总是不偏不倚地把理论与应用结合起来."有了微积分基本公式,定积分的计算可以转化为不定积分的计算,使得计算定积分更为简单.同样有了微元法,可以帮助我们更好地理解相关实际问题的本质,进而用定积分的运算进行解决.

图 2.9.1

2.9.1　定积分的换元积分法

定理 2.9.1　设函数 $f(x)$ 在区间 $[a,b]$ 上连续,而 $x=\varphi(t)$ 满足下列条件:

(1) $x=\varphi(t)$ 在区间 $[\alpha,\beta]$ 上具有连续导数;

(2) $\varphi(\alpha)=a,\varphi(\beta)=b$,且当 t 在区间 $[\alpha,\beta]$ 上变化时,$x=\varphi(t)$ 的值在 $[a,b]$ 上变化,则有

$$\int_a^b f(x)\mathrm{d}x = \int_\alpha^\beta f[\varphi(t)]\cdot \varphi'(t)\mathrm{d}t.$$

特别注意的是,运用定积分的换元法时,换元必换限.

例 2.9.1　求定积分 $\int_1^2 (2x+1)^2\mathrm{d}x$.

解　$\int_1^2 (2x+1)^2\mathrm{d}x = \dfrac{1}{2}\int_1^2 (2x+1)^2\mathrm{d}(2x+1) = \dfrac{1}{6}(2x+1)^3 \Big|_1^2 = \dfrac{49}{3}$.

在本例中,虽然使用换元法,但因为没有引进新的积分变量,故上下限不变.

例 2.9.2　求定积分 $\int_0^1 \mathrm{e}^{-3x}\mathrm{d}x$.

解　$\int_0^1 \mathrm{e}^{-3x}\mathrm{d}x = -\dfrac{1}{3}\int_0^1 \mathrm{e}^{-3x}\mathrm{d}(-3x) = -\dfrac{1}{3}\mathrm{e}^{-3x}\Big|_0^1 = \dfrac{1}{3}(1-\mathrm{e}^{-3})$.

例 2.9.3　求定积分 $\int_1^2 \dfrac{\mathrm{d}x}{x(1+\ln x)}$.

解　连续凑微分,得

$$\int_1^2 \frac{\mathrm{d}x}{x(1+\ln x)} = \int_1^2 \frac{\mathrm{d}(\ln x)}{1+\ln x} = \int_1^2 \frac{\mathrm{d}(1+\ln x)}{1+\ln x}$$
$$= [\ln|1+\ln x|]_1^2 = \ln|1+\ln 2|.$$

例 2.9.4　求定积分 $\int_0^1 \dfrac{\mathrm{d}x}{1+\mathrm{e}^x}$.

解　对被积函数变形,并连续凑微分得

$$\int_0^1 \frac{\mathrm{d}x}{1+\mathrm{e}^x} = \int_0^1 \frac{(1+\mathrm{e}^x)-\mathrm{e}^x}{1+\mathrm{e}^x}\mathrm{d}x = \int_0^1 \left(1-\frac{\mathrm{e}^x}{1+\mathrm{e}^x}\right)\mathrm{d}x = \int_0^1 \mathrm{d}x - \int_0^1 \frac{\mathrm{e}^x}{1+\mathrm{e}^x}\mathrm{d}x$$

$$= x \Big|_0^1 - \int_0^1 \frac{1}{1+\mathrm{e}^x}\mathrm{d}\mathrm{e}^x = 1 - \int_0^1 \frac{1}{1+\mathrm{e}^x}\mathrm{d}(1+\mathrm{e}^x) = 1 - \ln(1+\mathrm{e}^x)\Big|_0^1$$

$$= 1 - \ln(1+\mathrm{e}) + \ln 2.$$

例 2.9.5 计算 $\int_0^a \sqrt{a^2-x^2}\,\mathrm{d}x \ \ (a>0)$.

解 令 $x=a\sin t$，则 $\mathrm{d}x=a\cos t\mathrm{d}t$. 当 $x=0$ 时，$t=0$；当 $x=a$ 时，$t=\frac{\pi}{2}$.

$$\int_0^a \sqrt{a^2-x^2}\,\mathrm{d}x = a^2\int_0^{\frac{\pi}{2}}\cos^2 t\mathrm{d}t = \frac{a^2}{2}\int_0^{\frac{\pi}{2}}(1+\cos 2t)\mathrm{d}t = \frac{a^2}{2}\left[t+\frac{\sin 2t}{2}\right]_0^{\frac{\pi}{2}} = \frac{\pi a^2}{4}.$$

例 2.9.6 计算 $\int_0^{\ln 2}\sqrt{\mathrm{e}^x-1}\,\mathrm{d}x$.

解 设 $\sqrt{\mathrm{e}^x-1}=t$，即 $x=\ln(t^2+1)$. 当 $x=\ln 2$ 时，$t=1$；当 $x=0$ 时，$t=0$.

$$\int_0^{\ln 2}\sqrt{\mathrm{e}^x-1}\,\mathrm{d}x = \int_0^1 t\mathrm{d}\ln(t^2+1) = \int_0^1 t\cdot\frac{2t}{t^2+1}\mathrm{d}t = 2\int_0^1\left(1-\frac{1}{t^2+1}\right)\mathrm{d}t$$

$$= 2[t-\arctan t]_0^1 = 2-\frac{\pi}{2}.$$

例 2.9.7 设 $f(x)$ 在对称区间 $[-a,a]$ 上连续，试证明：

$$\int_{-a}^a f(x)\mathrm{d}x = \begin{cases} 2\displaystyle\int_0^a f(x)\mathrm{d}x, & \text{当 } f(x) \text{ 为偶函数时,} \\ 0, & \text{当 } f(x) \text{ 为奇函数时.} \end{cases}$$

证明 $\int_{-a}^a f(x)\mathrm{d}x = \int_{-a}^0 f(x)\mathrm{d}x + \int_0^a f(x)\mathrm{d}x$，对积分 $\int_{-a}^0 f(x)\mathrm{d}x$ 作变换 $x=-t$，于是

$$\int_{-a}^0 f(x)\mathrm{d}x = -\int_a^0 f(-t)\mathrm{d}t = \int_0^a f(-t)\mathrm{d}t = \int_0^a f(-x)\mathrm{d}x,$$

所以
$$\int_{-a}^a f(x)\mathrm{d}x = \int_0^a [f(x)+f(-x)]\mathrm{d}x.$$

综上所述，若 $f(x)$ 是偶函数，即 $f(-x)=f(x)$，故

$$\int_{-a}^a f(x)\mathrm{d}x = 2\int_0^a f(x)\mathrm{d}x;$$

若 $f(x)$ 是奇函数，即 $f(-x)=-f(x)$，故 $\int_{-a}^a f(x)\mathrm{d}x = 0$.

例 2.9.8 计算 $\int_{-1}^1 x^3\cos x\mathrm{d}x$.

解 因为 $f(x)=x^3\cos x$ 在 $[-1,1]$ 上是奇函数，所以 $\int_{-1}^1 x^3\cos x\mathrm{d}x = 0$.

2.9.2 定积分的分部积分法

定理 2.9.2 设函数 $u(x),v(x)$（简记为 u,v）在区间 $[a,b]$ 上有连续的导数，则有

$$\int_a^b u\mathrm{d}v = (uv)\Big|_a^b - \int_a^b v\mathrm{d}u.$$

上述公式称为**定积分的分部积分公式**. 其意义同不定积分的分部积分法,当 $\int_a^b u\,\mathrm{d}v$ 不易积分而 $\int_a^b v\,\mathrm{d}u$ 较易积分时,分部积分法起到由不易到易的转化作用.

例 2.9.9 计算 $\int_0^{\frac{\pi}{2}} x^2\cos x\,\mathrm{d}x$.

解 $\int_0^{\frac{\pi}{2}} x^2\cos x\,\mathrm{d}x = \int_0^{\frac{\pi}{2}} x^2\,\mathrm{d}(\sin x) = \left[x^2\sin x\right]_0^{\frac{\pi}{2}} - \int_0^{\frac{\pi}{2}} 2x\sin x\,\mathrm{d}x = \frac{\pi^2}{4} + 2\int_0^{\frac{\pi}{2}} x\,\mathrm{d}(\cos x)$

$$= \frac{\pi^2}{4} + 2\left[x\cos x\right]_0^{\frac{\pi}{2}} - 2\int_0^{\frac{\pi}{2}} \cos x\,\mathrm{d}x = \frac{\pi^2}{4} - 2.$$

例 2.9.10 计算 $\int_{\frac{1}{e}}^{e} |\ln x|\,\mathrm{d}x$.

解 $\int_{\frac{1}{e}}^{e} |\ln x|\,\mathrm{d}x = \int_{\frac{1}{e}}^{1} |\ln x|\,\mathrm{d}x + \int_1^e |\ln x|\,\mathrm{d}x = -\int_{\frac{1}{e}}^{1} \ln x\,\mathrm{d}x + \int_1^e \ln x\,\mathrm{d}x$.

下面分别用分部积分法求右端两个积分:

$$-\int_{\frac{1}{e}}^{1} \ln x\,\mathrm{d}x = -\left[x\ln x\right]_{\frac{1}{e}}^{1} + \int_{\frac{1}{e}}^{1} x\cdot\frac{1}{x}\,\mathrm{d}x = \frac{1}{e}\ln\frac{1}{e} + \left[x\right]_{\frac{1}{e}}^{1} = 1 - \frac{2}{e},$$

$$\int_1^e \ln x\,\mathrm{d}x = \left[x\ln x\right]_1^e - \left[x\right]_1^e = 1,$$

所以 $\int_{\frac{1}{e}}^{e} |\ln x|\,\mathrm{d}x = 1 - \frac{2}{e} + 1 = 2 - \frac{2}{e}$.

定义 2.9.1(广义积分) 这种积分区间是无穷区间的积分问题,在电学等专业中经常会遇到,有三种情形:

$$\int_a^{+\infty} f(x)\,\mathrm{d}x, \quad \int_{-\infty}^b f(x)\,\mathrm{d}x, \quad \int_{-\infty}^{+\infty} f(x)\,\mathrm{d}x.$$

它们都称为**无穷区间的广义积分**.

在计算广义积分时,为了书写的方便,常常省去极限符号,而形式地把 $+\infty$,$-\infty$ 当成"数". 也就是说,如果 $F(x)$ 是 $f(x)$ 的一个原函数,记

$$F(+\infty) = \lim_{x\to+\infty} F(x), \quad F(-\infty) = \lim_{x\to-\infty} F(x),$$

则广义积分可表示为

$$\int_a^{+\infty} f(x)\,\mathrm{d}x = F(x)\Big|_a^{+\infty} = F(+\infty) - F(a),$$

$$\int_{-\infty}^b f(x)\,\mathrm{d}x = F(x)\Big|_{-\infty}^b = F(b) - F(-\infty),$$

$$\int_{-\infty}^{+\infty} f(x)\,\mathrm{d}x = F(x)\Big|_{-\infty}^{+\infty} = F(+\infty) - F(-\infty).$$

例 2.9.11 计算广义积分 $\int_{-\infty}^{+\infty} \frac{1}{1+x^2}\,\mathrm{d}x$.

解 $\int_{-\infty}^{+\infty} \frac{1}{1+x^2}\,\mathrm{d}x = \arctan x\Big|_{-\infty}^{+\infty} = \arctan(+\infty) - \arctan(-\infty)$

$$= \frac{\pi}{2} - \left(-\frac{\pi}{2}\right) = \pi.$$

2.9.3　定积分的应用

对于某些实际问题,我们可按"分割、近似、求和、取极限"四个步骤把所求量 U 用定积分来求解.我们注意到四个步骤中关键是第二步,即在每个小区间上以直代曲,以均匀变化代替非均匀变化,得到部分量的近似值 $\Delta U_i \approx f(\xi_i)\Delta x_i$,由它对应定积分的被积表达式 $f(x)\mathrm{d}x$.由此得到启发:

为求与 $f(x)(x \in [a,b])$ 有关的某总量 U,首先选取具有代表性的小区间 $[x, x+\mathrm{d}x] \subseteq [a,b]$,用小区间左端点 x 处的函数值 $f(x)$ 与区间长 $\mathrm{d}x$ 作乘积 $f(x)\mathrm{d}x$,即为部分量 ΔU 的近似值,亦即

$$\Delta U \approx f(x)\mathrm{d}x.$$

$f(x)\mathrm{d}x$ 就是总量 U 的积分微元,记为

$$\mathrm{d}U = f(x)\mathrm{d}x.$$

再以积分微元 $f(x)\mathrm{d}x$ 为被积表达式,在区间 $[a,b]$ 上作定积分,即得所求的全量 U,则

$$U = \int_a^b f(x)\mathrm{d}x.$$

这种建立定积分表达式的方法,称为**微元法**.

说明

(1) 使用微元法的前提,要求所求量 U 对区间具有可加性.换言之,在区间 $[a, b]$ 上的总量 U 等于该区间的各小区间上的部分量之和.

(2) 在小区间 $[x, x+\mathrm{d}x]$ 上,用"以直代曲""以均匀代替非均匀"的数学思想,写出所求量 U 的微元 $\mathrm{d}U = f(x)\mathrm{d}x$ 作为 ΔU 的近似值,其差是关于 Δx 的高阶无穷小.

数学文化

微元法是指在处理问题时,从分析事物极小部分(微元)入手,解决事物整体问题的方法.这体现了了解事物由部分到整体的思想,任何事物都是一个整体,同时又包含各个部分,整体和部分是相互依赖的,只有深入认识部分才能清晰地把握整体.

下面我们用微元法来讨论定积分在几何及物理上的一些简单应用.

1. 平面图形的面积

(1) 求由上下两条曲线 $y=f(x)$,$y=g(x)$($f(x) \geqslant g(x)$)及 $x=a$,$x=b$ 所围成的图形的面积(图 2.9.2).

在区间 $[a,b]$ 上任取一小区间 $[x, x+\mathrm{d}x]$,在此区间上的窄条面积近似地看作高为 $f(x)-g(x)$,底为 $\mathrm{d}x$ 的矩形面积,得面积微元

$$\mathrm{d}A = [f(x)-g(x)]\mathrm{d}x,$$

所以

$$A = \int_a^b [f(x) - g(x)]\mathrm{d}x.$$

这是以 x 为积分变量的面积表达式.

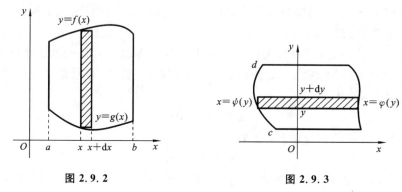

图 2.9.2   图 2.9.3

（2）由左右两条曲线 $x = \psi(y)$, $x = \varphi(y)(\varphi(y) \geqslant \psi(y))$ 和直线 $y = c$, $y = d(c < d)$ 围成图形的面积（图 2.9.3），其面积微元为

$$\mathrm{d}A = [\varphi(y) - \psi(y)]\mathrm{d}y,$$

所以

$$A = \int_c^d [\varphi(y) - \psi(y)]\mathrm{d}y.$$

这是以 y 为积分变量的面积表达式.

2. 旋转体的体积

旋转体是由平面内一个图形绕该平面内的一条直线旋转一周而成的立体，定直线称为旋转体的轴. 圆柱体、圆锥体是特殊的旋转体. 日常生活中加工的工件、土陶产品等有些也是旋转体.

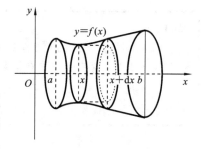

图 2.9.4

设有由曲线 $y = f(x)$ 与直线 $x = a$, $x = b(a < b)$ 及 x 轴所围成的曲边梯形绕 x 轴旋转一周而成的旋转体（图 2.9.4），现计算它的体积.

取 x 为积分变量，$x \in [a, b]$，过点 x 的截面面积为

$$A(x) = \pi y^2 = \pi f^2(x).$$

在 $[a, b]$ 上任意取小区间 $[x, x + \mathrm{d}x]$，位于小区间上的立体薄片可近似地看作是以 $A(x)$ 为底，$\mathrm{d}x$ 为高的小圆柱体，则得体积微元

$$\mathrm{d}V = A(x)\mathrm{d}x = \pi f^2(x)\mathrm{d}x,$$

于是旋转体的体积为

$$V = \int_a^b \pi f^2(x)\mathrm{d}x.$$

例 2.9.12 如图 2.9.5 所示，求由椭圆 $\dfrac{x^2}{a^2} + \dfrac{y^2}{b^2} = 1$ 所围成的图形绕 x 轴旋转一周而成的旋转椭球体的体积.

解　旋转椭球体可看作由上半椭圆 $y=\dfrac{b}{a}\sqrt{a^2-x^2}$ 及 x 轴围成的图形绕 x 轴旋转一周而成,则

$$V=\int_{-a}^{a}\pi\left(\frac{b}{a}\sqrt{a^2-x^2}\right)^2\mathrm{d}x=2\pi\cdot\frac{b^2}{a^2}\int_{0}^{a}(a^2-x^2)\mathrm{d}x=\frac{4}{3}\pi ab^2.$$

当 $a=b$ 时,便得到半径为 a 的球体体积 $V=\dfrac{4}{3}\pi a^3$.

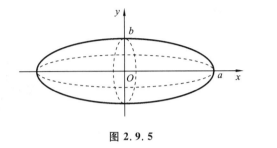

图 2.9.5

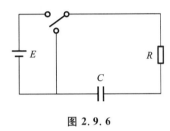

图 2.9.6

3. 专业军事应用

例 2.9.13（电容器累积电荷量）　雷达系统中普遍存在电容器充放电回路（简称 RC 回路）为脉冲电磁波提供能量. 现有如图 2.9.6 所示的简单 RC 回路,已知电源电压为 E,电阻阻值为 R,电容器容量为 C,充电时电流强度为 $i(t)=\dfrac{E}{R}\mathrm{e}^{-\frac{t}{RC}}$,求从 0 到 5 秒的时间内电容器上累积的电荷量.

解　根据电学原理,电荷量等于电流强度对充电时间的定积分. 在 $[0,5]$ 秒时间内,电容器上累积的电荷量

$$Q=\int_{0}^{T}i(t)\mathrm{d}t=\int_{0}^{5}\frac{E}{R}\mathrm{e}^{-\frac{t}{RC}}\mathrm{d}t.$$

根据导数与原函数的关系,可找到 $i(t)$ 的原函数为 $-EC\mathrm{e}^{-\frac{t}{RC}}$,所以

$$Q=-EC\mathrm{e}^{-\frac{t}{RC}}\Big|_{0}^{5}=-EC\mathrm{e}^{-\frac{5}{RC}}+EC=EC(1-\mathrm{e}^{-\frac{5}{RC}}).$$

例 2.9.14　在 RC 充放电电路中,电源电压为 E,电阻阻值为 R,电容器容量为 C,充电时电流为 $i(t)=\dfrac{E}{R}\mathrm{e}^{-\frac{t}{RC}}$,求在充电过程结束后电容器上的电压 U_C.

解　整个充电过程从理论上讲充电时间是无限长的,所以累积电荷量 Q 应该是电流在 $(0,+\infty)$ 时间段内的广义积分,即

$$Q=\int_{0}^{+\infty}i(t)\mathrm{d}t=\int_{0}^{+\infty}\frac{E}{R}\mathrm{e}^{-\frac{t}{RC}}\mathrm{d}t=-EC\mathrm{e}^{-\frac{t}{RC}}\Big|_{0}^{+\infty}$$

$$=-EC(\mathrm{e}^{-\infty}-\mathrm{e}^{0})=EC,$$

再由电容器电压公式 $U_C=\dfrac{Q}{C}$,得 $U_C=E$.

上式说明:只要充电时间足够长,电容器上的电压可以达到电源电压 E.

例 2.9.15　某米波雷达的电源中,有一单相全波整流电路,交流电源电压经整流后,

供给负载 R 直流电压,如果变压器的次级电压为 $u(t)=U_\mathrm{m}\sin\omega t$,如何计算 R 上的电压平均值?

解　数学中对于变量求平均值的处理方法是,先将变量在给定区间上累积,即求定积分,再除以区间长度,平均值可由下面定积分求得

$$\bar{U} = \frac{\omega}{\pi}\int_0^{\frac{\pi}{\omega}} U_\mathrm{m}\sin(\omega t)\mathrm{d}t = \frac{U_\mathrm{m}}{\pi}\int_0^{\frac{\pi}{\omega}}\sin(\omega t)\mathrm{d}(\omega t)$$

$$= -\frac{U_\mathrm{m}}{\pi}\left[\cos(\omega t)\right]_0^{\frac{\pi}{\omega}} = -\frac{U_\mathrm{m}}{\pi}\left[\cos\pi - \cos 0\right]$$

$$= \frac{2U_\mathrm{m}}{\pi} = 0.637U_\mathrm{m}.$$

习　题　2.9

习题答案

一、知识强化

1. 运用换元积分法计算下列定积分:

(1) $\displaystyle\int_{\frac{\pi}{3}}^{\pi}\sin\left(x+\frac{\pi}{3}\right)\mathrm{d}x$;

(2) $\displaystyle\int_{\frac{\pi}{2}}^{\frac{\pi}{2}}\cos\left(x+\frac{\pi}{3}\right)\mathrm{d}x$;

(3) $\displaystyle\int_{-1}^{1}(x-1)^3\mathrm{d}x$;

(4) $\displaystyle\int_0^1(2x+3)^4\mathrm{d}x$;

(5) $\displaystyle\int_0^{\frac{\pi}{2}}\sin x\cos^3 x\mathrm{d}x$;

(6) $\displaystyle\int_1^\mathrm{e}\frac{1+\ln x}{x}\mathrm{d}x$;

(7) $\displaystyle\int_0^5\frac{x^3}{1+x^2}\mathrm{d}x$;

(8) $\displaystyle\int_{\frac{\pi}{6}}^{\frac{\pi}{2}}\cos^2 t\mathrm{d}t$;

(9) $\displaystyle\int_0^1\frac{\mathrm{d}x}{\sqrt{4-x^2}}$;

(10) $\displaystyle\int_0^{\sqrt{3}a}\frac{\mathrm{d}x}{a^2+x^2}$.

2. 用分部积分法计算下列定积分:

(1) $\displaystyle\int_0^{\frac{\pi}{2}}x\cos x\mathrm{d}x$;

(2) $\displaystyle\int_1^\mathrm{e}x\ln x\mathrm{d}x$;

(3) $\displaystyle\int_0^1 x\cdot\arctan x\mathrm{d}x$;

(4) $\displaystyle\int_0^1 x\mathrm{e}^{-2x}\mathrm{d}x$;

(5) $\displaystyle\int_{\frac{\pi}{4}}^{\frac{\pi}{3}}\frac{x}{\sin^2 x}\mathrm{d}x$;

(6) $\displaystyle\int_0^{\frac{\pi}{2}}\mathrm{e}^x\cos x\mathrm{d}x$.

3. 利用函数的奇偶性计算下列定积分:

(1) $\displaystyle\int_{-\pi}^{\pi}x^4\sin x\mathrm{d}x$;

(2) $\displaystyle\int_{-5}^{5}\frac{x^3}{x^4+2x^2+1}\mathrm{d}x$.

4. 判断下列反常积分的敛散性,若收敛,计算其值:

(1) $\displaystyle\int_1^{+\infty}\frac{1}{x^2}\mathrm{d}x$;

(2) $\displaystyle\int_1^{+\infty}\mathrm{e}^{-\sqrt{x}}\mathrm{d}x$;

(3) $\displaystyle\int_0^1\frac{1}{\sqrt{x}}\mathrm{d}x$;

(4) $\displaystyle\int_0^2\frac{1}{(1-x)^2}\mathrm{d}x$.

5. 求曲线 $y = \sin x$ 在区间 $\left(\dfrac{\pi}{2}, 2\pi\right)$ 内的弧段与 x 轴及直线 $x = \dfrac{\pi}{2}$ 所围成的图形的面积.

6. 求抛物线 $y + 1 = x^2$ 与直线 $y = 1 + x$ 所围成的图形的面积.

7. 求由 $y = \sqrt{x}$ 与直线 $y = x^2$ 所围成的图形的面积.

8. 求由 $y = x^2$ 与 $x = 1$ 和 x 轴所围图形绕 x 轴旋转所得旋转体的体积.

9. 求由 $y = x^2$ 与 $y = 1$ 所围图形绕 y 轴旋转所得旋转体的体积.

二、专业应用

1. 雷达系统中普遍存在电容器充放电回路(RC 回路)为脉冲电磁波提供能量. 已知电源电压为 E, 电阻阻值为 R, 电容器容量为 C, 充电时电流强度为 $i(t) = \dfrac{E}{R} e^{-\frac{t}{RC}}$, 求从 0 到 6 秒的时间内电容器上累积的电荷量.

2. 已知某交流电路中电流 $i(t) = 31\sin(314t)$, 周期为 $T = 0.02$ s, 电阻 $R = 10$ Ω, 求该电路中交流电的平均功率. $\left(\text{提示:电流电的平均功率 } \overline{P} = \dfrac{1}{T} \int_0^T R\, i^2(t)\,\mathrm{d}t\right)$

三、军事应用

如果子弹以初速度 $v_0 = 200$ m/s 垂直进入木板, 由于受到阻力的作用, 子弹将以加速度 $a = -3000(24 + t)$ m/s² 减速, 已知木板厚度为 10 cm, 问战士可以用该木板作掩护吗?

2.10　常微分方程

本节资源

英国物理学家吉尔伯特(图 2.10.1)说过:"数学是一盏照亮谜题道路的灯塔." 在科学研究和生产实践中, 经常要寻求客观事物变量之间的函数关系. 对于简单的问题, 可由几何、物理等相关知识直接建立函数关系, 而对于复杂的问题, 往往需要通过数学分析的方法, 建立相应的数学模型得到. 而这种数学模型经常是一个含有未知函数的导数或微分的等式, 即微分方程. 微分方程是与微积分同时发展起来的研究客观世界的强有力的数学工具, 在自动控制、弹道设计、空气动力学、流体力学等许多领域都有广泛的应用.

图 2.10.1

2.10.1　常微分方程的基本概念

为了弄清什么是微分方程, 什么是微分方程的解, 怎样解一些简单的微分方程这三个问题, 我们遵循辩证唯物主义"由浅入深, 由低级到高级, 由片面到全面"的认识规律, 通过两个简单实例的讨论来说明微分方程的基本概念.

引例 1 已知曲线上任一点 $P(x,y)$ 处的切线的斜率为 $3x^2$,且过点 $(1,2)$,求这条曲线的方程.

解 设所求曲线的方程为 $y=f(x)$,根据导数的几何意义,曲线在点 $P(x,y)$ 处的切线的斜率为 $\dfrac{dy}{dx}$,于是有

$$\frac{dy}{dx}=3x^2, \tag{2.10.1}$$

且未知函数 $y=f(x)$ 应满足条件: $x=1$, $y=2$.

对方程 $(2.10.1)$ 两边积分得

$$y=x^3+C, \tag{2.10.2}$$

把条件 $x=1$, $y=2$ 代入式 $(2.10.2)$ 得 $C=1$,于是所求的曲线方程为

$$y=x^3+1. \tag{2.10.3}$$

引例 2 设质点以匀加速度 a 作直线运动,且 $t=0$ 时, $s=0$, $v=v_0$,求质点运动的位移与时间 t 的关系.

解 设质点运动的位移与时间的关系为 $s=s(t)$,由二阶导数的物理意义知

$$\frac{d^2s}{dt^2}=a, \tag{2.10.4}$$

并且,未知函数 $s=s(t)$ 应满足条件

$$\begin{cases} s|_{t=0}=0, \\ v|_{t=0}=v_0. \end{cases} \tag{2.10.5}$$

对方程 $(2.10.4)$ 两边积分得

$$v=\frac{ds}{dt}=at+C_1 \tag{2.10.6}$$

再对式 $(2.10.6)$ 两边积分得

$$s(t)=\frac{1}{2}at^2+C_1t+C_2, \tag{2.10.7}$$

由条件 $(2.10.5)$ 及式 $(2.10.6)$ 可确定式 $(2.10.7)$ 中的 $C_1=v_0$, $C_2=0$,故有

$$s(t)=\frac{1}{2}at^2+v_0t. \tag{2.10.8}$$

类似的问题还有很多.

定义 2.10.1 含有未知函数的导数(或微分)的方程,称为**微分方程**. 未知函数是一元函数的微分方程,称为**常微分方程**.

在微分方程中,所含未知函数的导数的最高阶数,称为微分方程的**阶**. 如引例 1 中方程 $(2.10.1)$ 是一阶微分方程,引例 2 中方程 $(2.10.4)$ 是二阶微分方程.

能使方程成为恒等式的函数 $y=f(x)$ 称为该微分方程的**解**. 如引例 1 中函数 $(2.10.2)$、$(2.10.3)$ 都是方程 $(2.10.1)$ 的解,引例 2 中函数 $(2.10.7)$、$(2.10.8)$ 都是方程 $(2.10.4)$ 的解.

微分方程的解有两种形式:一种不含任意常数;一种含有任意常数. 如果方程的解中,含有独立的任意常数的个数与方程的阶数相等,这样的解称为微分方程的**通解**(这里

所说的独立的任意常数,是指不能通过合并同类项而减少的任意常数).如引例 1 中函数 (2.10.2)是方程(2.10.1)的通解,引例 2 中函数(2.10.7)是方程(2.10.4)的通解.通解是对某类变化过程的一般规律的描述.

　　如果要确定一个特定的变化规律,就还要增加描述这个特定变化的条件,这个条件称为**初始条件**.如引例 2 中式(2.10.5)就是方程(2.10.4)的初始条件.由初始条件可以确定通解中的任意常数,此时得到的解称为微分方程的**特解**.如引例 1 中函数(2.10.3)是方程(2.10.1)的特解,引例 2 中函数(2.10.8)是方程(2.10.4)满足条件(2.10.5)的特解.

2.10.2　可分离变量的微分方程

　　1691 年,莱布尼茨给出了变量分离法,它能求解一类微分方程.

　　引例 3　求一阶微分方程 $\dfrac{\mathrm{d}y}{\mathrm{d}x}=2y^2\sin x$ 的通解.

　　解　方程的右边表达式中含有待求函数 y,直接对方程积分是不能求解的.但是我们注意到,$\dfrac{\mathrm{d}y}{\mathrm{d}x}$ 可以看成是 $\mathrm{d}y$ 与 $\mathrm{d}x$ 的商,方程右边是 $2y^2$ 与 $\sin x$ 的积,而乘法和除法运算在等式中是可以移项的,因此可以对方程作如下变形:

$$\frac{\mathrm{d}y}{y^2}=2\sin x\,\mathrm{d}x.$$

这样,含有 x 的部分与含有 y 的部分被分离到了等式的两端,然后对等式两边同时求**不定积分**(在形式上,左边以 y 为变量求不定积分,右边以 x 为变量求不定积分),即

$$\int\frac{1}{y^2}\mathrm{d}y=2\int\sin x\,\mathrm{d}x,$$

得

$$-\frac{1}{y}=-2\cos x-C,\quad \text{即}\ y=\frac{1}{2\cos x+C}.$$

可以验证,函数 $y=\dfrac{1}{2\cos x+C}$ 是方程的通解.

　　一般地,若一阶微分方程 $\dfrac{\mathrm{d}y}{\mathrm{d}x}=f(x,y)$ 中的 $f(x,y)$ 可写为 $h(x)g(y)$ 形式,即有

$$\frac{\mathrm{d}y}{\mathrm{d}x}=h(x)g(y),\tag{2.10.9}$$

则称方程(2.10.9)为**可分离变量的微分方程**.该类方程的等式右边可以**分解成关于 x 的函数和关于 y 的函数的乘积**.因此,可将方程化为等式一边只含变量 y,而另一边只含变量 x 的形式,即

$$\frac{\mathrm{d}y}{g(y)}=h(x)\mathrm{d}x\quad (g(y)\neq 0),$$

然后对于上式两边积分得

$$\int\frac{\mathrm{d}y}{g(y)}=\int h(x)\mathrm{d}x,$$

即为方程(2.10.9)的通解.

数学文化

分离变量法体现了解决复杂问题的一种重要策略,即"分解整体,解决部分,线性叠加,解决整体".对于整体比较复杂的微分方程,先将它按变量分离成若干个部分,每个部分只含有一个变量,比较简单,容易求解,再把各个部分的解按线性叠加原则结合起来,就得到整个方程的解.

例 2.10.1 求微分方程 $y'=\dfrac{1+y}{1+x}$ 的通解及满足初始条件 $y|_{x=0}=1$ 的特解.

解 方程左边 y' 可以写成 $\dfrac{\mathrm{d}y}{\mathrm{d}x}$,方程右边 $\dfrac{1+y}{1+x}$ 可以写成 $\dfrac{1}{1+x}(1+y)$,所以它是一个可分离变量微分方程.

将方程分离变量得 $\dfrac{1}{y+1}\mathrm{d}y=\dfrac{1}{x+1}\mathrm{d}x$,两边积分得

$$\int \frac{1}{y+1}\mathrm{d}y = \int \frac{1}{x+1}\mathrm{d}x, \quad 即 \quad \ln|y+1|=\ln|x+1|+C_1,$$

变形化简为

$$\ln\left|\frac{y+1}{x+1}\right|=C_1 \Rightarrow \left|\frac{y+1}{x+1}\right|=\mathrm{e}^{C_1} \Rightarrow \frac{y+1}{x+1}=\pm\mathrm{e}^{C_1}=C,$$

得方程的通解为 $y=C(x+1)-1$,代入初始条件 $y|_{x=0}=1$,得 $C=2$,于是所求特解为 $y=2x+1$.

例 2.10.2(RL **串联电路放电分析**) 在电工课程和雷达电路中常常用到 RL 串联电路,如图 2.10.2 所示,电阻 R 和电感线圈 L 串联,再连接到直流电源上,开关先拨到 a 点,电阻和线圈与直流电源串联,电路中电流由 0 增大,给线圈充电,电流稳定后的大小为 $I_0=\dfrac{E}{R}$.之后将开关拨到 b 点,如图 2.10.3 所示将电源断开,由于线圈的电感作用,产生感应电压,电路中产生电流,即电感放电.随着放电的进行,电能被电阻消耗,电流逐渐减小到 0.求放电过程中电流强度 i 与时间 t 的关系.

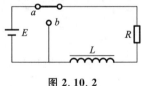

图 2.10.2

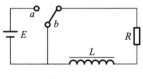

图 2.10.3

解 设放电过程中任一时刻 t 的电流强度为 i,因为电感 L 上的电流不能突变,因此放电开始时电流仍为 $i|_{t=0}=I_0=\dfrac{E}{R}$.

根据电感作用,随着电流逐渐减小,线圈上的感应电压为 $u_\mathrm{L}=L\dfrac{\mathrm{d}i}{\mathrm{d}t}$,电阻上的电压为 u_R,由基尔霍夫电压定律,各元件上电压降的代数和等于电源电动势,放电时电路中没有

电源,电动势为 0,即

$$u_{\mathrm{L}}+u_{\mathrm{R}}=0,$$

代入表达式得

$$L\frac{\mathrm{d}i}{\mathrm{d}t}+iR=0,\quad 即\quad \frac{\mathrm{d}i}{\mathrm{d}t}=-\frac{R}{L}i.$$

这是一个可分离变量微分方程,分离变量得 $\dfrac{\mathrm{d}i}{i}=-\dfrac{R}{L}\mathrm{d}t$,两边积分得

$$\int\frac{\mathrm{d}i}{i}=-\frac{R}{L}\int\mathrm{d}t,\quad 即\quad \ln|i|=-\frac{R}{L}t+C_1,$$

变形化简为

$$|i|=\mathrm{e}^{-\frac{R}{L}t+C_1}=\mathrm{e}^{-\frac{R}{L}t}\mathrm{e}^{C_1}\Rightarrow i=\pm\mathrm{e}^{C_1}\mathrm{e}^{-\frac{R}{L}t},$$

得方程的通解为

$$i(t)=C\mathrm{e}^{-\frac{R}{L}t}\quad(C=\pm\mathrm{e}^{C_1}),$$

代入初始条件 $i|_{t=0}=I_0=\dfrac{E}{R}$,得 $C=\dfrac{E}{R}$,于是所求特解为

$$i(t)=\frac{E}{R}\mathrm{e}^{-\frac{R}{L}t},$$

即放电过程中电流强度 i 与时间 t 的关系.

例 2.10.3(RC 串联电路放电分析) 在电工课程和雷达电路中常常用到 RC 串联电路,如图 2.10.4 所示,电阻 R 和电容 C 串联,再连接到直流电源上,开关先拨到 a 点,电阻和电容与直流电源串联,给电容充电,电容电压由 0 增大,稳定后的大小为 $u_{\mathrm{C}}=E$. 之后将开关拨到 b 点,如图 2.10.5 所示,电源断开,电容放电,电能被电阻消耗,电容电压从 E 逐渐减小到 0.求放电过程中电容电压 u_{C} 与时间 t 的关系.

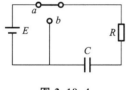
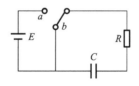

图 2.10.4　　　　　　　　　图 2.10.5

解 设放电过程中任一时刻 t 的电流强度为 i,放电开始时,电容电压为 $u_{\mathrm{C}}|_{t=0}=E$.

随着电容放电,电容电压逐渐减小,电流为 $i=C\dfrac{\mathrm{d}u_{\mathrm{C}}}{\mathrm{d}t}$. 由基尔霍夫电压定律知,各元件上电压降的代数和等于电源电动势,放电时电路中没有电源,电动势为 0,即

$$u_{\mathrm{C}}+u_{\mathrm{R}}=0,\quad u_{\mathrm{R}}=-u_{\mathrm{C}}.$$

因为电容与电阻串联,流过电阻 R 的电流也为 i,由部分电路欧姆定律知,$i=\dfrac{u_{\mathrm{R}}}{R}=-\dfrac{u_{\mathrm{C}}}{R}$,所以

$$i=C\frac{\mathrm{d}u_{\mathrm{C}}}{\mathrm{d}t}=-\frac{u_{\mathrm{C}}}{R},\quad 即\quad \frac{\mathrm{d}u_{\mathrm{C}}}{\mathrm{d}t}=-\frac{u_{\mathrm{C}}}{RC}.$$

这是一个可分离变量的微分方程,分离变量得 $\dfrac{du_C}{u_C}=-\dfrac{1}{RC}dt$,两边积分得

$$\int \frac{du_C}{u_C}=-\frac{1}{RC}\int dt, \quad 即 \quad \ln|u_C|=-\frac{1}{RC}t+C_1,$$

变形化简为

$$|u_C|=e^{-\frac{1}{RC}t+C_1}=e^{-\frac{1}{RC}t}e^{C_1} \Rightarrow u_C=\pm e^{C_1}e^{-\frac{1}{RC}t},$$

得方程的通解为

$$u_C(t)=Ce^{-\frac{1}{RC}t} \quad (C=\pm e^{C_1}).$$

代入初始条件 $u_C|_{t=0}=E$,得 $C=E$,于是所求特解为

$$u_C(t)=Ee^{-\frac{1}{RC}t},$$

即放电过程中电容电压 u_C 与时间 t 的关系.

例 2.10.4 某空降部队进行跳伞训练,伞兵打开降落伞后,降落伞和伞兵在下降过程中所受空气阻力与降落伞的下降速度成正比(图 2.10.6),设伞兵打开降落伞时($t=0$)的下降速度为 v_0,求降落伞下降的速度 v 与 t 的函数关系.

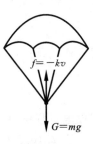

图 2.10.6

解 设时刻 t 降落伞下降速度为 $v(t)$,伞所受空气阻力为 kv(k 为比例系数),阻力与运动方向相反,还受到伞和伞兵的重力 $G=mg$ 的作用,由牛顿第二定律得

$$m\frac{dv}{dt}=mg-kv,$$

且有初始条件 $v|_{t=0}=v_0$. 对上述方程分离变量得

$$\frac{dv}{mg-kv}=\frac{dt}{m},$$

两边积分得 $\displaystyle\int \frac{1}{mg-kv}dv=\frac{1}{m}\int dt$,则 $-\dfrac{1}{k}\ln|mg-kv|=\dfrac{t}{m}+C_1$,变形化简为

$$v=\frac{mg}{k}+Ce^{-\frac{k}{m}t} \quad \left(C=-\frac{1}{k}e^{-kC_1}\right),$$

代入初始条件 $v|_{t=0}=v_0$,得 $C=v_0-\dfrac{mg}{k}$,故所求特解为

$$v=\frac{mg}{k}+\left(v_0-\frac{mg}{k}\right)e^{-\frac{k}{m}t}.$$

由此可见,随着 t 的增大,速度 v 逐渐趋于常数 $\dfrac{mg}{k}$,这说明伞兵打开伞后,开始阶段是减速运动,后来逐渐趋于匀速运动.

2.10.3 齐次方程

如果一阶微分方程 $\dfrac{dy}{dx}=f(x,y)$ 中的函数 $f(x,y)$ 可以写成 $\dfrac{y}{x}$ 的函数,即 $f(x,y)=\varphi\left(\dfrac{y}{x}\right)$,则称该方程为**齐次方程**."齐次"的意思是方程中每一项关于 x,y 的次数都相等.

例如,微分方程 $(xy-y^2)dx-(x^2-2xy)dy=0$,变形为 $\dfrac{dy}{dx}=\dfrac{xy-y^2}{x^2-2xy}$,方程右边可以

写成 $\dfrac{y}{x}$ 的函数:

$$f(x,y)=\frac{xy-y^2}{x^2-2xy}=\frac{\dfrac{y}{x}-\left(\dfrac{y}{x}\right)^2}{1-2\left(\dfrac{y}{x}\right)},$$

所以该方程为齐次方程.

1691 年,莱布尼茨对齐次方程进行了研究,通过变量代换,并运用分离变量法实现了求解.

在齐次方程

$$\frac{dy}{dx}=\varphi\left(\frac{y}{x}\right) \tag{2.10.10}$$

中,引进新的未知函数 $u=\dfrac{y}{x}$,就可化为可分离变量的方程.因为由 $u=\dfrac{y}{x}$ 得

$$y=ux,\qquad \frac{dy}{dx}=u+x\frac{du}{dx},$$

代入方程 (2.10.10),得 $u+x\dfrac{du}{dx}=\varphi(u)$,即

$$x\frac{du}{dx}=\varphi(u)-u,$$

因此它为可分离变量的方程.分离变量得 $\dfrac{du}{\varphi(u)-u}=\dfrac{dx}{x}$,两端积分得

$$\int\frac{1}{\varphi(u)-u}du=\int\frac{dx}{x}.$$

求出积分后,再以 $\dfrac{y}{x}$ 代替 u,便得所给齐次方程的通解.

例 2.10.5　解齐次方程 $y^2+x^2\dfrac{dy}{dx}=xy\dfrac{dy}{dx}$.

解　原方程可写为

$$\frac{dy}{dx}=\frac{y^2}{xy-x^2}=\frac{(y/x)^2}{y/x-1},$$

因此它是齐次方程.令 $\dfrac{y}{x}=u$,则 $y=ux$,$\dfrac{dy}{dx}=u+x\dfrac{du}{dx}$,于是原方程变为

$$u+x\frac{du}{dx}=\frac{u^2}{u-1},\quad 即\ x\frac{du}{dx}=\frac{u}{u-1},$$

分离变量得 $\left(1-\dfrac{1}{u}\right)du=\dfrac{dx}{x}$,两边积分得 $u-\ln|u|+C=\ln|x|$,变形化简为

$$\ln|xu|=u+C,$$

将 $u=\dfrac{y}{x}$ 代入上式,得原方程的通解为 $\ln|y|=\dfrac{y}{x}+C$.

> **说明**
>
> 　　从例 2.10.5 的求解过程可以体会到,齐次方程求解方法的核心是通过变量代换,把复杂的分式消去,变成相对简单的表达式,从而实现分离变量.

　　例 2.10.6 解方程 $x\dfrac{\mathrm{d}y}{\mathrm{d}x}=y\ln\dfrac{y}{x}$.

　　解 原方程可写为 $\dfrac{\mathrm{d}y}{\mathrm{d}x}=\dfrac{y}{x}\ln\dfrac{y}{x}$,因此它为齐次方程. 令 $\dfrac{y}{x}=u$,则

$$y=ux,\qquad \frac{\mathrm{d}y}{\mathrm{d}x}=u+x\frac{\mathrm{d}u}{\mathrm{d}x},$$

于是原方程变为 $u+x\dfrac{\mathrm{d}u}{\mathrm{d}x}=u\ln u$,分离变量得 $\dfrac{\mathrm{d}u}{u(\ln u-1)}=\dfrac{\mathrm{d}x}{x}$,凑微分得

$$\frac{\mathrm{d}\ln u}{\ln u-1}=\frac{\mathrm{d}x}{x},$$

两边积分得 $\ln|\ln u-1|=\ln|x|+\ln|C|=\ln|Cx|$,化简为

$$\ln u-1=Cx,$$

将 $u=\dfrac{y}{x}$ 代入上式,得原方程的通解为 $\ln\dfrac{y}{x}=Cx+1$.

2.10.4　一阶线性微分方程

　　形如

$$\frac{\mathrm{d}y}{\mathrm{d}x}+P(x)y=Q(x) \tag{2.10.11}$$

的微分方程称为**一阶线性微分方程**,其中 $P(x),Q(x)$ 为已知函数,$Q(x)$ 称为自由项.

　　当 $Q(x)\neq 0$ 时,称为**一阶非齐次线性微分方程**.

　　当 $Q(x)=0$ 时,方程成为

$$\frac{\mathrm{d}y}{\mathrm{d}x}+P(x)y=0, \tag{2.10.12}$$

称为与非齐次方程对应的**一阶齐次线性微分方程**.

　　我们先求一阶齐次线性微分方程(2.10.12)的解. 这实际是一个可分离变量的微分方程,分离变量得

$$\frac{\mathrm{d}y}{y}=-P(x)\mathrm{d}x,$$

两边积分得

$$\ln|y|=-\int P(x)\mathrm{d}x+C_1,$$

得方程的解

$$y=Ce^{-\int P(x)\mathrm{d}x}\quad(C=\pm\,e^{C_1}).$$

又 $y=0$ 也是一阶齐次线性微分方程的解,所以方程(2.10.12)的通解为

$$y=Ce^{-\int P(x)\mathrm{d}x}\quad(C\text{ 为任意常数}).$$

在得到齐次线性方程(2.10.12)通解的基础上,再求非齐次线性方程(2.10.11)的通解,将要用到的方法称为**常数变易法**,下面举例介绍.

例 2.10.7　求方程 $y' = \dfrac{y + x\ln x}{x}$ 的通解.

解　方程变形为

$$y' - \frac{1}{x}y = \ln x,$$

这是一阶非齐次线性微分方程. 对应的齐次线性方程为

$$y' - \frac{1}{x}y = 0,$$

分离变量得 $\dfrac{\mathrm{d}y}{y} = \dfrac{\mathrm{d}x}{x}$,两边积分得 $\ln|y| = \ln|x| + C_1$,变形化简为

$$y = Cx \quad (C = \pm e^{C_1}).$$

又 $y = 0$ 也是齐次线性方程的解,所以齐次线性方程的通解为

$$y = Cx \quad (C \text{ 为任意常数}).$$

再用常数变易法求非齐次方程的通解,将通解中的常数 C 改写为函数 $C(x)$,即有

$$y = C(x)x,$$

将其代入原方程并化简得 $xC'(x) = \ln x$,即 $C'(x) = \dfrac{1}{x}\ln x$,对 $C'(x)$ 积分得

$$C(x) = \int \frac{\ln x}{x}\mathrm{d}x = \frac{1}{2}(\ln x)^2 + C,$$

所以,非齐次方程的通解为

$$y = \frac{1}{2}x(\ln x)^2 + Cx.$$

数学文化

郑燮的《竹石》:"咬定青山不放松,立根原在破岩中. 千磨万击还坚韧,任尔东西南北风."这首诗体现了竹子坚定顽强的精神,同样常数变易法是数学家拉格朗日历经 11 年坚持不懈的研究而获得的成果,这也体现了科学家在追求真理、探求知识过程中的工匠精神. 我们在学习任何知识时,不能急于求成,要有不怕困难、坚持不懈的勇气与毅力.

归纳规律

运用常数变易法求解一阶非齐次线性微分方程的步骤为:

(1) 求出与非齐次线性方程对应的齐次线性方程的通解;

(2) 将齐次线性方程的通解中的任意常数 C 改为待定函数 $C(x)$,设其为非齐次线性方程的通解;

(3) 将所设的通解代入非齐次线性方程,解出 $C(x)$,求得非齐次线性方程的通解.

由常数变易法还可以写出一阶非齐次线性微分方程(2.10.11)的**通解公式**：

$$y = \mathrm{e}^{-\int P(x)\mathrm{d}x}\left(\int Q(x)\mathrm{e}^{\int P(x)\mathrm{d}x}\mathrm{d}x + C\right).$$

对比较简单的方程，可以直接按公式求解．

例 2.10.8 求方程 $y' + y = 1$ 的通解．

解 这里 $P(x)=1, Q(x)=1$，函数简单，按公式求解比较方便．方程的通解为

$$y = \mathrm{e}^{-\int 1\mathrm{d}x}\left(\int 1 \cdot \mathrm{e}^{\int 1\mathrm{d}x}\mathrm{d}x + C\right) = \mathrm{e}^{-x}\left(\int \mathrm{e}^{x}\mathrm{d}x + C\right)$$

$$= \mathrm{e}^{-x}\mathrm{e}^{x} + C\mathrm{e}^{-x} = 1 + C\mathrm{e}^{-x}.$$

例 2.10.9（RL **串联电路充电分析**） 在电工课程和雷达电路中常常用到 RL 串联电路，如图 2.10.7 所示，电阻 R 和电感线圈 L 串联，再连接到直流电源上．开关先拨到 a 点，电阻和线圈与直流电源串联，给线圈充电，电路中电流由 0 增大．求充电过程中电流强度 i 与时间 t 的关系．

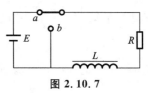

图 2.10.7

解 设充电过程中任一时刻 t 的电流强度为 i，充电开始时，电流为 $i|_{t=0}=0$．

根据电感作用，随着电流由 0 增大，线圈上的感应电压为 $u_{\mathrm{L}} = L\dfrac{\mathrm{d}i}{\mathrm{d}t}$，电阻上的电压为 $u_{\mathrm{R}} = iR$，由基尔霍夫电压定律知，各元件上电压降的代数和等于电源电动势，即

$$u_{\mathrm{L}} + u_{\mathrm{R}} = E,$$

代入表达式得 $L\dfrac{\mathrm{d}i}{\mathrm{d}t} + iR = E$，即

$$\frac{\mathrm{d}i}{\mathrm{d}t} + \frac{R}{L}i = \frac{E}{L}.$$

它是一个一阶非齐次线性微分方程．对应的齐次线性方程为

$$\frac{\mathrm{d}i}{\mathrm{d}t} + \frac{R}{L}i = 0,$$

分离变量得 $\dfrac{\mathrm{d}i}{i} = -\dfrac{R}{L}\mathrm{d}t$，两边积分得 $\displaystyle\int \frac{\mathrm{d}i}{i} = -\frac{R}{L}\int \mathrm{d}t$，则

$$\ln|i| = -\frac{R}{L}t + C_1,$$

变形化简为

$$|i| = \mathrm{e}^{-\frac{R}{L}t + C_1} = \mathrm{e}^{-\frac{R}{L}t}\mathrm{e}^{C_1} \Rightarrow i = \pm\mathrm{e}^{C_1}\mathrm{e}^{-\frac{R}{L}t},$$

所以齐次线性方程的通解为

$$i(t) = C\mathrm{e}^{-\frac{R}{L}t} \quad (C = \pm\mathrm{e}^{C_1}).$$

再用常数变易法求非齐次线性方程的通解，将通解中的常数 C 改写为函数 $C(t)$，即

$$i(t) = C(t)\mathrm{e}^{-\frac{R}{L}t}, \quad \frac{\mathrm{d}i(t)}{\mathrm{d}t} = C'(t)\mathrm{e}^{-\frac{R}{L}t} - \frac{R}{L}C(t)\mathrm{e}^{-\frac{R}{L}t},$$

将其代入原方程并化简得 $C'(t) = \dfrac{E}{L}\mathrm{e}^{\frac{R}{L}t}$，对 $C'(x)$ 积分得

$$C(t) = \frac{E}{R} e^{\frac{R}{L}t} + C,$$

所以非齐次线性方程的通解为

$$i(t) = \frac{E}{R} + C e^{-\frac{R}{L}t}.$$

将初始条件 $i|_{t=0} = 0$ 代入上式，得 $C = -\dfrac{E}{R}$，于是非齐次线性方程的特解为

$$i(t) = \frac{E}{R} \left(1 - e^{-\frac{R}{L}t} \right),$$

即充电过程中电流强度 i 与时间 t 的关系.

例 2.10.10（**RC 串联电路充电分析**） 在电工课程和雷达电路中常常用到 RC 串联电路，如图 2.10.8 所示，电阻 R 和电容 C 串联，再连接到直流电源上. 开关先拨到 a 点，电阻和电容与直流电源串联，给电容充电，电容电压由 0 增大. 求充电过程中电容电压 u_C 与时间 t 的关系.

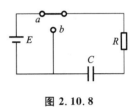

图 2.10.8

解 设充电过程中任一时刻 t 的电流强度为 i，充电开始时，电容电压为 $u_C|_{t=0} = 0$.

充电电流由电容决定，$i = C \dfrac{\mathrm{d}u_C}{\mathrm{d}t}$，因电容与电阻串联，故流过电阻 R 的电流也为 i. 由部分电路欧姆定律知，$u_R = iR = RC \dfrac{\mathrm{d}u_C}{\mathrm{d}t}$. 由基尔霍夫电压定律知，各元件上电压降的代数和等于电源电动势，即 $u_C + u_R = E$，代入 u_R 的表达式得

$$u_C + RC \frac{\mathrm{d}u_C}{\mathrm{d}t} = E, \quad 即 \quad \frac{\mathrm{d}u_C}{\mathrm{d}t} + \frac{1}{RC} u_C = \frac{E}{RC},$$

这是一个一阶非齐次线性微分方程. 对应的齐次线性方程为

$$\frac{\mathrm{d}u_C}{\mathrm{d}t} + \frac{1}{RC} u_C = 0,$$

分离变量得 $\dfrac{\mathrm{d}u_C}{u_C} = -\dfrac{1}{RC} \mathrm{d}t$，两边积分得 $\displaystyle\int \dfrac{\mathrm{d}u_C}{u_C} = -\dfrac{1}{RC} \int \mathrm{d}t$，则

$$\ln|u_C| = -\frac{1}{RC} t + C_1,$$

变形化简为

$$|u_C| = e^{-\frac{1}{RC}t + C_1} = e^{-\frac{1}{RC}t} e^{C_1} \Rightarrow u_C = \pm e^{C_1} e^{-\frac{1}{RC}t},$$

所以齐次线性方程的通解为

$$u_C(t) = C e^{-\frac{1}{RC}t} \quad (C = \pm e^{C_1}).$$

再用常数变易法求非齐次线性方程的通解，将通解中的常数 C 改写为函数 $C(t)$，即

$$u_C(t) = C(t) e^{-\frac{1}{RC}t}, \quad \frac{\mathrm{d}u_C(t)}{\mathrm{d}t} = C'(t) e^{-\frac{1}{RC}t} - \frac{1}{RC} C(t) e^{-\frac{1}{RC}t},$$

将其代入原方程并化简得 $C'(t) = \dfrac{E}{RC} e^{\frac{1}{RC}t}$，对 $C'(x)$ 积分得

$$C(t) = E e^{\frac{1}{RC}t} + C,$$

所以非齐次线性方程的通解为

$$u_C(t) = E + Ce^{-\frac{1}{RC}t}.$$

将初始条件 $u_C|_{t=0} = 0$ 代入上式,得 $C = -E$,于是非齐次线性方程的特解为

$$u_C(t) = E(1 - e^{-\frac{1}{RC}t}),$$

即充电过程中电容电压 u_C 与时间 t 的关系.

例 2.10.11(RL 串联交流电路分析) 在串联电路中有电阻 R、电感 L 和交流电源,电源电动势 $e(t) = E\sin\omega t$（E,ω 为常数）,如图 2.10.9 所示.在 $t=0$ 时接通电路,求电路中电流强度 i 与时间 t 的关系.

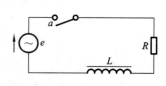

图 2.10.9

解 设电路中任一时刻 t 的电流强度为 i,电路刚接通时,电流为 0,即 $i|_{t=0} = 0$.

设任一时刻 t 的电流强度为 i,由部分电路欧姆定律知,电流在电阻 R 上产生的电压 $u_R = iR$,在电感 L 上产生的电压 $u_L = L\dfrac{\mathrm{d}i}{\mathrm{d}t}$.由基尔霍夫定律知,各元件上电压降的代数和等于电源电动势,即 $u_L + u_R = e$,代入 u_L, u_R, e 的表达式得

$$L\frac{\mathrm{d}i}{\mathrm{d}t} + iR = E\sin\omega t,$$

变形得

$$\frac{\mathrm{d}i}{\mathrm{d}t} + \frac{R}{L}i = \frac{E}{L}\sin\omega t.$$

这是一个一阶非齐次线性微分方程,这里 $P(t) = \dfrac{R}{L}$,$Q(t) = \dfrac{E}{L}\sin\omega t$.

对于表达式比较复杂的非齐次线性方程,运用通解公式可以简化求解过程.利用通解公式,得非齐次线性方程的通解为

$$i(t) = e^{-\int \frac{R}{L}\mathrm{d}t}\left(\int \frac{E}{L}\sin\omega t\ e^{\int \frac{R}{L}\mathrm{d}t}\mathrm{d}t + C\right) = e^{-\frac{R}{L}t}\left(\int \frac{E}{L}\sin\omega t\ e^{\frac{R}{L}t}\mathrm{d}t + C\right)$$

$$= Ce^{-\frac{R}{L}t} + \frac{E}{R^2 + L^2\omega^2}(R\sin\omega t - L\omega\cos\omega t).$$

将初始条件 $i|_{t=0} = 0$ 代入上式,得 $C = \dfrac{EL\omega}{R^2 + L^2\omega^2}$,于是非齐次线性方程的特解为

$$i(t) = \frac{E}{R^2 + L^2\omega^2}(L\omega e^{-\frac{R}{L}t} + R\sin\omega t - L\omega\cos\omega t),$$

即电流 i 与时间 t 的关系.

例 2.10.12（RC 串联交流电路分析） 在串联电路中有电阻 R、电容 C 和交流电源,电源电动势 $e(t) = E\sin\omega t(E, \omega$ 为常数）,如图 2.10.10 所示.在 $t=0$ 时接通电路,求电容电压 u_C 与时间 t 的关系.

解 设充电过程中任一时刻 t 的电流强度为 i,充电开始时,电容电压为 $u_C|_{t=0} = 0$.

充电电流由电容决定,$i = C\dfrac{\mathrm{d}u_C}{\mathrm{d}t}$,因为电容与电阻串联,流

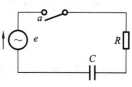

图 2.10.10

过电阻 R 的电流也为 i，由部分电路欧姆定律知，$u_R = iR = RC \dfrac{\mathrm{d}u_C}{\mathrm{d}t}$. 由基尔霍夫电压定律

知，各元件上电压降的代数和等于电源电动势，即 $u_C + u_R = e$，代入 u_C，u_R，e 的表达式得

$$u_C + RC \frac{\mathrm{d}u_C}{\mathrm{d}t} = E\sin\omega t,$$

变形得

$$\frac{\mathrm{d}u_C}{\mathrm{d}t} + \frac{1}{RC}u_C = \frac{E}{RC}\sin\omega t.$$

这是一个一阶非齐次线性微分方程，这里 $P(t) = \dfrac{1}{RC}$，$Q(t) = \dfrac{E}{RC}\sin\omega t$.

对于表达式比较复杂的非齐次线性方程，运用通解公式可以简化求解过程. 利用通解公式，得非齐次线性方程的通解为

$$u_C(t) = \mathrm{e}^{-\int \frac{1}{RC}\mathrm{d}t}\left(\int \frac{E}{RC}\sin\omega t\ \mathrm{e}^{\int \frac{1}{RC}\mathrm{d}t}\mathrm{d}t + C_1\right) = \mathrm{e}^{-\frac{1}{RC}t}\left(\int \frac{E}{RC}\sin\omega t\ \mathrm{e}^{\frac{1}{RC}t}\mathrm{d}t + C_1\right)$$

$$= C_1\mathrm{e}^{-\frac{1}{RC}t} + \frac{E}{1+R^2C^2\omega^2}(\sin\omega t - RC\omega\cos\omega t).$$

将初始条件 $u_C|_{t=0} = 0$ 代入上式，得 $C_1 = \dfrac{E}{1+R^2C^2\omega^2}RC\omega$，于是非齐次线性方程的特解为

$$u_C(t) = \frac{E}{1+R^2C^2\omega^2}(RC\omega\mathrm{e}^{-\frac{1}{RC}t} + \sin\omega t - RC\omega\cos\omega t),$$

即电容电压 u_C 与时间 t 的关系.

习　题　2.10

习题答案

一、知识强化

1. 指出下列微分方程的阶数：

(1) $(y'')^2 - 2y' + x = 0$； (2) $3y'' + y' - 10y = 3x^2$；

(3) $y^{(8)} + \cos y + 4x = 0$； (4) $y^{(4)} - 5x^2y' = 0$.

2. 设一阶微分方程 $\dfrac{\mathrm{d}y}{\mathrm{d}x} = 3x$，求它的通解和过点 $(2,5)$ 的特解.

3. 验证 $y = \mathrm{e}^x$ 是 $y'' - 2y' + y = 0$ 方程的解.

4. 求下列可分离变量微分方程的通解：

(1) $2x^2 + 3x - 5y' = 0$； (2) $xy' = y\ln y$；

(3) $(y+3)\mathrm{d}x + \cot x\mathrm{d}y = 0$； (4) $y' = \dfrac{1}{2y}\mathrm{e}^{2x-y^2}$.

5. 求下列可分离变量微分方程满足初始条件的特解：

(1) $y' = \mathrm{e}^{2x-y}$，$y(0) = 0$； (2) $xy' + y = y^2$，$y(1) = 0.5$.

6. 求下列齐次方程的通解：

(1) $(x^2 + y^2)\mathrm{d}x - xy\mathrm{d}y = 0$； (2) $xy' - y - \sqrt{y^2 - x^2} = 0$.

7. 求下列齐次方程的特解：

(1) $(y^2-3x^2)\mathrm{d}y+2xy\mathrm{d}x=0, y|_{x=0}=1$；

(2) $y'=\dfrac{x}{y}+\dfrac{y}{x}, y|_{x=1}=2$.

8. 求下列一阶线性微分方程的通解：

(1) $y'+y=\mathrm{e}^{-x}$；　　　　　　(2) $y'+\dfrac{y}{x}=\sin x$；

(3) $y'\cos x+y\sin x=1$；　　　　　(4) $y'+ay=b\sin x$（a,b 为常数）.

9. 求下列一阶线性微分方程的特解：

(1) $y'+\dfrac{1-2x}{x^2}y=1, y(1)=0$；

(2) $\dfrac{\mathrm{d}y}{\mathrm{d}x}-y\tan x=\sec x, y(0)=0$.

二、军事应用

如图 2.10.11 所示，位于坐标原点的我舰向位于 x 轴上 $A(1,0)$ 点处的敌舰发射制导鱼雷，鱼雷始终对准敌舰，设敌舰以常速 v_0 沿平行于 y 轴的直线行驶，又设鱼雷的速率为 $2v_0$，求鱼雷航行的轨迹方程和鱼雷击中敌舰的时间.

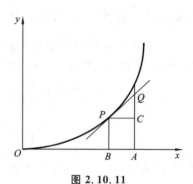

图 2.10.11

本节资源

2.11　无　穷　级　数

奥地利物理学家薛定谔（图 2.11.1）说过："数学是一种创造性思维的集合体."无穷级数是高等数学的一个重要组成部分，它是表示函数、研究函数的性质以及进行数值计算的一种工具. 17 世纪，为了把早期的微积分方法应用于超越函数，常常需要把这些函数表示为可以逐项微分或积分的无穷级数，泰勒为此做出了贡献. 在此之后，人们又在考虑级数的求和问题，欧拉和麦克劳林给出了求和公式. 19世纪，柯西建立了级数理论，阿贝尔对此进行了完善，后来由魏尔斯特拉斯提出的一致收敛完成了整个级数理论的构建. 傅里叶开创出的"傅里叶分析"方法，拓广了传统的函数概念，为数学、物理的发展开辟了康庄大道.

图 2.11.1

2.11.1　常数项级数

人们认识事物在数量方面的特性，往往有一个由近似到精确的过程. 在这种认识过程中，会遇到由有限个数量相加到无穷多个数量相加的问题.

例如,计算分数项比较少的和 $\dfrac{1}{2}+\dfrac{1}{4}+\dfrac{1}{8}+\dfrac{1}{16}$ 时,可以通分计算,而求分数项很多的和时,如求

$$\dfrac{1}{2}+\dfrac{1}{4}+\dfrac{1}{8}+\dfrac{1}{16}+\dfrac{1}{32}+\dfrac{1}{64}+\dfrac{1}{128}+\dfrac{1}{256},$$

通分计算就太复杂了. 这里我们可以用图形的方式考察上述和式,如图 2.11.2 所示,设正方形的面积为 1,每次分割剩下的一半,分割到 $\dfrac{1}{256}$ 时,正方形剩下的面积为 $\dfrac{1}{256}$,所以

$$\dfrac{1}{2}+\dfrac{1}{4}+\dfrac{1}{8}+\dfrac{1}{16}+\dfrac{1}{32}+\dfrac{1}{64}+\dfrac{1}{128}+\dfrac{1}{256}=1-\dfrac{1}{256}=\dfrac{255}{256}.$$

现在让和式的项数一直增加下去,就得到一个无穷个分数项的和

$$\dfrac{1}{2}+\dfrac{1}{4}+\dfrac{1}{8}+\dfrac{1}{16}+\dfrac{1}{32}+\dfrac{1}{64}+\dfrac{1}{128}+\dfrac{1}{256}+\cdots.$$

这个无穷项的和是多少呢?从图形上看,无穷项的和与正方形的面积 1 越来越接近,所以无穷项的和就为 1. 换句话说,这个无穷项的和是有极限的,极限等于 1.

$$\dfrac{1}{2}+\dfrac{1}{4}+\dfrac{1}{8}+\dfrac{1}{16}+\dfrac{1}{32}+\dfrac{1}{64}+\dfrac{1}{128}+\dfrac{1}{256}+\cdots=1.$$

又如,我国南北朝时期的数学家祖冲之,在研究圆周率时,为了计算半径为 R 的圆面积 A,采用了如下的割圆术:作圆的内接正六边形,算出这六边形的面积 A_1,它是圆面积 A 的一个粗糙的近似值. 为了比较准确地计算出 A 的值,他以这个正六边形的每一边为底分别作一个顶点在圆周上的等腰三角形(图 2.11.3),算出这六个等腰三角形的面积之和 A_2,那么 A_1+A_2(即内接正十二边形的面积)就是 A 的更准确些的近似值. 同样地,在该正十二边形的每一边上分别作一个顶点在圆周上的等腰三角形,算出这十二个等腰三角形的面积之和 A_3. 那么 $A_1+A_2+A_3$(即内接正二十四边形的面积)就是 A 的一个更好一些的近似值. 如此继续下去,内接正 3×2^n 边形的面积就逐步接近圆面积:

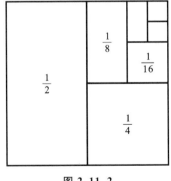

图 2.11.2

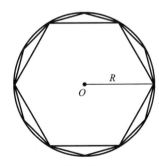

图 2.11.3

$$A_1+A_2+A_3+\cdots+A_n\approx A.$$

这样一直分割下去,和式中的项数无限增多,就得到无穷个常数项的和,从图形上看,这个无穷项的和与圆面积 A 越来越接近,所以无穷项的和就为 A. 换句话说,这个无穷项的和是有极限的,极限等于 A,即

$$A_1+A_2+A_3+\cdots+A_n+\cdots=A.$$

祖冲之是我国南北朝时期的数学家.他在使用割圆术研究圆周率的过程中,事实上涉及了求无穷个常数项的和这一问题,也使用了朴素的极限思想来获得结果.圆周率的应用很广泛,尤其在天文、历法方面,凡牵涉到圆的一切问题,都要使用圆周率来推算.如何正确地推算圆周率的值,是世界数学史上的一个重要课题.祖冲之在公元 400 多年将圆周率的值精确到小数第 7 位,直到 16 世纪,才有数学家打破这一纪录.后人将他计算出的圆周率的值称为"祖率".

祖冲之主张决不"虚推古人",决不把自己束缚在古人陈腐的错误结论之中,并且亲自进行精密的测量和仔细的推算.为求得圆周率的精确数值,祖冲之需要对九位小数进行十多个步骤的计算,每个步骤反复十几次,以保证正确.当时普遍使用算筹进行计算,操作非常烦琐,工作量巨大,祖冲之始终亲力亲为,"亲量圭尺,躬察仪漏,目尽毫厘,心穷筹策",鲜明地体现了严谨细致、不畏困难的科学精神.

在审议祖冲之编制的新历法《大明历》时,面对争议和反对意见,祖冲之写道"愿闻显据,以核理实",认为日月五星的运行"非出神怪,有形可检,有数可推",展现了坚定的唯物主义信念和实事求是的科学态度.

为纪念这位伟大的科学家,1964 年紫金山天文台将新发现的国际编号为 1888 的小行星命名为"祖冲之星",1967 年国际天文学家联合会将月球上的一座环形山命名为"祖冲之环形山".

在上面两个引例中,出现了

$$\frac{1}{2}+\frac{1}{4}+\frac{1}{8}+\frac{1}{16}+\frac{1}{32}+\frac{1}{64}+\frac{1}{128}+\frac{1}{256}+\cdots,$$

$$A_1+A_2+\cdots+A_n+\cdots$$

两个无穷项的和,我们把它们叫做无穷级数,定义如下:

定义 2.11.1 设有数列 $u_1,u_2,\cdots,u_n,\cdots$,则和式

$$u_1+u_2+\cdots+u_n+\cdots$$

称为(**常数项**)**无穷级数**,简称**级数**,记为 $\sum\limits_{n=1}^{\infty}u_n$,即

$$\sum_{n=1}^{\infty}u_n=u_1+u_2+\cdots+u_n+\cdots,$$

其中,第 n 项 u_n 称为级数的**一般项**.

无穷多个数相加,也就是一个无穷级数是否有确定的结果呢?恩格斯指出:"在数学上,为了达到不确定的、无限的东西,必须从确定的、有限的东西出发."由此我们先考察级数的前 n 项的和,再运用极限思想来分析.

作级数的前 n 项的和

$$S_n=u_1+u_2+\cdots+u_n,$$

称为级数的**部分和**.

这个部分和又组成了一个数列 $\{S_n\}$，当部分和数列有极限 S 时，这个极限便是这无穷多个数相加的结果，也就是级数的和，即

$$\lim_{n\to\infty}S_n = S = u_1 + u_2 + \cdots + u_n + \cdots = \sum_{n=1}^{\infty}u_n.$$

由此我们可以用部分和的极限来表达无穷级数的和是否存在.

定义 2.11.2　如果级数 $\sum\limits_{n=1}^{\infty}u_n$ 的部分和数列 $\{S_n\}$ 有极限 S，即

$$\lim_{n\to\infty}S_n = S,$$

则称级数 $\sum\limits_{n=1}^{\infty}u_n$ **收敛**，极限 S 称为该级数的**和**，记为 $\sum\limits_{n=1}^{\infty}u_n = S$.

如果数列 $\{S_n\}$ 没有极限，则称级数 $\sum\limits_{n=1}^{\infty}u_n$ **发散**.

通过分析部分和是否有极限来判断级数的敛散性，是一种基本的方法. 下面我们运用这一方法讨论几个级数的敛散性.

例 2.11.1　判断分式级数 $\sum\limits_{n=1}^{\infty}\dfrac{1}{n(n+1)}$ 的敛散性；若收敛，求出该级数的和.

解　因为 $u_n = \dfrac{1}{n(n+1)} = \dfrac{1}{n} - \dfrac{1}{n+1}$，于是

$$S_n = \frac{1}{1\cdot 2} + \frac{1}{2\cdot 3} + \cdots + \frac{1}{n(n+1)} = \left(1-\frac{1}{2}\right) + \left(\frac{1}{2}-\frac{1}{3}\right) + \cdots + \left(\frac{1}{n}-\frac{1}{n+1}\right) = 1 - \frac{1}{n+1},$$

从而 $\lim\limits_{n\to\infty}S_n = \lim\limits_{n\to\infty}\left(1-\dfrac{1}{n+1}\right) = 1$，所以原级数收敛，其和为 1.

例 2.11.2　$a + aq + aq^2 + \cdots + aq^n + \cdots = \sum\limits_{n=0}^{\infty}aq^n$ 称为**等比级数**，判断该级数的敛散性.

解　等比级数的部分和 $S_n = a + aq + aq^2 + \cdots + aq^n = \dfrac{a(1-q^n)}{1-q}$.

当 $|q|<1$ 时，$S = \lim\limits_{n\to\infty}S_n = \lim\limits_{n\to\infty}\dfrac{a(1-q^n)}{1-q} = \dfrac{a}{1-q}$，所以等比级数 $\sum\limits_{n=0}^{\infty}aq^n$ 收敛，和为 $\dfrac{a}{1-q}$.

当 $q=1$ 时，$\sum\limits_{n=0}^{\infty}aq^n = a + a + a + \cdots = \infty$，所以等比级数 $\sum\limits_{n=0}^{\infty}aq^n$ 发散.

当 $q=-1$ 时，$\sum\limits_{n=0}^{\infty}aq^n = a - a + a - a + \cdots$，结果不确定，所以等比级数 $\sum\limits_{n=0}^{\infty}aq^n$ 发散.

当 $|q|>1$ 时，$S = \lim\limits_{n\to\infty}S_n = \lim\limits_{n\to\infty}\dfrac{a(1-q^n)}{1-q} = \infty$，所以等比级数 $\sum\limits_{n=0}^{\infty}aq^n$ 发散.

综上，等比级数 $\sum\limits_{n=0}^{\infty}aq^n$ 当 $|q|<1$ 时收敛，当 $|q|\geqslant 1$ 时发散.

例 2.11.3　$1 + \dfrac{1}{2} + \dfrac{1}{3} + \dfrac{1}{4} + \cdots + \dfrac{1}{n} + \cdots = \sum\limits_{n=1}^{\infty}\dfrac{1}{n}$ 称为**调和级数**，判断该级数的敛散性.

解　调和级数的部分和

$$S_n = 1 + \frac{1}{2} + \frac{1}{3} + \frac{1}{4} + \cdots + \frac{1}{n},$$

S_n 的变化趋势怎样呢？可以看 S_{n+1}.

$$S_{n+1} = 1 + \frac{1}{2} + \frac{1}{3} + \frac{1}{4} + \cdots + \frac{1}{n} + \frac{1}{n+1} = S_n + \frac{1}{n+1} > S_n,$$

这说明部分和 S_n 是单调递增的. 表 2.11.1 给出了 n 取一些值时部分和的结果, 可以看到 n 越大, 部分和也越大, 所以 S_n 的极限为 ∞. 因为部分和 S_n 没有极限, 所以调和级数 $\sum\limits_{n=1}^{\infty} \frac{1}{n}$ 是发散级数.

表 2.11.1

n	10	100	1000	10^4	10^5	10^6	10^7
$\sum\limits_{n=1}^{\infty} \frac{1}{n}$	2.9290	5.1874	7.4855	9.7876	12.0901	14.3927	16.6953

例 2.11.4 $1 + \frac{1}{2^p} + \frac{1}{3^p} + \frac{1}{4^p} + \cdots + \frac{1}{n^p} + \cdots = \sum\limits_{n=1}^{\infty} \frac{1}{n^p}$ (p 为常数, 且 $p > 0$) 称为 p 级数, 判断该级数的敛散性.

解 (1) 当 $0 < p \leqslant 1$ 时, 有 $\frac{1}{n^p} \geqslant \frac{1}{n}$, 这说明部分和之间有

$$\sum_{n=1}^{N} \frac{1}{n^p} \geqslant \sum_{n=1}^{N} \frac{1}{n},$$

而调和级数 $\sum\limits_{n=1}^{\infty} \frac{1}{n}$ 发散, 其部分和极限为无穷大, 则 p 级数的部分和极限也为无穷大, 此时 p 级数发散.

(2) 当 $p > 1$ 时, 由 $n-1 \leqslant x \leqslant n$, 有 $\frac{1}{n^p} < \frac{1}{x^p}$, 所以

$$\frac{1}{n^p} = \int_{n-1}^{n} \frac{1}{n^p} \mathrm{d}x < \int_{n-1}^{n} \frac{1}{x^p} \mathrm{d}x,$$

于是, p 级数的部分和

$$S_n = 1 + \frac{1}{2^p} + \frac{1}{3^p} + \frac{1}{4^p} + \cdots + \frac{1}{n^p} < 1 + \int_{1}^{2} \frac{1}{x^p} \mathrm{d}x + \cdots + \int_{n-1}^{n} \frac{1}{x^p} \mathrm{d}x$$

$$= 1 + \int_{1}^{n} \frac{1}{x^p} \mathrm{d}x = 1 + \frac{1}{p-1}\left(1 - \frac{1}{n^{p-1}}\right) < 1 + \frac{1}{p-1},$$

即部分和 S_n 有界, 同时 S_n 是单调递增的, 根据单调有界数列存在极限的结论, 此时 p 级数收敛.

综上, p 级数 $\sum\limits_{n=1}^{\infty} \frac{1}{n^p}$ 当 $p > 1$ 时收敛, 当 $0 < p \leqslant 1$ 时发散.

2.11.2 幂级数

1. 幂级数的定义

在 2.11.1 小节, 我们讨论了常数项无穷级数, 现在把生成级数的数列

$$u_1, u_2, u_3, \cdots, u_n, \cdots$$

中的每一项都替换成幂函数

$$a_1 x, a_2 x^2, a_3 x^3, \cdots, a_n x^n, \cdots,$$

再在数列的最前面添上常数项 a_0,就得到一个幂函数列

$$a_0, a_1 x, a_2 x^2, a_3 x^3, \cdots, a_n x^n, \cdots,$$

最后将这一列幂函数相加,就得到了一类新的无穷级数.

定义 2.11.3　形如

$$\sum_{n=0}^{\infty} a_n x^n = a_0 + a_1 x + a_2 x^2 + \cdots + a_n x^n + \cdots \tag{2.11.1}$$

的级数称为**幂级数**,其中常数 $a_0, a_1, a_2, \cdots, a_n, \cdots$ 称为**幂级数的系数**. 例如:

$$1 + x + x^2 + x^3 + \cdots + x^n + \cdots,$$

$$1 + x + \frac{1}{2!} x^2 + \frac{1}{3!} x^3 + \cdots + \frac{1}{n!} x^n + \cdots$$

都是幂级数.

对于幂级数,我们关心的是它的和在什么条件下存在,即在什么条件下收敛? 注意到幂级数的自变量 x 的取值范围是实数域 **R**,对于每一个确定的 $x_0 \in \mathbf{R}$,代入幂级数,则

$$\sum_{n=0}^{\infty} a_n x_0^n = a_0 + a_1 x_0 + a_2 x_0^2 + \cdots + a_n x_0^n + \cdots, \tag{2.11.2}$$

它变成了常数项级数,这个级数可能收敛也可能发散. 如果级数(2.11.2)收敛,就称点 x_0 是幂级数的**收敛点**;如果级数(2.11.2)发散,就称点 x_0 是幂级数的**发散点**. 幂级数(2.11.1)的全体收敛点称为**收敛域**,显然收敛域以外的点都是发散点. 在幂级数的收敛域内,幂级数的和存在,这个和显然不是一个数,而是一个函数,称为**和函数**,记作 $s(x)$.

所以,在幂级数的收敛域内,有

$$\sum_{n=0}^{\infty} a_n x^n = a_0 + a_1 x + a_2 x^2 + \cdots + a_n x^n + \cdots = s(x).$$

2. 幂级数的收敛域和收敛半径

讨论幂级数在收敛域内的和函数是什么,是一个很难的问题,因此我们更多的是关注幂级数的收敛域,也就是幂级数在什么区域内是收敛的. 对于幂级数的收敛域,19 世纪的数学家阿贝尔给出了下面的定理.

定理 2.11.1　如果幂级数 $\sum_{n=0}^{\infty} a_n x^n$ 不是仅在点 $x = 0$ 处收敛,也不是在整个数轴上都收敛,则必存在一个确定的正数 R,使得

(1) 当 $|x| < R$ 时,幂级数收敛;

(2) 当 $|x| > R$ 时,幂级数发散;

(3) 当 $x = R$ 与 $x = -R$ 时,幂级数可能收敛也可能发散.

上述定理中,正数 R 称为幂级数的**收敛半径**,$(-R, R)$ 称为幂级数的**收敛区间**. 该定理说明,幂级数 $\sum_{n=0}^{\infty} a_n x^n$ 的收敛域是一个以 $x = 0$ 为中心的对称区间,在该区间外又都是发散的.

例如,幂级数 $\sum\limits_{n=0}^{\infty} x^n$ 称为**几何级数**,它的收敛半径为 $R=1$,所以收敛区间为 $(-1,1)$.

特别地,若幂级数只在 $x=0$ 处收敛,则规定其收敛半径 $R=0$;若幂级数对一切 x 都收敛,则规定其收敛半径 $R=+\infty$,这时幂级数的收敛区间为 $(-\infty,+\infty)$.

根据定理 2.11.1,讨论幂级数的收敛区间问题就转化成了求解幂级数的收敛半径问题.关于幂级数收敛半径的求法,给出了下面的定理.

定理 2.11.2 设幂级数 $\sum\limits_{n=0}^{\infty} a_n x^n$ 的所有系数 $a_n \neq 0$,且 $\lim\limits_{n \to \infty} \left| \dfrac{a_{n+1}}{a_n} \right| = \rho$,则

(1) 当 $\rho \neq 0$ 时,收敛半径 $R = \dfrac{1}{\rho}$;

(2) 当 $\rho = 0$ 时,收敛半径 $R = +\infty$;

(3) 当 $\rho = +\infty$ 时,收敛半径 $R = 0$.

下面我们运用定理 2.11.2 求解几个幂级数的收敛半径.

例 2.11.5 求几何级数 $\sum\limits_{n=0}^{\infty} x^n$ 的收敛半径与收敛区间.

解 因为几何级数的系数都为 1,即

$$\rho = \lim_{n \to \infty} \left| \frac{a_{n+1}}{a_n} \right| = 1,$$

所以收敛半径 $R=1$,收敛区间为 $(-1,1)$.

例 2.11.6 求幂级数 $\sum\limits_{n=1}^{\infty} (-1)^n \dfrac{x^n}{n}$ 的收敛半径与收敛区间.

解 因为

$$\rho = \lim_{n \to \infty} \left| \frac{a_{n+1}}{a_n} \right| = \lim_{n \to \infty} \frac{\frac{1}{n+1}}{\frac{1}{n}} = \lim_{n \to \infty} \frac{n}{n+1} = 1,$$

所以收敛半径 $R=1$,收敛区间为 $(-1,1)$.

例 2.11.7 求幂级数 $\sum\limits_{n=0}^{\infty} \dfrac{x^n}{n!}$ 的收敛半径与收敛区间.

解 因为

$$\rho = \lim_{n \to \infty} \left| \frac{a_{n+1}}{a_n} \right| = \lim_{n \to \infty} \frac{\frac{1}{(n+1)!}}{\frac{1}{n!}} = \lim_{n \to \infty} \frac{1}{n+1} = 0,$$

所以收敛半径 $R = +\infty$,收敛区间为 $(-\infty,+\infty)$.

例 2.11.8 求幂级数 $\sum\limits_{n=0}^{\infty} n! x^n$ 的收敛半径与收敛区间.

解 因为

$$\rho = \lim_{n \to \infty} \left| \frac{a_{n+1}}{a_n} \right| = \lim_{n \to \infty} \frac{(n+1)!}{n!} = \lim_{n \to \infty} (n+1) = +\infty,$$

所以收敛半径 $R=0$,即幂级数仅在 $x=0$ 处收敛.

2.11.3　傅里叶级数

1. 复杂周期函数与正弦型函数的联系

在物理、电工技术和电子技术中经常用到周期函数,周期函数反映了客观世界中的周期运动.简谐振动是一类常见的周期运动,可用正弦型函数 $y=A\sin(\omega t+\varphi)$ 来表示.但有时会遇到比较复杂的非正弦周期函数或者是信号,如电子技术中,常用的电压信号有矩形波和锯齿波,电压随时间周期变化的形式如图 2.11.4、图 2.11.5 所示.这样的复杂周期函数如何研究呢?

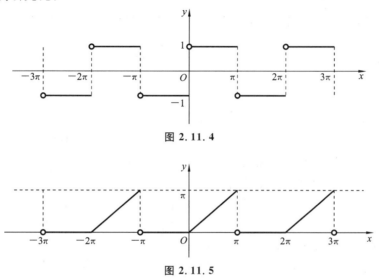

图 2.11.4

图 2.11.5

我们遵循由简到繁的研究方法,结合函数图形,从简单的正弦型函数开始研究.

如 $y=\dfrac{4}{\pi}\sin x$,它的波形如图 2.11.6 所示,在一个周期内有一个波谷和一个波峰.现在给 $y=\dfrac{4}{\pi}\sin x$ 加上一个新的正弦项,得到 $y=\dfrac{4}{\pi}\left(\sin x+\dfrac{1}{3}\sin 3x\right)$,它的波形如图 2.11.7 所示,在一个周期内有两个波谷和两个波峰.

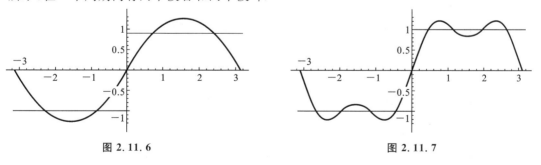

图 2.11.6　　　　　　　　　　图 2.11.7

给 $y=\dfrac{4}{\pi}\left(\sin x+\dfrac{1}{3}\sin 3x\right)$ 再加上一个新的正弦项,得到 $y=\dfrac{4}{\pi}\left(\sin x+\dfrac{1}{3}\sin 3x+\dfrac{1}{5}\sin 5x\right)$,它的波形如图 2.11.8 所示,在一个周期内有三个波谷和三个波峰,波形上幅度

接近 1 的部分扩大了.

继续增加新的正弦项,得到 $y = \dfrac{4}{\pi}\left(\sin x + \dfrac{1}{3}\sin 3x + \dfrac{1}{5}\sin 5x + \dfrac{1}{7}\sin 7x\right)$,它的波形如图 2.11.9 所示,$y = \dfrac{4}{\pi}\left(\sin x + \dfrac{1}{3}\sin 3x + \dfrac{1}{5}\sin 5x + \dfrac{1}{7}\sin 7x + \dfrac{1}{9}\sin 9x\right)$,它的波形如图 2.11.10 所示.

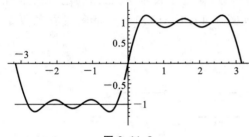

图 2.11.8

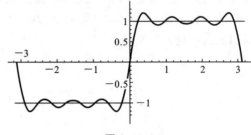

图 2.11.9

可以看到,随着不同频率的正弦项的逐渐叠加,函数的波形越来越接近于矩形波,进而我们能联想到,如果用无数个不同频率的正弦项一直叠加下去,最终函数的波形就成了矩形波.这无数个不同频率的正弦项的和就成为了一个无穷级数,这就为用正弦型函数的无穷级数表示一个非正弦周期函数提供了可能,也为信号的形成、传输、运用提供了极大的方便.反过来,对

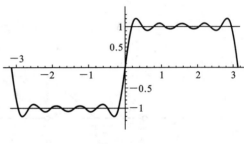

图 2.11.10

于一个非正弦周期函数,可以考虑将它分解成正弦型函数的无穷级数,即把一个比较复杂的周期运动看成是由许多不同频率的简谐振动的叠加.在电工学上,这种展开称为谐波分析,谐波分析对分析信号的特点、了解电路对信号的影响提供了极大的便利.

2. 傅里叶级数的定义

谐波分析反映在数学上,就是要研究如何用一系列正弦函数和余弦函数的无穷级数来表示一般的周期函数.

设函数 $f(x)$ 以 2π 为周期,且在 $[-\pi,\pi]$ 上能表示为无穷级数

$$f(x) = \frac{a_0}{2} + \sum_{k=1}^{\infty}(a_k\cos kx + b_k\sin kx), \tag{2.11.3}$$

其系数 $a_0, a_1, b_1, \cdots$ 与 $f(x)$ 之间存在怎样的关系?

在区间 $[-\pi,\pi]$ 上,对式(2.11.3)两边逐项积分,得

$$\int_{-\pi}^{\pi} f(x)\mathrm{d}x = \int_{-\pi}^{\pi}\frac{a_0}{2}\mathrm{d}x + \sum_{k=1}^{\infty}\left(a_k\int_{-\pi}^{\pi}\cos kx\,\mathrm{d}x + b_k\int_{-\pi}^{\pi}\sin kx\,\mathrm{d}x\right).$$

利用三角函数的性质,上式右端除了第一项外,其余各项均为 0,所以

$$\int_{-\pi}^{\pi} f(x)\mathrm{d}x = a_0\pi,$$

即

$$a_0 = \frac{1}{\pi}\int_{-\pi}^{\pi} f(x)\mathrm{d}x. \tag{2.11.4}$$

把式(2.11.3)的两端都乘以 $\cos nx$(n 为正整数),并在区间$[-\pi,\pi]$上逐项积分,得

$$\int_{-\pi}^{\pi} f(x)\cos nx\,\mathrm{d}x = \frac{a_0}{2}\int_{-\pi}^{\pi}\cos nx\,\mathrm{d}x + \sum_{k=1}^{\infty}\left(a_k\int_{-\pi}^{\pi}\cos kx\cos nx\,\mathrm{d}x + b_k\int_{-\pi}^{\pi}\sin kx\cos nx\,\mathrm{d}x\right).$$

上式等号右边部分根据三角函数的性质,有

$$\frac{a_0}{2}\int_{-\pi}^{\pi}\cos nx\,\mathrm{d}x = 0.$$

根据三角函数的正交性,$k\neq n$ 的项积分均等于 0,即

$$a_k\int_{-\pi}^{\pi}\cos kx\cos nx\,\mathrm{d}x = 0,\quad b_k\int_{-\pi}^{\pi}\sin kx\cos nx\,\mathrm{d}x = 0,$$

只有 $k=n$ 的项不为零,即

$$a_n\int_{-\pi}^{\pi}\cos nx\cos nx\,\mathrm{d}x = a_n\pi,$$

所以

$$\int_{-\pi}^{\pi} f(x)\cos nx\,\mathrm{d}x = a_n\int_{-\pi}^{\pi}\cos nx\cos nx\,\mathrm{d}x = a_n\pi,$$

即

$$a_n = \frac{1}{\pi}\int_{-\pi}^{\pi} f(x)\cos nx\,\mathrm{d}x \quad (n=1,2,\cdots). \tag{2.11.5}$$

类似地,把式(2.11.3)的两端都乘以 $\sin nx$(n 为正整数),并在区间$[-\pi,\pi]$上逐项积分,得

$$b_n = \frac{1}{\pi}\int_{-\pi}^{\pi} f(x)\sin nx\,\mathrm{d}x \quad (n=1,2,\cdots). \tag{2.11.6}$$

式(2.11.4)、式(2.11.5)、式(2.11.6)可以合并写成

$$\begin{cases} a_n = \dfrac{1}{\pi}\displaystyle\int_{-\pi}^{\pi} f(x)\cos nx\,\mathrm{d}x & (n=0,1,2,3,\cdots), \\ b_n = \dfrac{1}{\pi}\displaystyle\int_{-\pi}^{\pi} f(x)\sin nx\,\mathrm{d}x & (n=1,2,3,\cdots), \end{cases}$$

称 a_n,b_n 为 $f(x)$ 的**傅里叶系数**. 由 $f(x)$ 的傅里叶系数所确定的级数

$$\frac{a_0}{2} + \sum_{n=1}^{\infty}(a_n\cos nx + b_n\sin nx)$$

称为 $f(x)$ 的**傅里叶级数**.

3. 狄利克雷收敛定理

对于定义在$[-\pi,\pi]$上的周期函数 $f(x)$,求出傅里叶系数,不难得到它的傅里叶级数,问题是这个傅里叶级数是否一定收敛于 $f(x)$? 这个问题傅里叶(图 2.11.11)本人大胆断言:"任意"函数的傅里叶级数都收敛于 $f(x)$. 事实上,他的断言并不完全正确,1829 年,德国数学家狄利克雷(图 2.11.12)给出了傅里叶级数收敛的充分条件.

定理 2.11.3(狄利克雷收敛定理)　设 $f(x)$ 是以 2π 为周期的函数,如果它满足:① 在一个周期内**连续**或只有**有限个**左右极限均存在的**间断点**,② 在一个周期内至多只有**有限个极值点**,则 $f(x)$ 的傅里叶级数收敛,并且

(1) 当 x 是 $f(x)$ 的连续点时,级数收敛于 $f(x)$;

(2) 当 x 是 $f(x)$ 的间断点时,级数收敛于 $\dfrac{1}{2}\left[f(x^-)+f(x^+)\right]$.

图 2.11.11   图 2.11.12

狄利克雷收敛定理告诉我们:只要 $f(x)$ 满足狄氏条件,$f(x)$ 就可以展开成傅里叶级数. 而常见的周期函数、电路中涉及的函数绝大多数都满足狄氏条件,这就使得傅里叶级数得到广泛的应用.

数学文化

　　傅里叶是法国数学家,出身平民,小时候就对数学表现出特殊的爱好. 他多年坚持数学的教学和研究,坚守对数学真、善、美的信仰. 他一生为人正直,在法国大革命时期,因替当时恐怖行为的受害者申辩而被捕入狱. 他曾对许多年轻的科学家给予无私的支持和真挚的鼓励,从而获得他们的忠诚爱戴.

　　傅里叶大胆地断言,"任意"函数都可以展开成三角级数,并且列举大量函数和图形来说明函数的三角级数的普遍性. 虽然他没有给出明确的条件和严格的证明,但由此开创出的"傅里叶分析"方法,拓广了传统的函数概念. 毛泽东指出:"在人类社会和自然界,统一体总要分解为不同的部分,只是在不同的具体条件下,内容不同,形式不同罢了."傅里叶级数就体现了这一哲学思想.

4. 周期函数展开成傅里叶级数

例 2.11.9　将矩形波展开成傅里叶级数.

如图 2.11.13 所示,设函数 $f(x)$ 的周期为 2π,它在 $(-\pi,\pi]$ 上的表达式为

$$f(x)=\begin{cases} -1, & -\pi<x\leqslant 0, \\ 1, & 0<x\leqslant\pi, \end{cases}$$

将 $f(x)$ 展开成傅里叶级数.

　　解　由上述函数图形可知,所给函数 $f(x)$ 在点 $x=k\pi(k=0,\pm 1,\pm 2,\cdots)$ 处不连续,在其他点处连续,从而由收敛定理知 $f(x)$ 的傅里叶级数收敛,并且

当 $x=k\pi$ 时,级数收敛于 $\frac{1}{2}[f(k\pi^{-})+f(k\pi^{+})]=\frac{1}{2}(-1+1)=0$;

当 $x\neq k\pi$ 时,级数级数收敛于 $f(x)$.

下面计算 $f(x)$ 的傅里叶系数:

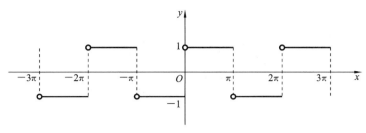

图 2.11.13

$$a_n = \frac{1}{\pi}\int_{-\pi}^{\pi} f(x)\cos nx\, \mathrm{d}x$$

$$= \frac{1}{\pi}\int_{-\pi}^{0}(-1)\cos nx\, \mathrm{d}x + \frac{1}{\pi}\int_{0}^{\pi} 1 \cdot \cos nx\, \mathrm{d}x = 0 \quad (n = 0,1,2,\cdots),$$

$$b_n = \frac{1}{\pi}\int_{-\pi}^{\pi} f(x)\sin nx\, \mathrm{d}x = \frac{1}{\pi}\int_{-\pi}^{0}(-1)\sin nx\, \mathrm{d}x + \frac{1}{\pi}\int_{0}^{\pi} 1 \cdot \sin nx\, \mathrm{d}x$$

$$= \frac{1}{\pi}\left[\frac{\cos nx}{n}\right]_{-\pi}^{0} + \frac{1}{\pi}\left[-\frac{\cos nx}{n}\right]_{0}^{\pi} = \frac{2}{n\pi}(1 - \cos n\pi)$$

$$= \begin{cases} \dfrac{4}{n\pi}, & n = 1,3,5,\cdots, \\[2mm] 0, & n = 2,4,6,\cdots, \end{cases}$$

于是，$f(x)$ 的傅里叶级数为

$$f(x) = \frac{4}{\pi}\left[\sin x + \frac{1}{3}\sin 3x + \cdots + \frac{1}{2k-1}\sin(2k-1)x + \cdots\right]$$

$$(-\infty < x < +\infty; x \neq 0, \pm\pi, \pm 2\pi, \cdots).$$

知识拓展

在雷达电路中，常见信号是矩形波、锯齿波等波形，为了分析信号的频率特性，可以将矩形波、锯齿波等展开成傅里叶级数，即将信号分解成各种频率不同的正弦波，便于分析电路对每种频率正弦波的影响，这对于如何满意地传递信号具有重要的意义. 在电子对抗中，利用傅里叶级数可以分析截获到的雷达信号能量在不同频率正弦波上的分布情况，实现针对性地检波和干扰.

例 2.11.10（将锯齿波展开成傅里叶级数） 如图 2.11.14 所示，设函数 $f(x)$ 的周期为 2π，它在 $(-\pi,\pi]$ 上的表达式为

$$f(x) = \begin{cases} 0, & -\pi < x \leqslant 0, \\ x, & 0 < x \leqslant \pi, \end{cases}$$

将 $f(x)$ 展开成傅里叶级数.

解 由题意知，函数在点 $x = (2k+1)\pi(k=0,\pm1,\pm2,\cdots)$ 处不连续，因此，$f(x)$ 的傅里叶级数在 $x=(2k+1)\pi$ 处收敛于

$$\frac{1}{2}\{f[(2k+1)\pi^{-}] + f[(2k+1)\pi^{+}]\} = \frac{1}{2}(0+\pi) = \frac{\pi}{2}.$$

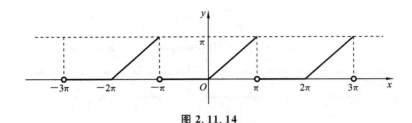

图 2.11.14

在连续点 $x \neq (2k+1)\pi$ 处,级数收敛于 $f(x)$.

下面计算 $f(x)$ 的傅里叶系数:

$$a_0 = \frac{1}{\pi} \int_{-\pi}^{\pi} f(x) \mathrm{d}x = \frac{1}{\pi} \int_0^{\pi} x \mathrm{d}x = \frac{\pi}{2},$$

$$a_n = \frac{1}{\pi} \int_{-\pi}^{\pi} f(x) \cos nx \, \mathrm{d}x = \frac{1}{\pi} \int_0^{\pi} x \cos nx \, \mathrm{d}x = \frac{1}{\pi} \left[\frac{x \sin nx}{n} + \frac{\cos nx}{n^2} \right]_0^{\pi}$$

$$= \frac{1}{n^2 \pi} (\cos n\pi - 1) = \begin{cases} -\dfrac{2}{n^2 \pi}, & n = 1,3,5,\cdots, \\ 0, & n = 2,4,6,\cdots, \end{cases}$$

$$b_n = \frac{1}{\pi} \int_{-\pi}^{\pi} f(x) \sin nx \, \mathrm{d}x = \frac{1}{\pi} \int_0^{\pi} x \sin nx \, \mathrm{d}x = \frac{1}{\pi} \left[-\frac{x \cos nx}{n} + \frac{\sin nx}{n^2} \right]_0^{\pi}$$

$$= -\frac{\cos n\pi}{n} = \frac{(-1)^{n+1}}{n} \quad (n = 1,2,\cdots),$$

于是,$f(x)$ 的傅里叶级数为

$$f(x) = \frac{\pi}{4} + \left(-\frac{2}{\pi} \cos x + \sin x \right) - \frac{1}{2} \sin 2x + \left(-\frac{2}{3^2 \pi} \cos 3x + \frac{1}{3} \sin 3x \right)$$

$$- \frac{1}{4} \sin 4x + \left(-\frac{2}{5^2 \pi} \cos 5x + \frac{1}{5} \sin 5x \right) - \cdots$$

$$(-\infty < x < +\infty; x \neq 0, \pm \pi, \pm 2\pi, \cdots).$$

5. 傅里叶级数的专业应用

在信号分析中,需要进一步搞清楚每一种频率成分的正弦波的振幅大小,称为**频谱分析**. 频谱分析是傅里叶级数在电子对抗中的重要应用之一.

例 2.11.11 如图 2.11.15 所示,宽为 τ、高为 E、周期为 T 的矩形波,在一个周期 $\left[-\dfrac{T}{2}, \dfrac{T}{2} \right)$ 内的函数表达式为

$$u(t) = \begin{cases} 0, & -\dfrac{T}{2} \leqslant t < -\dfrac{\tau}{2}, \\ E, & -\dfrac{\tau}{2} \leqslant t < \dfrac{\tau}{2}, \\ 0, & \dfrac{\tau}{2} \leqslant t < \dfrac{T}{2}, \end{cases}$$

则矩形波的傅里叶级数展开式为

$$U(t) = \frac{E\tau}{T} + \frac{2E}{\pi} \sum_{n=-\infty}^{+\infty} \frac{1}{n} \sin \frac{n\pi\tau}{T} \cos \frac{n\pi t}{T}$$

$$\left(n \neq 0; -\infty < t < +\infty; t \neq \pm \frac{\tau}{2}, \pm \frac{\tau}{2} \pm T, \cdots \right),$$

其中 $0 < \tau < T$，傅里叶系数为

$$a_0 = \frac{E\tau}{T}, \quad a_n = \frac{2E}{n\pi}\sin\frac{n\pi\tau}{T}, \quad b_n = 0.$$

此时振幅 $|C_n| = \frac{1}{2}\sqrt{a_n^2 + b_n^2} = \frac{E}{n\pi}\sin\frac{n\pi\tau}{T}$，角频率 $\omega = \frac{2\pi}{T}$. 由 C_n 可以作出它的频谱图，如图 2.11.16 所示.

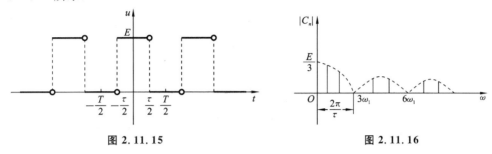

图 2.11.15   图 2.11.16

这里设脉冲宽度 $\tau = \frac{T}{3}$. 由图可知，频率 $3\omega, 6\omega, \cdots$ 对应的 $|C_n| = 0$，这些点称为**谱线的零点**，其中

$$3\omega = 3 \cdot \frac{2\pi}{T} = \frac{2\pi}{\frac{T}{3}} = \frac{2\pi}{\tau}$$

称为第一个零值点. 在第一个零值点之后，振幅相对减少，可以忽略不计. 因此，矩形脉冲的频带宽度为 $\Delta\omega = \frac{2\pi}{\tau}$.

从图 2.11.16 还可以看出，矩形脉冲的频谱是离散的，即它的谱线是一条一条分开的，其间的距离是 $\omega = \frac{2\pi}{T}$. 而且，当脉冲宽度 τ 不变时，增大周期，谱线之间的距离就缩小. 换言之，周期越大，谱线越密.

例 2.11.12（电子对抗中的频谱分析） 雷达脉冲信号是一种幅度调制的形式，脉冲调制载波的频谱包含调制信号的频谱，调制信号是周期性矩形函数，如图 2.11.17 所示.

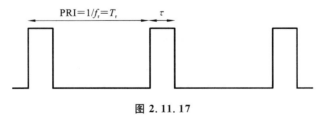

图 2.11.17

分析 该周期性函数的频谱由一系列无数的谱线组成，这些谱线对应于调制函数的傅里叶级数. 图 2.11.17 所示波形的傅里叶级数 $f(t)$ 由下式给出：

$$f(t) = \frac{2V\tau}{T_r}\left[\frac{1}{2} + \sum_{n=1}^{\infty}\frac{\sin\left(\frac{n\pi\tau}{T_r}\right)}{\frac{n\pi\tau}{T_r}}\cos(n\omega_r t)\right],$$

式中，V 表示脉冲（调制信号）的峰值电压，ω_r 表示脉冲波形的基本角频率，n 表示谐波级次，t 表示时间. 分析可知，级数 $f(t)$ 由无数个基本角频率的谐波组成，而且这些频率分量的整体幅度表现为 sinc^2 函数的形状. 脉冲调制载波的功率谱如图 2.11.18 所示.

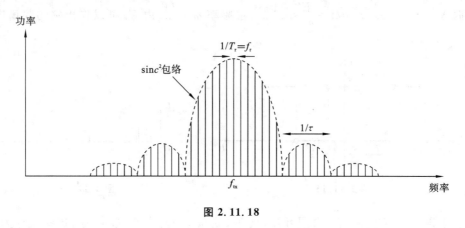

图 2.11.18

从图 2.11.18 中可以看出，脉冲调制载波的频谱特征是在高于和低于载波中心频率 f_{tx} 两边的谐波处存在一系列间隔为脉冲重复频率的谱线，这些谱线的功率包络是经典的 sinc^2 函数. 其特点是有一系列零点：高于和低于 f_{tx} 的第一零点位于相对 f_{tx} 偏移了 $\dfrac{1}{\tau}$ 的频率处，随后的零点在频率上连续偏移 $\dfrac{1}{\tau}$. 因此，窄脉宽 τ 产生宽带信号，而宽脉冲产生窄带频谱（注意：零点处的频率不一定与谐波频率处的频线重合。事实上，当且仅当周期 T_r 是 τ 的整数倍的才会出现重合的情况）. 图中只描绘了在偏移载波中心频率 f_{tx} 左右各 $\dfrac{3}{\tau}$ 的频带范围上的频谱. 事实上，频谱的副瓣会在该频带外继续延续下去，只不过随着偏移频率的增加，副瓣点频会变得越来越低.

知识拓展

对于雷达对抗领域而言，雷达对抗方的作战任务最终是要实现对敌雷达的有效干扰，从而削弱或破坏敌雷达的作战效能. 为了达到这一目的，对抗方就必须准确分析出其所侦察截获到的雷达信号的关键信息，例如频率、功率（幅度）和方向等，以便产生有针对性（频率和方向上对准、能量上覆盖）的干扰信号.

在该过程中，利用傅里叶级数分析确定雷达脉冲信号的频谱（功率谱），对干扰信号的产生有决定性的作用. 它能够在一定程度上掌握敌雷达的载频、接收机带宽和功率，以便能产生方向上对准、频率和雷达信号载频相同、频谱宽度覆盖雷达接收带宽以及能量覆盖目标回波信号的干扰信号，达到有效干扰的目的.

对调幅信号（雷达脉冲信号）来说，检波是指从调幅信号的包络（振幅变化）提取出调制信号，获取信号电压大小的过程，对雷达信号进行检波，经过特殊的测向方法可获取其来波方向信息. 对干扰信号的产生而言，利用带通滤波器直接对白噪声进行滤波和放大可产生射频噪声干扰,该干扰信号频谱(功率谱)宽度由滤波器的通频带宽范围决定,放大信号效果由其频率传输特性所决定.

数学文化

傅里叶级数实际上提供了考察事物变化的新方法.事物的运动变化都是与时间有关的,因此我们自然地从时间变化的角度来考察事物,这种以时间作为参考来观察动态世界的方法,称为**时域分析**.对于一个复杂的周期运动对应的函数,如图2.11.19右上方所示,从时域图形上看,难以看出规律,但将其展开成傅里叶级数,我们就知道了这个复杂的周期函数实际上是由一系列不同频率的正弦函数叠加而成的,如图2.11.19的中央部分,也就是把一个规律不明显的周期运动分解成了一系列规律简单的周期运动.从时间方向看,以时间为横坐标,以运动的振幅为纵坐标,每一个周期运动的振幅是随时间变化的,但是每一个周期运动都有自己固定的频率.我们以这些固定的频率为横坐标,以运动的振幅为纵坐标,表示到图2.11.19的左上方,就得到这一系列周期运动的**频域图形**(即**频谱**).从频率方向看,对应每一个固定的频率,都有一个固定的振幅,因此这个不变的频域图形(频谱),同样描绘了一个复杂的周期运动,这就是**频域分析**.

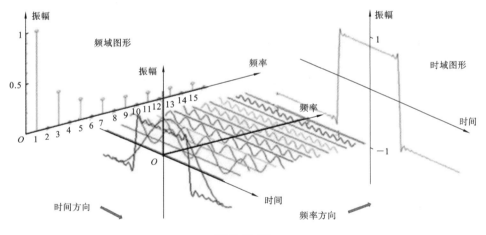

图 2.11.19

所以,世间万物都是运动的,并且永不静止,但是换一个角度来观察,我们会发现世界是永恒的.用一个比喻来帮助理解:我们眼中的世界就像皮影戏的大幕布,幕布的后面有无数的齿轮,大齿轮带动中齿轮,中齿轮再带动小齿轮.在最外面的小齿轮上有一个小人,只看到这个小人无规律地在幕布前表演(复杂的周期运动),而幕布后面的每个齿轮却一直在旋转(一系列周期运动),并且齿轮旋转的规律是固定的(不变的频域图形).换一个角度,揭示客观事物的规律,这就是傅里叶级数的方法论价值.

习题答案

习 题 2.11

1. 设常数 $a \neq 0$，几何级数 $\sum\limits_{n=1}^{\infty} aq^n$ 收敛，则 q 应满足（   ）.

A. $q < 1$ B. $-1 < q < 1$ C. $q \leqslant 1$ D. $q > 1$

2. 常数项级数 $\sum\limits_{n=0}^{+\infty} \dfrac{2}{4^n}$ 的和是（   ）.

A. $\dfrac{8}{3}$ B. 2 C. $\dfrac{2}{3}$ D. 1

3. 判断下列常数项级数的敛散性：

(1) $\sum\limits_{n=1}^{\infty} \dfrac{1}{n^{\frac{3}{2}}}$;   (2) $\sum\limits_{n=1}^{\infty} \dfrac{1}{3^n}$;   (3) $\sum\limits_{n=1}^{\infty} \dfrac{1}{n!}$;

(4) $\sum\limits_{n=1}^{\infty} \dfrac{1}{3n}$;   (5) $\sum\limits (\sqrt{n+1} - \sqrt{n})$.

4. 求下列幂级数的收敛半径与收敛区间：

(1) $\sum\limits_{n=1}^{\infty} \dfrac{n-1}{2^n} x^{n-1}$;   (2) $\sum\limits_{n=1}^{\infty} \dfrac{1}{2^n} x^{2n}$;   (3) $\sum\limits_{n=1}^{\infty} \dfrac{(2x+1)^{2n}}{n}$;

(4) $\sum\limits_{n=0}^{\infty} \dfrac{x^n}{n!}$;   (5) $\sum\limits_{n=1}^{\infty} n! x^n$.

5. 将周期为 2π 的函数 $f(x)$ 展开成傅里叶级数，其中 $f(x)$ 在 $-\pi \leqslant x < \pi$ 上的表达式为 $f(x) = x^2$.

6. 将周期为 2π 的函数 $f(x)$ 展开成傅里叶级数，其中 $f(x)$ 在 $-\pi \leqslant x < \pi$ 上的表达式为

$$f(x) = \begin{cases} -x, & -\pi \leqslant x < 0, \\ x, & 0 \leqslant x < \pi. \end{cases}$$

单元测试

第3章　解 析 几 何

解析几何是借助坐标系,用代数方法研究几何对象之间的关系和性质,实现了代数方法与几何方法的结合、数与形的统一.本章主要讨论平面直角坐标系中的直线、圆、椭圆、抛物线、双曲线的图形特征、方程表示,以及相关专业、军事中的应用,在此基础上讨论极坐标系、球坐标系、向量.

3.1　直角坐标系与直线

本节资源

法国数学家笛卡尔(图 3.1.1)说过:"我用一生的时间去研究平面直角坐标系,而你们却用它来做题."平面直角坐标系是变量数学的先导和基础,有了坐标系才会有变量,才可以表达函数,微积分才有了发展的舞台,它的发明促使几何坐标化,推动了数学的发展.

图 3.1.1

3.1.1　平面直角坐标系

1. 平面直角坐标系的定义

规定了原点、正方向和单位长度的直线叫**数轴**,如图 3.1.2 所示. 定义了数轴,实数与数轴上的点就形成了**一一对应关系**. 数轴上的点可以用一个数来表示,这个数叫做该点在数轴上的**坐标**. 例如,点 A 在数轴上的坐标为 -3,点 B 在数轴上的坐标为 2. 反之,知道数轴上某个点的坐标,这个点在数轴上的位置也就确定了.

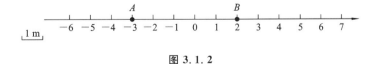

图 3.1.2

引例　图 3.1.3 是某城市旅游景点的示意图,试问各个景点的位置该如何确定?

分析 景点位于地面上,把地面看成平面,问题的本质是要确定平面上点的位置. 这就需要在平面上定义坐标系,相应地给每个景点确定坐标.

定义 3.1.1 平面上两条相互垂直且有公共原点的数轴组成**平面直角坐标系**. 其中,水平数轴称为**横轴**(或 x **轴**),取向右为正方向;竖直数轴称为**纵轴**(或 y **轴**),取向上为正方向;两个数轴的交点 0(或 O)称为**坐标原点**(简称原点),如图 3.1.4 所示.

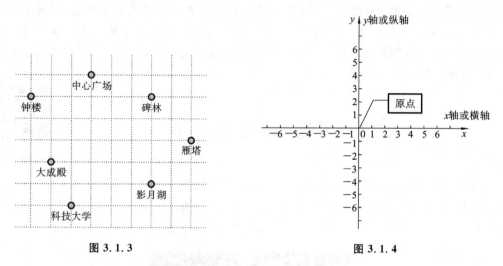

图 3.1.3　　　　　　　　　　图 3.1.4

2. 平面上点与实数对的对应关系

如图 3.1.5 所示,对平面上的任意一点 P,过点 P 作 x 轴的垂线,得交点在 x 轴上的坐标 x;过点 P 作 y 轴的垂线,得交点在 y 轴上的坐标 y,有序实数对 (x, y) 就由点 P 的位置决定.

反之,给定有序实数对 (x, y),也可以确定平面上的点 P. 这样,点 P 就与有序实数对 (x, y) 一一对应,这个有序实数对 (x, y) 称为 P 点的**平面坐标**.

两条相互垂直的坐标轴将平面分为四个部分,如图 3.1.6 所示,按逆时针方向依次称为**第一象限、第二象限、第三象限和第四象限**.

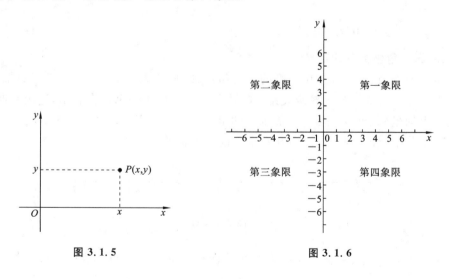

图 3.1.5　　　　　　　　　　图 3.1.6

例 3.1.1　在平面直角坐标系中找到坐标 $(3,-2)$ 对应的点 A.

分析　由坐标找点的方法,先在坐标轴上找到对应横坐标与纵坐标的点,然后过这两点分别作 x 轴与 y 轴的垂线,垂线的交点就是该坐标对应的点.

解　如图 3.1.7 所示,先找到横坐标上的点 3,过点 3 作 x 轴的垂线;再找到纵坐标上的点 -2,过点 -2 作 y 轴的垂线;两条垂线的交点就是所要找的点 A.

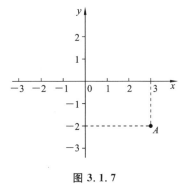

图 3.1.7

例 3.1.2　根据下列各点的坐标判定它们分别在第几象限或在哪条坐标轴上?
$A(-5,2)$, $B(3,-2)$, $C(1,8)$, $D(-6,0)$, $E(0,4)$.

解　点 $A(-5,2)$ 在第二象限;点 $B(3,-2)$ 在第四象限;点 $C(1,8)$ 在第一象限;点 $D(-6,0)$ 在 x 轴负半轴上;点 $E(0,4)$ 在 y 轴正半轴上.

数学文化

　　万事万物是相互联系、相互依存的.只有用普遍联系、全面系统、发展变化的观点观察事物,才能把握事物的发展规律.笛卡尔在研究将数形结合用代数描述几何时,刚开始的思绪有点理不清,苦苦思考时他看到了在墙面上忙着爬行织网的蜘蛛,看到蜘蛛有规律、横竖交替地编织网络,沉思中的笛卡尔灵机一动:蜘蛛的轨迹能不能用一条条的线来定位?蜘蛛所处的位置能不能用线相交形成的点来确定?随后一发不可收拾,根据这种数形结合的思想,创立了笛卡尔坐标系.笛卡尔的事例启发我们要用普遍联系、全面系统、发展变化的观点观察事物,要勤于思考,细致入微,这样才能真正掌握科学的思想和工作方法.

3. 平面上两点间的距离公式

设平面上点 A 的坐标为 (x_1,y_1),点 B 的坐标为 (x_2,y_2),则 A,B 两点间的距离
$$|AB|=\sqrt{(x_2-x_1)^2+(y_2-y_1)^2}.$$

例 3.1.3　设平面上点 A 的坐标为 $(3,-3)$,点 B 的坐标为 $(8,9)$,求 A,B 两点间的距离.

解　由于 $x_1=3$,$y_1=-3$,$x_2=8$,$y_2=9$,由平面上两点间的距离公式可得
$$|AB|=\sqrt{(x_2-x_1)^2+(y_2-y_1)^2}=\sqrt{(8-3)^2+(9-(-3))^2}$$
$$=\sqrt{5^2+12^2}=\sqrt{169}=13.$$

例 3.1.4　设在平原上狙击手埋伏在 A 位置,坐标为 $(6,2)$(单位:10^2 m),准备对敌方指挥官执行斩首行动,已知敌方指挥官在 B 位置,坐标为 $(3,-2)$,狙击手在平原上距离 600 m 范围内的命中率为 100%,请问狙击手能保证完成任务吗?

解　根据题意,若 A 点和 B 点间的距离小于等于 600 m,狙击手就能保证完成任务.以百米为单位,由距离公式可得

$$|AB| = \sqrt{(3-6)^2 + (-2-2)^2} = \sqrt{3^2 + 4^2} = 5(\text{百米}).$$

由上可知,敌方指挥官与狙击手距离 $500\ \mathrm{m}$,所以狙击手能保证完成任务.

3.1.2 直线

西班牙建筑师高迪(图 3.1.8)曾说:"直线属于人类,曲线归于上帝."直线是欧氏几何中的基本概念,是人类的智慧的结晶,它的长度是无限的,在空间中只占有位置,没有面积,不同于自然界中存在的曲线,直线是抽象的数学模型.

连接平面上的两点,能画出一条确定的直线.只经过平面上的一个点,能画出一条确定的直线吗?

答案是不能.如图 3.1.9 所示,过一点可以有无数条不同的直线.那么,这些过同一点的不同直线有什么差异呢?

图 3.1.8

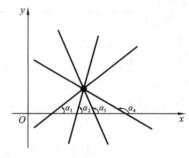

图 3.1.9

过同一点的不同直线的倾斜程度不同.那么,怎样描述直线的倾斜程度呢?

在平面直角坐标系中,直线的倾斜程度可以用直线向上的方向与 x 轴正方向的夹角来表示.例如图 3.1.9 中,四条直线的向上的方向与 x 轴正方向的夹角 $\alpha_1, \alpha_2, \alpha_3, \alpha_4$ 的大小各不相同,由此引出直线的斜率的概念.

1. 斜率

如图 3.1.10 所示,在平面直角坐标系中,一条直线 l 向上的方向与 x 轴的正方向所成的最小正角 α,称为这条直线的**倾斜角**.它的大小反映了直线相对于 x 轴的倾斜程度,规定它的取值范围是 $0° \leqslant \alpha < 180°$(或 $0 \leqslant \alpha < \pi$).

倾斜角不是 $90°$ 的直线,它的**倾斜角的正切值**称为这条直线的**斜率**.直线的斜率通常用 k 表示,即 $k = \tan\alpha$.当倾斜角 α 是 $90°$ 时,直线垂直于 x 轴,这时直线的斜率不存在,直线用 $x = c$ 表示,c 是直线与 x 轴交点的坐标.

2. 点斜式方程

知道直线经过一个点,并且知道它的斜率或倾斜角,那么这条直线也就确定了.

如图 3.1.11 所示,若直线 l 经过点 $P_0(x_0, y_0)$,斜率为 k,设点 $P(x, y)$ 是直线 l 上不同于 P_0 点的任意一点,由线段 PP_0 的倾斜角始终与直线 l 的倾斜角相同,得

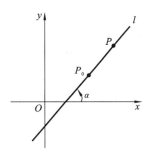

图 3.1.10　　　　　　　图 3.1.11

$$\tan\alpha=k=\frac{y-y_0}{x-x_0},$$

整理得
$$y-y_0=k(x-x_0).$$

可以看到,直线 l 上的点都满足上述方程,满足方程的点 (x,y) 也都在直线 l 上. 因此上述方程就是经过点 P_0、斜率为 k 的直线 l 的方程. 这个方程是由直线上一点和直线的斜率确定的,因此称为直线的**点斜式方程**.

例 3.1.5　设直线 l 经过点 $P(-2,3)$,且倾斜角 $\alpha=45°$,求直线 l 的方程.

解　直线 l 的斜率 $k=\tan45°=1$,直线经过点 $P(-2,3)$,即 $x_0=-2,y_0=3$,代入直线的点斜式方程,得 $y-3=1\cdot(x-(-2))$,整理得直线方程 $y=x+5$.

例 3.1.6　一架不明身份的飞机在某高度沿正东偏北 $45°$ 的方向匀速直线飞行(高度不变,可假设飞机在空间一水平面上),初始位置为 A 点,坐标为 $(100,0)$,试画出飞机的飞行路线草图,并求出其飞行路线方程.

解　建立平面直角坐标系,画出过点 $A(100,0)$ 且倾斜角为 $45°$ 的直线 l,即为飞机的飞行路线草图,如图 3.1.12 所示.

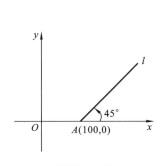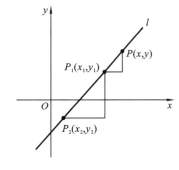

图 3.1.12　　　　　　　图 3.1.13

因为直线 l 的倾斜角为 $\alpha=45°$,所以直线 l 的斜率为 $k=\tan45°=1$.

又由于直线 l 过点 $A(100,0)$,即 $x_0=100,y_0=0$,代入直线的点斜式方程,得
$$y-0=1\cdot(x-100),$$
所以,飞机的飞行路线方程为 $y=x-100$.

3. 两点式方程

已知直线 l 上两点 P_1,P_2 的坐标分别为 $P_1(x_1,y_1),P_2(x_2,y_2)$(其中 $x_1\neq x_2,y_1\neq$

y_2)，如图 3.1.13 所示，设直线 l 上任意另外一点 P 的坐标为 (x,y)，直线的斜率 $k = \dfrac{y-y_1}{x-x_1} = \dfrac{y_2-y_1}{x_2-x_1}$，则直线方程为

$$\frac{y-y_1}{y_2-y_1} = \frac{x-x_1}{x_2-x_1}.$$

这个方程由直线上的两点所确定，因此称为直线的**两点式方程**.

例 3.1.7 设直线 l 经过点 $O(0,0)$，$B(200,100)$，求直线 l 的方程.

解 已知直线上两点 $O(0,0)$，$B(200,100)$ 的坐标，即 $x_1=0$，$y_1=0$，$x_2=0$，$y_2=0$. 代入直线的两点式方程，可得

$$\frac{y-0}{100-0} = \frac{x-0}{200-0},$$

化简得所求直线方程为 $y = \dfrac{1}{2}x$.

例 3.1.8 某不明身份飞机被我军雷达捕获，经侦察发现该飞机在某高度沿正东偏北 $45°$ 方向匀速直线飞行（高度不变，可假设飞机在空间一水平面上），速度大小为 $v_1 = 100\sqrt{2}$ m/s，初始位置为 A 点，坐标为 $(100,0)$，单位为 km，如图 3.1.14 所示. 我空军启动战斗机从点 $O(0,0)$ 以 $v_2 = 100\sqrt{5}$ m/s 的速度匀速直线飞行进行追赶拦截，问我军战斗机的飞行方向如何选择才能拦截住不明身份飞机？

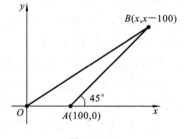

图 3.1.14

解 如图 3.1.14 所示，已知不明身份飞机从 A 点沿正东偏北 $45°$ 的方向直线飞行，参照例 3.1.6，该飞机飞行路线的直线方程为 $y = x - 100$.

设我军战斗机从 O 点沿直线 OB 飞行到 B 点恰好追上不明身份飞机，因为 B 点在直线 $y = x - 100$ 上，设 B 点的横坐标为 x，代入直线方程 $y = x - 100$，得 B 点的纵坐标 $x - 100$，即 B 点坐标为 $(x, x-100)$.

由题意知，我军战斗机沿直线段 OB 飞行的时间 t_2 应等于不明身份飞机沿直线段 AB 飞行的时间 t_1，由 $t = \dfrac{s}{v}$ 及平面上两点间的距离公式，可得

$$t_1 = \frac{|AB|}{v_1} = \frac{\sqrt{(x-100)^2 + (x-100-0)^2}}{100\sqrt{2}} = \frac{|x-100|}{100},$$

$$t_2 = \frac{|OB|}{v_2} = \frac{\sqrt{(x-0)^2 + (x-100-0)^2}}{100\sqrt{5}} = \frac{\sqrt{x^2 + (x-100)^2}}{100\sqrt{5}},$$

由 $t_1 = t_2$ 可得

$$\frac{|x-100|}{100} = \frac{\sqrt{x^2 + (x-100)^2}}{100\sqrt{5}},$$

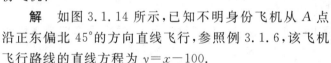

化简得 $2(x-100) = \pm x$，解得 B 点横坐标 $x_1 = 200$，$x_2 = \dfrac{200}{3}$.

当 $x_1 = 200$ 时，B 点纵坐标 $y_1 = x_1 - 100 = 100$，即 B 点坐标为 $B(200,100)$.

当 $x_2 = \dfrac{200}{3}$ 时, B 点纵坐标为 $y_2 = x_2 - 100 = -\dfrac{100}{3} < 0$, B 点位于第四象限,与题意不符,舍去.

由 O 点坐标 $(0,0)$ 和 B 点坐标 $(200,100)$,根据直线的两点式方程,参照例 3.1.7,可知我军战斗机飞行路线的直线方程为 $y = \dfrac{1}{2}x$,其斜率为 $k_{OB} = \dfrac{1}{2}$,倾斜角为

$$\arctan\dfrac{1}{2} \approx 26.6°,$$

因此我军战斗机的飞行方向应为正东偏北 $26.6°$.

3.1.3　高斯直角坐标系

用大地经度和纬度表示的大地坐标是一种椭球面上的坐标,不能直接应用于测图. 因此,需要将它们按一定的数学规律转换为平面直角坐标,这就是高斯直角坐标系. 高斯直角坐标系是大地测量、城市测量、普通测量、各种工程测量和地图制图中广泛采用的一种平面坐标. 它是由德国数学家高斯于 1822 年提出的,后经德国数学家克吕格尔(图 3.1.15)于 1912 年加以扩充而完善.

地理坐标网(图 3.1.16)的构成和起算,全世界是统一的. 经度从首子午面起算,向东西各 $180°$;纬度从赤道面起算,向南北各 $90°$. 这样,地球表面上任意一点都有一条经线和一条纬线通过. 因此,用一组经度和纬度数值就可以指示或确定地面上任意一点的位置.

图 3.1.15

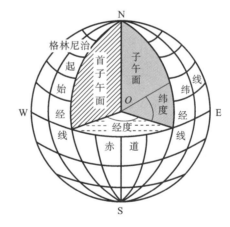

图 3.1.16

为了方便工程的规划、设计与施工,我们需要把测区投影到平面上,使得测量计算和绘图更加方便. 而地理坐标是球面坐标,当测区范围较大时,要建立平面坐标系就不能忽略地球曲率的影响,把地球上的点换算到平面上,就成为地图投影.

高斯投影的方法是将地球按经线划分为带,成为投影带,投影是从首子午线开始的,每隔 $6°$ 划分一带,我国领土大约位于东经 $72°\sim136°$ 之间,即 $13\sim23$ 带,如图 3.1.17 所示.

将中央子午线投影为纵坐标,用 x 表示,将赤道的投影作为横坐标,用 y 表示,两轴的交点作为坐标原点,由此构成的平面直角坐标系称为高斯平面直角坐标系,这与笛卡尔直角坐标系 x,y 轴的选取刚好相反,如图 3.1.18 所示.

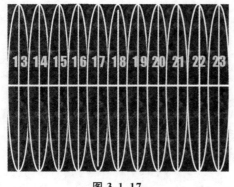

图 3.1.17

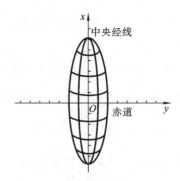

图 3.1.18

如图 3.1.20 所示的高斯直角坐标系中，P 点的**平面坐标**用 (x,y) 表示，这与图 3.1.19 中笛卡尔直角坐标系点的坐标表示相同.

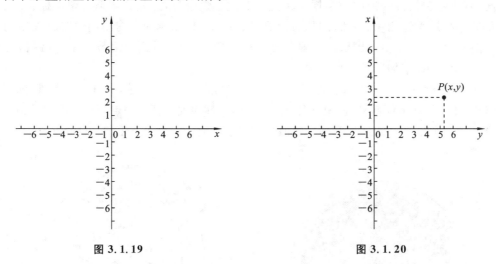

图 3.1.19

图 3.1.20

如图 3.1.21 所示，按顺时针方向依次称为**第一象限、第二象限、第三象限**和**第四象限**，这与笛卡尔直角坐标系不同.

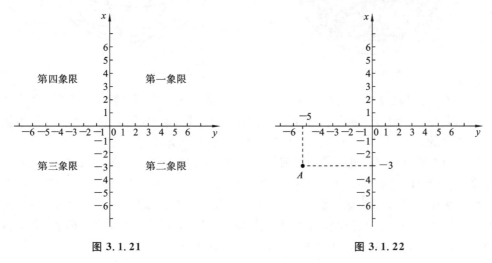

图 3.1.21

图 3.1.22

例 3.1.9　如图 3.1.22 所示,在高斯平面直角坐标系中确定 A 点所在象限和坐标.

解　点 A 在第三象限,坐标为 $A(-5,-3)$.

如图 3.1.23 所示,在实际应用中,为了使得高斯投影 Y 坐标的数值都为正值,故将纵坐标轴向右平移 500 km.

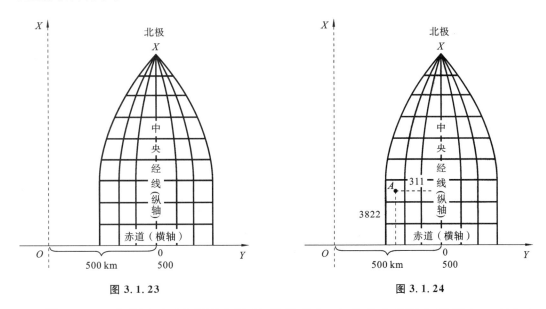

图 3.1.23　　　　　　　　　　图 3.1.24

例 3.1.10　如图 3.1.24 所示在第 20 投影带上,A 点在赤道以北 3822 km,在中央经线以西 311 km,求 A 点的平面直角坐标.

解　点 A 的坐标为 $(3822,500-311)$,即 $A(3822,189)$.

习　题　3.1

习题答案

一、知识强化

1. 设平面上点 A 的坐标为 $(2,-3)$,点 B 的坐标为 $(5,-1)$,求 A,B 两点间的距离.

2. 求直线 $y+2x-3=0$ 和直线 $5y-\dfrac{1}{2}x-3=0$ 的斜率.

3. 设直线 l 经过点 $P(-2,-1)$,且斜率 $k=\dfrac{1}{2}$,求直线 l 的方程.

4. 设直线 l 经过两点 $P(-3,-2),Q(6,-1)$,求直线 l 的方程.

二、专业应用

在第 20 投影带上,A 点在赤道以北 822 km,在中央经线以西 265 km,求 A 点的平面直角坐标.

三、军事应用

1. 设在平原上狙击手埋伏在 A 位置,坐标为 $(8,3)$(单位:10^2 m),准备对敌方指挥官执行斩首行动,已知敌方指挥官在 B 位置,坐标为 $(5,-1)$,狙击手在平原上距离 600 m 范围内命中率为 100%,请问狙击手能保证完成任务吗?

2. 一架不明身份的飞机在某高度沿正东偏南 $30°$ 方向匀速直线飞行(高度不变,可假设飞机在空间一水平面上),初始位置为 A 点,坐标为 $(300,0)$,试画出飞机的飞行路线草图,并求出其飞行路线方程.

3. 某基地接到指示需要派出一辆卡车往 A、B、C 三个营地运输物资,首先卡车由基地正东方向以 40 km/h 行驶了 1 h 到达 A 营地,卸完货物后再由 A 营地的正北方向以 60 km/h 行驶了 1 h 到达了 B 营地,接着卡车沿 B 营地正东方向以 20 km/h 行驶了 2 h 到达 C 营地完成此次运输任务.以基地为坐标原点,以正东方向为 x 轴建立直角坐标系(单位为 km),求 A、B、C 三点的坐标,并求 C 点到基地的距离.

3.2 圆与椭圆

本节资源

德国天文学家、数学家开普勒(图 3.2.1)曾说:阿波罗尼奥斯(图 3.2.2)的《圆锥曲线论》全部内容必须先消化,这是我现在近乎完成的工作.

包括圆、椭圆、抛物线、双曲线在内的圆锥曲线,不光是解析几何的重要内容、现实世界的重要组成,更是广泛地应用于工程设计、天体运动等多个领域.

图 3.2.1

图 3.2.2

3.2.1 圆

人们对圆的认识最早可以追溯到人类诞生之初.最早,人类是从太阳、阴历十五的月亮中抽象出圆的形状,一万八千年前的山顶洞人就可以利用石器来钻圆孔,陶器时代的圆陶是在转盘上制成的,6000 年前的半坡人会造圆形的房顶.

1. 圆的图形与定义

定义 3.2.1 平面上到定点的距离为常数的点的轨迹称为**圆**.定点称为**圆心**,记为点 O,到定点的距离称为**半径**,记为 r,如图 3.2.3 所示;过圆心的弦称为圆的**直径**,记为 R,如图 3.2.4 所示.直径的长度等于半径的 2 倍,即 $R=2r$.

2. 圆的标准方程

如图 3.2.5 所示,以圆心为坐标原点,以过水平直径的直线为 x 轴,以过垂直于直径的直线为 y 轴,建立平面直角坐标系,设圆上任意一点 P 的坐标为 $P(x,y)$,则 $|OP|=r$,又由平面上两点间的距离公式和两点坐标 $O(0,0)$,$P(x,y)$,可得

$$|OP|=\sqrt{(x-0)^2+(y-0)^2}=r,$$

化简得

$$x^2+y^2=r^2.$$

上式称为**圆心在原点的圆的标准方程**.

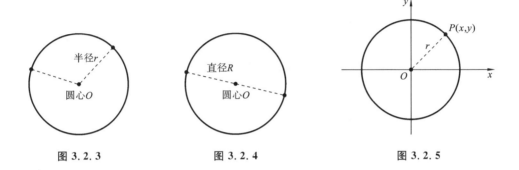

图 3.2.3　　　　　　　图 3.2.4　　　　　　　图 3.2.5

数学文化

春秋时期的孟子(图 3.2.6)说"不以规矩,不能成方圆",意为做任何事情都要有一定的规矩、规则.这里的"规""矩"分别指的是工具圆规与曲尺.借助这两种工具可以分别作出圆形和方形.墨子给圆下了一个定义:圆,一中同长也.意思是每个圆只有一个中心点,从圆心到圆上作线段,线段的长度都相等.墨子指出圆可以用圆规画出,也可用圆规进行检验.墨子给予的圆的定义,与欧几里得几何学中圆的定义完全一致,但却比其早了 100 多年.

图 3.2.6

例 3.2.1　写出圆心在原点、半径为 3 的圆的标准方程.

解　所求圆的标准方程为 $x^2+y^2=9$.

在平面直角坐标系中,若圆的圆心不在坐标圆点,又该怎样求其方程呢?

如图 3.2.7 所示,在平面直角坐标系中,圆心坐标为 $C(a,b)$,半径为 r 的圆,设圆上任意一点 P 的坐标为 $P(x,y)$,则 $|CP|=r$,又由平面上两点间的距离公式和

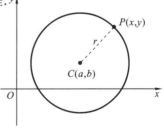

图 3.2.7

两点坐标 $C(a,b)$，$P(x,y)$，可得

$$|CP|=\sqrt{(x-a)^2+(y-b)^2}=r,$$

化简得

$$(x-a)^2+(y-b)^2=r^2.$$

上式称为**圆心在点** (a,b) **的圆的标准方程**.

例 3.2.2 写出下列圆的标准方程：

(1) 圆心在原点，半径为 $\sqrt{2}$；

(2) 圆心在点 $P(2,-2)$，半径为 4；

(3) 经过点 $P(5,1)$，圆心在 $C(8,-3)$.

解 (1) $x^2+y^2=(\sqrt{2})^2=2$；

(2) $(x-2)^2+(y-(-2))^2=4^2$，化简得 $(x-2)^2+(y+2)^2=16$；

(3) 这里没有给出半径，但给出了圆心 C 和圆上一点 P 的坐标，因此

$$r=|CP|=\sqrt{(8-5)^2+(-3-1)^2}=5,$$

圆心为 $C(8,-3)$，故所求圆的标准方程为

$$(x-8)^2+(y-(-3))^2=5^2,$$

化简得 $(x-8)^2+(y+3)^2=25$.

例 3.2.3 $\triangle ABC$ 的三个顶点的坐标分别是 $A(5,1)$，$B(7,-3)$，$C(2,-8)$，求它的外接圆的方程.

分析 经过不在同一条直线上的三个点可以确定一个圆，三角形的三个顶点不在一条直线上，所以三角形有唯一的外接圆.

解 设所求圆的方程是 $(x-a)^2+(y-b)^2=r^2$，由于点 $A(5,1)$，$B(7,-3)$，$C(2,-8)$ 都在圆上，所以它们的坐标都满足圆方程. 于是有

$$\begin{cases}(5-a)^2+(1-b)^2=r^2,\\(7-a)^2+(-3-b)^2=r^2,\\(2-a)^2+(-8-b)^2=r^2,\end{cases}\quad 解得\quad\begin{cases}a=2,\\b=-3,\\r=5,\end{cases}$$

所以 $\triangle ABC$ 的外接圆方程是 $(x-2)^2+(y+3)^2=25$.

例 3.2.4 如图 3.2.8 所示，已知圆上三点 O、M_1、M_2 的坐标分别为 $O(0,0)$、$M_1(1,1)$、$M_2(4,2)$，求圆的标准方程.

解 设所求圆的方程为 $(x-a)^2+(y-b)^2=r^2$，O、M_1、M_2 三点在圆上，它们的坐标都应该满足圆的方程，因此有

$$\begin{cases}a^2+b^2=r^2,\\(1-a)^2+(1-b)^2=r^2,\\(4-a)^2+(2-b)^2=r^2,\end{cases}\quad 解得\quad\begin{cases}a=4,\\b=-3,\\r=5,\end{cases}$$

所以所求圆的方程为

$$(x-4)^2+(y+3)^2=25.$$

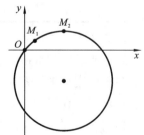

图 3.2.8

知识拓展

　　卫星定位原理：如果以导航卫星的已知坐标为球心，以卫星到用户接收机之间的距离为半径，可以画出一个球，用户接收机的位置在这个球上．当以第二颗卫星到用户之间距离为半径，也可以画出一个球，两球相交得到一个圆，则进一步可以确定用户接收机的位置在这个圆上，当以第三颗卫星到用户之间距离为半径画出一个球，与前两个球相交，则能确定用户接收机的位置，如图 3.2.9所示．

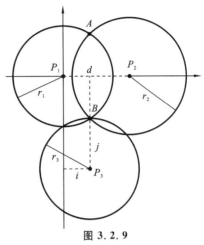

图 3.2.9

　　北斗卫星定位导航系统是我国独立自主研制的全球卫星导航系统，它是世界第三套定位导航系统，卫星数量位居世界第二，对此我们充满自豪．

　　例 3.2.5　如图 3.2.10 所示，已知我军驻地、友军驻地与观察台在一个圆周上，敌据点 C 在圆心位置，我军与友军计划联合攻击敌据点．友军驻地坐标为 $O(0,0)$，观察台坐标为 $M_1(1,1)$，我军驻地坐标为 $M_2(4,2)$，有一支敌支援部队在点 $M_3(5,-9)$ 位置．当敌支援部队与敌据点的距离超过我军及友军与敌据点的距离的 2 倍时，可以施行攻击．问在当前态势下，能否施行攻击？

　　分析　由题意知，若 $|M_3C|>2|M_2C|$，就可以施行攻击；若 $|M_3C|\leqslant 2|M_2C|$，就不可以施行攻击；故需求出 $|M_2C|$，$|M_3C|$．由平面上两点间的距离公式，M_2、M_3 坐标已知，因此问题的关键是求出敌据点即圆心 C 的坐标．

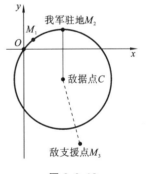

图 3.2.10

　　解　由例 3.2.4 知，过点 $O(0,0)$、$M_1(1,1)$、$M_2(4,2)$ 的圆的方程为

$$(x-4)^2+(y+3)^2=25,$$

因此圆心坐标为 $C(4,-3)$，半径 $r=5$，$2|M_2C|=2r=10$．

　　已知 $M_3(5,-9)$，因此 $|M_3C|=\sqrt{(5-4)^2+[-9-(-3)]^2}=\sqrt{37}$．因为 $\sqrt{37}<\sqrt{100}=10$，所以 $|M_3C|<2|M_2C|$，因此不能施行攻击．

数学文化

　　中国劳动人民对圆的认识起源于自然，然后融入到建筑之美、生活情趣、艺术创作，甚至于思想文化中，天圆地方、天人合一．被视为完整、和谐与永恒象征的圆，在中国传统文化中，不仅仅代表着几何中的圆，还代表着天地间完美无缺的无限循环，代表着人与自然之间的和谐关系，代表着家庭的和谐与团结．

3.2.2 椭圆

德国天文学家、数学家开普勒发现火星的轨道是一个焦点在太阳上的椭圆,并提出行星运动的三大定律,其灵感正是来源于《圆锥曲线论》.随着开普勒三大定律的证实,椭圆被刻在了天空之上.直到今天,椭圆依然是航空航天必须用到的知识.

1. 椭圆的图形与定义

定义 3.2.2 平面上与两定点 F_1、F_2 的距离之和等于常数的点的轨迹称为**椭圆**. 如图 3.2.11 所示,两定点 F_1、F_2 称为椭圆的**焦点**,两焦点间的距离 $|F_1F_2|$ 称为椭圆的**焦距**.

2. 焦点在 x 轴上的椭圆的标准方程

如图 3.2.12 所示,以过焦点 F_1 和 F_2 的直线为 x 轴,线段 F_1F_2 的垂直平分线为 y 轴,建立直角坐标系.

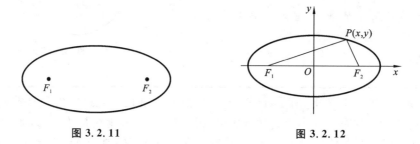

图 3.2.11   图 3.2.12

设椭圆的焦距 $|F_1F_2|$ 为 $2c(c>0)$,$P(x,y)$ 是椭圆上任意一点,由定义知,P 与 F_1、F_2 的距离之和为常数,记作 $2a(a>0)$,根据距离公式可得

$$\sqrt{(x+c)^2+y^2}+\sqrt{(x-c)^2+y^2}=2a.$$

设 $b^2=a^2-c^2$,于是得 $b^2x^2+a^2y^2=a^2b^2$,两边同时除以 a^2b^2,则椭圆的方程为

$$\frac{x^2}{a^2}+\frac{y^2}{b^2}=1 \quad (a>b>0).$$

3. 焦点在 y 轴上的椭圆的标准方程

如图 3.2.13 所示,以过焦点 F_1 和 F_2 的直线为 y 轴,线段 F_1F_2 的垂直平分线为 x 轴,建立直角坐标系. 设椭圆的焦距 $|F_1F_2|$ 为 $2c(c>0)$,$P(x,y)$ 是椭圆上任意一点,P 与 F_1 和 F_2 的距离之和为 $2a(a>0)$,设 $b^2=a^2-c^2$,得椭圆的方程为

$$\frac{x^2}{b^2}+\frac{y^2}{a^2}=1 \quad (a>b>0).$$

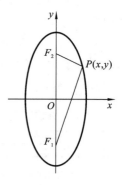

图 3.2.13

例 3.2.6 已知椭圆的焦点坐标 $F_1(-3,0)$,$F_2(3,0)$,且 $a=5$,求椭圆的标准方程.

解 由焦点坐标知 $c=3$,$a=5$,$b=\sqrt{a^2-c^2}=\sqrt{16}=4$,又焦点在 x 轴,故椭圆的方程为 $\dfrac{x^2}{25}+\dfrac{y^2}{16}=1$.

例 3.2.7 若椭圆的焦点坐标变为 $F_1(0,-3)$、$F_2(0,3)$,且 $a=5$,标准方程是什么?

解　所求方程为 $\dfrac{x^2}{16}+\dfrac{y^2}{25}=1$.

例 3.2.8　已知运油车上的贮油罐横截面的外轮廓线是一个椭圆.如图 3.2.14 所示,它的焦距为 2.4 m,外轮廓线上的点到两个焦点距离的和为 3 m,求贮油罐横截面的外轮廓线的方程.

解　由题意可知,$2c=2.4$,$2a=3$,则 $c=1.2$,$a=1.5$,$b^2=a^2-c^2=0.81$,所以外轮廓线的方程为 $\dfrac{x^2}{2.25}+\dfrac{y^2}{0.81}=1$.

图 3.2.14

数学文化

　　椭圆的数学史是一个充满发展和应用的故事,也是现代科学和技术的重要组成部分.自《圆锥曲线论》问世以来,虽在之后的 2000 年时间里,圆锥曲线理论没有很大的突破,但圆锥曲线的应用有了很大的进展.在欧洲中世纪,椭圆曲线被用于解决数论问题,如费马大定理.18 世纪,椭圆被应用于解决天体力学问题,如行星运行轨迹的预测,这也促使科学家对椭圆进行更深入的研究,如椭圆积分的定义和求解.19 世纪末,因为在离散对数问题中具有重要的作用,椭圆曲线在密码学中得到广泛应用,基于此,出现了现代密码学中的椭圆曲线密码(ECC).在更高维度的数学中,椭圆的变种——椭球体、橄榄球体、超椭球等也都有着广泛的应用.

　　很难想象,椭圆(圆锥曲线)最初的研究也仅仅是出自古希腊数学家们对几何的纯粹爱好,当时它和实际应用并没有什么关联.然而,正是这"无用之用"无意间深远地影响并促进了人类科学的进步,它的效用恰好是人类纯粹好奇心的一种价值证明.

例 3.2.9　我国发射的第一颗人造地球卫星的运行轨道,是以地球的中心为一个焦点的椭圆,如图 3.2.15 所示,地球的中心 F_2 是卫星的椭圆轨道的一个焦点.椭圆轨道上距地球中心最近的点称为**近地点**,近地点 A 距 F_2 为 6810 km,椭圆轨道上距地球中心最远的点称为**远地点**,远地点 B 距 F_2 为 8755 km,求卫星的轨道方程.

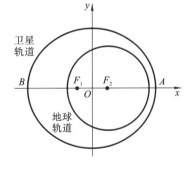

图 3.2.15

解　建立如图 3.2.15 所示的直角坐标系,设卫星的轨道方程为椭圆

$$\frac{x^2}{a^2}+\frac{y^2}{b^2}=1,$$

它的焦点为 $F_1(-c,0)$、$F_2(c,0)$,顶点为 $A(a,0)$、$B(-a,0)$.

　　由题意知,$|AF_2|=6810$ km,$|BF_2|=8755$ km,$|OA|=a$,$|OF_2|=c$,则有

$$|AF_2|=|OA|-|OF_2|=a-c=6810 \text{ km},$$
$$|BF_2|=|OB|+|OF_2|=a+c=8755 \text{ km},$$

联立以上两式解得 $a=7782.5$ km,$c=972.5$ km,从而 $b=\sqrt{a^2-c^2}\approx7721.5$ km,因此卫星的轨道方程(近似)为

$$\frac{x^2}{7783^2}+\frac{y^2}{7722^2}=1.$$

数学文化

墨子:约公元前 468 年至公元前 376 年,名翟,春秋末期战国初期人,中国古代思想家、教育家、科学家、军事家.在数学方面,墨子不仅明确了十进制的数位理论,发现了"0",还总结了几何方面的点、线、面、体等所有的概念.

2016 年 8 月 16 日 1 时 40 分,墨子号量子科学实验卫星在酒泉用长征二号丁运载火箭成功发射升空,使我国在世界上首次实现卫星和地面之间的量子通信,构建天地一体化的量子保密通信与科学实验体系.之所以取名"墨子号",正是出于对墨子这位伟大的科学家的纪念和缅怀.

习 题 3.2

习题答案

一、知识强化

1. 写出圆心在点 $O(3,-5)$、半径为 4 的圆的标准方程.

2. 求经过点 $P(-2,-3)$、圆心在 $C(5,4)$ 的圆的标准方程.

3. 圆 C 的圆心在 x 轴上,并且经过点 $A(-1,1)$ 和 $B(1,3)$,求圆 C 的方程.

4. 已知椭圆的焦点坐标 $F_1(-6,0)$、$F_2(6,0)$,且 $a=10$,求椭圆的标准方程.

5. 已知椭圆的标准方程 $x^2+\dfrac{y^2}{10}=1$,求椭圆的焦点坐标和焦距.

6. 简述求动点轨迹的一般步骤,并举例说明.

二、专业应用

根据雷达传输线反射系数 Γ 与相对阻抗 Z 的关系,分别得到电阻 r 与电抗 x 的方程如下:

$$r=\frac{1-p^2-q^2}{1-2p+p^2+q^2},$$

$$x=\frac{2q}{1-2p+p^2+q^2}.$$

如果以 p,q 为变量,以 r,x 为常数,试证明上述两个方程都是圆的方程.

三、军事应用

为了考察冰川融化状况,一支科考队在某冰川山上相距 8 km 的 A、B 两点各建一个

考察基地,视冰川面为平行面,以 A、B 两点的直线为 x 轴,线段 AB 的垂直平分线为 y 轴建立平面直角坐标系. 考察范围为到 A、B 两点的距离之和不超过 10 km 的区域,求考察区域边界曲线的方程.

3.3　双曲线与抛物线

本节资源

古希腊哲学家、科学家亚里士多德(图 3.3.1)说过:"直线总能与直线相吻合;而曲线既不彼此吻合,更不会同直线相一致. 异性友情的发展,就像双曲线,无限接近但永不触及."双曲线和抛物线都是常见的圆锥曲线,我们不仅能够发现它们的对称美、和谐美,体会这些图形蕴含的哲理,还能在生活中、军事上找到它们广泛的应用.

3.3.1　双曲线

冷凝塔(图 3.3.2)的建造和陆基导航的定位(图 3.3.3)等都运用双曲线理论,那么什么是双曲线,又有怎样的特点呢?

图 3.3.1

图 3.3.2

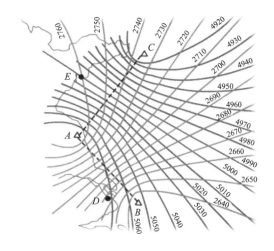

图 3.3.3

定义 3.3.1　平面上与两定点距离之差的绝对值为常数的点的轨迹称为**双曲线**,如图 3.3.4 所示.

$\dfrac{x^2}{a^2}-\dfrac{y^2}{b^2}=1(a>0,b>0)$ 称为**双曲线的标准方程**. $F_1(-c,0)$、$F_2(c,0)$ 称为双曲线的**焦点**. 两焦点之间的距离 $2c$,称为**焦距**,$2a$ 为距离差的绝对值,a,b,c 满足关系 $b^2=c^2-a^2$. 上述双曲线标准方程的推导过程如下:

(1) 建系. 使 x 轴经过两定点 F_1、F_2,y 轴为线段 F_1F_2 的垂直平分线.

(2) 设点. 设 $M(x,y)$ 是双曲线上任一点,焦距为 $2c$,焦点为 $F_1(-c,0)$、$F_2(c,0)$,且 $||MF_1|-|MF_2||=2a$.

（3）列式. 由 $||MF_1|-|MF_2||=2a$ 可得

$$\sqrt{(x+c)^2+y^2}-\sqrt{(x-c)^2+y^2}=\pm 2a.$$

（4）化简. 将上式化简为 $(c^2-a^2)x^2-a^2y^2=a^2(c^2-a^2)$，则

$$\frac{x^2}{a^2}-\frac{y^2}{c^2-a^2}=1.$$

令 $b^2=c^2-a^2(b>0)$，代入上式得

$$\frac{x^2}{a^2}-\frac{y^2}{b^2}=1 \quad (a>0,b>0). \tag{3.3.1}$$

其实，双曲线还有些特殊的情形，如将方程（3.3.1）中的 x、y 互换，得到方程 $\dfrac{y^2}{a^2}-\dfrac{x^2}{b^2}=1(a>0,b>0)$，它表示的双曲线如图 3.3.5 所示.

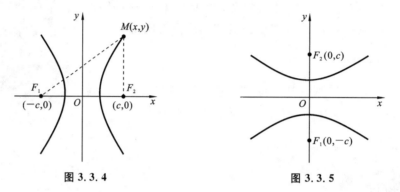

图 3.3.4　　　　　　　　　　　图 3.3.5

若双曲线的中心对称点 $(0,0)$ 移动到点 (x_0,y_0) 时，图形变为图 3.3.6，方程变为

$$\frac{(x-x_0)^2}{a^2}-\frac{(y-y_0)^2}{b^2}=1 \quad (a>0,b>0).$$

由双曲线方程（3.3.1）解出 $y=\pm\dfrac{b}{a}x\sqrt{1-\dfrac{a^2}{x^2}}$. 可以看到，随着 x^2 逐渐变大，$\dfrac{a^2}{x^2}$ 逐渐趋近于 0，上述方程逐渐接近 $y=\pm\dfrac{b}{a}x$，这是过原点的两条交叉直线，双曲线与这两条直线无限接近但永远不相交. 这两条特殊的直线叫作双曲线的**渐近线**，如图 3.3.7 所示.

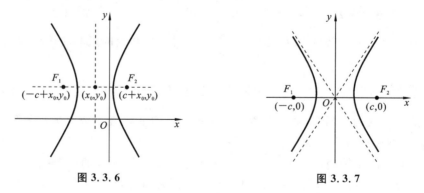

图 3.3.6　　　　　　　　　　　图 3.3.7

传说牛顿发现双曲线的时候,他正在研究光的反射问题.他想知道点到双曲线的距离该怎么算.经过一番研究,他发现了这种曲线的特殊性质,例如它的两个分支无限延伸而不相交.这让牛顿想到了一个有趣的问题:如果一个人从一个分支出发,从另一个分支回来,他会不会像箭头一样穿过双曲线的中心呢? 于是,牛顿把这个问题告诉了他的朋友们,许多人都困惑不解,但是一位叫约翰·伯努利的数学家,用了三年时间才找到答案.他证明了一个定理,就是:如果一个人从一个分支出发,从另一个分支回来,他会穿过双曲线的中心.

这个问题虽然看似简单,但是却引发了数学家们对双曲线性质不断地探索和研究.后来,人们发现了双曲线在物理学、工程学等领域的广泛应用.在现代数学中,双曲线也被广泛运用在非欧几何学中.而牛顿和伯努利的故事也成为数学史上的传奇之一,使人们更加热爱和珍视科学的发展.

例 3.3.1 已知两定点 $F_1(-5,0)$、$F_2(5,0)$,求到这两定点的距离之差的绝对值为 8 的点的轨迹方程.

解 根据定义知,轨迹方程为双曲线. 由 $2a=8,2c=10$ 得 $a=4,c=5$,根据 $c^2=a^2+b^2$,计算得 $b=3$,故双曲线的标准方程为 $\dfrac{x^2}{16}-\dfrac{y^2}{9}=1$.

例 3.3.2 已知双曲线的焦点坐标 $F_1(0,-5)$、$F_2(0,5)$,且 $b=4$,求双曲线的标准方程.

解 根据定义知,轨迹方程为双曲线. 由题意可得 $c=5,b=4$,根据 $c^2=a^2+b^2$,计算得 $a=3$. 由于焦点在 y 轴上,故双曲线的标准方程为

$$\frac{y^2}{9}-\frac{x^2}{16}=1.$$

例 3.3.3 已知双曲线的标准方程为 $\dfrac{y^2}{36}-\dfrac{x^2}{64}=1$,求焦点坐标.

解 根据双曲线的定义,可得 $a=6,b=8$. 根据 $c^2=a^2+b^2$,可得 $c=10$.
由于焦点在 y 轴上,所以焦点坐标为 $F_1(0,-10)$、$F_2(0,10)$.

例 3.3.4 已知两定点 $F_1(-10,0)$、$F_2(10,0)$,求到这两定点的距离之差的绝对值为 16 的点的轨迹方程及渐近线方程.

解 根据双曲线的定义,可得 $a=8,c=10$,则 $b=6$,所以双曲线的标准方程为

$$\frac{x^2}{64}-\frac{y^2}{36}=1.$$

根据渐近线方程定义,可得渐近线方程为

$$y=\pm\frac{3}{4}x.$$

1. 双耳效应

当声源与耳朵的距离远远大于两耳的距离时,声源所在的双曲线与它的渐近线非常接近,此时声源的方向就可由渐近线的方向来确定,这一原理称为**双耳效应**.此方法可以判断声源的大致方向.

一战时期,德国等军队也运用了这一原理制作的声波定位器(图3.3.8,图3.3.9),侦测战机引擎噪音,以达到预警的目的.

图 3.3.8

图 3.3.9

2. 双曲线定位法

如果在相隔一定的距离设置三个监听点,其中两个监听点可以确定一支双曲线,另外两个监听点又可以确定另一支双曲线,两支双曲线的交点就是声源的位置.这一方法可称为**双曲线定位法**.此方法可以判断声源的精确位置,如图3.3.10所示.

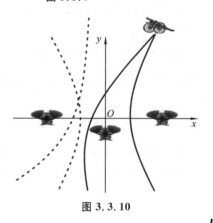

图 3.3.10

例 3.3.5 如图3.3.11所示,在我方阵地前沿,沿一直线设有 A、B、C 三个监听点,AB、BC 各相距 800 m,敌方狙击手枪声响起,A 点监听到枪声比 B 点晚 2 s,B 点监听到枪声比 C 点晚 1.5 s,声速为 340 m/s,请问如何快速准确锁定敌方狙击手?

分析 由题意可知这是一个三监听点定位问题,可以利用双曲线定位法求解.将 A、B 视为焦点,可确定一支双曲线,记为 S_1,将 B、C 视为焦点,可确定另一支双曲线,记为 S_2,S_1 与 S_2 的交点就是敌方狙击手的位置,如图3.3.11所示.

解 以 B 点为坐标原点,穿过 A、B、C 的直线轴为 x

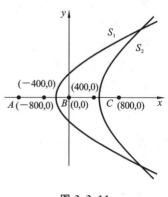

图 3.3.11

轴,建立直角坐标系,从而 A、B、C 的坐标分别为 $(-800,0)$、$(0,0)$、$(800,0)$.

A、B 为双曲线 S_1 的焦点,焦距为 800 m,可得 $c_1=400$,狙击手与 A、B 两点距离差为 $340\times2=680$（m）,可得 $a_1=340$,于是 $b_1=\sqrt{c_1^2-a_1^2}=\sqrt{44400}=20\sqrt{111}$,$S_1$ 的中心对称点在 $(-400,0)$,由此得双曲线方程为

$$\frac{(x+400)^2}{340^2}-\frac{y^2}{(20\sqrt{111})^2}=1.$$

B、C 为双曲线 S_2 的焦点,焦距为 800 m,可得 $c_2=400$,狙击手与 B、C 两点距离差为 $340\times1.5=510$（m）,可得 $a_2=255$,于是 $b_2=\sqrt{c_2^2-a_2^2}=\sqrt{94975}=5\sqrt{3799}$,$S_2$ 的中心对称点在 $(400,0)$,由此得双曲线方程为

$$\frac{(x-400)^2}{255^2}-\frac{y^2}{(5\sqrt{3799})^2}=1.$$

由实际情形可判断 $x>400$,$y>0$,即狙击手位置坐标为下面方程组的解:

$$\begin{cases}\dfrac{(x+400)^2}{340^2}-\dfrac{y^2}{(20\sqrt{111})^2}=1,\\[2mm]\dfrac{(x-400)^2}{255^2}-\dfrac{y^2}{(5\sqrt{3799})^2}=1,\\[2mm]x>400,y>0.\end{cases}$$

利用 MATLAB 软件在编写的程序中输入三个监听点的位置坐标和两个时间差,就能计算出狙击手的位置坐标为 $(1283,1021)$.

知识拓展

在雷达对抗中,确定敌方目标的位置很重要. 由于雷达对抗中的侦察接收机只接收而不发射电磁波,这种确定雷达位置的方法又称为**无源定位法**. 可以通过在空间中多个位置的侦察站协同工作,确定雷达辐射源的位置,其中有一种方法称为**时差定位法**.

如图 3.3.12 所示,设 E 点位置是辐射源,O、A、B 位置是三个侦察站,由于辐射源到三个侦察站的距离不同,因此辐射源发射的同一个脉冲到达三个侦察站的时间不同,若分别记为 t_O、t_A 和 t_B,根据每个侦察站收到脉冲的到达时间,可以得出该脉冲从辐射源 E 到 O、A 两站所经过的路程差

$$\Delta d_{OA}=c(t_O-t_A),$$

其中 t_O、t_A 分别是 O、A 两站收到同一脉冲的时刻,c 是光速.

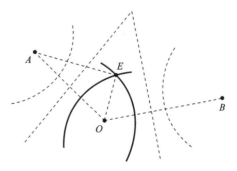

图 3.3.12

同理,可以得出该脉冲从辐射源 E 到 O、B 两站所经过的路程差

$$\Delta d_{OB}=c(t_O-t_B).$$

由于各侦察站自身位置已知,到达时间差可通过测量获得,对于平面目标辐射源而言,通过以上两个方程,可解出辐射源目标的平面位置。

若某一点(E 点)到两点(O、A 侦察站)的距离差固定时(Δd_{OA}),则这一点(E 点)在平面位置中有许多可能出现的点,这些点连成的曲线是一条双曲线. 同理,由辐射源到 O、B 两侦察站的路程差 Δd_{OB} 可得另一条双曲线. 两条双曲线的交点便是辐射源所在位置 E 点.

3.3.2 抛物线

有人评价人生说,每个人都是一条抛物线,天赋决定其开口,而最高点则需后天的努力.桥拱的形状、投篮时篮球的运行轨迹、投掷手榴弹的运行轨迹、炮弹的轨迹等都是抛物线,如图 3.3.13 所示.抛物线具有什么样的特点,数学方程是什么样的呢?

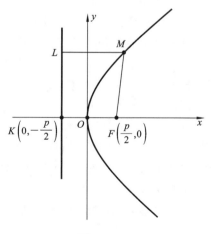

图 3.3.13

1. 抛物线的定义

定义 3.3.2 平面上与**定点和定直线的距离相等**的点的轨迹叫做**抛物线**. 如图 3.3.14 所示,抛物线对应的方程 $y^2 = 2px(p>0)$ 称为**抛物线的标准方程**. 定点 F 称为抛物线的**焦点**,焦点坐标为 $F\left(\frac{p}{2},0\right)$;定直线 L 称为抛物线的**准线**,准线方程为 $x = -\frac{p}{2}$.

抛物线的标准方程推导过程如下:

如图 3.3.14 所示建立直角坐标系,设 $|KF|=p$($p>0$),那么焦点 F 的坐标为 $\left(\frac{p}{2},0\right)$,准线 L 的方程为 $x=-\frac{p}{2}$,设抛物线上的点 $M(x,y)$,根据定义,则有

图 3.3.14

214

$$|MF| = |ML|.$$

由距离公式可得

$$|MF| = \sqrt{\left(x - \frac{p}{2}\right)^2 + y^2}, \quad |ML| = \left|x + \frac{p}{2}\right|,$$

从而得到

$$\sqrt{\left(x - \frac{p}{2}\right)^2 + y^2} = \left|x + \frac{p}{2}\right|,$$

化简得

$$y^2 = 2px \ (p > 0).$$

方程 $y^2 = 2px(p > 0)$ 叫做抛物线的标准方程.

抛物线由于它在坐标系的位置不同,方程也不同. 抛物线还有另外三种形状,对应三种标准方程:

(1) 若抛物线的焦点在 x 轴负半轴,方程对应的一次项是 x,抛物线开口向左,x 小于零,标准方程的一次项为 $-2px$,即标准方程为 $y^2 = -2px(p > 0)$,如图 3.3.15 所示.

(2) 若抛物线的焦点在 y 轴正半轴,方程对应的一次项是 y,抛物线开口向上,y 大于零,标准方程的一次项为 $2py$,即标准方程为 $x^2 = 2py(p > 0)$,如图 3.3.16 所示.

(3) 若抛物线的焦点在 y 轴负半轴,方程对应的一次项是 y,抛物线开口向下,y 小于零,标准方程的一次项为 $-2py$,即标准方程为 $x^2 = -2py(p > 0)$,如图 3.3.17 所示.

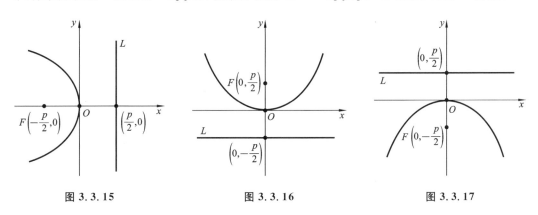

图 3.3.15　　　　　　　　图 3.3.16　　　　　　　　图 3.3.17

归纳规律

抛物线的焦点位置、开口方向与抛物线方程的一次项具有对应关系,规律如下:焦点所处的坐标轴决定一次项,开口方向决定一次项的正负号.

根据这一规律,知道了抛物线的焦点坐标和开口方向,我们就能直接写出抛物线的标准方程.

若将抛物线的图形进行平移,以开口向下的抛物线为例,将顶点由$(0,0)$平移到点(x_0,y_0)时,抛物线的图形如图 3.3.18 所示. 抛物线的方程变为一般方程:

$$(x-x_0)^2 = -2p(y-y_0) \quad (p>0).$$

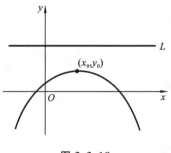

图 3.3.18

例 3.3.6 已知抛物线的焦点坐标是 $F(0,-2)$,求抛物线的标准方程.

解 如图 3.3.17 建立直角坐标系,设所求抛物线方程为 $x^2 = -2py$,因为焦点到原点的距离为 $\dfrac{p}{2}$,所以 $\dfrac{p}{2}=2$,$p=4$,故所求抛物线的标准方程为 $x^2 = -8y$.

例 3.3.7 已知抛物线的标准方程为 $y^2 = 16x$,求抛物线的焦点坐标.

解 因抛物线方程为 $y^2 = 16x$,则 $2p=16$,$p=8$,故焦点坐标为 $\left(\dfrac{p}{2},0\right)$,即 $(4,0)$.

例 3.3.8 已知抛物线的准线方程为 $x=2$,求抛物线的标准方程.

解 如图 3.3.15 所示,根据抛物线的定义,可知准线方程为 $x=\dfrac{p}{2}$,即 $\dfrac{p}{2}=2$,所以 $p=4$. 焦点在 x 负轴上,可知抛物线的标准方程为 $y^2 = -8x$.

2. 抛物线的物理应用

问题 火炮具有巨大的杀伤力,在战斗中,如何迅速准确地确定敌方火炮的位置,并将其摧毁?

分析 在战斗中,敌人都对火炮进行了隐蔽,肉眼难以发现,但是火炮发射的炮弹总是能被发现的,能不能通过探测炮弹的飞行情况反推出火炮的位置呢?

已知在理想状态下,炮弹的弹道轨迹的方程为

$$y = x\tan\theta - \frac{g}{2v_0^2\cos^2\theta},$$

其中,(x,y)为炮弹弹道轨迹上任意点的坐标,v_0 是炮弹的初速度,θ 为炮射角度. 令

$$a = \frac{g}{2v_0^2\cos^2\theta} > 0, \quad b = \tan\theta,$$

移项整理可得

$$\left(x - \frac{b}{2a}\right)^2 = -\frac{1}{a}\left(y - \frac{b^2}{4a}\right).$$

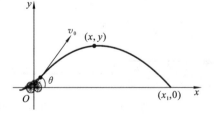

图 3.3.19

可见,理想状态下炮弹的弹道轨迹是一条抛物线. 以火炮位置为坐标原点,建立直角坐标系,如图 3.3.19 所示.$(x_1,0)$点称为炮弹的**弹着点**,x_1 称为**射程**.

这样,如果能通过探测炮弹的飞行反推出弹道轨迹,根据抛物线方程,火炮的位置就应该在抛物线和水平直线的交点处.

国产车载 704-I 型炮位侦察校射雷达,能自动搜索飞行中的炮弹,经识别后实施跟踪,从炮弹飞行轨迹中截取若干个点,获得它们的三维坐标以及飞行速度、方向等数据,然后用弹道方程外推出敌方火炮的位置. 这一过程非常迅速,通常在炮弹落地之前就可完成,进而为我方炮兵的 PLZ-45 式 155 mm 自行榴弹炮提供射击参数,并进行校射,如图 3.3.20 所示.

图 3.3.20

3. 抛物线的光学应用

抛物线具有一个特殊的光学性质:平行于对称轴的光经过抛物线反射后,会聚到焦点,如图 3.3.21 所示;反过来,从焦点发射的光经过抛物线反射后,会平行于对称轴向外射出,如图 3.3.22 所示;以抛物线的对称轴为旋转轴,将抛物线旋转一周,可以得到旋转抛物面,如图 3.3.23 所示.

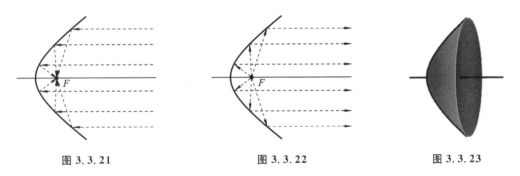

图 3.3.21　　　　　　图 3.3.22　　　　　　图 3.3.23

我国西周时代就有了"阳燧取火"技术. 士兵运用旋转抛物面形的金属圆盘(图 3.3.24)对着太阳聚光,在聚光点处汇聚大量的热能,点燃艾绒等易燃物取得火种,体现了我国古代人民的智慧.

抗美援朝战争期间,我军探照灯兵使用旋转抛物面形的探照灯(图 3.3.25),在夜间照射来犯美军敌机,配合高炮部队对空射击,配合航空兵对空作战,开灯照中敌机近千架,直接照落、配合击落击伤敌机多架,战功显著,体现了我军不畏强敌、敢于斗争的英雄气概,也体现了雷达兵"傲霜斗雪,博弈天空,励精图治,忠诚奉献"的雪莲精神.

图 3.3.24　　　　　　　　　　　　图 3.3.25

　　2014 年,在我国贵州省建成了世界最大的射电望远镜 FAST,如图 3.3.26 所示. 它利用喀斯特地貌天然形成的类似于抛物面的天坑,盛起有 30 个足球场那么大的巨型反射面,接收宇宙中的微弱射线,进行会聚放大,对宇宙物质成分和演化历史进行研究,拓展了人类认知边界,实现了高水平科技自立自强.

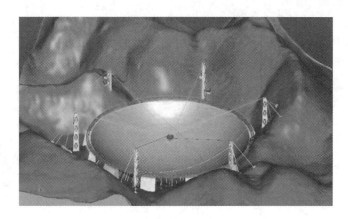

图 3.3.26

　　一类雷达天线的形状就是旋转抛物面型的,在旋转抛物面焦点处设有馈源. 发射阶段,馈源向空间发射电磁波,天线将馈源发射的电磁波反射后向空间定向辐射出去,传播较远的距离;接收阶段,天线接收反射回来的电磁波,会聚到馈源.

　　例 3.3.9　已知某型气象雷达天线的口径为 4.8 m,深度为 0.5 m,请确定馈源的位置.

　　解　如图 3.3.27 所示,在雷达天线纵截面内,以天线的顶点为坐标原点,过顶点垂直于天线的直线为 y 轴,建立直角坐标系.

雷达天线的截痕为开口向上的抛物线,设标准方程为 $x^2 = 2py$.

设天线边缘上的一点为 A,由条件得 A 点坐标为 $(2.4, 0.5)$.

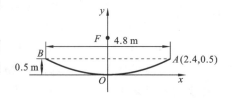

图 3.3.27

因 A 点在抛物线上,代入方程有 $2.4^2 = 2p \times 0.5$,得 $p = 5.76$,则抛物线的方程为
$$x^2 = 11.52y,$$
焦点坐标为 $(0, 2.88)$,即馈源位置在天线顶点正上方 2.88 m 处.

习题答案

习 题 3.3

一、知识强化

1. 已知双曲线的焦点坐标 $F_1(-10, 0)$,$F_2(10, 0)$,且 $a = 8$,求双曲线的标准方程和渐近线方程.

2. 已知双曲线的焦点坐标 $F_1(0, -10)$,$F_2(0, 10)$,且 $b = 8$,求双曲线的标准方程和渐近线方程.

3. 已知两定点 $F_1(0, 10)$,$F_2(0, -10)$,求到这两定点的距离之差的绝对值为 16 的点的轨迹方程.

4. 已知两定点 $F_1(-10, 0)$,$F_2(10, 0)$,求到这两定点的距离之差的绝对值为 16 的点的轨迹方程.

5. 抛物线的焦点坐标是 $F(-2, 0)$,求抛物线的标准方程,并画出相应的图形.

6. 已知抛物线的准线方程为 $y = -4$,求抛物线的标准方程,并画出相应的图形.

7. 已知抛物线的标准方程为 $x^2 = -6y$,求该抛物线的焦点坐标,并画出相应的图形.

8. 某时刻一座大型建筑的报时响起,在 A 处听到声音 2 s 后,与 A 相距 800 m 的 B 处也听到了该声音,若声音速度为 340 m/s,试确定该建筑的位置范围.

二、专业应用

1. 某雷达天线的口径(直径)为 5.2 m,深度为 0.6 m,问馈源应安装在什么位置(开口朝右)?

2. 一双曲线型冷凝塔的横截面的最小直径为 24 m,上口直径为 26 m,下口直径为 40 m,高 42 m,求冷凝塔纵截面所形成的双曲线方程.

三、军事应用

1. 已知炮弹在某处爆炸,在点 $F_1(0, -5000)$(单位:m)处听到爆炸的声音比点 $F_2(0, 5000)$(单位:m)处晚 $\frac{300}{17}$ s,问爆炸点在什么样的曲线上?曲线方程为多少?

2. 如图 3.3.28 所示,敌方向我方侦校雷达正前方开炮,炮弹飞行过程中,侦校雷

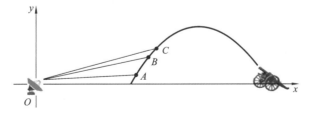

图 3.3.28

达侦测到炮弹弹道轨迹上 3 个点的坐标,分别为 $A(14000,230)$,$B(14300,480)$,$C(14600,700)$(单位:m),请确定敌方火炮的位置.(可借助 MATLAB 软件进行计算)

3.4 极坐标与球坐标

本节资源

古希腊数学家欧几里得(图 3.4.1)曾说:"几何无王者之道."在几何领域中,不仅仅有直角坐标系,还有极坐标系、球坐标系等,它们的创造为现代生活带来了极大的方便,并广泛地应用于数学、物理、工程、航海以及机器人领域.

3.4.1 极坐标系

引例 指挥官带领特种兵对敌方目标进行偷袭,指挥官指示敌方目标在距我方位置东北 45° 的 3000 m 处,请明确敌方目标的位置.

分析 通过指示可以得到以下信息:① 敌方目标的基准位置为我方所在位置;② 方向为东北 45°;③ 距离为 3000 m.

图 3.4.1

在以自身所在位置为基准位置后,敌方位置就可以依据基准位置的方向和距离来确定,或者说,方向和距离就成了目标位置的坐标,这种坐标就称为极坐标,与它对应的坐标系就是极坐标系.

定义 3.4.1 在平面上取定点 O,从 O 引一条射线 Ox,再确定一个**单位长度**,并以逆时针方向为角度的**正方向**,这样就确定了一个**极坐标系**.定点 O 称为**极点**,射线 Ox 称为**极轴**,如图 3.4.2 所示.

定义 3.4.2 设 M 为平面内任一点,连接 OM,令 $|OM|=\rho$,从极轴 Ox 沿逆时针方向旋转到射线 OM 的角度为 θ,ρ 称为点 M 的**极径**,θ 称为点 M 的**极角**,有序实数对 (ρ,θ) 称为点 M 的**极坐标**,记作 $M(\rho,\theta)$.

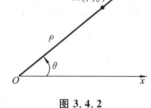

图 3.4.2

限定极径 $\rho>0$,极角 $0\leqslant\theta<2\pi$,则任意有序实数对 (ρ,θ),在极坐标平面上就对应着唯一的点 M;反之,平面上除极点 O 以外的任意点 M,必有有序实数对 (ρ,θ) 与它对应.这样,平面上的点 M(除极点外)与实数对 (ρ,θ) 之间具有一一对应关系.对于极点 O,规定它的极径 $\rho=0$,极角 θ 可以取任意值.

在给出极坐标系的定义后,上述引例中敌方目标的位置就可以用极坐标表示为 $(3000,45°)$.

例 3.4.1 探测发现地面上 A,B,C,D,E 五个目标的位置如图 3.4.3 所示,单位长度为 10 km,请确定这五个目标的极坐标,并明确 D 目标的方位.

解 由图 3.4.3 可得五个目标的极坐标分别为

$$A\left(4,\frac{\pi}{6}\right),B\left(3,\frac{5\pi}{12}\right),C\left(2,\frac{7\pi}{6}\right),D\left(5,\frac{23\pi}{12}\right),E\left(1,\frac{3\pi}{4}\right).$$

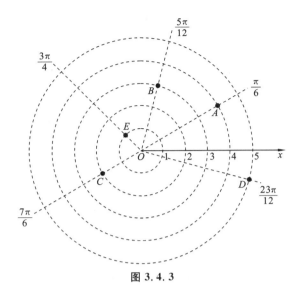

图 3.4.3

因单位长度为 10 km,所以 D 目标位置在东偏南 $30°$ 的 50 km 处.

知识拓展

　　两坐标监视雷达的主要用途是发现、监视空中或海面的目标. 两坐标雷达主要测量目标的距离和方位,如图 3.4.4 所示,雷达天线在方位上机械旋转,使波束在方位上做 $360°$ 扫描,从而搜索全空域. 目标距离用 ρ 表示,目标方位角用 θ 表示,得到的目标坐标就是极坐标 (ρ,θ). 与传统数学极坐标不同,极轴垂直向上,以顺时针方向为角度的正方向. 图 3.4.5 为显示器示意图和雷达操作界面.

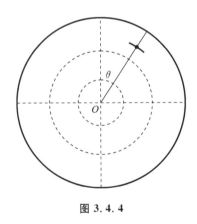

图 3.4.4

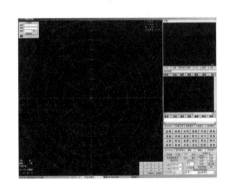

图 3.4.5

　　例 3.4.2　某型雷达显示屏显示 A,B,C,D 四个飞行目标的位置如图 3.4.6 所示,单位长度为 50 km,请确定这四个飞行目标的坐标.

　　解　由图 3.4.6 可得四个目标的坐标分别为
$$A(150,30°),\ B(100,90°),\ C(150,210°),\ D(200,330°).$$

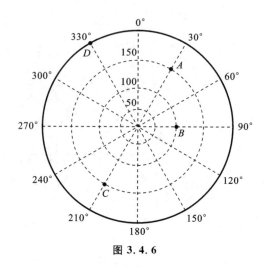

图 3.4.6

知识拓展

极坐标标示目标位置是计算机标图的基础与核心,在雷达兵战斗操作中,极坐标标示目标位置是多类情报标示流程中的一个操作步骤.在模拟训练软件中,极坐标标示目标位置大致可分为两步:一是在雷达模拟扫描区定位大方位,并且单击鼠标左键打开放大区;二是在放大区内标示准确坐标.训练软件中(55,210)表示的极坐标实际是(210,55°).

要想快速准确地定位(55,210),就必须借助辅助线,通常称为"4 环 12 线"(图 3.4.7),按照先找方位后找距离的方法,很快就能定位坐标(55,210)的大致位置.

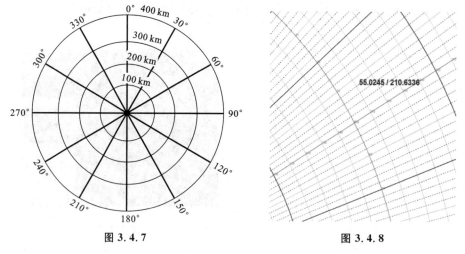

图 3.4.7   图 3.4.8

然后,放大区的作用是将选定的大致区域进行放大,并采用带色彩的方位距离辅助线将此区域进一步细分,最终标示坐标的准确位置,如图 3.4.8 所示.而要做到熟练地操作和运用相关装备,军人不仅要有建设信息化军队的责任感与使命感,更要有严谨细致的工作作风.

3.4.2　极坐标和直角坐标的互化

极坐标系与直角坐标系是两种不同的坐标系,但都可以表示同一个平面.为了研究问题的需要,有时要把极坐标转化为直角坐标,或把直角坐标转化为极坐标.

如图 3.4.9 所示,把直角坐标系的原点作为极点,x 轴的正半轴作为极轴,并在两种坐标系中取相同的长度单位.

设 M 是平面内任意一点,它的直角坐标是 (x,y),极坐标是 (ρ,θ),从点 M 作 x 轴的垂线,由三角函数的定义,可得

$$x=\rho\cos\theta,\quad y=\rho\sin\theta, \qquad (3.4.1)$$

由以上关系式可得

$$\rho^2=x^2+y^2,\quad \tan\theta=\frac{y}{x}. \qquad (3.4.2)$$

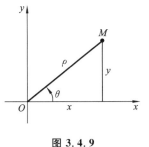

图 3.4.9

式(3.4.1)和式(3.4.2)就是极坐标与直角坐标互化的公式.

例 3.4.3　把点 M 的极坐标 $\left(8,\dfrac{2\pi}{3}\right)$ 化成直角坐标.

解　$x=\rho\cos\theta=8\cos\dfrac{2\pi}{3}=-4,\quad y=\rho\sin\theta=8\sin\dfrac{2\pi}{3}=4\sqrt{3},$

所以点 M 的直角坐标为 $(-4,4\sqrt{3})$.

例 3.4.4　把点 M 的直角坐标 $(-4,4)$ 化成极坐标.

解　$\rho^2=x^2+y^2=(-4)^2+4^2=32,\quad$ 即 $\quad\rho=\sqrt{32}=4\sqrt{2},$

$$\tan\theta=\frac{4}{-4}=-1,$$

点 M 在第二象限,即 $\theta=\dfrac{3\pi}{4}$,所以点 M 的极坐标为 $\left(4\sqrt{2},\dfrac{3\pi}{4}\right)$.

例 3.4.5　分析极坐标方程 $\rho=\sin\theta$ 表示什么平面图形.

解　从极坐标方程难以看出图形的特点,将其化为直角坐标方程后分析.

将方程变形为 $\rho^2=\rho\sin\theta$,由公式(3.4.1)和(3.4.2)知,$\rho^2=x^2+y^2,y=\rho\sin\theta$,代入极坐标方程得 $x^2+y^2=y$,化简得 $x^2+\left(y-\dfrac{1}{2}\right)^2=\dfrac{1}{4}$,所以图形为圆,圆心在点 $\left(0,\dfrac{1}{2}\right)$,半径为 $\dfrac{1}{2}$,如图 3.4.10 所示.

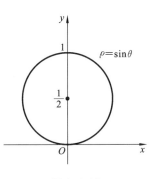

图 3.4.10

数学文化

阿基米德在著作《论螺线》中定义了一类曲线:当一点 P 沿动射线 OP 以等速率运动的同时,该射线又以等角速度绕极点 O 旋转,点 P 的轨迹称为"阿基米德螺线",亦称"等速螺线".它的极坐标方程为 $\rho=a+b\theta$,如图 3.4.11 所示.

1694 年,J·伯努利利用极坐标引进了双纽线,这种曲线在 18 世纪起了相当大的作用. 它的极坐标方程为 $\rho^2=2a^2\cos2\theta$ 或 $\rho^2=2a^2\sin2\theta$,如图 3.4.12 所示.

玫瑰线是数学曲线中非常著名的曲线,看上去像花瓣,它只能用极坐标方程来描述. 方程为 $\rho=a\cos k\theta$ 或 $\rho=a\sin k\theta$,如图 3.4.13 所示. 如果 k 是整数,当 k 是奇数时,曲线有 k 个花瓣;当 k 是偶数时,曲线有 $2k$ 个花瓣.

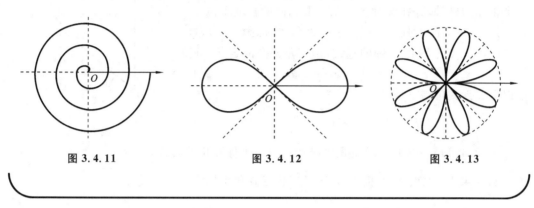

图 3.4.11　　　　　　　　　图 3.4.12　　　　　　　　　图 3.4.13

3.4.3　球坐标系

回顾　当我们要表示空间中一个目标所在的位置时,需要建立空间直角坐标系,如图 3.4.14 所示,过空间一定点 O 作三条互相垂直的数轴 Ox、Oy、Oz,并且取相同的长度单位,这三条数轴分别称为 **x 轴**、**y 轴**、**z 轴**,O 点称为**坐标原点**. 三条坐标轴正向之间的顺序通常按照**右手法则**确定:用右手握住 z 轴,让右手的四指从 x 轴的正向转向 y 轴的正向,这时大拇指的指向是 z 轴的正向. 按这样的规定所组成的坐标系称为**空间直角坐标系**.

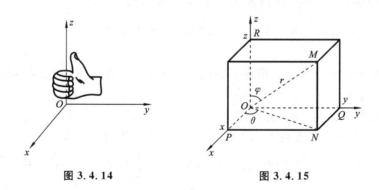

图 3.4.14　　　　　　　　　图 3.4.15

定义了空间直角坐标系后,如图 3.4.15 所示,设点 M 为空间中的一个定点,过点 M 分别作垂直于 x,y,z 轴的平面,依次交 x,y,z 轴于点 P,Q,R. 设点 P,Q,R 在 x,y,z 轴上的坐标分别为 x,y,z,就得到与点 M 一一对应的有序数组 (x,y,z),称为点 M 的**空间直角坐标**,记作 $M(x,y,z)$.

对于点 M 的空间位置,还有另一种表示方法. 如图 3.4.15 所示,连接 OM,记 $|OM|=r$,OM 与 z 轴正向所夹的角记作 φ,设 M 在 xOy 平面的射影为 N,从 x 轴正向按逆时针方向旋转到 ON 时所转过的最小正角记作 θ,这样点 M 的位置就可以用有序数

组 (r,φ,θ) 来表示,与有序数组 (r,φ,θ) 对应的坐标系就是球坐标系.

定义 3.4.3　在空间中任取一点 O 作为**极点**,从点 O 引两条互相垂直的射线 Ox 和 Oz 作为**极轴**,再规定一个**单位长度**和射线 Ox 绕 Oz 轴逆时针旋转的方向为角度的**正方向**,这样建立的坐标系称为**球坐标系**.

定义 3.4.4　空间中的点按照上述方式与有序数组 (r,φ,θ) 之间建立起一一对应关系,有序数组 (r,φ,θ) 叫做点 P 的**球坐标**,记做 $P(r,\varphi,\theta)$,其中 r 称为点 P 的**距离**,φ 称为点 P 的**高度角**,θ 称为点 P 的**方位角**,满足 $r\geqslant0,0\leqslant\varphi\leqslant\pi,0\leqslant\theta<2\pi$.

球坐标和空间直角坐标的互化公式为

$$
\begin{cases} x=r\sin\varphi\cos\theta, \\ y=r\sin\varphi\sin\theta, \\ z=r\cos\varphi, \end{cases}
\begin{cases} r^2=x^2+y^2+z^2, \\ \tan\theta=\dfrac{y}{x}, \\ \cos\varphi=\dfrac{z}{\sqrt{x^2+y^2+z^2}}. \end{cases}
\tag{3.4.3}
$$

例 3.4.6　某时刻雷达探测到来袭的敌导弹位置的球坐标为 $\left(20,\dfrac{\pi}{6},\dfrac{4\pi}{3}\right)$,求敌导弹的直角坐标,并判断敌导弹的方位角和高度(单位:km).

解　由题意知 $r=20,\varphi=\dfrac{\pi}{6},\theta=\dfrac{4\pi}{3}$,由互化公式(3.4.3)可得

$$x=20\sin\frac{\pi}{6}\cos\frac{4\pi}{3}, \quad y=20\sin\frac{\pi}{6}\sin\frac{4\pi}{3}, \quad z=20\cos\frac{\pi}{6},$$

算得直角坐标为 $(-5,5\sqrt{3},10\sqrt{3})$,$\theta=\dfrac{4\pi}{3}$ 为方位角,所以方位角为 $240°$,z 坐标表示高度,所以高度为 $10\sqrt{3}$ km.

知识拓展

　　三坐标监视雷达能在天线旋转一周的时间内同时获得目标的距离 r、俯仰角 φ、方位角 θ 三个参数,得到的目标坐标为 (r,φ,θ),它实际上就是球坐标.

　　目标的位置如图 3.4.16 所示,是由目标的斜距 r、俯仰角 φ 和方位角 θ 三个坐标决定的. 目标三个坐标的定义如下:

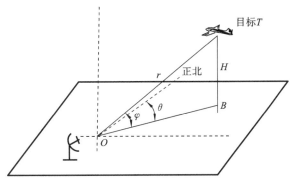

图 3.4.16

(1)目标斜距 r:指雷达到目标的直线距离 OT.

(2)方位角 θ:若目标斜距 r 在水平面上的投影为 OB,则 OB 与正北方向的夹角即为目标的方位角 θ.

(3)俯仰角 φ:目标斜距 r 与其投影 OB 在垂直平面的夹角.

(4)高度 H:为目标到地面的垂直距离,$H=r\sin\varphi$.

习 题 3.4

习题答案

一、知识强化

1. 在极坐标系中标出下列点的位置:$A\left(4,\dfrac{\pi}{2}\right)$,$B\left(3,\dfrac{3\pi}{2}\right)$,$C\left(2,\dfrac{\pi}{4}\right)$,$D\left(5,\dfrac{3\pi}{3}\right)$.

2. 把点 C 的极坐标 $\left(6,\dfrac{\pi}{4}\right)$ 化成直角坐标.

3. 把点 D 的极坐标 $\left(4,\dfrac{2\pi}{3}\right)$ 化成直角坐标.

4. 将直角坐标 $(1,1)$ 转化为极坐标.

5. 将直角坐标 $(-1,-\sqrt{3})$ 转化为极坐标.

6. 将球面坐标 $\left(10,\dfrac{\pi}{3},\dfrac{\pi}{6}\right)$ 转化为直角坐标.

7. 将球面坐标 $\left(8,\dfrac{3\pi}{4},\dfrac{\pi}{2}\right)$ 转化为直角坐标.

二、专业应用

1. 已知雷达探测到某时刻敌机位置的球坐标为 $\left(1000,\dfrac{2\pi}{3},\dfrac{4\pi}{3}\right)$,求敌机的直角坐标,并判断敌机的方位角和高度(单位:km).

2. 某时刻雷达探测到来袭的敌飞机位置为 $\left(20,\dfrac{\pi}{6},\dfrac{4\pi}{3}\right)$,求敌飞机的直角坐标,并判断敌飞机的方位角和高度(单位:km).

3.5 向 量

本节资源

我国"两弹一星"元勋钱三强(图 3.5.1)提出过著名的"红专矢量论",并深深地影响着后来的工程院院士樊明武,他在国外完成进修后说"我要回去,把矢量的模做大".他们所说的矢量就是数学上的向量,向量具有丰富的物理背景,既是几何的研究对象,又是代数的研究对象,是沟通代数、几何的桥梁.

3.5.1　向量的概念

在实际问题中,有些量只有大小,没有方向,如长度、面积、质量、高度、温度等,这类量称为**标量**. 还有一些量,既有大小又有方向,如速度、位移、力、电场强度等,这类量称为**向量**.

向量常用有向线段来表示,有向线段的长度表示向量的大小,有向线段的方向表示向量的方向. 例如,以 A 为起点、B 为终点的有向线段所表示的向量记为 $\overrightarrow{AB}$. 有时为了方便起见,还可用小写黑体字母如 $\boldsymbol{a},\boldsymbol{b}$ 或加上小箭头的字母 $\vec{a},\vec{b}$ 等来表示向量,如图 3.5.2 所示.

图 3.5.1

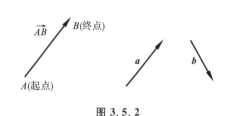

图 3.5.2

定义 3.5.1　向量 $\boldsymbol{a}$ 的大小称为向量的**模**,表示向量的长度,记为 $|\boldsymbol{a}|$. 模为 1 的向量称为**单位向量**.

3.5.2　向量的坐标表示

在空间直角坐标系中,对于任意向量 $\boldsymbol{r}$,将其起点移至原点 O,其终点为 M,即 $\boldsymbol{r}=\overrightarrow{OM}$,如图 3.5.3 所示. 点 M 的空间直角坐标记为 (x,y,z),这样,向量 $\boldsymbol{r}$ 就与点 M 以及坐标 (x,y,z) 一一对应了. 我们将坐标 (x,y,z) 称为向量 $\boldsymbol{r}$ 的**坐标**,记为 $\boldsymbol{r}=(x,y,z)$,这就是向量的**坐标表示**.

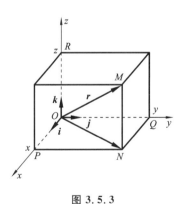

图 3.5.3

与 x 轴、y 轴、z 轴正向同方向的三个单位向量,称为该坐标系的**基本单位向量**,分别记为 $\boldsymbol{i},\boldsymbol{j},\boldsymbol{k}$. 给定向量 $\boldsymbol{r}$,就确定了点 M 和三个分向量 $x\boldsymbol{i}$,$y\boldsymbol{j}$,$z\boldsymbol{k}$,则

$$\boldsymbol{r}=\overrightarrow{OM}=\overrightarrow{ON}+\overrightarrow{NM}=\overrightarrow{OP}+\overrightarrow{OQ}+\overrightarrow{OR}$$

$$=x\boldsymbol{i}+y\boldsymbol{j}+z\boldsymbol{k}.$$

向量 $r=(x,y,z)$ 的模可表示为

$$|r| = \sqrt{|\overrightarrow{OP}|^2 + |\overrightarrow{OQ}|^2 + |\overrightarrow{OR}|^2} = \sqrt{x^2+y^2+z^2}.$$

若 r 为平面上的向量, r 的坐标表示为 $r=(x,y)$, r 的模表示为

$$|r| = \sqrt{x^2+y^2}.$$

数学文化

　　钱三强院士曾经用"红专矢量论"来解释"红"与"专"的关系:他把人在社会中的作为比作一个矢量,坐标横轴的正向代表人类社会前进的方向,如果人的世界观、价值观与社会前进的方向一致,也就是"红".矢量的模就是专业能力,能力越大,方向与世界观、价值观与社会前进的方向一致,在横轴上的投影就越大;如果价值观与社会前进的方向相反,能力越大,那么对社会的破坏性就越大.

3.5.3　向量的线性运算

1. 向量的加法

　　定义 3.5.2　已知向量 a、b,如图 3.5.4 所示,在平面内任取一点 A,作 $\overrightarrow{AB}=a$, $\overrightarrow{BC}=b$,则向量 $\overrightarrow{AC}$ 称为向量 a 和 b 的**和向量**,记为 $a+b$,即

$$\overrightarrow{AC} = \overrightarrow{AB} + \overrightarrow{BC} = a+b.$$

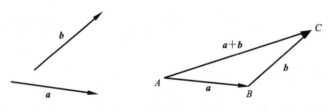

图 3.5.4

　　求两个向量的和的运算,称为**向量的加法**.这种求和向量的方法称为**向量加法的三角形法则**.

　　图 3.5.4 所示的向量的加法,可以理解为:飞机由 A 飞往 B 的路线为向量 $\overrightarrow{AB}$,然后从 B 飞往 C 的路线为向量 $\overrightarrow{BC}$,而由 A 直接飞往 C 的路线为向量 $\overrightarrow{AC}$,从效果上看,有 $\overrightarrow{AC} = \overrightarrow{AB} + \overrightarrow{BC}$.

　　多个向量的加法法则如下:使前一个向量的终点作为下一个向量的起点,相继作向量,再以第一个向量的起点为起点,最后一个向量的终点为终点作一向量,这个向量即为所求的和,如图 3.5.5 所示.

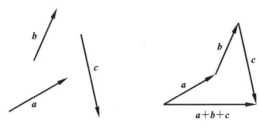

图 3.5.5

　　两向量的和或差的运算在军事上也有广泛的
应用,例如舰艇在航行过程中,要考虑海流对舰艇
航行的影响,其中就要分析研究航行速度向量、海
流速度向量和舰艇在海流中实际航行速度向量
(它们分别被简称为航速向量、流速向量和流中向
量)三个向量之间的和或差的关系,如图 3.5.6 所
示.

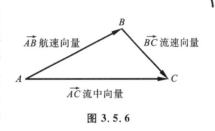

图 3.5.6

2. 实数与向量的乘法

定义 3.5.3　设 λ 为一实数,则向量 a 与数 λ 的乘积仍是一个向量,记为 λa. 它的模
与方向规定如下:

(1) $|\lambda a|=|\lambda||a|$;

(2) 当 λ>0 时,λa 的方向与 a 的方向相同;当 λ<0 时,λa 的方向与 a 的方向相反;
当 λ=0 时,$\lambda a=\mathbf{0}$.

当 λ=-1 时,$-a$ 是与 a 的大小相等、方向相反的向量,称为 a 的**负向量**.

向量与它的负向量相加,得到的向量称为**零向量**,写作 $a+(-a)=a-a=\mathbf{0}$. 零向量
的模为 0,规定**零向量的方向为任意的**.

向量 a 与向量 b 的负向量的和,称为 a 与 b 的差向量,记作 $a-b$,即

$$a-b=a+(-b).$$

求两个向量的差向量的运算,称为**向量的减法**.

向量的加减法运算以及数与向量的乘法统称为**向量的线性运算**.

3. 向量运算的坐标表示

有了向量的坐标表示,向量的线性运算就可以用对应的坐标分别作线性运算来完
成,简单方便,其运算规律与代数式的运算规律类似,下面举例演示.

例 3.5.1　设 $a=(2,-1,3),b=(-1,-4,-2)$,求 $a+b,2a-3b$ 及 $|a|$.

解　$a+b=(2+(-1),-1+(-4),3+(-2))=(1,-5,1)$;

　　　$2a-3b=2(2,-1,3)-3(-1,-4,-2)=(4,-2,6)-(-3,-12,-6)$

　　　　　　$=(7,10,12)$;

$$|\boldsymbol{a}| = \sqrt{2^2 + (-1)^2 + 3^2} = \sqrt{14}.$$

例 3.5.2　某军特种兵进行武装泅渡,已知河宽 4 km,特种兵以 2 km/h 的速度向垂直于对岸的方向游去,到达对岸时,特种兵实际游的距离为 8 km,求河水的流速.

分析　如图 3.5.7 所示,河岸可以近似看成两条平行直线,特种兵自己的速度可表示为向量 $\boldsymbol{b}$,$|\boldsymbol{b}| = 2$ km/h,方向为垂直于河岸,水流的速度可表示为向量 $\boldsymbol{a}$,方向为平行于河岸,特种兵一方面向对岸游动,一方面随着河水向下流动,因此实际速度(也称为合速度)的方向是斜向河对岸的,用向量 $\boldsymbol{c}$ 表示.

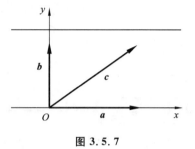

图 3.5.7

解　为将向量 $\boldsymbol{a},\boldsymbol{b},\boldsymbol{c}$ 用坐标表示,建立如图 3.5.7 所示的坐标系. 设河水流动的速率为 x km/h,则 $\boldsymbol{a} = (x,0)$,$\boldsymbol{b} = (0,2)$,根据向量加法的坐标运算,合速度

$$\boldsymbol{c} = \boldsymbol{a} + \boldsymbol{b} = (x+0, 0+2) = (x,2), \quad |\boldsymbol{c}| = \sqrt{x^2+4}.$$

已知河宽 4 km,垂直速度 $|\boldsymbol{b}| = 2$ km/h,所以游到对岸需要的时间为 $4/2 = 2$ (h),又知特种兵实际游了 8 km,所以得到 $\sqrt{x^2+4} \times 2 = 8$,解得 $x = 2\sqrt{3}$,所以河水的流速为 $2\sqrt{3}$ km/h.

知识拓展

向量、矢量、相量的关系:

向量又称为矢量(Vector),是数学、物理和工程科学等多个自然科学中的基本概念. 它们之间的关系类似于数学上用 i 表示虚数单位,物理、工程上用 j 表示虚数单位是一样的,侧重应用的背景不同,本质是一样的.

相量(Phasor),应用于电工学中,用以表示正弦量大小和相位的矢量. 当频率一定时,相量唯一地表征了正弦量(具体见复数).

3.5.4　向量的内积

1. 内积的概念

引例　设一物体在常力(大小和方向都不变)$\boldsymbol{F}$ 作用下的位移为 $\boldsymbol{s}$,若 $\boldsymbol{F}$ 的方向与 $\boldsymbol{s}$ 的方向的夹角为 θ,如图 3.5.8 所示,由物理学知识知,力 $\boldsymbol{F}$ 所做的功为

$$W = |\boldsymbol{F}| \cdot |\boldsymbol{s}| \cdot \cos\theta,$$

即 $\boldsymbol{F}$ 所做的功为两向量 $\boldsymbol{F},\boldsymbol{s}$ 的模与它们的夹角的余弦的乘积.

由此引入数量积的定义.

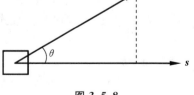

图 3.5.8

定义 3.5.4　设向量 a 与 b 之间的夹角为 $\theta(0 \leqslant \theta \leqslant 180°)$，则 $|a| \cdot |b| \cdot \cos\theta$ 称为向量 a 与 b 的数量积，记作 $a \cdot b$，即

$$a \cdot b = |a| \cdot |b| \cdot \cos\theta.$$

2. 内积的坐标表示式

设向量 $a = a_1 i + a_2 j + a_3 k, b = b_1 i + b_2 j + b_3 k$，由内积的运算性质有

$$
\begin{aligned}
a \cdot b &= (a_1 i + a_2 j + a_3 k) \cdot (b_1 i + b_2 j + b_3 k) \\
&= a_1 b_1 (i \cdot i) + a_2 b_1 (j \cdot i) + a_3 b_1 (k \cdot i) + a_1 b_2 (i \cdot j) + a_2 b_2 (j \cdot j) \\
&\quad + a_3 b_2 (k \cdot j) + a_1 b_3 (i \cdot k) + a_2 b_3 (j \cdot k) + a_3 b_3 (k \cdot k).
\end{aligned}
$$

因为

$$(i \cdot i) = (j \cdot j) = (k \cdot k) = 1, \quad (i \cdot j) = (j \cdot k) = (k \cdot i) = 0,$$

所以　　　　　　　　　　$a \cdot b = a_1 b_1 + a_2 b_2 + a_3 b_3,$

即两向量的内积等于它们对应坐标的乘积之和.

3. 两向量的夹角

设非零向量 $a = a_1 i + a_2 j + a_3 k$ 与 $b = b_1 i + b_2 j + b_3 k$，由于

$$a \cdot b = |a| \cdot |b| \cdot \cos\theta,$$

所以，它们的夹角为 θ 的余弦

$$\cos\theta = \frac{a \cdot b}{|a| \cdot |b|} = \frac{a_1 b_1 + a_2 b_2 + a_3 b_3}{\sqrt{a_1^2 + a_2^2 + a_3^2} \cdot \sqrt{b_1^2 + b_2^2 + b_3^2}} \quad (0 \leqslant \theta \leqslant \pi).$$

这就是用坐标计算两向量夹角的余弦的公式.

若非零向量 a 与 b 的夹角为 $\frac{\pi}{2}$，则称向量 a 与 b 垂直，记为 $a \perp b$.

例 3.5.3　设 $a = i - 2k, b = -3i + j + k$，求 $a \cdot b$.

解　$a \cdot b = 1 \times (-3) + 0 \times 1 + (-2) \times 1 = -5.$

例 3.5.4　求向量 $a = i + \sqrt{2}j - k$ 与 $b = -i + k$ 的夹角 θ.

解　因为

$$a \cdot b = -1 - 1 = -2, \quad |a| = \sqrt{1^2 + (\sqrt{2})^2 + 1^2} = 2, \quad |b| = \sqrt{(-1)^2 + 1^2} = \sqrt{2},$$

根据两向量夹角的余弦的公式，有

$$\cos\theta = \frac{a \cdot b}{|a| \cdot |b|} = \frac{-2}{2\sqrt{2}} = -\frac{\sqrt{2}}{2},$$

所以，$\theta = \frac{3\pi}{4}$.

例 3.5.5　设工程部队战士用吊车搬运大型设备，由于设备质量大，只能用吊车从斜上方拖动前行（斜拉可以减小地面对设备的摩擦力）. 设吊车的拉力大小为 5000 N，前行位移大小为 20 m，且拉力 F 与位移 s 的方向夹角为 $60°$，则力 F 所做的功为多少？

解　根据物理学知识，力 F 所做的功为 $W = |F||s|\cos\theta$，代入已知值，可求得

$$W = 5000 \times 20 \times \cos 60° = 50000 \text{ (J)},$$

所以力 F 所做的功为 50000 J.

3.5.5 向量的向量积

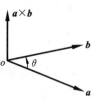

定义 3.5.5 两向量 a 和 b 的向量积是一个向量,记作 $a \times b$,它的模为 $|a \times b| = |a| \cdot |b| \cdot \sin\theta$,$\theta(0 \leqslant \theta \leqslant \pi)$ 为 a 与 b 的夹角.

$a \times b$ 的方向垂直于 a 和 b 所确定的平面,且按右手法则由 a 转向 b 而定,如图 3.5.9 所示.

注意:a 和 b 的向量积是一个向量,而不是一个标量.

图 3.5.9

知识拓展

力矩:力矩表示力对物体作用时所产生的转动效应的物理量,力和力臂的向量积为力矩.力矩是矢量,力对某一点的力矩的大小为该点到力的作用线所引垂线的长度(即力臂)乘以力的大小,其方向则垂直于垂线和力所构成的平面用力矩的右手螺旋法则来确定.

例 3.5.6 如图 3.5.10 所示,杆 L 长为 1 m,可在竖直平面内绕节点转动,在其右端施加一个外力 F 将杆拉至水平,力 F 的大小为 20 N,且力的方向与杆 L 右端延长线的夹角为 $45°$,问力 F 对杆产生的力矩为多大?

解 根据物理学知识,力矩的大小为 $M = |F \times L| = |F| |L| \sin\theta$,代入已知值,计算得

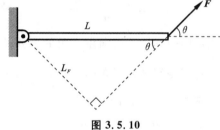

$$M = |F| |L| \sin\theta = 20 \times 1 \times \sin 45°$$
$$= 10\sqrt{2} = 14.14 \ (\text{N} \cdot \text{m}),$$

所以力 F 对杆产生的力矩为 14.14 N·m.

图 3.5.10

2. 向量积的坐标表示式

设向量 $a = a_1 i + a_2 j + a_3 k$ 与 $b = b_1 i + b_2 j + b_3 k$,由向量积的运算性质有

$$a \times b = (a_1 i + a_2 j + a_3 k) \times (b_1 i + b_2 j + b_3 k)$$
$$= a_1 b_1 (i \times i) + a_2 b_1 (j \times i) + a_3 b_1 (k \times i) + a_1 b_2 (i \times j) + a_2 b_2 (j \times j)$$
$$+ a_3 b_2 (k \times j) + a_1 b_3 (i \times k) + a_2 b_3 (j \times k) + a_3 b_3 (k \times k),$$

所以

$$a \times b = (a_2 b_3 - a_3 b_2) i - (a_1 b_3 - a_3 b_1) j + (a_1 b_2 - a_2 b_1) k,$$

即为向量积的坐标形式.为便于记忆,我们借用行列式的记号,将上式表示为

$$a \times b = \begin{vmatrix} i & j & k \\ a_1 & a_2 & a_3 \\ b_1 & b_2 & b_3 \end{vmatrix}.$$

例 3.5.7 求 $a = i + 2j + 3k$ 和 $b = -i + j - 2k$ 的向量积.

解 $a \times b = \begin{vmatrix} i & j & k \\ 1 & 2 & 3 \\ -1 & 1 & -2 \end{vmatrix} = \begin{vmatrix} 2 & 3 \\ 1 & -2 \end{vmatrix} i - \begin{vmatrix} 1 & 3 \\ -1 & -2 \end{vmatrix} j + \begin{vmatrix} 1 & 2 \\ -1 & 1 \end{vmatrix} k = -7i - j + 3k.$

习题答案

习 题 3.5

一、知识强化

1. 已知向量 $a = 2i + 3j + 4k$ 的起点为 $(1, -1, 5)$，求向量 a 的终点坐标.

2. 在空间直角坐标系中，画出下列各点：$A(2, 1, 3)$，$B(1, 2, -1)$，$C(-2, 2, 2)$，$D(2, -2, -2)$，$E(0, 0, -4)$，$F(3, 0, 4)$.

3. 设 $a = (3, 1, -2)$，$b = (-2, -5, 3)$，求 $a - b$，$2a + 3b$，$3a - 4b$.

4. 设 $a = (-1, 2, -1)$，$b = (2, -2, 3)$，求 $|4a - 3b|$.

5. 求向量 $a = i - \sqrt{2}j + k$ 与 $b = i - k$ 的夹角 θ.

6. 求向量 $a = 2i - 3j + 4k$ 与 $b = i - j + 3k$ 的向量积 $a \times b$.

二、专业应用

如图 3.5.11 所示，一艘冲锋舟从 A 点出发，以 $20\sqrt{3}$ km/h 的速度向垂直于对岸的方向行驶，同时河水的流速为 20 km/h，求冲锋舟实际航行速度的大小与方向（用与流速间的夹角表示）.

三、军事应用

设某团战士运输战备物质，途中需要过一桥. 由于桥限重，物体只有从桥面上方斜拉越过（斜拉可以减轻桥面的承受力）. 设战备物质在常力（大小和方向都不变）4000 N 作用下的前行位移为 30 m，且 F 与 s 的方向的夹角为 $30°$，如图 3.5.12 所示，则力 F 所做的功为多少？

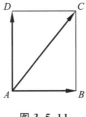

图 3.5.11

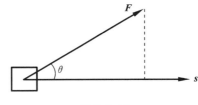

图 3.5.12

单元测试

第4章 线性代数

　　线性代数是代数学的一个分支,主要处理线性关系问题.基于行列式的矩阵理论既是经典数学的基础,又是极具实用价值的数学理论,应用于现代控制理论、系统工程、经济管理、社会科学等众多科学技术领域.本章主要讨论二阶行列式、三阶行列式、矩阵的概念和运算法则,在此基础上讨论用克拉默法则、初等变换等方法求解线性方程组,并介绍相关专业、军事应用.

4.1 行　列　式

本节资源

　　美国数学家吉尔伯特·斯特朗(图4.1.1)说过:"线性代数是数学的魔法."瑞典数学家 L. 戈丁在《数学概观》一书中说:"如果不熟悉线性代数的概念,要去学习自然科学,现在看来就和文盲差不多."线性代数的起源来自于求解线性方程组.线性方程组是各个方程的未知量均为一次的方程组.在自然科学和工程实际应用中,许多问题的求解最终都转化为线性方程组的求解问题,例如直流电路网络中求电流、带限信号外推、图象恢复、线性规划等问题.

4.1.1　二阶行列式

　　《九章算术》第七卷中提出并解决了一个"盈不足"问题,"今有共买物,人出八,盈三;人出七,不足四. 问人数、物价各几何?"如果设共有 x 人,物价为 y,那么求"盈不足"问题,就转化为求如下方程组的解:

图 4.1.1

$$\begin{cases} 8x - y = 3, \\ 7x - y = -4. \end{cases} \tag{4.1.1}$$

　　方程组(4.1.1)中含有两个未知量,变量的幂均为一次,方程组(4.1.1)也称为二元一次线性方程组.

　　数学文化

　　　　中国数学在世界数学发展过程中占有重要的地位,对世界数学的发展做出了重要的贡献。比如对线性方程组的研究,中国比欧洲至少早 1500 年,最早记载在《九章算术》中.作为世界数学发展史上的宝贵遗产,《九章算术》全书共记录了 246

个数学问题,涉及线性方程组的问题共有 18 个,其中二元的有 8 个,三元的有 6 个,四元、五元的各有两题,并用"方程术"进行了求解.这里的"方程术"就是我们常说的"消元法".

一般地,将含有两个未知量、两个方程的线性方程组的一般形式写为

$$\begin{cases} a_{11}x_1 + a_{12}x_2 = b_1, \\ a_{21}x_1 + a_{22}x_2 = b_2, \end{cases} \tag{4.1.2}$$

用消元法容易求出未知量 x_1, x_2 的值,当 $a_{11}a_{22} - a_{12}a_{21} \neq 0$ 时,有

$$\begin{cases} x_1 = \dfrac{b_1 a_{22} - b_2 a_{12}}{a_{11}a_{22} - a_{12}a_{21}}, \\ x_2 = \dfrac{a_{11}b_2 - a_{21}b_1}{a_{11}a_{22} - a_{12}a_{21}}. \end{cases} \tag{4.1.3}$$

这就是二元线性方程组的解的公式,但这个公式不好记忆.德国数学家莱布尼茨为了给线性方程组的求解找到一个简单统一方法,研究了类似线性方程组解的结构,在此研究基础上英国数学家麦克劳林(图 4.1.2)首次给出了更形象的行列式表达式,并随着研究的不断深入,最终形成了现在行列式的概念.

定义 4.1.1　记号 $\begin{vmatrix} a_{11} & a_{12} \\ a_{21} & a_{22} \end{vmatrix}$ 称为**二阶行列式**,它表示代数和 $a_{11}a_{22} - a_{12}a_{21}$,即定义

$$\begin{vmatrix} a_{11} & a_{12} \\ a_{21} & a_{22} \end{vmatrix} = a_{11}a_{22} - a_{12}a_{21},$$

图 4.1.2

其中数 $a_{ij}(i=1,2; j=1,2)$ 称为行列式的**元素**.元素 a_{ij} 的第一个下标 i 称为**行标**,表明元素位于第 i 行,第二个下标 j 称为**列标**,表明该元素位于第 j 列.

说明

　　二阶行列式所表示的两项的代数和,可用**对角线法则**记忆:从左上角到右下角两个元素相乘取正号,从左下角到右上角两个元素相乘取负号.

　　二阶行列式表示的是四个数的一种特定的算式.

例 4.1.1　判断下列几个表达式中哪些是二阶行列式.如果是,求出值.

(1) $\begin{vmatrix} a_1 & b_1 & c_1 \\ a_2 & b_2 & c_2 \end{vmatrix}$;　(2) $\begin{vmatrix} 1 & 2 \\ 3 & 4 \end{vmatrix}$　(3) $\begin{vmatrix} 1 & 2 \\ 3 & 4 \\ 5 & 6 \end{vmatrix}$;　(4) $\begin{vmatrix} \begin{vmatrix} -1 & 2 \\ 3 & 4 \end{vmatrix} & \begin{vmatrix} 1 & -2 \\ 3 & 4 \end{vmatrix} \\ \begin{vmatrix} 1 & 2 \\ -3 & 4 \end{vmatrix} & \begin{vmatrix} 1 & 2 \\ 3 & -4 \end{vmatrix} \end{vmatrix}$.

解　(1)(3)不是二阶行列式,因为它们包含的数不是 4 个;

(2) 是二阶行列式,$\begin{vmatrix} 1 & 2 \\ 3 & 4 \end{vmatrix} = 1 \times 4 - 3 \times 2 = -2$;

（4）也是二阶行列式，因为

$$\begin{vmatrix} -1 & 2 \\ 3 & 4 \end{vmatrix}=-10,\quad \begin{vmatrix} 1 & -2 \\ 3 & 4 \end{vmatrix}=10,\quad \begin{vmatrix} 1 & 2 \\ -3 & 4 \end{vmatrix}=10,\quad \begin{vmatrix} 1 & 2 \\ 3 & -4 \end{vmatrix}=-10,$$

所以
$$\begin{vmatrix} \begin{vmatrix} -1 & 2 \\ 3 & 4 \end{vmatrix} & \begin{vmatrix} 1 & -2 \\ 3 & 4 \end{vmatrix} \\ \begin{vmatrix} 1 & 2 \\ -3 & 4 \end{vmatrix} & \begin{vmatrix} 1 & 2 \\ 3 & -4 \end{vmatrix} \end{vmatrix}=\begin{vmatrix} -10 & 10 \\ 10 & -10 \end{vmatrix}=0.$$

定义 4.1.2　行列式 $\begin{vmatrix} a_{11} & a_{12} \\ a_{21} & a_{22} \end{vmatrix}$ 中的元素及位置与二元线性方程组中未知量的系数及位置是对应的，称为二元线性方程组的**系数行列式**，用字母 D 表示，即有

$$D=\begin{vmatrix} a_{11} & a_{12} \\ a_{21} & a_{22} \end{vmatrix}.$$

如果将系数行列式 D 中第一列的元素 a_{11}，a_{21} 换成方程组的右端常数项 b_1，b_2，则可得到另一个行列式，用字母 D_1 表示，即有

$$D_1=\begin{vmatrix} b_1 & a_{12} \\ b_2 & a_{22} \end{vmatrix}.$$

按二阶行列式的定义，$D_1=\begin{vmatrix} b_1 & a_{12} \\ b_2 & a_{22} \end{vmatrix}=b_1 a_{22}-b_2 a_{12}$，这就是公式（4.1.3）中 x_1 的表达式的分子.

同理，将系数行列式 D 中第二列的元素 a_{12}，a_{22} 换成方程组的右端常数项 b_1，b_2，可得另一个行列式，用字母 D_2 表示，即有

$$D_2=\begin{vmatrix} a_{11} & b_1 \\ a_{21} & b_2 \end{vmatrix}.$$

按二阶行列式的定义，$D_2=\begin{vmatrix} a_{11} & b_1 \\ a_{21} & b_2 \end{vmatrix}=a_{11}b_2-a_{21}b_1$，这就是公式（4.1.3）中 x_2 的表达式的分子.

于是，二元线性方程组的解的公式又可写为

$$\begin{cases} x_1=\dfrac{D_1}{D}, \\ x_2=\dfrac{D_2}{D}. \end{cases}$$

根据线性方程组解的表达式，瑞士数学家克拉默（图 4.1.3）给出了利用行列式求解线性方程组的方法，法国数学家柯西在 1815 年对这种方法进行了证明，并称为克拉默法则.

定理 4.1.1（克拉默法则）

（1）当系数行列式 $D\neq 0$ 时，方程组有唯一解；

（2）当系数行列式 $D=0$ 且 D_1，D_2 至少有一个不为 0

图 4.1.3

时，方程组无解；

（3）当 $D=D_1=D_2=0$ 时，方程组有无穷多解.

例 4.1.2　用克拉默法则解方程组 $\begin{cases} 11x_1-2x_2+5=0, \\ 3x_1+7x_2+24=0. \end{cases}$

解　先将方程组化为标准形式：

$$\begin{cases} 11x_1-2x_2=-5, \\ 3x_1+7x_2=-24. \end{cases}$$

分别计算系数行列式 D 和用常数项替换后的行列式 D_1、D_2：

$$D=\begin{vmatrix} 11 & -2 \\ 3 & 7 \end{vmatrix}=11\times7-3\times(-2)=83,$$

$$D_1=\begin{vmatrix} -5 & -2 \\ -24 & 7 \end{vmatrix}=-5\times7-(-24)\times(-2)=-83,$$

$$D_2=\begin{vmatrix} 11 & -5 \\ 3 & -24 \end{vmatrix}=11\times(-24)-3\times(-5)=-249,$$

因为系数行列式 $D\neq0$，得唯一解：

$$x_1=\frac{D_1}{D}=\frac{-83}{83}=-1, \quad x_2=\frac{D_2}{D}=\frac{-249}{83}=-3.$$

例 4.1.3　用行列式求解"盈不足"问题的方程组 $\begin{cases} 8x-y=3, \\ 7x-y=-4. \end{cases}$

解　分别计算系数行列式 D 和用常数项替换后的行列式 D_1、D_2：

$$D=\begin{vmatrix} 8 & -1 \\ 7 & -1 \end{vmatrix}=8\times(-1)-(-1)\times7=-1,$$

$$D_1=\begin{vmatrix} 3 & -1 \\ -4 & -1 \end{vmatrix}=3\times(-1)-(-1)\times(-4)=-7,$$

$$D_2=\begin{vmatrix} 8 & 3 \\ 7 & -4 \end{vmatrix}=8\times(-4)-3\times7=-53,$$

因为系数行列式 $D\neq0$，得唯一解：

$$x=\frac{D_1}{D}=\frac{-7}{-1}=7, \quad y=\frac{D_2}{D}=\frac{-53}{-1}=53.$$

4.1.2　三阶行列式

类比二阶行列式的给出过程. 在线性代数中，将含有三个未知量、三个方程的线性方程组的一般形式写为

$$\begin{cases} a_{11}x_1+a_{12}x_2+a_{13}x_3=b_1, \\ a_{21}x_1+a_{22}x_2+a_{23}x_3=b_2, \\ a_{31}x_1+a_{32}x_2+a_{33}x_3=b_3, \end{cases} \tag{4.1.4}$$

用消元法求出未知量 x_1,x_2,x_3，有

$$\begin{cases} x_1 = \dfrac{b_1 a_{22} a_{33} - b_1 a_{23} a_{32} - b_2 a_{12} a_{33} + b_3 a_{12} a_{23} + b_2 a_{13} a_{32} - b_3 a_{13} a_{22}}{a_{11} a_{22} a_{33} + a_{12} a_{23} a_{31} + a_{13} a_{21} a_{32} - a_{11} a_{23} a_{32} - a_{12} a_{21} a_{33} - a_{13} a_{22} a_{31}}, \\[3mm] x_2 = \dfrac{b_2 a_{11} a_{33} - b_3 a_{11} a_{23} - b_1 a_{21} a_{33} + b_1 a_{31} a_{23} + b_3 a_{13} a_{21} - b_2 a_{13} a_{31}}{a_{11} a_{22} a_{33} + a_{12} a_{23} a_{31} + a_{13} a_{21} a_{32} - a_{11} a_{23} a_{32} - a_{12} a_{21} a_{33} - a_{13} a_{22} a_{31}}, \quad (4.1.5) \\[3mm] x_3 = \dfrac{b_3 a_{11} a_{22} - b_2 a_{11} a_{32} - b_3 a_{12} a_{21} + b_2 a_{12} a_{31} + b_1 a_{21} a_{32} - b_1 a_{31} a_{22}}{a_{11} a_{22} a_{33} + a_{12} a_{23} a_{31} + a_{13} a_{21} a_{32} - a_{11} a_{23} a_{32} - a_{12} a_{21} a_{33} - a_{13} a_{22} a_{31}}. \end{cases}$$

这就是三元线性方程组解的公式. 发现式(4.1.5)中变量 x_1, x_2, x_3 的表达式的分母都是一样的, 均为 $a_{11} a_{22} a_{33} + a_{12} a_{23} a_{31} + a_{13} a_{21} a_{32} - a_{11} a_{23} a_{32} - a_{12} a_{21} a_{33} - a_{13} a_{22} a_{31}$, 为了便于记住这个公式, 便有了三阶行列式的概念.

定义 4.1.3　记号 $\begin{vmatrix} a_{11} & a_{12} & a_{13} \\ a_{21} & a_{22} & a_{23} \\ a_{31} & a_{32} & a_{33} \end{vmatrix}$ 称为**三阶行列式**, 定义

$$\begin{vmatrix} a_{11} & a_{12} & a_{13} \\ a_{21} & a_{22} & a_{23} \\ a_{31} & a_{32} & a_{33} \end{vmatrix} = a_{11} a_{22} a_{33} + a_{12} a_{23} a_{31} + a_{13} a_{21} a_{32} - a_{11} a_{23} a_{32} - a_{12} a_{21} a_{33} - a_{13} a_{22} a_{31}.$$

三阶行列式的计算也有**对角线法则**, 规律如图 4.1.4 所示: 图中三条实线看作是平行于主对角线的连线, 三条虚线看作是平行于副对角线的连线, 实线上三元素的乘积冠正号, 虚线上三元素的乘积冠负号.

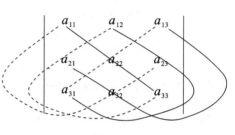

图 4.1.4

说明: 对角线法则适用于不高于三阶的行列式.

例 4.1.4　求行列式 $\begin{vmatrix} 2 & 0 & 1 \\ 1 & -4 & -1 \\ -1 & 8 & 3 \end{vmatrix}$.

解　$\begin{vmatrix} 2 & 0 & 1 \\ 1 & -4 & -1 \\ -1 & 8 & 3 \end{vmatrix} = 2 \times (-4) \times 3 + 0 \times (-1) \times (-1) + 1 \times 1 \times 8 - 1 \times (-4)$

$$\times (-1) - 0 \times 1 \times 3 - 2 \times (-1) \times 8$$

$$= -24 + 8 - 4 + 16 = -4.$$

定义 4.1.4　行列式 $\begin{vmatrix} a_{11} & a_{12} & a_{13} \\ a_{21} & a_{22} & a_{23} \\ a_{31} & a_{32} & a_{33} \end{vmatrix}$ 中的元素及位置与三元线性方程组中未知量的

系数及位置是对应的, 称为三元线性方程组的**系数行列式**, 用字母 D 表示, 即有

$$D = \begin{vmatrix} a_{11} & a_{12} & a_{13} \\ a_{21} & a_{22} & a_{23} \\ a_{31} & a_{32} & a_{33} \end{vmatrix}.$$

如果将 D 中第一列至第三列的元素分别换成常数项 b_1, b_2, b_3, 则可得到

$$D_1=\begin{vmatrix} b_1 & a_{12} & a_{13} \\ b_2 & a_{22} & a_{23} \\ b_3 & a_{32} & a_{33} \end{vmatrix}, \quad D_2=\begin{vmatrix} a_{11} & b_1 & a_{13} \\ a_{21} & b_2 & a_{23} \\ a_{31} & b_3 & a_{33} \end{vmatrix}, \quad D_3=\begin{vmatrix} a_{11} & a_{12} & b_1 \\ a_{21} & a_{22} & b_2 \\ a_{31} & a_{32} & b_3 \end{vmatrix}.$$

容易验证 D_1,D_2,D_3 分别为方程组解的分子,于是三元线性方程组解的公式可写为

$$x_1=\frac{D_1}{D}, \quad x_2=\frac{D_2}{D}, \quad x_3=\frac{D_3}{D}.$$

根据二元线性方程组解的表达式,可以给出解的定理.

定理 4.1.2（克拉默法则）

(1) 当系数行列式 $D\neq0$ 时,方程组有唯一解,$x_1=\dfrac{D_1}{D}, \quad x_2=\dfrac{D_2}{D}, \quad x_3=\dfrac{D_3}{D}$;

(2) 当系数行列式 $D=0$ 且 D_1,D_2,D_3 至少有一个不为 0 时,方程组无解;

(3) 当 $D=D_1=D_2=D_3=0$ 时,方程组有无穷多解.

例 4.1.5　解三元线性方程组 $\begin{cases} x_1+x_2+x_3=6, \\ 3x_1-x_2+2x_3=7, \\ 5x_1+2x_2+2x_3=15. \end{cases}$

解　系数行列式

$$D=\begin{vmatrix} 1 & 1 & 1 \\ 3 & -1 & 2 \\ 5 & 2 & 2 \end{vmatrix}$$

$$=1\times(-1)\times2+1\times2\times5+1\times3\times2-1\times(-1)\times5-1\times3\times2-1\times2\times2=9,$$

$$D_1=\begin{vmatrix} 6 & 1 & 1 \\ 7 & -1 & 2 \\ 15 & 2 & 2 \end{vmatrix}=9, \quad D_2=\begin{vmatrix} 1 & 6 & 1 \\ 3 & 7 & 2 \\ 5 & 15 & 2 \end{vmatrix}=18, \quad D_3=\begin{vmatrix} 1 & 1 & 6 \\ 3 & -1 & 7 \\ 5 & 2 & 15 \end{vmatrix}=27,$$

因为系数行列式 $D\neq0$,得唯一解:

$$x_1=\frac{D_1}{D}=\frac{9}{9}=1, \quad x_2=\frac{D_2}{D}=\frac{18}{9}=2, \quad x_3=\frac{D_3}{D}=\frac{27}{9}=3.$$

知识拓展

基尔霍夫电流定律:对电路中的任一节点,在任一时刻,流入节点的电流之和等于流出节点的电流之和,即

$$\sum i_\lambda=\sum i_出$$

通常规定:流入节点的电流为"＋",流出节点的电流为"－".

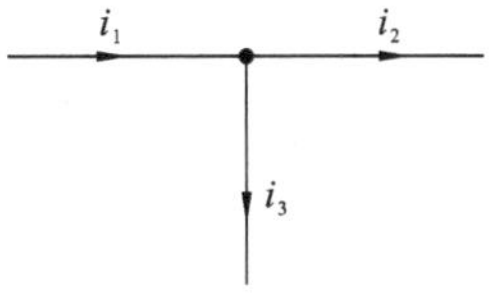

图 4.1.5

在图 4.1.5 中电流参考方向下:$i_1=i_2+i_3$,或改写成 $i_2+i_3-i_1=0$.

例 4.1.6　已知在直流电路网络中各支路电流强度 I_1,I_2,I_3 满足下面方程,求各支路上的电流(单位:A).

$$\begin{cases} I_1-I_2-I_3=1, \\ 2I_1-I_2-3I_3=0, \\ 3I_1+2I_2-5I_3=2. \end{cases}$$

解 系数行列式

$$D=\begin{vmatrix} 1 & -1 & -1 \\ 2 & -1 & -3 \\ 3 & 2 & -5 \end{vmatrix}=3, \quad D_1=\begin{vmatrix} 1 & -1 & -1 \\ 0 & -1 & -3 \\ 2 & 2 & -5 \end{vmatrix}=15,$$

$$D_2=\begin{vmatrix} 1 & 1 & -1 \\ 2 & 0 & -3 \\ 3 & 2 & -5 \end{vmatrix}=3, \quad D_3=\begin{vmatrix} 1 & -1 & 1 \\ 2 & -1 & 0 \\ 3 & 2 & 2 \end{vmatrix}=9,$$

解得 $I_1=\dfrac{D_1}{D}=\dfrac{15}{3}=5$（A）, $I_2=\dfrac{D_2}{D}=\dfrac{3}{3}=1$（A）, $I_3=\dfrac{D_3}{D}=\dfrac{9}{3}=3$（A）.

知识拓展

对于解析几何中的一些问题,用常规几何学的知识求解,常常计算量比较大,而且化简过程比较烦琐. 如果借助行列式,就能简化求解的过程. 解析几何中的一些定理、结论,运用行列式的语言表达,也比较简洁,体现了数学的简洁美. 例如:

定理 4.1.3 平面内三点 $A(x_1,y_1),B(x_2,y_2),C(x_3,y_3)$共线的条件是

$$\begin{vmatrix} x_1 & y_1 & 1 \\ x_2 & y_2 & 1 \\ x_3 & y_3 & 1 \end{vmatrix}=0.$$

定理 4.1.4 以平面内三点 $A(x_1,y_1),B(x_2,y_2),C(x_3,y_3)$为顶点的 ΔABC

的面积为 $\dfrac{1}{2}\begin{vmatrix} x_1 & y_1 & 1 \\ x_2 & y_2 & 1 \\ x_3 & y_3 & 1 \end{vmatrix}$ 的绝对值.

例 4.1.7 讨论 $A(3,3),B(-1,-5),C(-6,0)$三个点是否在一条直线上,如果三点不在一条直线上,求三点围成的三角形的面积.

解 由定理 4.1.3,可得行列式

$$\begin{vmatrix} 3 & 3 & 1 \\ -1 & -5 & 1 \\ -6 & 0 & 1 \end{vmatrix}=-15-18-0-30+3-0=-60\neq 0,$$

所以三个点不在一条直线上. 由定理 4.1.4 知,三角形的面积等于 $\dfrac{1}{2}\begin{vmatrix} 3 & 3 & 1 \\ -1 & -5 & 1 \\ -6 & 0 & 1 \end{vmatrix}=$

-30 的绝对值,即 $S=30$.

4.1.3 n 阶行列式

前面,我们给出了二阶行列式和三阶行列式的定义,可以计算二、三阶行列式的值.
要计算三阶以上行列式的的值,不妨回顾三阶行列式:

$$
\begin{vmatrix} a_{11} & a_{12} & a_{13} \\ a_{21} & a_{22} & a_{23} \\ a_{31} & a_{32} & a_{33} \end{vmatrix} = a_{11}a_{22}a_{33} + a_{12}a_{23}a_{31} + a_{13}a_{21}a_{32} - a_{11}a_{23}a_{32} - a_{12}a_{21}a_{33} - a_{13}a_{22}a_{31}
$$

$$
= a_{11}(a_{22}a_{33} - a_{32}a_{23}) - a_{12}(a_{21}a_{33} - a_{23}a_{31}) + a_{13}(a_{21}a_{32} - a_{22}a_{31})
$$

$$
= a_{11}\begin{vmatrix} a_{22} & a_{23} \\ a_{32} & a_{33} \end{vmatrix} - a_{12}\begin{vmatrix} a_{21} & a_{23} \\ a_{31} & a_{33} \end{vmatrix} + a_{13}\begin{vmatrix} a_{21} & a_{22} \\ a_{31} & a_{32} \end{vmatrix}
$$

$$
= (-1)^{1+1}a_{11}\begin{vmatrix} a_{22} & a_{23} \\ a_{32} & a_{33} \end{vmatrix} + (-1)^{1+2}a_{12}\begin{vmatrix} a_{21} & a_{23} \\ a_{31} & a_{33} \end{vmatrix}
$$

$$
+ (-1)^{1+3}a_{13}\begin{vmatrix} a_{21} & a_{22} \\ a_{31} & a_{32} \end{vmatrix}.
$$

可以看出,一个三阶行列式可以化为某一行(列)的元素与其对应的二阶行列式的乘积之和的形式,这就意味着三阶行列式可化为二阶行列式来计算. 法国数学家范德蒙(图 4.1.6)发现了这一规律,并证明了四阶行列式、五阶行列式直至 n 阶行列式也可用其某一行(列)的元素与其对应的低一阶的行列式的乘积之和来计算,并引入余子式和代数余子式的概念.

图 4.1.6

定义 4.1.5 在一个行列式中,去掉元素 a_{ij} 所在的行和列,其余各元素按照原来的相对位置排列而成的低一阶的行列式称为元素 a_{ij} 的**余子式**,记作 M_{ij},称 a_{ij} 的余子式 M_{ij} 与 $(-1)^{i+j}$ 的乘积称为元素 a_{ij} 的**代数余子式**,记作 A_{ij},即 $A_{ij} = (-1)^{i+j}M_{ij}$.

例如,在三阶行列式 $D = \begin{vmatrix} a_{11} & a_{12} & a_{13} \\ a_{21} & a_{22} & a_{23} \\ a_{31} & a_{32} & a_{33} \end{vmatrix}$ 中,a_{11} 的余子式为 $M_{11} = a_{11}\begin{vmatrix} a_{22} & a_{23} \\ a_{32} & a_{33} \end{vmatrix}$,代

数余子式为 $A_{11} = (-1)^{1+1}a_{11}\begin{vmatrix} a_{22} & a_{23} \\ a_{32} & a_{33} \end{vmatrix}$.

三阶行列式的值可以表示为它的任一行(列)各元素与其对应的代数余子式乘积之和,即

$$
D = \begin{vmatrix} a_{11} & a_{12} & a_{13} \\ a_{21} & a_{22} & a_{23} \\ a_{31} & a_{32} & a_{33} \end{vmatrix} = a_{i1}A_{i1} + a_{i2}A_{i2} + a_{i3}A_{i3} \quad (i=1,2,3),
$$

或
$$
D = a_{1j}A_{1j} + a_{2j}A_{2j} + a_{3j}A_{3j} \quad (j=1,2,3).
$$

定义 4.1.6 设有 n^2 个元素 $a_{ij}(i=1,2,\cdots,n;j=1,2,\cdots,n)$ 排成 n 行 n 列的数表

$$D=\begin{vmatrix} a_{11} & a_{12} & \cdots & a_{1n} \\ a_{21} & a_{22} & \cdots & a_{2n} \\ \vdots & \vdots & & \vdots \\ a_{n1} & a_{n2} & \cdots & a_{nn} \end{vmatrix}$$

称为 n **阶行列式**,记为 D,n 阶行列式的值为

$$D=a_{i1}A_{i1}+a_{i2}A_{i2}+\cdots+a_{in}A_{in} \quad (i=1,2,\cdots,n),$$

或

$$D=a_{1j}A_{1j}+a_{2j}A_{2j}+\cdots+a_{nj}A_{nj} \quad (j=1,2,\cdots,n).$$

例 4.1.8 计算四阶行列式 $D=\begin{vmatrix} 2 & 0 & 0 & 4 \\ 1 & 2 & -1 & 1 \\ 3 & 1 & 1 & 2 \\ 0 & 3 & 1 & 2 \end{vmatrix}$.

解 按第一行展开,得

$$D=\begin{vmatrix} 2 & 0 & 0 & 4 \\ 1 & 2 & -1 & 1 \\ 3 & 1 & 1 & 2 \\ 0 & 3 & 1 & 2 \end{vmatrix}=2\times(-1)^{1+1}\begin{vmatrix} 2 & -1 & 1 \\ 1 & 1 & 2 \\ 3 & 1 & 2 \end{vmatrix}+4\times(-1)^{1+4}\begin{vmatrix} 1 & 2 & -1 \\ 3 & 1 & 1 \\ 0 & 3 & 1 \end{vmatrix}$$
$$=2\times(-6)-4\times(-17)=56.$$

数学文化

归纳法指的是从许多个别事例中获得一个较具概括性的规则.这种方法主要是从收集到的既有资料,加以抽丝剥茧地分析,最后得到一个概括性的结论.归纳法是从特殊到一般,优点是能体现众多事物的根本规律,且能体现事物的共性.对于求解 n 元线性方程组解的问题,历史上的数学家就是从二元线性方程组解的结构入手,构造了二阶行列式并给出了解的结构,进而研究三元线性方程组解的结构,最后归纳并证明出 n 元线性方程组解的结构.

性质 4.1.1 将行列式的每一行的元素换成相应的每一列的元素,行列式的值不变,即

$$\begin{vmatrix} a_{11} & a_{12} & a_{13} \\ a_{21} & a_{22} & a_{23} \\ a_{31} & a_{32} & a_{33} \end{vmatrix}=\begin{vmatrix} a_{11} & a_{21} & a_{31} \\ a_{12} & a_{22} & a_{32} \\ a_{13} & a_{23} & a_{33} \end{vmatrix}.$$

例如,$\begin{vmatrix} 1 & 2 & 3 \\ 4 & 5 & 6 \\ 7 & 8 & 0 \end{vmatrix}=\begin{vmatrix} 1 & 4 & 7 \\ 2 & 5 & 8 \\ 3 & 6 & 0 \end{vmatrix}=27.$

性质 4.1.2 交换行列式的两行(或两列),行列式的符号改变,即

$$\begin{vmatrix} a_{11} & a_{12} & a_{13} \\ a_{21} & a_{22} & a_{23} \\ a_{31} & a_{32} & a_{33} \end{vmatrix} = -\begin{vmatrix} a_{11} & a_{12} & a_{13} \\ a_{31} & a_{32} & a_{33} \\ a_{21} & a_{22} & a_{23} \end{vmatrix}.$$

例如，$\begin{vmatrix} 1 & 2 & 3 \\ 4 & 5 & 6 \\ 7 & 8 & 0 \end{vmatrix} = -\begin{vmatrix} 1 & 2 & 3 \\ 7 & 8 & 0 \\ 4 & 5 & 6 \end{vmatrix}.$

性质 4.1.3 行列式有两行(或两列)元素相同,则其值为零.

例如，$\begin{vmatrix} 1 & 2 & 3 \\ 4 & 5 & 6 \\ 1 & 2 & 3 \end{vmatrix} = 0.$

性质 4.1.4 行列式的某行(或某列)所有元素同乘以数 k,所得新行列式的值等于数 k 乘以原行列式,即

$$\begin{vmatrix} ka_{11} & ka_{12} & ka_{13} \\ a_{21} & a_{22} & a_{23} \\ a_{31} & a_{32} & a_{33} \end{vmatrix} = k\begin{vmatrix} a_{11} & a_{12} & a_{13} \\ a_{21} & a_{22} & a_{23} \\ a_{31} & a_{32} & a_{33} \end{vmatrix}.$$

例如，$\begin{vmatrix} 3 & 6 & 9 \\ 4 & 5 & 6 \\ 7 & 8 & 0 \end{vmatrix} = 3\begin{vmatrix} 1 & 2 & 3 \\ 4 & 5 & 6 \\ 7 & 8 & 0 \end{vmatrix} = 81.$

性质 4.1.5 行列式某一行元素为两项式,则此行列可以化为两个行列式之和,即

$$\begin{vmatrix} a_{11}+b_{11} & a_{12}+b_{12} & a_{13}+b_{13} \\ a_{21} & a_{22} & a_{23} \\ a_{31} & a_{32} & a_{33} \end{vmatrix} = \begin{vmatrix} a_{11} & a_{12} & a_{13} \\ a_{21} & a_{22} & a_{23} \\ a_{31} & a_{32} & a_{33} \end{vmatrix} + \begin{vmatrix} b_{11} & b_{12} & b_{13} \\ a_{21} & a_{22} & a_{23} \\ a_{31} & a_{32} & a_{33} \end{vmatrix}.$$

例如，$\begin{vmatrix} 1+5 & 2+3 & 3+1 \\ 4 & 5 & 6 \\ 7 & 8 & 0 \end{vmatrix} = \begin{vmatrix} 1 & 2 & 3 \\ 4 & 5 & 6 \\ 7 & 8 & 0 \end{vmatrix} + \begin{vmatrix} 5 & 3 & 1 \\ 4 & 5 & 6 \\ 7 & 8 & 0 \end{vmatrix} = 27 - 117 = -90.$

习 题 4.1

习题答案

一、知识强化

1. 计算下列三阶行列式:

(1) $\begin{vmatrix} 2 & -1 & 2 \\ 5 & -3 & 3 \\ -1 & 0 & -2 \end{vmatrix};$ (2) $D = \begin{vmatrix} 1 & -1 & 1 \\ 2 & 4 & -2 \\ -3 & -3 & 5 \end{vmatrix}.$

2. 设 $\begin{vmatrix} x & 1 & 1 \\ 1 & x & 1 \\ 1 & 1 & x \end{vmatrix} = 0$,求 x 的值.

3. 写出下列线性方程组的系数行列式:

$$\begin{cases} 2x_1 - x_3 + 7 = 0, \\ 3x_1 - 2x_2 + 3x_3 = 8, \\ -2x_2 + x_3 - 6 = 0. \end{cases}$$

4. 用克拉默法则求解下列线性方程组:

$$(1) \begin{cases} 3x_1 - 4x_2 = 2, \\ \dfrac{x_1}{3} - \dfrac{x_2}{4} = 1; \end{cases} \qquad (2) \begin{cases} x_1 + 2x_2 - x_3 = 1, \\ 2x_1 + 3x_2 - x_3 = 5, \\ x_1 + 2x_2 + 2x_3 = 4. \end{cases}$$

二、专业应用

两台直流电源并联给一个电阻负载供电,其等效电路如图 4.1.7 所示. 已知 $R_1 = 1\ \Omega$, $R_2 = 0.6\ \Omega$, $R_3 = 24\ \Omega$, $U_{S1} = 130\ \text{V}$, $U_{S2} = 117\ \text{V}$. 试用支路电流法求负载 R_3 中的电流 I_3 及每台发电机的输出电流 I_1 和 I_2. (提示: $I_1 + I_2 - I_3 = 0$, $I_1 R_1 + I_3 R_3 = U_{S1}$, $I_2 R_2 + I_3 R_3 = U_{S2}$)

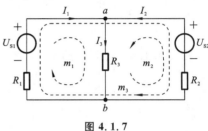

图 4.1.7

4.2 矩　阵

本节资源

德国天文学家马克斯·沃尔夫(图 4.2.1)说过:"矩阵是一种强大的结构,可以超越人类的想象,让世界变得更美好,更有意义."矩阵理论兴起于行列式的研究,是应用数学领域必不可少的分析工具,广泛应用于物理学、运筹学、统计学、概率论、生物学、密码学、计算机、信息学等相关学科.

4.2.1 矩阵的定义

公元前我国就已经有了矩阵的萌芽,在《九章算术》一书中已经有所描述,只是没有将它作为一个独立的概念加以研究,而仅用它解决实际问题,所以没能形成独立的矩阵理论. 英国数学家西尔维斯特 1850 年在研究方程的个数与未知量的个数

图 4.2.1

不相同的线性方程组时,首次引入了矩阵的概念,矩阵的本质是一个数表.

引例 1 一次会议上张三、李四、王五对一项提案的表决情况如表 4.2.1 所示,其中 1 表示赞成,0 表示反对,可以将表简记为 $(0\quad 1\quad 1)$.

表 4.2.1

姓名	张三	李四	王五
表决情况	0	1	1

引例 2 张三、李四、王五进行步枪射击训练,三发子弹命中的环数如表 4.2.2 所示.

表 4.2.2

姓名	环数		
	第一发	第二发	第三发
张三	8	9	7
李四	9	8	9
王五	10	7	9

可以将上表简记为 $\begin{pmatrix} 8 & 9 & 7 \\ 9 & 8 & 9 \\ 10 & 7 & 9 \end{pmatrix}$.

引例 3　将方程组 $\begin{cases} x+2my=5 \\ 3nx+y=10 \end{cases}$ 中的未知数 x,y 的系数按原来的次序排列,可简记

为 $\begin{pmatrix} 1 & 2m \\ 3n & 1 \end{pmatrix}$;若将常数项增加进去,则可简记为 $\begin{pmatrix} 1 & 2m & 5 \\ 3n & 1 & 10 \end{pmatrix}$;方程组右边的常数项可

简记为 $\begin{pmatrix} 5 \\ 10 \end{pmatrix}$.

把形如$(0 \quad 1 \quad 1)$, $\begin{pmatrix} 8 & 9 & 7 \\ 9 & 8 & 9 \\ 10 & 7 & 9 \end{pmatrix}$, $\begin{pmatrix} 1 & 2m \\ 3n & 1 \end{pmatrix}$, $\begin{pmatrix} 1 & 2m & 5 \\ 3n & 1 & 10 \end{pmatrix}$, $\begin{pmatrix} 5 \\ 10 \end{pmatrix}$这样的矩形数表叫

做**矩阵**.

定义 4.2.1　由 $m \times n$ 个数组成的 m 行 n 列的数表

$$\begin{matrix} a_{11} & a_{12} & \cdots & a_{1n} \\ a_{21} & a_{22} & \cdots & a_{2n} \\ \vdots & \vdots & & \vdots \\ a_{m1} & a_{m2} & \cdots & a_{mn} \end{matrix}$$

称为 m 行 n 列矩阵,简称 $m \times n$ **矩阵**,记作

$$A_{m \times n} = \begin{pmatrix} a_{11} & a_{12} & \cdots & a_{1n} \\ a_{21} & a_{22} & \cdots & a_{2n} \\ \vdots & \vdots & & \vdots \\ a_{m1} & a_{m2} & \cdots & a_{mn} \end{pmatrix}.$$

矩阵中的每一个数叫做矩阵的**元素**,第 i 行第 j 列的元素可用字母 a_{ij} 表示,如矩阵

$\begin{pmatrix} 8 & 9 & 7 \\ 9 & 8 & 9 \\ 10 & 7 & 9 \end{pmatrix}$第 3 行第 2 列的元素记为 $a_{32}=7$.

只有一行的矩阵 $A = (a_1 \quad a_2 \quad \cdots \quad a_n)$ 称为**行向量**,如行向量 $A = (0 \quad 1 \quad 1)$;只有

一列的矩阵 $B = \begin{pmatrix} b_1 \\ b_2 \\ b_3 \\ b_4 \end{pmatrix}$ 称为**列向量**,如列向量 $B = \begin{pmatrix} 5 \\ 10 \end{pmatrix}$.

又如:矩阵 $\begin{bmatrix} 8 & 9 & 7 \\ 9 & 8 & 9 \\ 10 & 7 & 9 \end{bmatrix}$ 为 3×3 矩阵,可记作 $A_{3 \times 3}$,其中第一行组成的行向量可记作

$a_1 = (8 \quad 9 \quad 7)$,第二列组成的列向量可记作 $b_2 = \begin{bmatrix} 9 \\ 8 \\ 7 \end{bmatrix}$.

例 4.2.1 表 4.2.3 是张三、李四两名学员在轻武器射击、军事地形学、军事体育、军队基层管理四门课程的成绩表.

表 4.2.3

姓名	课程			
	轻武器射击	军事地形学	军事体育	军队基层管理
张三	80	92	88	70
李四	80	76	90	82

(1) 将两人各门课程的成绩用矩阵表示;

(2) 写出行向量、列向量,并指出其实际意义;

(3) 写出 a_{12}, a_{24}.

解 (1) 两人各门课程的成绩用矩阵表示为

$$\begin{pmatrix} 80 & 92 & 88 & 70 \\ 80 & 76 & 90 & 82 \end{pmatrix}.$$

(2) 有两个行向量,分别为

$$a_1 = (80 \quad 92 \quad 88 \quad 70), \quad a_2 = (80 \quad 76 \quad 90 \quad 82),$$

分别表示两位学员在四门课程中的各自成绩;

有四个列向量,分别为

$$b_1 = \begin{pmatrix} 80 \\ 80 \end{pmatrix}, \quad b_2 = \begin{pmatrix} 92 \\ 76 \end{pmatrix}, \quad b_3 = \begin{pmatrix} 88 \\ 90 \end{pmatrix}, \quad b_4 = \begin{pmatrix} 70 \\ 82 \end{pmatrix},$$

分别表示两位学员在每一科目的成绩.

(3) $a_{12} = 92, a_{24} = 82$.

知识拓展

博弈论中提出双方博弈确定最优策略的准则:对策双方从各自可能出现的最不利情形中选择一种最有利的情形作为决策的依据,即从最坏处着眼,力争最好的结果.

俾斯麦海海战

背景 1943 年 2 月,日本统帅山本五十六统率下的一支舰队策划了一次军事行动:由集结地——南太平洋的新不列颠群岛的拉包尔出发,穿过俾斯麦海,开往新几内亚的莱城,支援困守在那里的日军.

当盟军获悉此情报后,盟军统帅麦克阿瑟命令太平洋战区空军司令肯尼将军

组织空中打击. 山本五十六心里很明白:在日本舰队穿过俾斯麦海的 3 天航行中,不可能躲开盟军的空中打击,他要策划的是尽可能减少损失. 图 4.2.2 为俾斯麦海海战局势分析图.

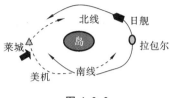

图 4.2.2

条件 (1)自然条件对于双方都是已知的.

基本情况如下:从拉包尔出发开往莱城的海上航线有南北两条,通过时间均为 3 天. 气象预报表明:未来 3 天中,北线阴雨,能见度差,而南线天气晴好,能见度好.

(2)预估情形.

局势 1:盟军的侦察机重点搜索北线,日本舰队也恰好走北线. 由于气候恶劣,能见度差,盟军只能实施 2 天的轰炸.

局势 2:盟军的侦察机重点搜索北线,日本舰队走南线. 由于发现晚,尽管盟军的轰炸机群在南线,但有效轰炸也只有 2 天.

局势 3:盟军的侦察机重点搜索南线,而日本舰队走北线. 由于发现晚、盟军的轰炸机群在南线,以及北线气候恶劣,故有效轰炸只有 1 天.

局势 4:盟军的侦察机重点搜索南线,日本舰队也恰好走南线. 此时日本舰队迅速被发现,盟军的轰炸机群所需航程很短,加上天气晴好,有效轰炸时间为 3 天.

方法 (1)构造矩阵:首先构造盟军和日舰走南北两线有效轰炸天数的矩阵:

$$
\begin{array}{cc}
 & \begin{array}{ccc} 日舰 & 北线 & 南线 \end{array} \\
盟军 \begin{array}{c} 北线 \\ 南线 \end{array} & \begin{pmatrix} 2 & 2 \\ 1 & 3 \end{pmatrix}
\end{array}
$$

(2)进行决策:对日舰而言走北线最坏的结果为 a_{11},即被轰炸 2 天,走南线最坏的结果为 a_{22},即被轰炸 3 天,根据最优策略,取最坏结果中最好的结果为 2 天,即日舰选择走北线.

$$
\begin{array}{cc}
 & \begin{array}{ccc} 日舰 & 北线 & 南线 \end{array} \\
盟军 \begin{array}{c} 北线 \\ 南线 \end{array} & \begin{pmatrix} 2 & 2 \\ 1 & 3 \end{pmatrix} \\
 & \quad \boxed{2} \quad 3
\end{array}
$$

对盟军而言从北线和南线进行巡逻最坏的结果分别为轰炸 2 天和 1 天,根据最优策略,取最坏结果中最好的结果,为轰炸 2 天,即盟军选择走北线.

$$
\begin{array}{cc}
 & \begin{array}{ccc} 日舰 & 北线 & 南线 \end{array} \\
盟军 \begin{array}{c} 北线 \\ 南线 \end{array} & \begin{pmatrix} 2 & 2 \\ 1 & 3 \end{pmatrix} \boxed{2} \\
 & \qquad\qquad\quad 1
\end{array}
$$

印证 历史的实际情况是,肯尼将军命令盟军的侦察机重点搜索北线,而山本五十六命令日本舰队取道北线航行. 由于气候恶劣,能见度差,盟军飞机在一天后发现了日本舰队,实施了 2 天的有效轰炸,重创日本舰队,但未能全歼.

例 4.2.2 某雷达团执行某空域的搜索任务,当时可能出现的气象状况有 3 种,团指挥班子制定的搜索方案有 4 种,不同气象状况下实行不同搜索方案对目标的发现概率如下矩阵:

$$
\begin{array}{ccccc}
& \text{气象 1} & \text{气象 2} & \text{气象 3} \\
\text{方案 1} & \begin{pmatrix} 0.9 & 0.4 & 0.1 \\ 0.7 & 0.5 & 0.4 \\ 0.8 & 0.7 & 0.2 \\ 0.5 & 0.5 & 0.5 \end{pmatrix} \\
\text{方案 2} \\
\text{方案 3} \\
\text{方案 4}
\end{array}
$$

请问如何决策才能使发现目标的概率最大?

解 根据最优策略,首先取最坏结果:

$$
\begin{array}{cccccc}
& \text{气象 1} & \text{气象 2} & \text{气象 3} \\
\text{方案 1} & \begin{pmatrix} 0.9 & 0.4 & 0.1 \\ 0.7 & 0.5 & 0.4 \\ 0.8 & 0.7 & 0.2 \\ 0.5 & 0.5 & 0.5 \end{pmatrix} & \begin{matrix} 0.1 \\ 0.4 \\ 0.2 \\ 0.5 \end{matrix} \\
\text{方案 2} \\
\text{方案 3} \\
\text{方案 4}
\end{array}
$$

然后,从最坏结果中选取最好的结果:

$$
\begin{array}{cccccc}
& \text{气象 1} & \text{气象 2} & \text{气象 3} \\
\text{方案 1} & \begin{pmatrix} 0.9 & 0.4 & 0.1 \\ 0.7 & 0.5 & 0.4 \\ 0.8 & 0.7 & 0.2 \\ 0.5 & 0.5 & 0.5 \end{pmatrix} & \begin{matrix} 0.1 \\ 0.4 \\ 0.2 \\ \boxed{0.5} \end{matrix} \\
\text{方案 2} \\
\text{方案 3} \\
\text{方案 4}
\end{array}
$$

即选择方案 4.

4.2.2 几种特殊矩阵

1858 年,英国数学家凯莱(图 4.2.3)在《矩阵论的研究报告》中,定义了两个矩阵相等、相加以及数与矩阵的数乘等运算律,同时,提出了零矩阵、单位矩阵、矩阵相乘、矩阵可逆等概念,推动了矩阵理论的发展.

1. 零矩阵

所有元素都是 0 的矩阵称为**零矩阵**,记作 $\boldsymbol{O}$.

如 $\begin{pmatrix} 0 & 0 & 0 \\ 0 & 0 & 0 \end{pmatrix}$ 为一个 2×3 零矩阵,记作 $\boldsymbol{O}_{2 \times 3}$.

2. 方阵

当一个矩阵的行数与列数相等时,这个矩阵称为**方阵**,一个方阵有 n 行 n 列,称此方阵为 n 阶**方阵**,记作 $\boldsymbol{A}_n$.

如 $\boldsymbol{A}_2 = \begin{pmatrix} 1 & 2m \\ 3n & 1 \end{pmatrix}$ 为二阶方阵,$\boldsymbol{A}_3 = \begin{pmatrix} 8 & 9 & 7 \\ 9 & 8 & 9 \\ 10 & 7 & 9 \end{pmatrix}$ 为三阶方阵.

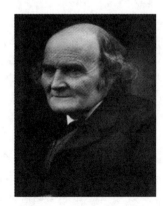

图 4.2.3

3. 单位矩阵

在一个 n 阶方阵中,如果从左上角到右下角的直线(叫做**主对角线**)上的元素均为 1,其余元素均为 0,这样的方阵称为**单位矩阵**,记作 E_n.

如矩阵 $E_2 = \begin{pmatrix} 1 & 0 \\ 0 & 1 \end{pmatrix}$ 为二阶单位矩阵,矩阵 $E_3 = \begin{pmatrix} 1 & 0 & 0 \\ 0 & 1 & 0 \\ 0 & 0 & 1 \end{pmatrix}$ 为三阶单位矩阵.

4. 同型矩阵与相等矩阵

如果矩阵 A 与 B 的行数和列数分别相等,那么 A 与 B 称为**同型矩阵**.

如果矩阵 A 与 B 是同型矩阵,且它们所有对应位置的元素都相等,那么就称 A 与 B **相等**,记为 $A = B$.

5. 方程组的矩阵

对于线性方程组 $\begin{cases} a_{11}x_1 + a_{12}x_2 = b_1, \\ a_{21}x_1 + a_{22}x_2 = b_2, \end{cases}$ 将未知数 x_1, x_2 的系数按方程组中所在的位置排列,所得的方阵 $A = \begin{pmatrix} a_{11} & a_{12} \\ a_{21} & a_{22} \end{pmatrix}$,称为方程组的**系数矩阵**;右端常数项组成列向量 $b = \begin{pmatrix} b_1 \\ b_2 \end{pmatrix}$,称为**常数项向量**;将系数矩阵 A 和常数项向量 b 合在一起,组成的矩阵 $\begin{pmatrix} a_{11} & a_{12} & b_1 \\ a_{21} & a_{22} & b_2 \end{pmatrix}$ 称为方程组的**增广矩阵**,记作 $B = (A \ \vdots \ b)$. 增广矩阵 $B = (A \ \vdots \ b)$ 与线性方程组是一一对应的,系数矩阵 A 和增广矩阵 B 对于线性方程组的求解有重要作用.

例 4.2.3 已知线性方程组的增广矩阵,写出对应的方程组:

(1) $\begin{pmatrix} 2 & 3 & \vdots & -5 \\ -1 & 2 & \vdots & 4 \end{pmatrix}$;　　　　(2) $\begin{pmatrix} 2 & -1 & 0 & \vdots & 2 \\ 0 & 3 & -2 & \vdots & 1 \\ 3 & 0 & 2 & \vdots & -3 \end{pmatrix}$.

解 根据增广矩阵与线性方程组的对应关系,最后一列为右端常数列,之前的列为系数列,在系数列的元素后面添上未知数,在右端常数列的前面添上等号,得

(1) $\begin{cases} 2x_1 + 3x_2 = -5, \\ -x_1 + 2x_2 = 4; \end{cases}$　　　　(2) $\begin{cases} 2x_1 - x_2 = 2, \\ 3x_2 - 2x_3 = 1, \\ 3x_1 + 2x_3 = -3. \end{cases}$

4.2.3　矩阵的运算

1. 矩阵的加法

设有两个 m 行 n 列矩阵,将两个矩阵中相同位置的元素相加得到新的 m 行 n 列矩阵,称为矩阵 A 与 B 的和,记为 $A + B$.

例 4.2.4 某地有两个军用物资需求处 A、B,一季度和二季度分别需要物资 W_1,W_2,W_3 的数量分别用矩阵 A 和 B 表示为

$$A = \begin{matrix} & \begin{matrix} W_1 & \ W_2 & \ W_3 \end{matrix} & \\ \begin{pmatrix} 120 & 240 & 360 \\ 100 & 200 & 300 \end{pmatrix} & \begin{matrix} 一季度 \\ 二季度 \end{matrix} \end{matrix}, \quad B = \begin{matrix} & \begin{matrix} W_1 & \ W_2 & \ W_3 \end{matrix} & \\ \begin{pmatrix} 110 & 220 & 330 \\ 105 & 210 & 315 \end{pmatrix} & \begin{matrix} 一季度 \\ 二季度 \end{matrix} \end{matrix},$$

求这两个军用物资需求处前两季度的需求量的汇总表.

解 这两个军用物资需求处前两季度的需求量的汇总表可以用矩阵 C 表示为

$$C = A + B = \begin{pmatrix} 120 & 240 & 360 \\ 100 & 200 & 300 \end{pmatrix} + \begin{pmatrix} 110 & 220 & 330 \\ 105 & 210 & 315 \end{pmatrix}$$

$$= \begin{pmatrix} 120+110 & 240+220 & 360+330 \\ 100+105 & 200+210 & 300+315 \end{pmatrix}$$

$$= \begin{pmatrix} 230 & 460 & 690 \\ 205 & 410 & 615 \end{pmatrix}.$$

2. 负矩阵

将矩阵 $A = (a_{ij})$ 中的每一个元素取负号,得到的矩阵记作 $-A = (-a_{ij})$,称为 A 的**负矩阵**,显然有

$$A + (-A) = O,$$

由此规定矩阵的减法为

$$A - B = A + (-B).$$

例 4.2.5 已知矩阵 $A = \begin{pmatrix} 2 & 0 & 3 \\ 1 & 2 & 4 \\ 0 & -1 & 2 \end{pmatrix}$, $B = \begin{pmatrix} 1 & 1 & 2 \\ 3 & 0 & 4 \\ 1 & 2 & 3 \end{pmatrix}$, 求 $A+B, A-B$.

解 $A + B = \begin{pmatrix} 2+1 & 0+1 & 3+2 \\ 1+3 & 2+0 & 4+4 \\ 0+1 & -1+2 & 2+3 \end{pmatrix} = \begin{pmatrix} 3 & 1 & 5 \\ 4 & 2 & 8 \\ 1 & 1 & 5 \end{pmatrix}$,

$A - B = \begin{pmatrix} 2-1 & 0-1 & 3-2 \\ 1-3 & 2-0 & 4-4 \\ 0-1 & -1-2 & 2-3 \end{pmatrix} = \begin{pmatrix} 1 & -1 & 1 \\ -2 & 2 & 0 \\ -1 & -3 & -1 \end{pmatrix}.$

注意:只有当两个矩阵是同型矩阵时,才能进行加法和减法运算.

3. 矩阵的数乘

用数 k 乘矩阵 A 的每一个元素所得到的矩阵,称为数 k 与矩阵 A 的积,记为 kA.

例 4.2.6 已知 $A = \begin{pmatrix} 2 & 0 & 3 \\ 1 & 2 & 4 \\ 0 & -1 & 2 \end{pmatrix}$,求 $2A$.

解 $2A = \begin{pmatrix} 2\times2 & 2\times0 & 2\times3 \\ 2\times1 & 2\times2 & 2\times4 \\ 2\times0 & 2\times(-1) & 2\times2 \end{pmatrix} = \begin{pmatrix} 4 & 0 & 6 \\ 2 & 4 & 8 \\ 0 & -2 & 4 \end{pmatrix}.$

数乘矩阵满足下列运算律(A, B 为同型矩阵,k, l 为数):

(1) $k(lA) = (kl)A$;

(2) $kA + lA = (k+l)A$;

(3) $kA + kB = k(A+B)$.

4. 矩阵与矩阵相乘

如果矩阵 A 的列数等于矩阵 B 的行数,则 A 与 B 可以相乘,其乘积为一个新的矩阵

C,记作 $C=AB$,C 的第 i 行第 j 列的元素 C_{ij} 等于矩阵 A 的第 i 行元素与矩阵 B 的第 j 列元素对应相乘之后的和,并且矩阵 C 的行数等于矩阵 A 的行数,矩阵 C 的列数等于矩阵 B 的列数.

例 4.2.7 已知 $A=\begin{pmatrix} 2 & 3 & 2 \\ 1 & 2 & 4 \end{pmatrix}$,$B=\begin{pmatrix} 2 & 0 \\ 1 & 3 \\ 1 & 2 \end{pmatrix}$,求 AB.

解 先作判断. 矩阵 A 有 3 列,矩阵 B 有 3 行,可以相乘,其乘积 AB 是一个 2 行 2 列矩阵.

$$AB=\begin{pmatrix} 2 & 3 & 2 \\ 1 & 2 & 4 \end{pmatrix}\begin{pmatrix} 2 & 0 \\ 1 & 3 \\ 1 & 2 \end{pmatrix}=\begin{pmatrix} 2\times2+3\times1+2\times1 & 2\times0+3\times3+2\times2 \\ 1\times2+2\times1+4\times1 & 1\times0+2\times3+4\times2 \end{pmatrix}=\begin{pmatrix} 9 & 13 \\ 8 & 14 \end{pmatrix}.$$

知识拓展

按进位规则进行计数称为进位计数制,简称**数制**. 常用的有十进制、二进制、八进制等.

十进制:它采用 $0,1,2,\cdots,9$ 十个数码,并按"逢十进一"的规律计数.

二进制:它采用 $0,1$ 两个数码,并按"逢二进一"的规律计数. 数字电路、雷达的高度编码等用的是二进制.

二进制可转化为十进制,例如:
$$(1011)_2=1\times2^3+0\times2^2+1\times2^1+1\times2^0=(11)_{10},$$
运算过程用矩阵表示为

$$(1011)_2=(1\quad 0\quad 1\quad 1)\begin{pmatrix} 2^3 \\ 2^2 \\ 2^1 \\ 2^0 \end{pmatrix}.$$

注意列矩阵是确定的,二进制数有几位列矩阵就有几行.自下而上为 $2^0,2^1,\cdots,2^{n-1}$.

例 4.2.8 某型空管雷达探测飞机的飞行过程,雷达向飞机发送 C 模式询问脉冲,飞机应答器响应雷达的高度编码脉冲,普通编码为 1000101,求该编码的十进制数.

解 $(1000101)_2=(1\quad 0\quad 0\quad 0\quad 1\quad 0\quad 1)\begin{pmatrix} 2^6 \\ 2^5 \\ 2^4 \\ 2^3 \\ 2^2 \\ 2^1 \\ 2^0 \end{pmatrix}=1\times2^6+1\times2^2+1\times2^0=69,$

即该编码的十进制数为 69.

5. 逆矩阵

定义 4.2.2 设 A 是一个 n 阶方阵,若存在一个方阵 B 使得 $AB = BA = E$,则称 A 是**可逆矩阵**,并称 B 为 A 的**逆矩阵**.

定理 4.2.1 若矩阵 A 是可逆的,则 A 的逆矩阵是唯一的.

证明 设 B, C 都是 A 的逆矩阵,则有 $AB = BA = E$, $AC = CA = E$,故 $B = BE = B(AC) = (BA)C = EC = C$,所以 A 的逆矩阵唯一,记为 A^{-1}.

例如,设 $A = \begin{pmatrix} 1 & -1 \\ 1 & 1 \end{pmatrix}, B = \begin{pmatrix} 1/2 & 1/2 \\ -1/2 & 1/2 \end{pmatrix}$,因为 $AB = BA = E$,所以 B 是 A 的逆矩阵.

例 4.2.9 设 $A = \begin{pmatrix} 2 & 1 \\ -1 & 0 \end{pmatrix}$,求 A 的逆矩阵.

解 利用待定系数法. 设 $B = \begin{pmatrix} a & c \\ b & d \end{pmatrix}$ 是 A 的逆矩阵,则

$$BA = \begin{pmatrix} a & c \\ b & d \end{pmatrix} \begin{pmatrix} 2 & 1 \\ -1 & 0 \end{pmatrix} = \begin{pmatrix} 2a-c & a \\ 2b-d & b \end{pmatrix} = \begin{pmatrix} 1 & 0 \\ 0 & 1 \end{pmatrix},$$

即 $\begin{cases} 2a-c=1, \\ a=0, \\ 2b-d=0, \\ b=1, \end{cases}$ 所以 $\begin{cases} a=0, \\ b=1, \\ c=-1, \\ d=2, \end{cases}$ 从而 $A^{-1} = \begin{pmatrix} 0 & -1 \\ 1 & 2 \end{pmatrix}.$

知识拓展

希尔密码是运用基本矩阵论原理的替换密码. 首先把 26 个英文字母 $a, b, c, \cdots, x, y, z$ 映射到数 $1, 2, 3, \cdots, 24, 25, 26$. 例如,1 表示 a,3 表示 c,20 表示 t,11 表示 k,另外用 0 表示空格,用 27 表示句号等. 假设我们要发出"attack(攻击)"这个信息,可以用以下数集来表示信息"attack":$(1, 20, 20, 1, 3, 11)$,把这个信息按列写成矩阵的形式,即为

$$M = \begin{pmatrix} 1 & 1 \\ 20 & 3 \\ 20 & 11 \end{pmatrix}.$$

第一步:加密. 任选一个三阶矩阵,例如

$$A = \begin{pmatrix} 1 & 2 & 3 \\ 1 & 1 & 2 \\ 0 & 1 & 2 \end{pmatrix},$$

将明文矩阵 M 与 A 相乘变成密码矩阵 B,然后发出.

$$AM = \begin{pmatrix} 1 & 2 & 3 \\ 1 & 1 & 2 \\ 0 & 1 & 2 \end{pmatrix} \begin{pmatrix} 1 & 1 \\ 20 & 3 \\ 20 & 11 \end{pmatrix} = \begin{pmatrix} 101 & 40 \\ 61 & 26 \\ 60 & 25 \end{pmatrix} = B.$$

第二步:解密. 解密是加密的逆过程,这里要用到矩阵 A 的逆矩阵 A^{-1},这个逆

矩阵 $\boldsymbol{A}^{-1}$ 就是解密的钥匙,称为"密钥". 当然,矩阵 $\boldsymbol{A}$ 是通信双方事先约定的.

用 $\boldsymbol{A}^{-1}=\begin{pmatrix} 0 & 1 & -1 \\ 2 & -2 & -1 \\ -1 & 1 & 1 \end{pmatrix}$ 将密码转换成明码,作矩阵的乘法:

$$\boldsymbol{A}^{-1}\boldsymbol{B}=\begin{pmatrix} 0 & 1 & -1 \\ 2 & -2 & -1 \\ -1 & 1 & 1 \end{pmatrix}\begin{pmatrix} 101 & 40 \\ 61 & 26 \\ 60 & 25 \end{pmatrix}=\begin{pmatrix} 1 & 1 \\ 20 & 3 \\ 20 & 11 \end{pmatrix}=\boldsymbol{M}.$$

通过反查字母与数字的映射,即可得到信息"attack".

上述加密、解密过程运用了矩阵的乘法与逆矩阵. 在实际应用中,可以选择不同的可逆矩阵、不同的映射关系,也可以把字母对应的数字进行不同的排列得到不同的矩阵,这样就有多种加密和解密的方式,在一定程度上保证了传递信息的秘密性.

4.2.4　矩阵的初等变换

引例 4　线性方程组的求解.

已知线性方程组为

$$\begin{cases} 2x_1-3x_2=14, \\ x_1+x_2=12, \end{cases} \qquad ①$$

运用消元法对方程组进行求解.

解　求解步骤如下:

(1) 对方程组①互换两行,方程组变为

$$\begin{cases} x_1+x_2=12, \\ 2x_1-3x_2=14; \end{cases} \qquad ②$$

(2) 对方程组②的第一行乘以 -2,加到第二行上,方程组变为

$$\begin{cases} x_1+x_2=12, \\ -5x_2=-10; \end{cases} \qquad ③$$

(3) 对方程组③的第二行乘以 $-\dfrac{1}{5}$,方程组③变为

$$\begin{cases} x_1+x_2=12, \\ x_2=2; \end{cases} \qquad ④$$

(4) 对方程组④的第二行乘以 -1,加到第一行,得解

$$\begin{cases} x_1=10, \\ x_2=2. \end{cases}$$

分析　增广矩阵与线性方程组是一一对应的,对于方程组①,增广矩阵为

$$\begin{pmatrix} 2 & -3 & \vdots & 14 \\ 1 & 1 & \vdots & 12 \end{pmatrix},$$

在步骤(1)中,互换方程组的两行,对应着互换增广矩阵的两行,可表示为

$$\begin{pmatrix} 2 & -3 & \vdots & 14 \\ 1 & 1 & \vdots & 12 \end{pmatrix} \xrightarrow{r_1 \leftrightarrow r_2} \begin{pmatrix} 1 & 1 & \vdots & 12 \\ 2 & -3 & \vdots & 14 \end{pmatrix},$$

这里 r_1,r_2 表示矩阵 A 的第一行、第二行,得到的矩阵恰好就是方程组②的增广矩阵.

在步骤(2)中,对方程组②的第一行乘以 -2 加到第二行,对应着将方程组②的增广矩阵的第一行乘以 -2 加到第二行,可表示为

$$\begin{pmatrix} 1 & 1 & \vdots & 12 \\ 2 & -3 & \vdots & 14 \end{pmatrix} \xrightarrow{r_2 + (-2)r_1} \begin{pmatrix} 1 & 1 & \vdots & 12 \\ 0 & -5 & \vdots & -10 \end{pmatrix},$$

得到的矩阵恰好就是方程组③的增广矩阵.

在步骤(3)中,对方程组③的第二行乘以 $-\dfrac{1}{5}$,对应着将方程组③的增广矩阵的第二行乘以 $-\dfrac{1}{5}$,可表示为

$$\begin{pmatrix} 1 & 1 & \vdots & 12 \\ 0 & -5 & \vdots & -10 \end{pmatrix} \xrightarrow{-\frac{1}{5}r_2} \begin{pmatrix} 1 & 1 & \vdots & 12 \\ 0 & 1 & \vdots & 2 \end{pmatrix},$$

得到的矩阵恰好就是方程组④的增广矩阵.

在步骤(4)中,对方程组④的第二行乘以 -1 加到第一行,对应着将方程组④的增广矩阵的第二行乘以 -1 加到第一行,可表示为

$$\begin{pmatrix} 1 & 1 & \vdots & 12 \\ 0 & 1 & \vdots & 2 \end{pmatrix} \xrightarrow{r_1 - r_2} \begin{pmatrix} 1 & 0 & \vdots & 10 \\ 0 & 1 & \vdots & 2 \end{pmatrix},$$

这时得到一个特殊的增广矩阵 $(A \vdots b)$,它的系数矩阵部分为 $A = \begin{pmatrix} 1 & 0 \\ 0 & 1 \end{pmatrix}$,是一个单位矩阵,常数项向量(最后一列) $b = \begin{pmatrix} 10 \\ 2 \end{pmatrix}$ 对应方程组的解,所以增广矩阵 $\begin{pmatrix} 1 & 0 & \vdots & 10 \\ 0 & 1 & \vdots & 2 \end{pmatrix}$ 就表示方程组的解 $\begin{cases} x_1 = 10, \\ x_2 = 2. \end{cases}$

结论 经过上述分析可知,对方程组的变换可以用对增广矩阵 $(A \vdots b)$ 的行进行变换来代替,当把增广矩阵的系数矩阵部分 A 变换成单位矩阵时,常数项向量 b 就表示方程组的解. 这样,解方程组的过程就变成了对增广矩阵进行行变换的过程. 变换过程实际上为加减消元的过程,此过程中应根据数字的特点,运用适当的程序进行化简运算.

引例 4 中给出了增广矩阵的三种行变换,统称为矩阵的**初等行变换**.

定义 4.2.3 下面三种变换称为矩阵的初等行变换:

(1) 互换矩阵的两行(互换 i,j 两行,记作 $r_i \leftrightarrow r_j$);

(2) 某一行所有元素乘以一个非零的数(第 i 行乘以 k,记作 $r_i \times k$);

(3) 某一行所有元素乘以一个非零的数后加到另一行对应的元素上去(第 j 行乘以 k 再加到第 i 行上,记作 $r_i + kr_j$).

例 4.2.10 已知在直流电路网络中三条支路上的电流 I_1, I_2, I_3 满足下面的方程组,求各支路上的电流.

$$\begin{cases} I_1 - I_2 - I_3 = 1, \\ 2I_1 - I_2 - 3I_3 = 0, \\ 3I_1 + 2I_2 - 5I_3 = 2. \end{cases}$$

解　$(\boldsymbol{A} \vdots \boldsymbol{b}) = \begin{pmatrix} 1 & -1 & -1 & \vdots & 1 \\ 2 & -1 & -3 & \vdots & 0 \\ 3 & 2 & -5 & \vdots & 2 \end{pmatrix} \xrightarrow[r_3-3r_1]{r_2-2r_1} \begin{pmatrix} 1 & -1 & -1 & \vdots & 1 \\ 0 & 1 & -1 & \vdots & -2 \\ 0 & 5 & -2 & \vdots & -1 \end{pmatrix}$

$\xrightarrow[r_3-5r_2]{r_1+r_2} \begin{pmatrix} 1 & 0 & -2 & \vdots & -1 \\ 0 & 1 & -1 & \vdots & -2 \\ 0 & 0 & 3 & \vdots & 9 \end{pmatrix} \xrightarrow{r_3 \times \frac{1}{3}} \begin{pmatrix} 1 & 0 & -2 & \vdots & -1 \\ 0 & 1 & -1 & \vdots & -2 \\ 0 & 0 & 1 & \vdots & 3 \end{pmatrix}$

$\xrightarrow[r_2+r_3]{r_1+2r_3} \begin{pmatrix} 1 & 0 & 0 & \vdots & 5 \\ 0 & 1 & 0 & \vdots & 1 \\ 0 & 0 & 1 & \vdots & 3 \end{pmatrix},$

由此可知三条支路的电流 I_1, I_2, I_3 分别为 $5(\mathrm{A}), 1(\mathrm{A}), 3(\mathrm{A})$.

　　利用初等变换可以求矩阵 $\boldsymbol{A}$ 的逆矩阵. 例如, 将 $\boldsymbol{A}$ 矩阵与单位矩阵组合成新的矩阵:

$$\begin{bmatrix} a_{11} & a_{12} & a_{13} & \vdots & 1 & 0 & 0 \\ a_{21} & a_{22} & a_{23} & \vdots & 0 & 1 & 0 \\ a_{31} & a_{32} & a_{33} & \vdots & 0 & 0 & 1 \end{bmatrix},$$

当用初等行变换把矩阵 $\boldsymbol{A}$ 化为单位矩阵时, 右边的三列构成的矩阵就是 $\boldsymbol{A}^{-1}$.

　　例 4.2.11　用初等行变换求 $\boldsymbol{A} = \begin{pmatrix} 1 & 0 & 0 \\ 2 & 1 & 0 \\ 3 & 2 & 1 \end{pmatrix}$ 的逆.

解　$\begin{bmatrix} 1 & 0 & 0 & \vdots & 1 & 0 & 0 \\ 2 & 1 & 0 & \vdots & 0 & 1 & 0 \\ 3 & 2 & 1 & \vdots & 0 & 0 & 1 \end{bmatrix} \xrightarrow{r_2+r_1\times(-2)} \begin{bmatrix} 1 & 0 & 0 & \vdots & 1 & 0 & 0 \\ 0 & 1 & 0 & \vdots & -2 & 1 & 0 \\ 3 & 2 & 1 & \vdots & 0 & 0 & 1 \end{bmatrix}$

$\xrightarrow{r_3+r_1\times(-3)} \begin{bmatrix} 1 & 0 & 0 & \vdots & 1 & 0 & 0 \\ 0 & 1 & 0 & \vdots & -2 & 1 & 0 \\ 0 & 2 & 1 & \vdots & -3 & 0 & 1 \end{bmatrix}$

$\xrightarrow{r_3+r_2\times(-2)} \begin{bmatrix} 1 & 0 & 0 & \vdots & 1 & 0 & 0 \\ 0 & 1 & 0 & \vdots & -2 & 1 & 0 \\ 0 & 0 & 1 & \vdots & 1 & -2 & 1 \end{bmatrix},$

所以　　　　　　　　　　　$\boldsymbol{A}^{-1} = \begin{pmatrix} 1 & 0 & 0 \\ -2 & 1 & 0 \\ 1 & -2 & 1 \end{pmatrix}.$

习　题　4.2

习题答案

一、知识强化

1. 已知 $\boldsymbol{A} = \begin{pmatrix} 2 & 2 \\ 0 & 1 \end{pmatrix}, \boldsymbol{B} = \begin{pmatrix} 1 & 1 \\ 1 & 2 \end{pmatrix},$ 求 $\boldsymbol{A}+\boldsymbol{B}, \boldsymbol{A}-\boldsymbol{B}, 2\boldsymbol{A}+3\boldsymbol{B}.$

2. 设

(1) $\boldsymbol{A}=\begin{pmatrix}1 & 3 \\ 2 & -1\end{pmatrix}$, $\boldsymbol{B}=\begin{pmatrix}3 & 0 \\ 1 & 2\end{pmatrix}$; (2) $\boldsymbol{A}=\begin{pmatrix}3 & 1 & 1 \\ 2 & 1 & 2 \\ 1 & 2 & 3\end{pmatrix}$, $\boldsymbol{B}=\begin{pmatrix}1 & 1 & -1 \\ 2 & -1 & 0 \\ 1 & 0 & 1\end{pmatrix}$;

计算 $2\boldsymbol{A}-3\boldsymbol{B}$，$\boldsymbol{AB}-\boldsymbol{BA}$，$\boldsymbol{A}^2-\boldsymbol{B}^2$.

3. 计算下列矩阵的乘积：

(1) $\begin{pmatrix}4 & 3 & 1 \\ 1 & -2 & 3 \\ 5 & 7 & 0\end{pmatrix}\begin{pmatrix}7 \\ 2 \\ 1\end{pmatrix}$

(2) $\begin{pmatrix}1 & 0 & 2 \\ -1 & 0 & 1\end{pmatrix}\begin{pmatrix}2 & 1 \\ 1 & 3 \\ 0 & 1\end{pmatrix}$;

(3) $\begin{pmatrix}1 & -2 \\ 2 & 1\end{pmatrix}\begin{pmatrix}3 & 8 \\ 5 & -2\end{pmatrix}$;

(4) $\begin{pmatrix}1 & 2 & 3\end{pmatrix}\begin{pmatrix}3 \\ 2 \\ 1\end{pmatrix}$;

(5) $\begin{pmatrix}x_1 & x_2 & x_3\end{pmatrix}\begin{pmatrix}a_{11} & a_{12} & a_{13} \\ a_{21} & a_{22} & a_{23} \\ a_{23} & a_{23} & a_{33}\end{pmatrix}\begin{pmatrix}x_1 \\ x_2 \\ x_3\end{pmatrix}$.

4. 用初等行变换求解下列线性方程组：

(1) $\begin{cases}x_1-x_2=4, \\ 4x_1+2x_2=-1;\end{cases}$

(2) $\begin{cases}x_1-2x_2=3, \\ \dfrac{1}{5}x_1-\dfrac{1}{2}x_2=\dfrac{7}{10};\end{cases}$

(3) $\begin{cases}x_1+2x_2-x_3=2, \\ 2x_1-x_2+2x_3=10, \\ x_1+3x_2=2;\end{cases}$

(4) $\begin{cases}2x_1+x_2+x_3=7, \\ 3x_1-2x_2+3x_3=8, \\ x_1+x_2+x_3=6.\end{cases}$

5. 求矩阵 $\boldsymbol{A}=\begin{pmatrix}1 & -1 & -1 \\ 2 & -1 & -3 \\ 3 & 2 & -5\end{pmatrix}$ 的逆矩阵.

二、专业应用

某型空管雷达探测飞机飞行过程，雷达向飞机发送 C 模式询问脉冲，飞机应答器响应雷达的高度编码脉冲，普通编码分别为 1101101，0101001，0111101，1011101，求这些编码的十进制数.

三、军事应用

从明文转换为密文的过程称为加密. 将明文矩阵 $\boldsymbol{M}$ 与 $\boldsymbol{A}$ 相乘可得密码矩阵 $\boldsymbol{B}$. 已知某次军事行动中明文矩阵 $\boldsymbol{M}=\begin{pmatrix}0 & -1 & 1 \\ 1 & -2 & -1 \\ -1 & 1 & -2\end{pmatrix}$，$\boldsymbol{A}=\begin{pmatrix}3 & -1 & -1 \\ -1 & 0 & 1 \\ 1 & 1 & -1\end{pmatrix}$，求密码矩阵 $\boldsymbol{B}$.

单元测试

第 5 章 数 理 逻 辑

数理逻辑是研究演绎推理的一门学科,注重用数学的方法来研究推理的规律.逻辑代数是研究逻辑函数的运算和简化的学科,是分析和设计逻辑电路的基本工具.本章注重从数理逻辑的视角看待逻辑代数的基本问题,主要讨论命题与联结词、逻辑运算等最基本的逻辑理论,并介绍相关专业、军事应用.

5.1 命题与联结词

本节资源

苏联文学家高尔基(图 5.1.1)说过:"逻辑学是一种朴素的、真实的、严密的学问,它是所有其他科学的基础."数理逻辑对数学研究和工程技术有重要意义,包括"命题演算"和"谓词演算"等重要组成部分,命题演算的一个具体模型就是逻辑代数,逻辑代数的运算特点与电路分析中的开和关、高电位和低电位、导电和截止等现象完全一样,都只有两种不同的状态,因此,它在电路分析中得到广泛的应用.

图 5.1.1

5.1.1 命题

定义 5.1.1 具有**唯一确定真假**意义的**陈述句**称为**命题**.

命题一般用大写英文字母或带下标的大写英文字母表示.

一个命题表达的判断结果称为**命题的真值**.任何命题的真值都是唯一的.

真值为"真"的命题称为**真命题**,记作"T"或"1";

真值为"假"的命题称为**假命题**,记作"F"或"0".

注:(1)只有陈述句才能成为命题,疑问句、祈使句、感叹句等非陈述句不是命题;

(2)能判断真假的陈述句才能成为命题;

(3)虽然要求命题能判断真假,但不要求现在就能确定真假,将来可以确定真假也可以.

例 5.1.1 分析下列各语句是否为命题.若是命题,确定其真值.

(1)中国人民是勤劳和勇敢的.　　　(2)鸵鸟是鸟.

(3)2 是奇数.　　　(4)明年 10 月 1 日是晴天.

(5)这里的风景真美啊!　　　(6)雪是黑色的.

(7)101+1=110.　　　(8)$2^2=4$.

(9)明天下午开会吗?　　　(10)我正在说谎.

(11)存在外星人.　　　(12)他既喜欢读书也喜欢运动.

（13）他在机房或在图书馆里.

解 （1）命题（T）；（2）命题（T）；（3）命题（F）；（4）命题（待定）；（5）不是命题（感叹句）；（6）命题（F）；（7）命题（若为 10 进制运算则为 F，若为 2 进制运算则为 T）；（8）命题（真）；（9）不是命题（疑问句）；（10）不是命题（悖论）；（11）命题（待定）；（12）命题（待定）；（13）命题（待定）.

命题的值为真或假. 今后约定用 1 表示真，0 表示假，除 T 和 F 以外的大写英文字母或它们后面跟上数字如 $A, A1, B5, Pi$ 等或[数字]（如[123]，[28]，…）表示命题.

如 P：M8085 芯片有 40 条引线，或[12]：M8085 芯片有 40 条引线. P 或[12]称为命题"M8085 芯片有 40 条引线"的标识符.

当命题标识符代表一个确定的命题时，称这样的命题标识符为**命题常元**；当命题标识符代表非确定的命题时，称这样的命题标识符为**命题变元**.

注意：命题变元不是命题，只有对命题变元用一个确定的命题代入后，才能确定其值是 1 还是 0.

定义 5.1.2 不能再分解为更简单的能判断其值为 1 或 0 的陈述句的命题称为**原子命题**.

由简单命题通过联结词联结而成的陈述句称为**复合命题**.

如例 5.1.1 中的（12）可分解为两个原子命题 P：他喜欢读书，Q：他喜欢运动，用联结词"既……也……"联结起来的复合命题为：既 P 也 Q.

如例 5.1.1 中的（13）可分解为两个原子命题 P：他在机房，Q：他在图书馆，用联结词"或者"联结起来的复合命题为：P 或者 Q.

数学文化

　　莱布尼茨曾经设想过能不能创造一种"通用的科学语言"，可以把推理过程像数学一样利用公式来进行计算，从而得出正确的结论，这个思想是现代数理逻辑部分内容的萌芽.1847 年，英国数学家乔治·布尔（图 5.1.2）发表了《逻辑的数学分析》，建立了"布尔代数"，并创造一套符号系统，利用符号来表示逻辑中的各种概念.布尔建立了一系列的运算法则，利用代数的方法研究逻辑问题，初步奠定了数理逻辑的基础.1884 年，德国数学家弗雷格（图 5.1.3）出版了《数论的基础》一书，在书中引入量词的符号，使得数理逻辑的符号系统更加完备.对建立这门学科做出贡献的，还有美国人皮尔斯，他也在著作中引入了逻辑符号，从而使现代数理逻辑最基本的理论基础逐步形成，成为一门独立的学科.

图 5.1.2

图 5.1.3

5.1.2　逻辑联结词

日常生活、工作和学习中,自然语言里我们常常使用下面的一些联结词,例如:非、不、没有、无、并非、并不等来表示否定;并且、同时、以及、而(且)、"不但……而且……"、"既……又……"、"尽管……仍然……"、和、也、同、与等来表示同时;"虽然……也……"、"可能……可能……"、"或许……或许……"等与"或(者)"的意义一样;"若……则……"、"当……则……"与"如果……那么……"的意义相同;充分必要、等同、一样、相同与"当且仅当"的意义一样. 在自然语言中,这些逻辑联结词的作用一般是同义的. 在数理逻辑中将这些同义的联结词也统一用符号表示,以便书写、推演和讨论. 现定义常用联结词如下:

定义 5.1.3　在命题 P 的适当地方插入"不"或者"没有"产生的新命题称为 P 的**否定**,记为 $\neg P$,读成"非 P".

例如: P:2 是一个质数(值为 1); $\neg P$:2 不是一个质数(值为 0).

$\neg P$ 的取值依赖于 P 的取值, P 为真时,则 $\neg P$ 为假; P 为假时,则 $\neg P$ 为真. 定义**"非"运算**如表 5.1.1 所示.

表 5.1.1

命　　题	P	$\neg P$
真　　值	1 0	0 1

注意:(1) 不同的陈述句可能确定同一个命题;(2) 否定是一个一元运算.

例 5.1.2　写出下列命题的否定命题.

(1) P:天津是一个城市.

(2) Q:3 不是偶数.

(3) R:中国的每一个城市都是沿海城市.

解　相应的否定命题分别为:

(1) $\neg P$:天津不是一个城市.

(2) $\neg Q$:3 是偶数.

(3) $\neg R$:中国的每一个城市不都是沿海城市.(注意:是否定整个命题而不是否定某个词语,不要写成"中国的每一个城市都不是沿海城市")

知识拓展

数字电路系统中,用来实现"非"逻辑运算的逻辑电路称为**非门**.

非门的逻辑电路图如图 5.1.4 所示,当开关 A 合上时,灯被短路,灯灭;当开关 A 断开时,则灯亮. 非门的逻辑符号如图 5.1.5 所示.

考虑开关 A 闭合断开的所有情况,则"非门"的逻辑关系如表 5.1.2 所示. 若用 1 表示开关合上和灯亮,用 0 表示开关断开和灯灭,则"非门"运算表如表 5.1.3 所示,非门的运算表与表 5.1.1 的"非"运算表是一致的.

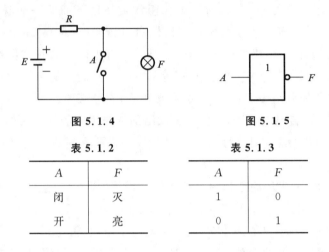

图 5.1.4   图 5.1.5

表 5.1.2   表 5.1.3

A	F
闭	灭
开	亮

A	F
1	0
0	1

定义 5.1.4 两个命题 P 和 Q 产生的一个新命题记为 $P \wedge Q$,读成"P 与 Q"或"P 和 Q 的合取".

如对例 5.1.1(12),令 P:他喜欢读书,Q:他喜欢运动,则 P 和 Q 的"与"运算为 $P \wedge Q$:他既喜欢读书也喜欢运动.

"与"的运算表如表 5.1.4 所示,当且仅当 P、Q 均为真时,$P \wedge Q$ 的取值为真.

表 5.1.4

命 题	P	Q	$P \wedge Q$
	1	1	1
真 值	1	0	0
	0	1	0
	0	0	0

又如 A:猫吃鱼,B:2+2=0,则 $A \wedge B$:猫吃鱼而且 2+2=0.

注意:(1) 数理逻辑中的联结词"与"只考虑命题之间的形式关系,不考虑命题内容的实际含义,只有在研究取值时才加以考虑;

(2) "与"是一个二元运算.

例 5.1.3 试生成下列命题的"与"命题.

(1) S:李平在吃饭,R:张明在吃饭.

(2) P:我们在 J302,Q:今天是星期三.

解 (1) $S \wedge R$:李平和张明在吃饭.

(2) $P \wedge Q$:我们在 J302 且今天是星期三.

数字电路系统中,用来实现"与"逻辑运算的逻辑电路称为与门.

与门的逻辑电路图如图 5.1.6 所示,其中开关 A、B 和灯泡 F 串联,只有当开关 A、B 同时合上时,灯才亮;否则灯灭. 与门的逻辑符号如图 5.1.7 所示.

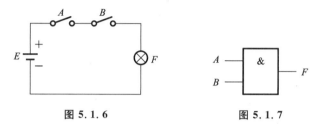

图 5.1.6　　　　　　　　　　图 5.1.7

若将灯泡 F 的亮灭作为事件发生与否,开关 A、B 闭合、断开作为事件发生的条件,考虑开关 A、B 闭合、断开的所有情况,则"与门"的逻辑关系如表 5.1.5 所示. 若用 1 表示开关合上和灯亮,用 0 表示开关断开和灯灭,则与门运算表如表 5.1.6 所示,与门的运算表与表 5.1.4 的"与"运算表是一致的.

表 5.1.5

A	B	F
开	开	灭
开	闭	灭
闭	开	灭
闭	闭	亮

表 5.1.6

A	B	F
0	0	0
0	1	0
1	0	0
1	1	1

由表 5.1.6 可见,与门输入有 0 时,输出为 0;与门、输入全为 1 时,输出为 1. 即**见 0 为 0,全 1 为 1**.

定义 5.1.5　两个命题 P 或 Q 产生一个新命题,记为 $P \vee Q$,读成"P 析取 Q"或"P 或 Q". "或"的运算表如表 5.1.7 所示,当 P,Q 有一个为真时,$P \vee Q$ 的取值为真.

表 5.1.7

命　　题	P	Q	$P \vee Q$
真　　值	1	1	1
	1	0	1
	0	1	1
	0	0	0

例 5.1.4　试生成下列命题的"或"命题.

(1) P_1:他是游泳冠军;P_2:他是百米赛跑冠军.

（2）A：猫吃鱼；B：$2+2=0$.

解 （1）$P_1 \vee P_2$：他是游泳冠军或百米赛跑冠军.

（2）$A \vee B$：猫吃鱼或者 $2+2=0$.

【注意】

（1）"或"可细分为两种：一种是"可兼并或"，即定义 5.1.5 的"析取或"，如 $P_1 \vee P_2$，又如"林芳学过英语或法语"；还有一种是"不可兼并或"，如前面例 5.1.1(13)，他在机房或在图书馆里，又如"明天下午我乘坐 14 次或 22 次列车去北京".

【想一想】

命题"明天下午我乘坐 14 次或 22 次列车去北京"如何符号化？

提示：该命题中的"或"为"不可兼并或".

设 P：明天下午我乘坐 14 次列车去北京，Q：明天下午我乘坐 22 次列车去北京，则该命题可符号化为 $(P \wedge \neg Q) \vee (\neg P \wedge Q)$.

（2）在自然语言或形式逻辑中，用来析取联结的对象往往要求属于同一类事物，但是在数理逻辑中不作这种限制，例如 $A \vee B$：猫吃鱼或者 $2+2=0$ 是允许存在的命题.

（3）"析取或"是一个二元运算.

例 5.1.5 请指出下列命题中的"或"是"析取或"还是"不可兼并或".

（1）今晚我去看演出或在家里看电视现场转播.

（2）我吃面包或蛋糕.

（3）他是百米赛跑冠军或跳高冠军.

（4）今晚九点，中央电视台一台播放电视剧或足球比赛.

（5）派小王或小赵出差去上海.

（6）派小王或小赵中的一个出差去上海.

解 （2）、（3）、（5）中的"或"为"析取或"，（1）、（4）、（6）中的"或"为"不可兼并或".

知识拓展

数字电路系统中，用来实现"**或**"逻辑运算的逻辑电路称为**或门**.

或门的逻辑电路图如图 5.1.8 所示，若开关 A、B 有一个合上或两个都合上，则灯亮；只有当 A、B 都断开时，灯才灭.

或门的逻辑符号如图 5.1.9 所示.

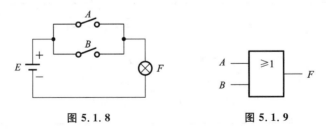

图 5.1.8　　　　　　　　图 5.1.9

若将灯泡 F 的亮灭作为事件发生与否，开关 A、B 闭合、断开作为事件发生的条件，考虑开关 A、B 闭合、断开的所有情况，则"或门"的逻辑关系如表 5.1.8 所示.若用 1 表示开关合上和灯亮,用 0 表示开关断开和灯灭,则"或门"运算如表 5.1.9 所示,或门的运算表与表 5.1.7 所示的"或"运算表是一致的.

表 5.1.8				表 5.1.9		
A	B	F		A	B	F
开	开	灭		0	0	0
开	闭	亮		0	1	1
闭	开	亮		1	0	1
闭	闭	亮		1	1	1

　　由表 5.1.9 可知,或门输入有 1 时,输出为 1;输入全为 0 时,输出为 0. 即见 1 为 1,全 0 为 0.

　　定义 5.1.6　设 P、Q 是两个命题,"若 P 则 Q"是一个新命题,记为 $P \rightarrow Q$,读成 P 推出 Q(或 Q 是 P 的必要条件,P 是 Q 的充分条件),P 称为条件联结词"→"的前件,Q 为"→"的后件.

　　如 P:河水泛滥,Q:周围的庄稼被毁,则 $P \rightarrow Q$:若河水泛滥,则周围的庄稼被毁.

　　又如 A:2<3,B:今天阳光明媚,则 $A \rightarrow B$:若 2<3,则今天阳光明媚.

　　条件联结词的运算表如表 5.1.10 所示.

表 5.1.10

命题	P	Q	$P \rightarrow Q$
	1	1	1
真值	1	0	0
	0	1	1
	0	0	1

【注意】

　　(1) 条件联结词联结的前件与后件不限定于同一类事物.

　　(2) 从真值表定义可知,前件取假值时,无论后件的取值是真还是假,条件联结词产生的新命题都取值为真,即采取的是"**善意的推定**".

　　(3) 条件联结词为一个二元运算.

　　例 5.1.6　将下列命题符号化.

　　(1) 天不下雨,则草木枯黄.

　　(2) 如果小明学日语,小华学英语,则小芳学德语.

　　(3) 如果 2+2=4,则太阳从东方升起.

　　解　(1) P:天下雨,Q:草木枯黄,则原命题可表示为 $\neg P \rightarrow Q$.

　　(2) P:小明学日语,Q:小华学英语,R:小芳学德语,则原命题可表示为 $(P \wedge Q) \rightarrow R$.

　　(3) P:2+2=4,Q:太阳从东方升起,则原命题可表示为 $P \rightarrow Q$(真值为 1).

定义 5.1.7 设 P,Q 是两个命题,"P 当且仅当 Q"是一个新命题,记为 $P\leftrightarrow Q$,"$\leftrightarrow$"称为**双条件**.

双条件的运算表如表 5.1.11 所示:

表 5.1.11

命题	P	Q	$P\leftrightarrow Q$
	1	1	1
真值	1	0	0
	0	1	0
	0	0	1

双条件在数学上考虑最多,可以举出许多例子. 例如:一个三角形为等边三角形当且仅当该三角形的三边相等,此命题的值为 1;一个三角形为直角三角形当且仅当该三角形的一个角为 90°,此命题的值为 1. 又如,一个三角形为等腰三角形当且仅当该三角形的三个内角都是 60°,此命题取值为 0.

> **说明**
>
> 这五种逻辑联结词也可以称为逻辑运算,与一般数的运算一样,可以规定运算的优先级,我们规定的**优先级顺序**依次为 $\lnot$,$\land$,$\lor$,$\rightarrow$,$\leftrightarrow$. 如果出现的逻辑联结词相同,又没有括号时,按从左到右的顺序运算. 如果遇到有括号时,就先进行括号中的运算.

例 5.1.7 将下列命题符号化:如果灯泡有毛病,或者线路有毛病,或者停电,那么电灯不亮.

解 令 P:电灯亮,Q:灯泡有毛病,R:线路有毛病,S:停电,则可将该语句符号化为 $Q\lor R\lor S\rightarrow\lnot P$.

习题答案

习 题 5.1

一、知识强化

1. 举出原子命题和复合命题的例子各五个以上,并将相应的命题符号化.

2. 将下列命题符号化:

(1) 我一边跑步一边听音乐.

(2) 实函数 $f(x)$ 可微当且仅当 $f(x)$ 连续.

(3) 如果手枪射击成绩为 40~50 环,则评定为优秀.

(4) 合肥到北京的列车是中午十二点半或下午五点五十分开.

(5) 优秀的军校学员应做到政治过硬、体能优秀和学业成绩好.

(6) 今晚九点,中央电视台一台播放电视剧或足球比赛.

（7）与门的逻辑电路中当且仅当开关 A、B 同时合上时，灯才亮．

（8）或门的逻辑电路图中只有当开关 A、B 都断开时，灯才灭．

（9）当且仅当手枪射击成绩为 24 环以下时，成绩评定为不合格．

3. 在同一个表格内写出 $\neg$，$\wedge$，$\vee$，$\rightarrow$，$\leftrightarrow$ 五类运算的运算表．

4. 根据 $\neg$，$\wedge$，$\vee$，$\rightarrow$，$\leftrightarrow$ 五类运算的定义填空：

（1）当 P、Q 依次取值为 0、1 时，$P \wedge (P \vee Q)$ 的真值为_____．

（2）当 P、Q 依次取值为 1、0 时，$P \rightarrow (P \wedge Q)$ 的真值为_____．

（3）当 P、Q 依次取值为 0、1 时，$\neg(P \wedge Q) \leftrightarrow \neg P \wedge \neg Q$ 的真值为_____．

（4）当 P、Q、R 依次取值为 0、0、1 时，$\neg(P \wedge Q \rightarrow R) \vee (\neg P \rightarrow Q)$ 的真值为_____．

二、专业应用

根据与门、或门的定义填空：

（1）与门输入有 0 时，输出为_____．

（2）或门的运算见 1 为_____．

（3）与门输入全为 1 时，输出为_____．

（4）或门的运算输入全为 0 时，输出为_____．

本节资源

5.2　逻 辑 运 算

美国哲学家约翰·杜威（图 5.2.1）说："逻辑是推理的学问，因此它是思考的基础．"逻辑运算主要用于研究和处理逻辑问题，其核心思想是将逻辑视为一种数学形式化的过程．逻辑运算在计算机科学、信息技术、数字电路等领域发挥着关键作用．

5.2.1　命题运算的真值表

定义 5.2.1　在命题公式中，分量指派的各种可能组合，即确定了该命题的各种真值情况，把它汇列成表格，就是命题的**真值表**．

任意给定一个复合命题后，用原子命题和逻辑联结词表出，再利用真值表就可以计算出复合命题的值．当复合命题用原子命题变元、逻辑联结词和括号组成时，可以得出该复合命题变元的真值表．

图 5.2.1

例 5.2.1　求 $P \wedge \neg P$ 和 $P \vee \neg P$ 的真值表.

解　（1）P 的取值有 0，1 两种可能，对应的 $\neg P$ 的取值有 1，0 两种可能，根据"$\wedge$"的定义，$P \wedge \neg P$ 对应的真值表如表 5.2.1 所示.

（2）P 的取值有 0，1 两种可能，对应的 $\neg P$ 的取值有 1，0 两种可能，根据"$\vee$"的定义，$P \vee \neg P$ 对应的真值表如表 5.2.2 所示.

表 5.2.1

P	$\neg P$	$P \wedge \neg P$
0	1	0
1	0	0

表 5.2.2

P	$\neg P$	$P \vee \neg P$
0	1	1
1	0	1

例 5.2.2 求 $P \vee (P \wedge Q)$ 的真值表.

解 P 的取值有 0,1 两种可能,Q 的取值也有 1,0 两种可能,则 P、Q 的可能组合共有 $2^2 = 4$ 种,即 0 0,0 1,1 0,1 1. 根据"$\vee$、$\wedge$"的定义,$P \vee (P \wedge Q)$ 的真值表如表 5.2.3 所示.

表 5.2.3

P	Q	$P \wedge Q$	$P \vee (P \wedge Q)$
1	1	1	1
1	0	0	1
0	1	0	0
0	0	0	0

例 5.2.3 求 $\neg(P \vee Q) \leftrightarrow \neg P \wedge \neg Q$ 的真值表.

解 真值表如表 5.2.4 所示.

表 5.2.4

P	Q	$P \vee Q$	$\neg(P \vee Q)$	$\neg P \wedge \neg Q$	$\neg(P \vee Q) \leftrightarrow \neg P \wedge \neg Q$
1	1	1	0	0	1
1	0	1	0	0	1
0	1	1	0	0	1
0	0	0	1	1	1

例 5.2.4 求 $Q \vee R \vee S \rightarrow \neg P$ 的真值表.

解 P、Q、R、S 的取值各有 0,1 两种可能,则 P、Q、R、S 的可能组合共有 $2^4 = 16$ 种. 根据"$\vee$"的定义,$Q \vee R \vee S \rightarrow \neg P$ 的真值表如表 5.2.5 所示.

表 5.2.5

P	Q	R	S	$Q \vee R$	$Q \vee R \vee S$	$\neg P$	$Q \vee R \vee S \rightarrow \neg P$
1	1	1	1	1	1	0	0
1	1	1	0	1	1	0	0
1	1	0	1	1	1	0	0
1	1	0	0	1	1	0	0
1	0	1	1	1	1	0	0
1	0	1	0	1	1	0	0
1	0	0	1	0	1	0	0

续表

P	Q	R	S	$Q \vee R$	$Q \vee R \vee S$	$\neg P$	$Q \vee R \vee S \rightarrow \neg P$
1	0	0	0	0	0	0	1
0	1	1	1	1	1	1	1
0	1	1	0	1	1	1	1
0	1	0	1	1	1	1	1
0	1	0	0	1	1	1	1
0	0	1	1	1	1	1	1
0	0	1	0	1	1	1	1
0	0	0	1	0	1	1	1
0	0	0	0	0	0	1	1

例 5.2.5 试写出**与非门** $F = \overline{AB}$ 的真值表.

解 $\overline{AB}$ 在数理逻辑中也记作 $\neg(A \wedge B)$,即与非门 $F = \overline{AB} = \neg(A \wedge B)$.

A 的取值有 0,1 两种可能,B 的取值也有 0,1 两种可能,则 A、B 的可能组合共有 0 0,0 1,1 0,1 1 四种. 根据"$\wedge$"的定义,$F = \overline{AB} = \neg(A \wedge B)$ 的真值表如表 5.2.6 所示.

表 5.2.6

A	B	$A \wedge B$	F
0	0	0	1
0	1	0	1
1	0	0	1
1	1	1	0

可见,与非门的基本特征是:**全部输入为 1 时,输出 $F = 0$.**

与非门在数字电路中记作 $F = \overline{AB}$,其符号如图 5.2.2 所示.

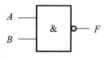

图 5.2.2

例 5.2.6 试写出**或非门** $F = \overline{A + B}$ 的真值表.

解 $\overline{A + B}$ 在数理逻辑中也记作 $\neg(A \vee B)$,即或非门 $F = \overline{A + B} = \neg(A \vee B)$,其真值表如表 5.2.7 所示.

可见,或非门的基本特征是:**全部输入都为 0 时,输出 $F = 1$.**

或非门在数字电路中记作 $F = \overline{A + B}$,其符号如图 5.2.3 所示.

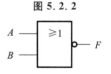

图 5.2.3

【练一练】 试写出**与或非门** $F = \overline{AB + CD}$ 的真值表.

表 5.2.7

A	B	$A \vee B$	F
0	0	0	1
0	1	1	0
1	0	1	0
1	1	1	0

提示：$\overline{AB+CD}$在数理逻辑中也记作$\lnot[(A\land B)\lor(C\land D)]$，即与非门

$$F=\overline{AB+CD}=\lnot[(A\land B)\lor(C\land D)].$$

A、B、C、D 的可能组合共有 $2^4=16$ 种.

与或非门的基本特征是：**全部输入为 0 时，输出** $F=1$.

与或非门在数字电路中记作 $F=\overline{AB+CD}$，其符号如图
5.2.4 所示.

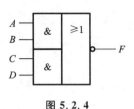

图 5.2.4

例 5.2.7（三人表决逻辑） 三人对某项议案表决，当过半数人赞同时，决议通过，试列出该逻辑问题的真值表及相应的表决公式.

解 首先定义自变量（输入变量）、输出变量.

设输入变量三人的表决分别用 A、B、C 表示（1 表示赞同，0 表示反对），输出变量 S 表示表决结果（1 表示决议通过，0 表示决议被否决）.

然后绘制真值表，输入变量排在表格的左边，输出变量排在表格的右边，并将自变量 A、B、C 的 $2^3=8$ 种组合按二进制计数规律列在表格的左边.

最后填真值表，根据逻辑问题或表达式将自变量的 8 种组合对应的函数值填入表格的右边. 真值表如表 5.2.8 所示.

表 5.2.8

A	B	C	S
0	0	0	0
0	0	1	0
0	1	0	0
0	1	1	1
1	0	0	0
1	0	1	1
1	1	0	1
1	1	1	1

相应的表决公式为

$$S=AB+BC+AC.$$

表决公式也可写作

$$S=AB\overline{C}+\overline{A}BC+A\overline{B}C+ABC.$$

注意：此处公式的表示方法与数字电路中一致.

5.2.2 逻辑运算的基本规律

1. 引入

试用真值表分析 $P\to Q$、$\lnot P\lor Q$、$\lnot Q\to\lnot P$ 的真值情况. 这三个公式的真值表如表 5.2.9 所示.

表 5.2.9

P	Q	$P \rightarrow Q$	$\neg P \vee Q$	$\neg Q \rightarrow \neg P$
0	0	1	1	1
0	1	1	1	1
1	0	0	0	0
1	1	1	1	1

从表 5.2.9 可以看出,不论对 P、Q 作何指派,$P \rightarrow Q$、$\neg P \vee Q$ 和 $\neg Q \rightarrow \neg P$ 的真值都相同,这表明它们之间彼此**等价**.

2. 等价的定义

定义 5.2.2　A、B 是含有命题变元 $P_1, P_2, \cdots, P_n$ 的命题公式,如不论对 $P_1, P_2, \cdots, P_n$ 作何指派,都使得 A 和 B 的真值相同,则称之为 A 与 B **等价**,记作 $A \Leftrightarrow B$.

注:若 A 和 B 都是永真的(或永假的),则它们也是等价的.

由表 5.2.9 可见,$P \rightarrow Q \Leftrightarrow \neg P \vee Q \Leftrightarrow \neg Q \rightarrow \neg P$.

3. 基本等价公式

(1) 双重否定律:$\neg \neg P \Leftrightarrow P$.

(2) 幂等律:$P \vee P \Leftrightarrow P$;　$P \wedge P \Leftrightarrow P$.

(3) 结合律:$P \vee (Q \vee R) \Leftrightarrow (P \vee Q) \vee R$;　$P \wedge (Q \wedge R) \Leftrightarrow (P \wedge Q) \wedge R$.

(4) 交换律:$P \vee Q \Leftrightarrow Q \vee P$;　$P \wedge Q \Leftrightarrow Q \wedge P$.

(5) 分配律:$P \vee (Q \wedge R) \Leftrightarrow (P \vee Q) \wedge (P \vee R)$;
　　　　　$P \wedge (Q \vee R) \Leftrightarrow (P \wedge Q) \vee (P \wedge R)$.

(6) 吸收律:$P \vee (P \wedge Q) \Leftrightarrow P$;　$P \wedge (P \vee Q) \Leftrightarrow P$.

(7) 德·摩根定律:$\neg (P \vee Q) \Leftrightarrow \neg P \wedge \neg Q$;　$\neg (P \wedge Q) \Leftrightarrow \neg P \vee \neg Q$.

(8) 同一律:$P \vee 0 \Leftrightarrow P$;　$P \wedge 1 \Leftrightarrow P$.

(9) 零一律:$P \vee 1 \Leftrightarrow 1$;　$P \wedge 0 \Leftrightarrow 0$.

(10) 矛盾律:$P \wedge \neg P \Leftrightarrow 0$.

(11) 排中律:$P \vee \neg P \Leftrightarrow 1$.

(12) 条件转化律:$P \rightarrow Q \Leftrightarrow \neg P \vee Q$.

(13) 双条件转化律:$P \leftrightarrow Q \Leftrightarrow (P \rightarrow Q) \wedge (Q \rightarrow P)$.

说明

(1) 基本等价公式都可以利用真值表给出证明,例如表 5.2.1 证明了等价蕴含式,其余可自行练习.

(2) 对于基本等价公式,特别是分配律和德·摩根定律,需要注意的是,两边的表达式是等价的.因此在运用公式时,要根据具体情况既可以从左往右变形,也可以运用逆向思维从右往左变形.

(3) 对于复杂命题公式,可以利用基本等价公式将其中部分进行等价替代,最终达到化简命题公式的目的,这种方式可称为等价代换.

例 5.2.8 求证吸收律 $P \wedge (P \vee Q) \Leftrightarrow P$.

证明　原式$\Leftrightarrow (P \vee 0) \wedge (P \vee Q)$　　　　　　（同一律）

$\qquad\quad \Leftrightarrow P \vee (0 \wedge Q)$　　　　　　　　（分配律）

$\qquad\quad \Leftrightarrow P \vee 0$　　　　　　　　　　（零一律）

$\qquad\quad \Leftrightarrow P.$　　　　　　　　　　　（同一律）

例 5.2.9 化简公式$(\neg P \vee Q) \to (P \wedge Q)$.

解　原式$\Leftrightarrow \neg(\neg P \vee Q) \vee (P \wedge Q)$　　　（条件转化律）

$\qquad\quad \Leftrightarrow (\neg \neg P \wedge \neg Q) \vee (P \wedge Q)$　　（德·摩根律）

$\qquad\quad \Leftrightarrow (P \wedge \neg Q) \vee (P \wedge Q)$　　　（双重否定律）

$\qquad\quad \Leftrightarrow P \wedge (\neg Q \vee Q)$　　　　　　（分配律）

$\qquad\quad \Leftrightarrow P \wedge 1$　　　　　　　　　　（互补律）

$\qquad\quad \Leftrightarrow P.$　　　　　　　　　　　（同一律）

例 5.2.10 化简$\neg(P \wedge Q) \to \neg P \vee (\neg P \vee Q))$.

解　原式$\Leftrightarrow \neg \neg(P \wedge Q) \vee ((\neg P \vee \neg P) \vee Q)$　　（条件转化律、结合律）

$\qquad\quad \Leftrightarrow (P \wedge Q) \vee (\neg P \vee Q)$　　　　（对合律、幂等律）

$\qquad\quad \Leftrightarrow (P \wedge Q) \vee (Q \vee \neg P)$　　　　（交换律）

$\qquad\quad \Leftrightarrow ((P \wedge Q) \vee Q) \vee \neg P$　　　（结合律）

$\qquad\quad \Leftrightarrow Q \vee \neg P.$　　　　　　　　　（吸收律）

知识拓展

数字电路中的逻辑运算等价公式如表 5.2.10 所示.

表 5.2.10

编 号	名 称	表 达 式	对 偶 式
1	0-1 律	$A \cdot 0 = 0$	$A + 1 = 1$
2	自等律	$A \cdot 1 = A$	$A + 0 = A$
3	重叠律	$A \cdot A = A$	$A + A = A$
4	互补律	$A \cdot \overline{A} = 0$	$A + \overline{A} = 1$
5	交换律	$A \cdot B = B \cdot A$	$A + B = B + A$
6	结合律	$(A \cdot B) \cdot C = A \cdot (B \cdot C)$	$(A + B) + C = A + (B + C)$
7	分配律	$A(B + C) = AB + AC$	$A + BC = (A + B)(A + C)$
8	吸收律	$A(A + B) = A$	$A + AB = A$
9	反演律	$\overline{A \cdot B} = \overline{A} + \overline{B}$	$\overline{A + B} = \overline{A} \cdot \overline{B}$
10	非非律	$\overline{\overline{A}} = A$	

例 5.2.11　设计一个三只开关控制的照明电路,当开关 A 断开时,不论开关 B 和 C 处于什么状态,灯 D 都不亮;当开关 A 闭合时,只要开关 B 和 C 中有一只处于闭合状态,灯 D 就亮,其他情况下灯 D 不亮.

解　设"1"表示开关闭合,"0"表示开关断开,"1"表示灯 D 亮,"0"表示灯 D 灭.

根据题意,可列出如表 5.2.11 所示的真值表.

表 5.2.11

A	B	C	D
0	0	0	0
0	0	1	0
0	1	0	0
0	1	1	0
1	0	0	0
1	0	1	1
1	1	0	1
1	1	1	1

由题意及真值表 5.2.11 可知

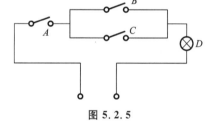

图 5.2.5

$$
\begin{aligned}
S &= AB\bar{C} + A\bar{B}C + ABC \\
&= AB\bar{C} + A\bar{B}C + ABC + ABC \quad (\text{重叠律}) \\
&= AC(\bar{B} + B) + AB(\bar{C} + C) \quad (\text{分配律}) \\
&= AC + AB \quad (\text{互补律}) \\
&= A(B + C). \quad (\text{分配律})
\end{aligned}
$$

所以,三只开关的控制电路如图 5.2.5 所示.

数学文化

哲学上,逻辑就是事情的因果规律,逻辑学就是关于思维规律的学说. 从狭义上来讲,逻辑就是指形式逻辑或者抽象逻辑,是指人的抽象思维逻辑;广义来讲,逻辑还包括具象逻辑,即人的整体思维逻辑. 在逻辑哲学中,同一律、排中律、矛盾律称为逻辑哲学的"三大定律",是逻辑学的基础,为我们分析和理解命题提供基本的思维工具,帮助我们进行有效的推理和论证,同样能帮助我们正确地理解和解释现实世界中的各种现象.

习题答案

习 题 5.2

一、知识强化

1. 求下列各式的真值表：

(1) $P \rightarrow (Q \vee \neg P)$；

(2) $P \rightarrow (Q \vee R)$；

(3) $(P \rightarrow Q) \wedge (R \rightarrow Q) \leftrightarrow (P \vee R) \rightarrow Q$.

2. 用真值表证明 $P \vee (P \wedge Q) \Leftrightarrow P$.

3. 运用逻辑运算的基本规律填空.

(1) 与非门的基本特征是全部输入为 1 时,输出为_____；

(2) 或非门的基本特征是全部输入都为 0 时,输出为_____；

(3) 根据零一律, $P \vee 1$ 等于_____；

(4) 根据幂等律, $P \vee P$ 等价于_____, $P \wedge P$ 等价于_____；

(5) 根据排中律, $P \vee \neg P$ 等价于_____.

4. 化简 $\neg (P \vee Q) \rightarrow \neg P \wedge (\neg P \wedge Q)$.

二、专业应用

1. 一个学术委员会由一位主席 A 和三位委员 B、C、D 组成,如果三位委员在表决时意见不一致,就由主席决定;如果三位委员意见一致时,就由他们决定. 试设计此委员会表决的真值表,并写出其表决公式. (提示:可用 1 表示赞成,0 表示反对)

2. 在图 5.2.6 中 A、B 为两个"单刀双掷"开关,阐述灯 D 亮或灭的条件,并列出相应的真值表及运算公式. (提示:可用 1 表示开关向上合,0 表示开关向下合)

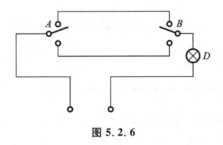

图 5.2.6

单元测试

第6章 数学实验

6.1 MATLAB 软件

6.1.1 MATLAB 简介

MATLAB 是一款功能强大的数学软件,能方便地进行数学基本运算,绘制函数图象,求极限,求函数的极值、最值、凹凸性和拐点,还可以进行线性代数运算等.它的许多功能在相应领域内处于世界领先地位,它也是世界上使用最广泛的数学软件之一.它与Mathematica、Maple 并称为三大数学软件之一.世界上很多航空航天国防公司都在使用MATLAB,其几乎覆盖了航空航天国防产品及技术开发流程,如 F-35 联合攻击战斗机和火星探测车等.

1. MATLAB 主界面

这里以 MATLAB 7.1 为例,运行软件,进入到如图 6.1.1 所示的默认主界面.

图 6.1.1

2. MATLAB 窗口介绍

(1) 工具栏(菜单栏):工具栏汇集了软件常用的操作命令,如图 6.1.2 所示.

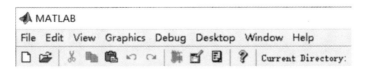

图 6.1.2

（2）Command Window：命令窗口，由于输入并运行命令，如图 6.1.3 所示.

（3）Current Directory：当前目录窗口（工作路径）（图 6.1.4），一般设置成一个自己建立的、有读写权限的文件夹.

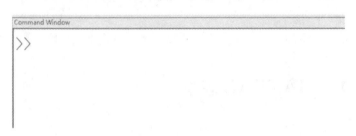

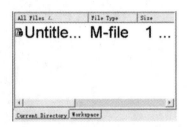

图 6.1.3   图 6.1.4

（4）Workspace：工作区（图 6.1.5），储存被定义的变量.

（5）Command History：历史命令窗口（图 6.1.6），用于查看之前运行的命令.

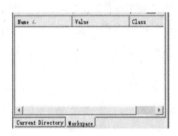

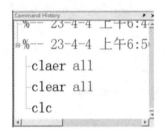

图 6.1.5   图 6.1.6

6.1.2   数学基本运算

四则运算和函数运算作为最基本的数学运算，在 MATLAB 中具有很重要的地位，是 MATLAB 基本命令的重要组成部分.

1. 四则运算

（1）加法运算"＋".

例 6.1.1   用 MATLAB 计算（－2）＋5.

分析   如图 6.1.7 所示，在 MATLAB 的 Command Window（命令窗口）提示符"≫"后输入命令"－2＋5"，注意不需要输入符号"≫"，命令必须在英文状态下输入. 在输入命令结束后，按下回车键，即可得到计算结果.

图 6.1.7

解   输入命令且显示结果如下：

```
>>-2+5
ans=3
```

（2）减法运算"－".

例 6.1.2　用 MATLAB 计算 $(-2)-(-3)$.

分析　在输入负数时,如果负数之前有运算符,输入命令时需将负数用括号括起来.如果负数之前没有运算符,则不需括号括起来.

解　输入命令且显示结果如下:

```
>>-2-(-3)        % -2之前没有符号,故不需括起来.-3之前有-号,因此需先括起来
ans=1
```

如图 6.1.8 所示,在 MATLAB 中,"%"后的内容是对该条命令的解释说明,方便他人阅读理解,不对命令的执行产生影响.自己输入命令时,可不必输入.

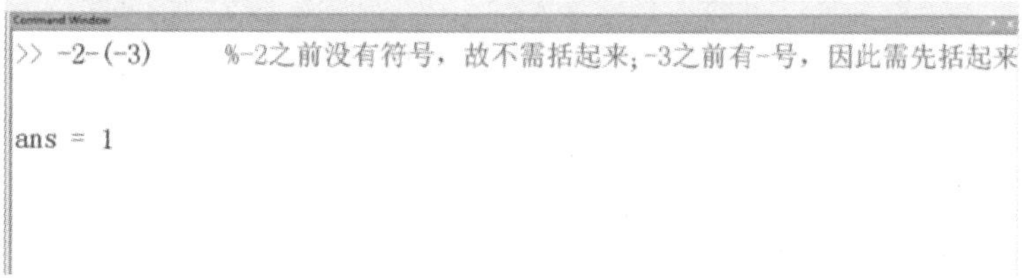

图 6.1.8

（3）乘法运算"×".

例 6.1.3　用 MATLAB 计算 $(-2)\times(-3)$.

分析　乘号"×"不能直接从键盘键入,在 MATLAB 中为了方便输入,用" * "号表示乘号.

解　输入命令且显示结果如下:

```
>>-2*(-3)
ans=6
```

（4）除法运算"/".

例 6.1.4　用 MATLAB 计算 $\dfrac{4}{3}\div 4$.

分析　除号"÷"不能直接从键盘键入,在 MATLAB 中为方便输入,用"/"号表示除号.另一方面,对于分数,MATLAB 中没有专门的表示方式,同样是用"/"号表示分数.如 $\dfrac{4}{3}$ 可以表示为 $4/3$.

解　输入命令且显示结果如下:

```
>>4/3/4        % 第一个"/"号表示分数线,第二个"/"号表示除号.这里连续的两个"/"号,
               要仔细分辨
ans=0.3333     % 一般情况下,MATLAB中计算结果为小数,计算结果保留 4 位
```

2. 函数运算

（1）幂运算"^".

数学中的幂函数运算 $y=x^a$ 和指数函数运算 $y=a^x$,其计算形式可以统一为 a^b.在

275

MATLAB 中用"^"号表示运算 a^b,命令格式为"a^b",其中 a 表示底数,b 表示指数.在数学上,字母、变量一般为斜体,但在 MATLAB 中不区分正体和斜体,统一默认为正体.

例 6.1.5 用 MATLAB 计算 $2^3 \times 2^8$.

解 输入命令且显示结果如下:

>> (2^3) * (2^8)　　% 式中先作幂运算,再作乘法运算,为了保证幂运算优先进行,需要将幂运算两边加括号

ans=2048

例 6.1.6 用 MATLAB 计算 $(7^5)^2$.

解 输入命令且显示结果如下:

>> (7^5) ^ 2　　% 一般情况下,^的计算结果为数值结果,不显示为幂结果

ans=282475249

例 6.1.7 用 MATLAB 计算 $81^{-\frac{3}{4}}$.

解 输入命令且显示结果如下:

>> (81) ^ (-3/4)　　% 式中分数作为一个整体,优先运算,故先将分数括起来

ans=0.0370

例 6.1.8 用 MATLAB 计算 $\sqrt[5]{\left(-\frac{3}{2}\right)^4}$.

分析 注意该运算中先计算根式内的运算,即 $\left(-\frac{3}{2}\right)^4$,再计算根式.计算根式时,需将根式运算转化为幂的形式,即按照 $\left(\left(-\frac{3}{2}\right)^4\right)^{\frac{1}{5}}$ 的形式进行计算.

解 输入命令且显示结果如下:

>> (-3/2) ^4^ (1/5)

ans=1.3832

(2) 自然指数运算.

指数运算中,最常用的是以 e 为底的自然指数.在 MATLAB 中用专属命令 exp( ) 表示 e^a,其命令格式为 exp(a),其中 a 表示指数.

例 6.1.9 用 MATLAB 计算 $e^{\frac{5}{3}} \div e^{0.02}$.

解 输入命令且显示结果如下:

>>exp(5/3)/exp(0.02)

ans=5.1897

(3) 对数运算.

对数运算 $\log_a b$ 用命令 log( ) 表示,其命令格式为 loga(b),其中 a 表示底数,b 表示真数.

例 6.1.10 用 MATLAB 计算 $\log_2 8$.

解 输入命令且显示结果如下:

```
>>log2(8)
ans=3
```

自然对数运算 $\ln b$ 作为最常用的对数运算,有专用命令 log( ),其命令格式为 log(b),其中 b 为真数.

例 6.1.11　用 MATLAB 计算 $\ln 6$.

解　输入命令且显示结果如下:

```
>>log(6)
ans=1.7918
```

例 6.1.12　用 MATLAB 计算 $\ln e$.

分析　本题同样是自然对数运算,与上一题相比,真数位置是自然常数 e. 在输入真数自然常数 e 时,需按照自然指数运算的格式输入常数 e.

解　输入命令且显示结果如下:

```
>>log(exp(1))     % 真数位置的 e 是 e 的 1 次方,故按照自然指数 exp(1)的格式输入
ans=1
```

常用对数 $\lg b$ 作为特殊的对数运算,在 MATLAB 中并无专属命令,其按照一般对数运算进行输入,命令格式为 log10(b).

例 6.1.13　用 MATLAB 计算 $\lg 10 \times \lg 100$.

解　输入命令且显示结果如下:

```
>>log10(10)*log10(100)
ans=2
```

(4) 三角函数运算.

角度制和弧度制是角度的最常用的两种单位制度,在这两种单位制下的三角函数运算对应的命令不同,例如正弦函数 $\sin\alpha$,其对应的命令为 sind 和 sin,命令格式是 sind(a) 和 sin(a).

例 6.1.14　用 MATLAB 计算 $\sin 240°$.

解　输入命令且显示结果如下:

```
>>sind(240)     % 命令 sind 计算的是角度制下的正弦函数运算
ans=-0.8660
```

若用命令 sin(a) 计算,则需先将 $240°$ 转化为弧度制 $\dfrac{240\pi}{180}$.

```
>>sin(240*pi /180)     % 命令 sin 计算的是弧度制下的正弦函数运算
```

例 6.1.15　用 MATLAB 计算 $\tan 125° \times \cos \dfrac{10}{3}\pi \div \cot 10°$.

解　输入命令且显示结果如下:

```
>>tand(125)*cos(10*pi/3)/cotd(10)
ans=0.1259
```

三角函数运算中,名称后缀带 d 的命令(cosd、tand、cotd)计算的是角度制下的三角函数运算,后缀中不带 d 的命令(cos、tan、cot)计算的是弧度制下的三角函数运算.

例 6.1.16 用 MATLAB 计算 $\cos\left(\dfrac{\pi}{3}+\dfrac{\pi}{2}\right)$.

解 输入命令且显示结果如下:

```
>>cos(pi/3+pi/2)
ans=-0.8660
```

该计算结果恰好等于 $-\sin\dfrac{\pi}{3}$:

```
>>-sin(pi/3)
ans=-0.8660
```

本例计算也可以验证公式 $\cos\left(\alpha+\dfrac{\pi}{2}\right)=-\sin\alpha$ 成立.

(5) 反三角函数运算.

反三角函数的命令是 asin(反正弦)、acos(反余弦)、atan(反正切)、acot(反余切),命令使用格式分别为 asin(a)、acos(a)、atan(a)、acot(a),其中 a 表示定义域内的数值.

例 6.1.17 用 MATLAB 计算 $\arcsin 0.4$.

解 输入命令且显示结果如下:

```
>>asin(0.4)
ans=0.4115
```

使用反三角函数命令计算时,注意计算对象是否在定义域内,表达式是否有意义.

例 6.1.18 用 MATLAB 计算 $\arccos(-0.5)\div\arctan 2+\text{arccot}(-3)$.

解 输入命令且显示结果如下:

```
>>acos(-0.5)/atan(2)+acot(-3)
ans=1.5700
```

从函数运算的命令名称可以看出,软件 MATLAB 基本遵循各函数的数学符号表示.从命令计算的规则中可以看出,软件 MATLAB 考虑每种函数运算的特殊性,例如自然指数运算、对数运算、三角函数运算时角度的单位等.

例 6.1.19 用 MATLAB 计算二次雷达最大询问距离 R_{Imax}.

某型二次雷达探测飞机过程,二次雷达的射频波长 $\lambda_{\text{I}}=0.314$ m,发射功率 $P_{\text{I}}=500$ W,地面站天线波束轴上的增益对应询问频率 $G_{\text{I}}=500$,机载天线的增益对应询问频率 $G_{\text{I}}'=1$,应答机接收机灵敏度 $P_{\text{min}}'=10^{-10}$ W,地面站馈线损耗 L 和应答机馈线损耗 L' 均为 3,求该二次雷达最大询问距离 R_{Imax}.(二次最大雷达询问距离为 $R_{\text{Imax}}=\dfrac{\lambda_{\text{I}}}{4\pi}\sqrt{\dfrac{P_{\text{I}}G_{\text{I}}G_{\text{I}}'}{P_{\text{min}}'LL'}}$)

分析 本题是 1.3 节中的例题.依据之前的分析,将数据代入,则二次雷达最大询问距离为

$$R_{1max} = \frac{\lambda_1}{4\pi}\sqrt{\frac{P_1 G_1 G_1'}{P_{min}' L L'}} = \frac{0.314}{4\pi}\sqrt{\frac{500 \times 500 \times 1}{10^{-10} \times 3 \times 3}}.$$

注意表达式中分数的分母是乘积的形式,要优先计算,故输入分数时,分母的内容用括号括起来.本例分母中 10^{-10} 作为乘积的一部分,应优先计算,因此按照幂运算输入时,需再次用括号括起来.本例中括号较多,输入时先打出一对括号后,再在括号内输入表达式,避免遗漏括号.

解　输入命令且显示结果如下:

```
>>0.314/(4*pi)*(500*500*1/(10^(-10)*3*3))^(1/2)
ans=4.1646e+005
```

该计算结果较大,故 MATLAB 用科学计数法的形式表示结果. e+005 表示幂,e 表示幂的底数数字 10,+005 表示幂的指数位置上的数,因此计算结果是 4.1646×10^5.

6.1.3　绘制函数图象

1. 描点法绘图

我们经常用描点法(列表、描点、连线)绘制函数图象,而在 MATLAB 中借助命令 plot 实现描点法,其使用格式为 plot(x,y),其中 x 是自变量矩阵,y 是因变量矩阵.

例 6.1.20　借助 MATLAB,利用描点法绘制表 6.1.1 的函数图象.

表 6.1.1

月份 t	1	2	3	4	5	6
飞行小时 Q	100	105	110	115	111	120

分析　本题中自变量用字母 t 表示,因变量用字母 Q 表示.首先必须定义两个 1×6 的矩阵,表示自变量与因变量的取值.定义矩阵时,元素之间用空格隔开,而且自变量与因变量的值需一一对应,例如自变量 t 对应的矩阵为 $t = [1\ 2\ 3\ 4\ 5\ 6]$.

解　输入命令且显示结果如下:

```
>>t=[1 2 3 4 5 6];    % 命令后的";"号表示执行该命令,但不显示计算结果
>>Q=[100 105 110 115 111 120];
>>plot(t,Q)
```

按下回车键后,即可得到函数图象,如图 6.1.9 所示.

2. 绘制特定区间内的函数图象

例 6.1.21　借助 MATLAB,绘制 $y = \sin x, x \in [0, 2\pi]$ 的图象.

分析　本题中同样借助 plot 命令,通过描点法绘制函数图象.与上一题相比,本题给出的是自变量的范围(自变量 $x \in [0, 2\pi]$),没有给出具体的数据值,可以借助 MATLAB 中的命令 linspace 生成自变量所需选取的数据点.该命令格式是 linspace(a,b,n),其中 a 表示区间的左端点,b 表示区间的右端点,n 代表在具体闭区间 $[a,b]$ 内均匀取得 n 个数据点,例如 linspace(0, 2 * pi,100)表示在 $[0, 2\pi]$ 内选取 100 个均匀分布的数.

解　输入命令且显示结果如下:

```
>>x=linspace(0,2*pi,100);
>>y=sin(x);
>>plot(x,y)
```

按下回车键后,即可得到函数图象,如图 6.1.10 所示.

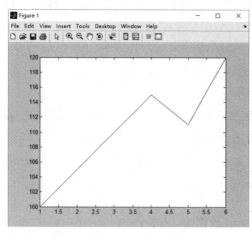

图 6.1.9

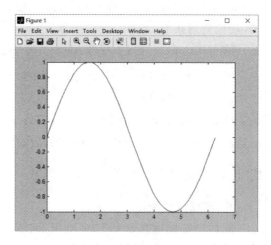

图 6.1.10

3. 绘制多个函数图象

例 6.1.22 借助 MATLAB,绘制 $y = \cos x$,$y = \cos\left(x - \dfrac{\pi}{4}\right)$,$y = \cos\left(x + \dfrac{\pi}{4}\right)$ 的图象,其中 $x \in [0, 2\pi]$.

分析 若想在同一幅图中绘制出多个函数图象,需借助 MATLAB 中的命令 plot $(x1,y1,x2,y2,\cdots)$,其中 xi,yi 为一组函数对应关系,$i = 1,2,3,\cdots$.

解 输入命令且显示结果如下:

```
>>x=linspace(0,2*pi,100);
>>y1=cos(x);
>>y2=cos(x-pi/4);
>>y3=cos(x+pi/4);
>>plot(x,y1,x,y2,x,y3)
```

按下回车键后,即可得到三个函数图象,如图 6.1.11 所示.

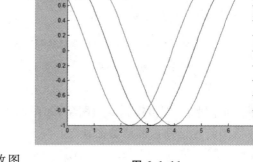

图 6.1.11

6.1.4 高等数学中的应用

1. 极限

极限是高等数学中最基本的概念,其运算分为三种:自变量趋于一点时的极限值、左极限和右极限.在 MATLAB 中极限的命令是 limit,其使用格式按照极限运算同样分为三种：limit(f,x,a)，limit(f,x,a,′left′)（左极限）和 limit(f,x,a,′right′)（右极限），其中 f 代表函数，a 表示 x 趋于 a，left 代表左边，right 代表右边.

（1）函数在一点处的极限值.

例 6.1.23　用 MATLAB 计算 $\lim\limits_{x\to 0}\dfrac{\sin x}{x}$.

分析　计算极限时，变量 x 只有变化趋势，不会取任何具体值，因此计算极限之前，先用命令 syms 定义符号变量 x，命令格式为 syms x.

解　输入命令且显示结果如下：

```
>>syms x;
>>limit(sin(x)/x,x,0)
ans=1
```

本题也可以利用 MATLAB 绘制函数图象，从函数图象中观察出函数的极限值. 命令如下：

```
>>x=linspace(-1,1,100);
>>plot(x,sin(x)./x)        %变量 x 代表的是一个 1*100 的矩阵，本例题在进行函数运
                           算时，是矩阵对应元素之间的运算，因此需要用点除"./"
```

运行结果如图 6.1.12 所示.

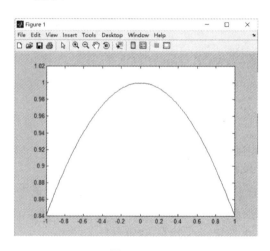

图 6.1.12

例 6.1.24　用 MATLAB 计算 $\lim\limits_{x\to -\infty}\left(1+\dfrac{1}{x}\right)^{x}$.

分析　正无穷 $+\infty$ 在 MATLAB 中用命令 $+$inf 表示，负无穷 $-\infty$ 用 $-$inf 表示，无穷大用 inf 表示.

解　输入命令且显示结果如下：

```
>>syms x;
>>limit((1+1/x)^x,x,-inf)
```

```
ans=exp(1)
```

例 6.1.25 用 MATLAB 计算 $\lim\limits_{x \to 0} \dfrac{|x|}{x}$.

分析 MATLAB 中用命令 abs( ) 计算绝对值 $|x|$，其命令格式为 abs(x).

解 输入命令且显示结果如下：

```
>>syms x;
>>limit(abs(x)/x,x,0)
ans=NaN        % 运行结束,但无结果输出
```

本题中，$\lim\limits_{x \to 0^-} \dfrac{|x|}{x} = \lim\limits_{x \to 0^-} \dfrac{-x}{x} = -1$，$\lim\limits_{x \to 0^+} \dfrac{|x|}{x} = \lim\limits_{x \to 0^+} \dfrac{x}{x} = 1$，左极限与右极限不相等，因此原式极限不存在. MATLAB 计算该式的极限时，由于极限不存在，因此结果显示为 NaN.

（2）左、右极限.

可以通过 MATLAB 计算例 6.1.25 的左、右极限，命令及结果如下：

左极限

```
>>syms x;
>>limit(abs(x)/x,x,0,'left')
ans=-1
```

右极限

```
>>syms x;
>>limit(abs(x)/x,x,0,'right')
ans=1
```

2. 导数

（1）一元函数的导数运算.

① 一元函数的一阶导数.

导数是高等数学的重要内容，常用来描述各种各样的变化率，MATLAB 通常用命令 diff 来求解导数. diff 的使用格式为 diff(f,n)，其中 f 表示函数，n 表示导数的阶数.

例 6.1.26 用 MATLAB 计算 $y = \dfrac{\sin 2x}{x}$ 的导数.

解 输入命令且显示结果如下：

```
>>syms x;
>>diff(sin(2*x)/x)      % 命令中不出现 n,软件默认为求一阶导数
ans=2*cos(2*x)/x-sin(2*x)/x^2
```

该计算结果是以命令语句的形式显示，若想读懂运算结果，需要熟练掌握 6.1.2 节中的命令语句. 对照 6.1.2 节中的命令语句可知，该计算结果是 $y' = \dfrac{2\cos 2x}{x} - \dfrac{\sin 2x}{x^2}$.

② 一元函数的高阶导数.

例 6.1.27 用 MATLAB 计算 $y = x\ln x$ 的二阶导数.

解 输入命令且显示结果如下：

```
syms x;
>>y= x* log(x);      % 定义函数 y 的表达式
>>diff(y,2)
ans=1/x
```

本题利用 MATLAB 命令"$\gg\text{diff}(\text{y},2)$"求出函数的二阶导数 $y'' = \dfrac{1}{x}$. 借助该命令 diff(f,n)，改变命令中的"n"，可以求出函数的任意阶导数. 例如，求例 6.1.27 中函数的 10 阶导数：

```
syms x;
>>y= x* log(x);
>>diff(y,10)      % 将 n 改为高阶导数的次数 10
40320/x^9
```

利用 MATLAB 可以轻松地知道 $y = x\ln x$ 的 10 阶导数是 $y^{(10)} = \dfrac{40320}{x^9}$.

(2) 函数在一点处的导数值.

我们在计算函数在一点处的导数值时，需分两步走：先求导，再代入. MATLAB 中计算导数值的步骤，与此一致. 在前一部分，我们已经学习了如何利用 MATLAB 计算导数，在此基础上，我们来学习代入. 代入需要用到命令 subs，其命令格式为 subs(f,old,new)，f 表示函数，old 指代 f 中要被替代的变量，new 表示替代 old 的变量，该命令的含义是将 f(表达式)中 old 变量用新的 new 变量代替. 下面我们通过一个例子来体会.

例 6.1.28 $y = \dfrac{1-\cos t}{1+\cos t}$，用 MATLAB 计算 $y'|_{x=0}$.

解 输入命令且显示结果如下：

```
>>syms t;
>>y= (1-cos(t))/(1+ cos(t));
>>y1=diff(y)      % 计算函数的一阶导数,并将结果赋给 y1.由于该命令未加";"号,因此
                    会显示计算结果
y1=sin(t)/(1+cos(t))+(1-cos(t))/(1+cos(t))^2* sin(t)
>>subs(y1,t,0)      % 用数字 0 替代 y1 表达式中的 t 并计算出结果
ans=0
```

(3) 隐函数求导.

与一元函数求导不同，隐函数 $f(x,y)=0$ 求导时，需先将变量 y 看成 x 的函数表达式 $y=y(x)$，之后隐函数对 x 进行求导，得到有关一阶导数 $\dfrac{\mathrm{d}y}{\mathrm{d}x}$ 的方程，最后求解出 $\dfrac{\mathrm{d}y}{\mathrm{d}x}$. 利用 MATLAB 求解隐函数导数时，过程与此类似，分为四步：第一步，先将 $y=y(x)$ 作为符号函数进行存储；第二步，将符号函数对 x 求导；第三步，用新的变量名 dydx 取代上一步

中的 y';第四步,求解方程.在第一步中需要用 sym 命令定义符号函数,其含义是定义符号变量,命令格式为 f=sym('A'),其中 f 是符号对象名,A 是变量名.最后一步需用到命令 solve,命令格式为 solve(f,x),其含义是求解方程 f 中的变量 x.

例 6.1.29 用 MATLAB 计算隐函数 $e^y+\sin(xy)=1$ 的一阶导数 $\dfrac{\mathrm{d}y}{\mathrm{d}x}$.

解 输入命令且显示结果如下:

```
>>syms x;
>>f=sym('e^y(x)+sin(x*y(x))=1');
% 将变量 y 看成是 x 的函数,并将方程赋值给符号函数 f
>>dfdx=diff(f,x)        % 符号函数 f 对变量 x 求导
dfdx=e^y(x)*diff(y(x),x)*log(e)+cos(x*y(x))*(y(x)+x*diff(y(x),x))=0
>>dydx1=subs(dfdx,'diff(y(x),x)','dydx')
% 用新的变量 dydx 替代求导结果中的 y 对 x 的导数,并将该方程命名为 dydx1;对以方程形式出现的导函数,重新命名(dydx1)后,便于下一步利用 slove 命令将方程中的导数求解出来
dydx1=e^y(x)*(dydx)*log(e)+cos(x*y(x))*(y(x)+x*(dydx))=0
>>dydx=solve(dydx1,'dydx')
% 求解符号方程 dydx1 中的 dydx,该表达式为所求一阶导数
dydx=-cos(x*y(x))*y(x)/(e^y(x)*log(e)+cos(x*y(x))*x)
```

(4)参数方程的导数.

MATLAB 中,仿照参数方程求导的过程,编写相应的命令语句即可求出导数.

例 6.1.30 用 MATLAB 计算参数方程 $\begin{cases} x=t^2 \\ y=4t \end{cases}$ 的二阶导数 $\dfrac{\mathrm{d}^2 y}{\mathrm{d}x^2}$.

解 输入命令且显示结果如下:

```
>>syms t;
>>x=t^2;                    % 定义参数方程 x 的表达式
>>y=4*t;                    % 定义参数方程 y 的表达式
>>dxdt=diff(x,t);          % 参数方程 x 对 t 的一阶导数
>>dydt=diff(y,t);          % 参数方程 y 对 t 的一阶导数
>>dydx=dydt/dxdt           % 参数方程 y 对 x 的一阶导数
dydx=2/t
>>dydxdt=diff(dydx,t)      % y 对 x 的一阶导数再对 t 求导
dydxdt=-2/t^2
>>dydxdx=dydxdt/dxdt       % y 对 x 的二阶导数
dydxdx=-1/t^3
```

3. 导数的应用

(1)切线的斜率.

例 6.1.31 用 MATLAB 计算曲线 $f(x)=x^3$ 在点 $M(2,8)$ 处的切线方程和法线方程.

分析 先求出 $f(x)$ 的导数,$f'(x)=3x^2$,可得 $f'(2)=3\times2^2=12$,切线方程 $y-8=$

$12(x-2)$,法线方程 $y-8=-\dfrac{1}{12}(x-2)$.若想用 MATLAB 计算,需按照此思路编程.

解　输入命令且显示结果如下:

```
>>syms x;
>>f=x^3;
>>f1=diff(f,x);              % 函数的一阶导数
>>k1=subs(f1,x,2);          % 函数在点 (2,8)处的切线斜率
>>k2=-1/k1;                  % 函数在点 (2,8)处的法线斜率
>>T=k1* (x-2)+8             % 函数在点 (2,8)处的切线方程
T=12* x-16
>>N=k2* (x-2)+8            % 函数在点 (2,8)处的法线方程
N=-1/12* x+ 49/6
```

（2）一元函数的最值.

求解闭区间连续函数的最小值,可以利用命令 fminbnd,命令格式为 fminbnd(f,a,b),其中 f 表示函数,a 表示区间的左端点,b 表示区间的右端点.应用该命令可以求出函数 $f(x)$ 在 $[a,b]$ 上的最小值.

例 6.1.32　要做一个底为长方形的带盖的箱子,其体积为 $72\ \text{m}^3$,底与宽的长度比为 $2:1$,问各边长为多少时才能使表面积最小?

分析　MATLAB 无法自己分析题目并得到有关的求解过程,因此需首先分析问题得到有关的数学表达式.我们先按照传统的数学方法进行计算.

由题意,设长方体宽为 x m,$0<x<72$,则长为 $2x$ m,高为 $\dfrac{72}{2x^2}$ m,长方体的表面积为

$$S=2\left(x\cdot 2x+x\cdot\frac{72}{2x^2}+2x\cdot\frac{72}{2x^2}\right)=4\left(x^2+\frac{54}{x}\right).$$

令 $S'(x)=0$,可得唯一驻点 $x=3$.由题意知,唯一驻点即为所求最小值点,所以当长为 6 m、宽为 3 m、高为 4 m 时箱子的表面积最小.

使用 fminbnd(f,a,b)时,如果 f 是表达式的形式,需用单引号括起来.

解　输入命令且显示结果如下:

```
>>syms x;
>>[x,fval]=fminbnd('4* (x^2+54/x)',0,72)
% 该函数返回两个结果,x 表示最小值点,fval 表示最小值
x=3.0000
fval=108.0000
```

也可以用该命令求函数的最大值,命令格式为 fminbnd(-f,a,b).求函数 $f(x)$ 的最大值,相当于求函数 $-f(x)$ 的最小值.

4. 不定积分

不定积分可以利用公式法、四则运算、第一类换元积分法、第二类换元积分法、分部积分法等来求解,手算较为麻烦.在 MATLAB 中只需借助命令 int 来计算 $\int f(x)\mathrm{d}x$,即

可求得原函数,其命令格式为 $\text{int}(f,x)$,其中 f 表示被积函数,x 表示被积变量.

例 6.1.33 用 MATLAB 计算 $\displaystyle\int \frac{3}{(1-2x)^2}\mathrm{d}x$.

解 输入命令且显示结果如下:

```
>>syms x;
>>f=3/(1-2* x)^2;
>>int(f,x)
ans=3/2/(1-2* x)
```

该计算结果为 $3 \div 2 \div (1-2x)$,即 $\dfrac{3}{2(1-2x)}$. 注意 MATLAB 计算不定积分时,其结果只为被积函数的一个原函数,这与不定积分的结果(全体原函数)略有区别.

例 6.1.34 用 MATLAB 计算 $\displaystyle\int x\sin x\,\mathrm{d}x$.

解 输入命令且显示结果如下:

```
>>syms x;
>>f=x* sin(x);
>>int(f,x)
ans=sin(x)-x* cos(x)
```

由计算结果可知,该表达式为 $\sin x - x\cos x$.

5. 定积分

通过微积分基本公式,可以通过原函数作差计算定积分.相应地,MATLAB 中 int 命令格式只需略作改变即可计算定积分.我们用 $\text{int}(f,x,a,b)$ 来计算定积分 $\displaystyle\int_a^b f(x)\mathrm{d}x$,其中 a 表示积分下限,b 表示积分上限.

例 6.1.35 用 MATLAB 计算 $\displaystyle\int_0^1 x\mathrm{e}^{3x}\,\mathrm{d}x$.

解 输入命令且显示结果如下:

```
>>syms x;
>>f=exp(3* x)* x;
>>int(f,x,0,1)
ans=2/9* exp(3)+1/9
```

该计算结果为 $\dfrac{2\mathrm{e}^3+1}{9}$.

例 6.1.36 用 MATLAB 计算 $\displaystyle\int_1^2 \frac{\mathrm{d}x}{x(1+\ln x)}$.

解 输入命令且显示结果如下:

```
>>syms x;
>>f=1/(x* (1+log(x)));
>>int(f,x,1,2)
```

```
ans=log(1+log(2))
```

该计算结果为 $\ln(1+\ln2)$.

6. 常微分方程

MATLAB 中使用 dsolve 命令求解常微分方程的通解，其命令格式为 $\mathrm{dsolve}('eq')$，其中 eq 表示常微分方程的等式.

例 6.1.37　用 MATLAB 计算 $\dfrac{\mathrm{d}y}{\mathrm{d}t}=3t^2+6t+2$ 的通解.

解　输入命令且显示结果如下：

```
>>syms y t;
>>dsolve('Dy=3*t^2+6*t+2')      % 该命令中一阶导数用 D 表示,二阶导数用 D2 表示,
                                   自变量缺省值为 t
ans=t^3+3*t^2+2*t+C1
```

该方程的通解为 $t^3+3t^2+2t+C_1$，其中 C_1 是常数.

此外，该命令还可以求解常微分方程的特解，其命令格式为 $\mathrm{dsolve}('eq','a')$，其中 eq 表示常微分方程的等式，a 表示该微分方程的初值条件.

例 6.1.38　用 MATLAB 计算 $\dfrac{\mathrm{d}y}{\mathrm{d}t}=3t^2+6t+2,y(0)=1$ 的特解.

解　输入命令且显示结果如下：

```
>>syms y t;
>>dsolve('Dy=3*t^2+6*t+2','y(0)=1')
ans=t^3+3*t^2+2*t+1
```

该方程的特解为 t^3+3t^2+2t+1.

7. 级数

可调用 symsum 求解级数求和的问题,命令的使用格式为 $\mathrm{symsum}(S,v,a,b)$，其中 S 表示级数的通项公式，v 表示通项公式中的变量，a、b 表示从第 a 项到第 b 项进行求和.

例 6.1.39　用 MATLAB 计算 $\displaystyle\sum_{n=1}^{\infty}\dfrac{1}{n^2}$.

解　输入命令且显示结果如下：

```
>>syms n x;
>>symsum(1/n^2,n,1,inf)
ans=1/6*pi^2
```

该计算结果为 $\dfrac{\pi^2}{6}$.

6.1.5　解析几何

1. 绘制几何图形

如图 6.1.13 所示，在 MATLAB 中除了借助命令 plot 描点绘图外，还可以借助命令

ezplot 绘制几何图形. 该命令的使用格式为 ezplot(f,[a,b,c,d]),其中 f 代表方程 f(x,y)=0,a、b 表示 x 的取值范围 $[a,b]$,c、d 表示 y 的取值范围 $[c,d]$.

例 6.1.40 绘制方程 $\frac{x^2}{64}+\frac{y^2}{36}=1$ 对应的几何图形.

解 输入命令且显示结果如下:

```
>>ezplot('x^2/64+y^2/36=1',[-8,8,-6,6])
```

运行结果如图 6.1.14 所示.

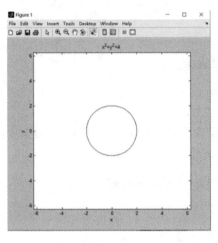

图 6.1.13

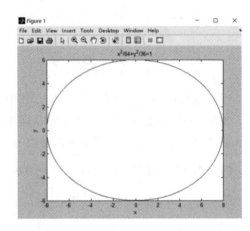

图 6.1.14

命令中 a、b、c、d 的数值对显示完整的图形至关重要. 方程 $\frac{x^2}{64}+\frac{y^2}{36}=1$ 中,$x\in[-8,8]$,$y\in[-6,6]$.为显示完整的图形,a 的取值不能超过 -8,b 的取值不能小于 8,c 的取值不能超过 -6,d 的取值不能小于 6.

例 6.1.41 绘制方程 $\frac{x^2}{16}-\frac{y^2}{9}=1$ 对应的几何图形.

解 输入命令且显示结果如下:

```
>>ezplot('x^2/16-y^2/9=1',[-10,10,-10,10])
```

运行结果如图 6.1.15 所示.

2. 极坐标与直角坐标互化

互化两种坐标虽有公式作为理论依据,但计算起来较为复杂. 在 MATLAB 中可以借用命令实现两种坐标的互化,操作较为简便.

在 MATLAB 中可以利用命令 cart2pol 将直角坐标 (x,y) 转化为极坐标 (r,θ),其命令格式为 [theta,r]=cart2pol (x,y),其中 theta 是极角,r 是极径,x、y 是横、纵坐标.

例 6.1.42 将直角坐标 $(-4,4)$ 转化为极坐标.

解 输入命令且显示结果如下:

```
>>[theta,r]=cart2pol(-4,4)
```

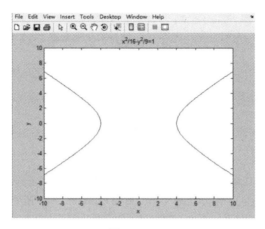

图 6.1.15

% 该命令返回两个参数结果,第一个参数是极角,第二个参数是极径

theta=2.3562

r=5.6569

在 MATLAB 中可以利用命令 pol2cart 将极坐标(r, θ)转化为直角坐标(x, y),其命令格式为[x,y]=pol2cart(theta,r),其中 x、y 是横、纵坐标,theta 是极角,r 是极径.注意该命令中参数(theta,r)的顺序与极坐标(r, θ)的参数顺序有所不同.

例 6.1.43　将极坐标$\left(8, \dfrac{2\pi}{3}\right)$转化为直角坐标.

解　输入命令且显示结果如下:

>>[x,y]=pol2cart(2*pi/3,8)

% 该命令返回两个参数结果,第一个参数是横坐标,第二个参数是纵坐标

x=-4.0000

y=6.9282

3. 向量运算

在 MATLAB 中,我们用[x y]表示二维向量(x, y),[x y z]表示三维向量(x, y, z),其中 x、y 和 z 表示向量的坐标.

(1) 向量的线性运算.

向量的线性运算包括向量加法、减法、数乘,以及三者的混合运算.向量的加法、减法、数乘分别用 +、- 和 * 表示,其使用格式为 a+b、a-b、k*a,其中 a、b 表示向量,k 表示实数.

例 6.1.44　设向量 $a = (2, -1, 3)$,$b = (-1, -4, -2)$,用 MATLAB 计算 $a + b$,$a - b$,$2a$ 和 $-3a + 2b$.

解　输入命令且显示结果如下:

>>a=[2 -1 3];　　　　　　　　% 输入向量 a

>>b=[-1 -4 -2];

>>a+b　　　　　　　　　　　% 向量的加法运算

```
ans=1    -5    1
>>a-b                        % 向量的减法运算
ans=3    3    5
>>2*a                        % 向量的数乘运算
ans=4    -2    6
>>-3*a+2*b                   % 向量的混合运算
ans=-8    -5    -13
```

（2）向量的内积.

向量还可以进行求模运算，向量间可以进行内积运算. 这两种运算在 MATLAB 中调用命令 norm、dot 执行，其格式分别为 norm(a)、dot(a,b)，其中 a、b 表示向量.

例 6.1.45 设向量 $a=(-1,3,-2)$，$b=(-2,4,-1)$，用 MATLAB 计算 $|a|$，$|3a-b|$ 和 $a \cdot b$.

解 输入命令且显示结果如下：

```
>>a=[-1 3 -2];
>>b=[-2 4 -1];
>>norm(a)                    % 求向量 a 的模长
ans=3.7417
>>norm(3*a-b)               % 求向量 3a-b 的模长
ans=7.1414
>>dot(a,b)                   % 求向量 a、b 的内积
ans=16
```

4. 复数的计算

在 MATLAB 中，我们用 a＋b∗i 表示复数 $a+bi$.

（1）复数的模长、辐角、虚部和实部.

复数有其特定运算：求模长、辐角、实部、虚部和共轭复数，在 MATLAB 中有对应的求解命令，分别为 abs、angle、real、imag 和 conj，其使用格式分别为 abs(a)、angle(a)、real(a)、imag(a) 和 conj(a)，其中 a 表示复数.

例 6.1.46 设复数 $a=-10+8i$，用 MATLAB 计算复数 a 的模长、辐角、虚部、实部和共轭复数.

解 输入命令且显示结果如下：

```
>>a=-10+ 8*i;              % 输入复数
>>abs(a)                    % 求复数的模长
ans=12.8062
>>angle(a)                  % 求复数的辐角
ans=2.4669                  % 该辐角是以弧度制为单位
>>real(a)                   % 求复数的实部
ans=-10
>>imag(a)                   % 求复数的虚部
ans=8
>>conj(a)                   % 求复数的共轭复数
```

ans=-10.0000 - 8.0000i

（2）复数的四则运算.

复数的四则运算命令与实数的四则运算命令一致：＋、－、＊、／，其使用方法也一致.

例 6.1.47　设复数 $a=1+i,b=-3+5i$,用 MATLAB 计算 $a+b,a-b,a\times b$ 和 $a\div b$.

解　输入命令且显示结果如下：

```
>>a=1+i;
>>b=-3+5*i;
>>a+b
ans=-2.0000+6.0000i
>>a-b
ans= 4.0000-4.0000i
>>a*b
ans=-8.0000+2.0000i
>>a/b
ans= 0.0588-0.2353i
```

6.1.6　线性代数中的应用

1. 输入矩阵

MATLAB 中通常用大写字母或者小写字母表示矩阵.输入矩阵时,用"[ ]"将矩阵元素括起来,按照先行后列的顺序输入元素,同行的元素用空格隔开,一行输完后,用分号";"隔开,再输入下一行.

例如输入 $A=\begin{pmatrix}-5&4&7\\3&0&4\\2&1&2\end{pmatrix},B=\begin{pmatrix}0&2&6&5\\3&3&7&-6\\5&1&8&0\\7&6&0&-1\end{pmatrix}$,命令如下：

```
>>A=[-5 4 7;3 0 4;2 1 2]
A=-5    4    7
    3    0    4
    2    1    2
>>B=[0 2 6 5;3 3 7 -6;5 1 8 0;7 6 0 -1]
B=0    2    6    5
   3    3    7   -6
   5    1    8    0
   7    6    0   -1
```

2. 矩阵的运算

类似于四则运算的加、减、乘、除运算,矩阵有加法、减法、数乘、乘法运算,其运算命令分别为＋、－、＊、＊.

（1）计算行列式.

通常采用对角线法则计算二阶、三阶行列式,但对更高阶行列式,此法则失效,因此计算四阶及四阶以上的行列式,人工手算较为麻烦. 但在 MATLAB 中,对任意阶行列式,利用命令 det 均可求解. 其命令格式是 det(A),它表示求解方阵 A 的行列式的值.

例 6.1.48 用 MATLAB 计算 $|\boldsymbol{A}|,|\boldsymbol{B}|$,其中

$$\boldsymbol{A}=\begin{pmatrix} 1 & 2 \\ 5 & 8 \end{pmatrix}, \quad \boldsymbol{B}=\begin{pmatrix} 1 & 2 & 6 & 5 \\ 2 & 3 & 5 & -6 \\ 3 & 1 & 3 & 0 \\ 4 & 8 & 0 & 9 \end{pmatrix}.$$

解 输入命令且显示结果如下:

```
>>A=[1 2;5 8];
>>det(A)
ans=-2
>>B=[1 2 6 5;2 3 5 -6;3 1 3 0;4 8 0 9];
>>det(B)
ans=-1340
```

(2)矩阵加减法运算.

矩阵加法的命令表示是+,用作 A+B,表示 $\boldsymbol{A}+\boldsymbol{B}$. 矩阵减法的命令表示是-,用作 A-B,表示 $\boldsymbol{A}-\boldsymbol{B}$.

例 6.1.49 用 MATLAB 计算 $\boldsymbol{A}+\boldsymbol{B},\boldsymbol{A}-\boldsymbol{B}$,其中

$$\boldsymbol{A}=\begin{pmatrix} 1 & 3 \\ 2 & -1 \end{pmatrix}, \quad \boldsymbol{B}=\begin{pmatrix} 3 & 0 \\ 1 & 2 \end{pmatrix}.$$

解 输入命令且显示结果如下:

```
>>A=[1 3;2 -1];
>>B=[3 0;1 2];
>>A+B
ans=4     3
      3     1
>>A-B
ans=-2     3
      1    -3
```

(3)矩阵的数乘运算.

矩阵数乘的命令表示是 *,用作 k * A,表示 k$\boldsymbol{A}$.

例 6.1.50 用 MATLAB 计算 $2\boldsymbol{A}$,其中

$$\boldsymbol{A}=\begin{pmatrix} 2 & 0 & 3 \\ 1 & 2 & 4 \\ 0 & -1 & 2 \end{pmatrix}.$$

解 输入命令且显示结果如下:

```
>>A=[2 0 3;1 2 4;0 -1 2];
>>2*A
```

```
ans=4      0      6
     2      4      8
     0     -2      4
```

（4）矩阵的乘法运算.

矩阵乘法的命令表示是 * ,用作 A * B,表示 **AB**.

例 6.1.51 用 MATLAB 计算 **AB**,其中

$$\boldsymbol{A}=\begin{pmatrix} 2 & 3 \\ 1 & -2 \\ 3 & 1 \end{pmatrix}, \quad \boldsymbol{B}=\begin{pmatrix} 1 & -2 & -3 \\ 2 & -1 & 0 \end{pmatrix}.$$

解 输入命令且显示结果如下:

```
>>A=[2 3;1 -2;3 1];
>>B=[1 -2 -3;2 -1 0];
>>A*B
ans= 8     -7     -6
    -3      0     -3
     5     -7     -9
```

（5）方阵的方幂运算.

对于乘法运算,方阵还可以进行方幂运算. 在 MATLAB 中用^表示方幂运算 A^n,其中 **A** 表示一个方阵,其命令格式为 A^n.

例 6.1.52 用 MATLAB 计算 A^2,其中

$$\boldsymbol{A}=\begin{pmatrix} 3 & 1 & 1 \\ 2 & 1 & 2 \\ 1 & 2 & 3 \end{pmatrix}.$$

解 输入命令且显示结果如下:

```
>>A=[3 1 1;2 1 2;1 2 3];
>>A^2
ans=12     6      8
    10     7     10
    10     9     14
```

例 6.1.53 用 MATLAB 计算 $(A^3-2B)B$,其中

$$\boldsymbol{A}=\begin{pmatrix} 4 & 3 & 1 \\ 1 & -2 & 3 \\ 5 & 7 & 0 \end{pmatrix}, \quad \boldsymbol{B}=\begin{pmatrix} 1 & 1 & -1 \\ 2 & -1 & 0 \\ 1 & 0 & 1 \end{pmatrix}.$$

解 输入命令且显示结果如下:

```
>>A=[4 3 1;1 -2 3;5 7 0];
>>B=[1 1 -1;2 -1 0;1 0 1];
>> (A^3-2*B)*B
```

```
ans=507    37   -107
       92   105    34
      787   -24  -209
```

3. 求解线性方程组

线性方程组作为最基本、最简单的方程组,在 MATLAB 中利用命令"\"求解.该命令的格式为 A\b,其中 A 表示线性方程组的系数矩阵,b 表示常数向量.

例 6.1.54 用 MATLAB 求解线性方程组

$$\begin{cases} 2x_1 - x_2 - x_3 = 4, \\ 3x_1 + 4x_2 - 2x_3 = 11, \\ 3x_1 - 2x_2 + 4x_3 = 11. \end{cases}$$

分析 该线性方程组中,最重要的是系数矩阵和常数向量,因此需先输入这两个矩阵.

解 输入命令且显示结果如下:

```
>>A=[2 -1 -1;3 4 -2;3 -2 4];      % 输入系数矩阵
>>b=[4;11;11];                    % 输入常数向量
>>x=A\b                           % 求解线性方程组的解
x=3
  1
  1
```

因此,该线性方程组的解为 $x_1 = 3, x_2 = 1, x_3 = 1$.

6.1.7 逻辑代数

逻辑运算中用 1,0 表示命题的真假,在 MATLAB 中同样如此.

1. "与"运算

逻辑运算"与",对应 MATLAB 中的 and,其命令格式为 and(a,b),若 a、b 均不是 0,则输出值为 1,否则输出值为 0.

例 6.1.55 用 MATLAB 计算 5 与 3 的真假.

解 输入命令且显示结果如下:

```
>>and(5,3)
ans=1
```

其运算结果 1 表示真.

例 6.1.56 用 MATLAB 计算 0 与 1 的真假.

解 输入命令且显示结果如下:

```
>>and(0,1)
ans=0
```

其运算结果 0 表示假.

2. "或"运算

逻辑运算"或",对应 MATLAB 中的 or,其命令格式为 or(a,b),若 a、b 均是 0,则输出值为 0,否则输出值为 1.

例 6.1.57　用 MATLAB 计算 $\frac{1}{4}$ 或 0 的真假.

解　输入命令且显示结果如下:

```
>>or(1/4,0)
ans=1
```

例 6.1.58　用 MATLAB 计算 0 或 0 的真假.

解　输入命令且显示结果如下:

```
>>or(0,0)
ans=0
```

3. "非"运算

逻辑运算"非",对应 MATLAB 中的～,其命令格式为～a. 若 a 是 0,则输出值为 1;若 a 不是 0,输出值为 0.

例 6.1.59　用 MATLAB 计算非 0 的真假.

解　输入命令且显示结果如下:

```
>>～0
ans=1
```

例 6.1.60　用 MATLAB 计算－1 的真假.

解　输入命令且显示结果如下:

```
>>～-1
ans=0
```

4. "异或"运算

逻辑运算"异或",对应 MATLAB 中的 xor,其命令格式为 xor(a,b),其中 a、b 取 0 或者 1.若 a 与 b 相同,则输出值为 0;若 a 与 b 不同,输出值为 1.

例 6.1.61　用 MATLAB 计算 0 异或 0 的真假.

解　输入命令且显示结果如下:

```
>>xor(0,0)
ans=0
```

例 6.1.62　用 MATLAB 计算 0 异或 1 的真假.

解　输入命令且显示结果如下:

```
>>xor(0,1)
ans=1
```

6.2 网络画板

6.2.1 网络画板简介

网络画板是基于中国科学院张景中院士团队研发的,在"Z+Z智能教育平台"、超级画板、几何画板基础上全新打造而成的智能教育软件平台.其利用互联网改变教育资源生成、传播、分享模式,并支持平板电脑、手机等多种终端,能够在各种操作系统环境下运行,是国内第一款互联网环境下的教学工具.

1. 网络画板的登录

该软件依托于互联网环境,大部分操作需在互联网环境下中操作,网址为 https://www.netpad.net.cn.进入网页后,点击右上角图标,如图 6.2.1 所示,用户需先填写个人信息注册并登录.注册登录后,点击右上角的开始作图,即可开始绘制编辑课件,如图 6.2.2 所示.

图 6.2.1

图 6.2.2

2. 课件编辑界面

如图 6.2.3 所示,网络画板编辑器分为导航栏、快捷工具栏、绘图工具栏、构造工具栏、绘图区、对象列表及属性表单几个部分.

(1)导航栏又分为文件操作区和用户管理区.文件操作区中包括网络画板 Logo、"保存"按钮、"文件"按钮和"帮助"按钮;用户管理区提供课件分享功能和用户登录、注册功能.

(2)快捷工具栏中包括"撤销"按钮、"重做"按钮、"全局坐标系"下拉按钮、"显示"下拉按钮、"标记"下拉按钮、"自定义变换"下拉按钮、"放大"按钮、"缩小"按钮、"属性"按钮和侧边栏操作按钮等.

(3)绘图工具栏从上向下依次是"选择|拖动"按钮、"点"按钮、"线段"按钮、"直线"按钮、"射线"按钮、"多边形"按钮、"圆"按钮、"绘图|标注"按钮、"文本|命名"按钮和"智能画笔"按钮.使用绘图工具栏中的按钮,可以直接在作图区中进行绘图操作.

（4）构造工具栏从左向右依次为"点"按钮组、"线段"按钮组、"线线关系"按钮组、"多边形"按钮组、"圆及圆弧"按钮组、"圆锥曲线"按钮组、"变换"按钮组、"函数曲线"按钮组、"变量尺"按钮组、"编程|程序设计"按钮、"推理"按钮、"删除"按钮. 对于满足特定几何关系的图形,可先选择元素作为构造条件,再使用构造工具栏完成图形的构造. 使用时,单击相应按钮右侧的三角形按钮,展开相应的按钮组,可根据作图需要进行选择.

（5）绘图区中,按住鼠标左键可框选图形,按住鼠标右键可拖动画布,滚动鼠标滚轮可放大或者缩小画布. 在 3D 模式中,按住鼠标左键可旋转场景,同时按住 Ctrl 键和鼠标右键可拖动画布,滚动鼠标滚轮可放大或者缩小场景.

（6）对象列表中显示了整个作图步骤,可通过阅读对象列表,学习和分析作品的创作思路. 对象列表中的序号即表示作图顺序.

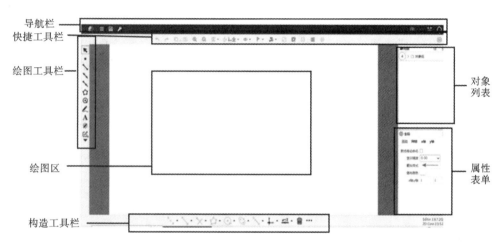

图 6.2.3

3. 课件分享收藏

登录、注册的用户可以及时保存、修改、更新课件,也可以分享私有课件. 若将课件分享给指定用户,只需单击"分享"按钮(单击"分享"按钮之前应先保存课件),弹出分享链接对话框. 按住 Ctrl＋C 组合键复制该链接,再将复制的链接通过粘贴(按 Ctrl＋V 组合键)的方式发给指定用户,单击"确定"按钮关闭对话框.

6.2.2 绘制函数图象

1. 建立直角坐标系

绘制函数图象首先要建立平面直角坐标系. 点击构造工具栏中的"函数曲线"按钮组(图 6.2.4 中标号为①,左起第八个上拉三角形按钮),再点击"自定义坐标系"按钮(图 6.2.4 中标号为②),即可建立直角坐标系,如图 6.2.5 所示.

建立直角坐标系后,在网页布局右下角有自定义坐标系选项. 如图 6.2.6 所示,在这里点击相应的按钮,可以更改直角坐标系的网格、x 轴、y 轴的外观及数值.

2. 输入函数表达式

绘制函数图象,必须输入函数表达式. 点击构造工具栏中的"函数曲线"按钮组,再点

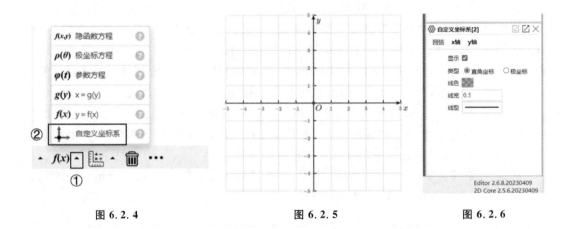

图 6.2.4 图 6.2.5 图 6.2.6

击"$f(x)$ $y=f(x)$"按钮(图 6.2.7 中标号为②),弹出"$y=f(x)$"工具的对话框,如图 6.2.8所示.点击图 6.2.8 中的黑框框住的按钮,弹出"编辑表达式"对话框,如图 6.2.9 所示. 在"编辑表达式"对话框中可修改函数表达式.输入函数表达式后,点击"确定"按钮,返回上一级对话框,如图 6.2.8 中的"$y=f(x)$"工具对话框.更改图 6.2.8 中的自变量取值范围,点击"确定"按钮,系统将自动绘制出函数图象.

图 6.2.7 图 6.2.8

图 6.2.9

例 6.2.1 用网络画板绘制函数 $f(x)=\log_2 x(0<x<4)$ 的图象.

分析 绘制坐标系时,根据函数自身定义域、值域,限制坐标系的显示范围.拖动坐标轴的四个端点,即图 6.2.10 中的四个粉红色的点,更改坐标轴的取值.由于定义域是 $(0,4)$,因此可将 x 轴范围设置为 $(-1,4)$.易知该函数值域是 $(-\infty,2)$,可将 y 轴范围设置为 $(-5,3)$.这样画出的函数图象较为美观.

在"编辑表达式"对话框,在其中输入函数表达式.软件中用 $\log(x,a)$ 表示对数函数 $f(x)=\log_a x$,其中 a 是对数的底数.

解 (1) 自定义直角坐标系.单击构造工具栏的"自定义坐标系"按钮,得到一个坐标系.修改坐标系的显示范围,使得 x 轴显示范围为 $(-1,4)$,y 轴显示范围为 $(-5,3)$.

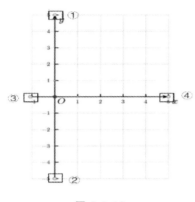

图 6.2.10

图 6.2.11

(2) 输入函数表达式.点击构造工具栏中的"函数曲线"按钮组,再点击" $f(x)$ $y=f(x)$ "按钮,输入函数表达式后,点击"确定"按钮,如图 6.2.11 所示.编辑自变量取值范围,如图 6.2.12 所示,点击"确定"按钮,完成函数的输入.

之后软件界面将出现函数 $f(x)=\log_2 x(0<x<4)$ 的图象,如图 6.2.13 所示.此时在界面右下角的自定义坐标系中,可以更改外观显示,进一步美化图象.

图 6.2.12

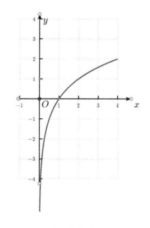

图 6.2.13

注意在输入函数表达式时,若不清楚函数的命令,可以点击"编辑表达式"对话框左上角的下拉三角菜单,弹出函数表达式的对话框,如图 6.2.14 所示.网络画板中函数表达式中的运算输入与软件 MATLAB 中运算输入的方法一致,在此不过多介绍.

3. 带有参数变量的函数图象

在网络画板中可以绘制带有参数变量的函数图象.

例 6.2.2 用网络画板绘制函数 $f(x)=\sin(ax)(0\leqslant x\leqslant 2\pi)$ 的图象,其中 $a=1,2,3,4$.

分析 该式中有一个参数变量 a,因此在绘制图象以前,需先定义参数变量 a.点击构造工具栏中的"变量尺"按钮组(左起第九个上拉三角形按钮),如图 6.2.15 中序号①所示的上拉三角形按钮,再点击序号②所示的变量按钮,弹出"变量"对话框,如图 6.2.16所示.

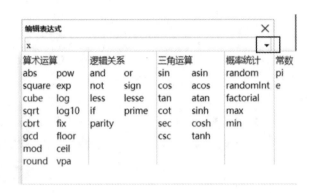

图 6.2.14

图 6.2.15

在"变量"对话框中,输入变量的名称、最小值、最大值、增量及当前值.例如,本题中变量 a 的名称是 a,其取值范围的最小值是 1,最大值是 4.变量 a 的取值是 1,2,3,4,相邻的两个取值之间相差 1,因此变量的增量是 1.将信息填入到"变量"对话框中,就可定义一个变量 a.

在定义直角坐标系后,将 x 轴的长度单位定义为 $\frac{\pi}{2}$ 有助于三角函数图象的绘制.因此在界面右下角的自定义坐标系中,点击"x 轴"按钮,勾选"π/2 单位"选项,如图 6.2.17 所示.

图 6.2.16

图 6.2.17

解 (1)定义变量 a.完成定义后,界面将出现变量 a 的变量尺,如图 6.2.18 所示.

(2)自定义直角坐标系.更改坐标系的显示单位及显示范围,x 轴显示范围为 $(0,2\pi)$,y 轴显示范围为 $(-1,1)$,如图 6.2.19 所示.

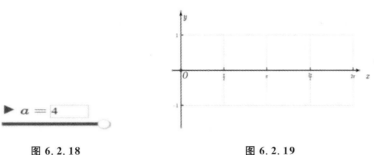

图 6.2.18　　　　　　　　　　　　　图 6.2.19

（3）输入函数表达式.输入的函数表达式是"sin(a * x)",变量 x 的取值范围是 $[0,2\pi]$,在输入自变量的范围时,常数 π 用 pi 来代替.同时勾选"根据表达式创建动态文本"选项(图 6.2.20),可显示绘制的函数图象的表达式.点击"确定"按钮后,界面将出现如图 6.2.21 所示的函数图象.

图 6.2.20

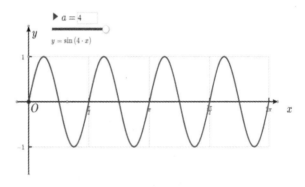

图 6.2.21

由于变量 a 的当前值是 4,所以绘制的是函数 $f(x)=\sin 4x$ 的图象.点击变量尺上横线的按钮或者向右的三角形按钮,可以改变函数表达式,同时绘制相应的函数图象.例如,将变量 a 设置为 3,则可以得到函数 $f(x)=\sin 3x$ 的图象,如图 6.2.22 所示.

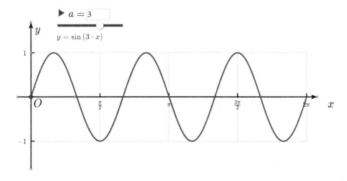

图 6.2.22

从该函数图象中,可以直观地知道三角函数的周期、单调性、有界性、最值、极值的情况,从参变量 a 的变化可以直观感受到角频率对三角函数周期的影响.因此,绘制函数图象可以更直观地展示函数的性质,便于我们理解、掌握函数的性质.

例 6.2.3 用网络画板绘制函数 $f(x)=a\sin(\omega x+b)$ 的图象.

解 (1)定义变量 a、ω、b.点击"变量"对话框右上角上的"+"号,可以新增变量,如图 6.2.23 所示.

(2)自定义直角坐标系.更改坐标系的显示单位及显示范围,x 轴显示范围为 $(0,2\pi)$,如图 6.2.24 所示.

图 6.2.23

图 6.2.24

(3)输入函数表达式.输入格式为"a * sin(w * x+b)",定义区间为"0≤x≤2pi",软件绘制出的图象如图 6.2.25 所示.

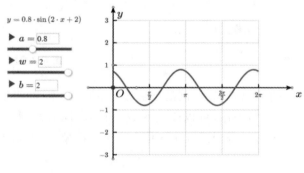

图 6.2.25

6.2.3 绘制几何图形

网络画板可以绘制方程代表的几何图形.

1. 直线

直线的点斜式方程为 $y=kx+b$.

例 6.2.4 用网络画板绘制直线 $y=2x+1$.

分析 要想绘制直线,必须先输入直线的方程.点击构造工具栏的"函数曲线"按钮组,再点击"$f(x,y)$ 隐函数方程"按钮(图 6.2.26),弹出"$f(x,y)=0$ 曲线"对话框,如图 6.2.27 所示,在该对话框中输入方程.注意图 6.2.27 的对话框中方程的右边等于

0,故需将原方程 $y=2x+1$ 的右边项移到左边,方程变为 $y-2x-1=0$.输入该方程时,只需输入方程的左边.按照 MATLAB 输入语法,输入格式为"y-2*x-1".对方程中的变量 x 和 y 选择合适的范围即可,在这里选择 $-5\leqslant x\leqslant 5$,$-5\leqslant y\leqslant 5$.输入完成后,点击"确定"按钮.

图 6.2.26

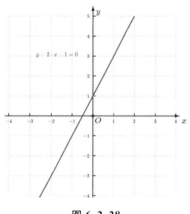

图 6.2.27

解　(1)自定义坐标系.

(2)输入方程.按照分析中的方法,输入方程的表达式,点击"确定"按钮后,软件绘制直线的图形如图 6.2.28 所示.

2. 椭圆

椭圆的标准方程为 $\dfrac{x^2}{a^2}+\dfrac{y^2}{b^2}=1$,按照"$f(x,y)=0$ 曲线"对话框的输入格式,需先将标准方程变为 $\dfrac{x^2}{a^2}+\dfrac{y^2}{b^2}-1=0$,输入格式为"x^2/a^2+y^2/b^2-1".

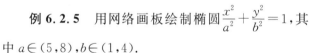

图 6.2.28

例 6.2.5　用网络画板绘制椭圆 $\dfrac{x^2}{a^2}+\dfrac{y^2}{b^2}=1$,其中 $a\in(5,8),b\in(1,4)$.

解　(1)自定义坐标系和定义两个变量,如图 6.2.29 和图 6.2.30 所示.

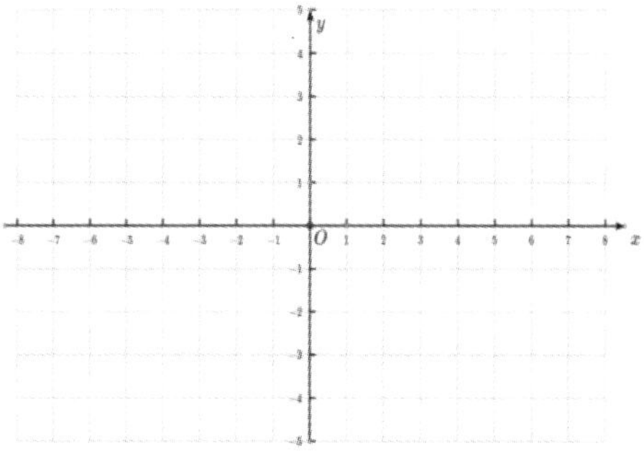

图 6.2.29

图 6.2.30

（2）输入方程.输入格式为"x^2/16＋y^2/9-1"，变量 x,y 的范围分别是 $-4\leqslant x\leqslant 4$，$-3\leqslant y\leqslant 3$.点击"确定"按钮，软件绘制的椭圆如图 6.2.31 所示.

软件绘制的图形，如图 6.2.32 所示.

图 6.2.31

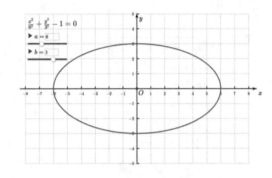

图 6.2.32

绘制完图形后，用鼠标点击椭圆曲线，使其呈高亮状态，如图 6.2.33 所示.点击构造工具栏的"变量尺"按钮组的上拉三角形按钮，点击"计算|测量"按钮（图 6.2.34 中标号为②），弹出"测量圆锥曲线"对话框，如图 6.2.35 所示.勾选需要测量的内容，例如勾选"焦点"选项后，点击"确定"按钮.此时在软件界面将出现焦点的坐标，如图 6.2.36 所示，焦点坐标分别为 $(-5.2,0)$、$(5.2,0)$.

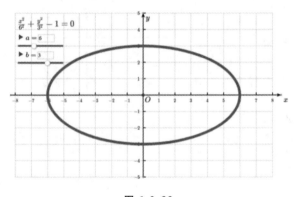

图 6.2.33

图 6.2.34

图 6.2.35

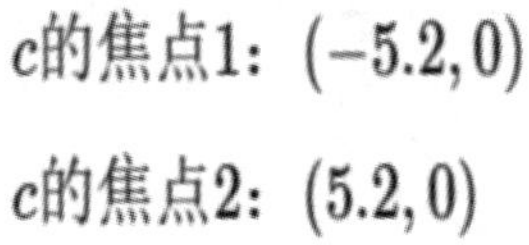

c的焦点1：$(-5.2,0)$

c的焦点2：$(5.2,0)$

图 6.2.36

3. 双曲线

双曲线的标准方程为 $\dfrac{x^2}{a^2}-\dfrac{y^2}{b^2}=1\left(或\ \dfrac{y^2}{a^2}-\dfrac{x^2}{b^2}=1\right)$，按照"$f(x,y)=0$ 曲线"对话框的输入格式，需先将标准方程变为 $\dfrac{x^2}{a^2}-\dfrac{y^2}{b^2}-1=0\left(或\ \dfrac{y^2}{a^2}-\dfrac{x^2}{b^2}-1=0\right)$，输入格式为"x^2/a^2-y^2/b^2-1"（或"y^2/a^2-x^2/b^2-1"）.

例 6.2.6　用网络画板绘制双曲线 $\dfrac{x^2}{25}-\dfrac{y^2}{16}=1$ 的渐近线.

分析　双曲线中，$x\in(-\infty,5)\bigcup(5,+\infty)$，$y\in(-\infty,-4)\bigcup(4,+\infty)$，因此在输入双曲线的方程时，变量 x 的范围必须与 $(-\infty,5)\bigcup(5,+\infty)$ 有非空交集，变量 y 的范围必须与 $(-\infty,-4)\bigcup(4,+\infty)$ 有非空交集，否则可能无法显现图象. 例如，变量 x 的范围设置为 $[-5,5]$，变量 y 的范围设置为 $[-4,4]$，则其绘制的双曲线在直角坐标系中无法显现，如图 6.2.37 所示. 本例题可以将变量 x 的范围设置为 $[-10,10]$，变量 y 的范围设置为 $[-8,8]$.

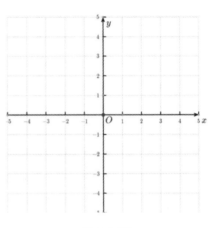

图 6.2.37

解　（1）自定义坐标系. 点击构造工具栏的"函数曲线"按钮组，再点击"自定义坐标系"按钮.

（2）输入方程. 如图 6.2.38 所示，输入格式为"x^2/25-y^2/16-1"，变量 x,y 的范围分别是 $-15\leqslant x\leqslant15,-8\leqslant y\leqslant8$. 点击"确定"按钮，软件绘制的双曲线如图 6.2.39 所示.

图 6.2.38

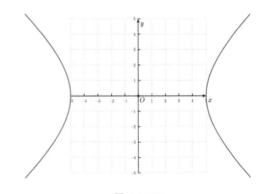

图 6.2.39

（3）测量双曲线的渐近线方程. 鼠标点击双曲线，点击构造工具栏的"变量尺"按钮组的上拉三角形按钮，点击"计算｜测量"按钮，弹出"测量圆锥曲线"对话框，如图 6.2.40 所示，勾选"渐近线方程"，点击"确定"按钮，软件界面出现该双曲线的两条渐近线的方程，如图 6.2.41 所示，两条渐近线方程分别为 $4\cdot x-5\cdot y=0,4\cdot x+5\cdot y=0$.

（4）绘制渐近线. 如图 6.2.42 所示，点击构造工具栏的"函数曲线"按钮组，再点击

"$f(x,y)$隐函数"按钮,弹出"$f(x,y)=0$曲线"对话框,输入其中一条渐近线的方程,点击"确定"后,界面将出现双曲线的一条渐近线,再按此方法绘制出另一条渐近线,绘制结果如图 6.2.43 所示.

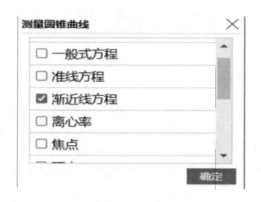

图 6.2.40

z渐近线1方程:$4 \cdot x - 5 \cdot y = 0$

z渐近线2方程:$4 \cdot x + 5 \cdot y = 0$

图 6.2.41

图 6.2.42

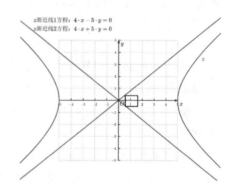

图 6.2.43

注意:

(1) 本例中,直角坐标系的 x 轴显示范围为$(-5,5)$,y 轴显示范围为$(-5,5)$.绘制的双曲线,其变量设置的范围是$-15 \leqslant x \leqslant 15$,$-8 \leqslant y \leqslant 8$.坐标轴的显示范围虽然包含于双曲线的变量范围,但不影响图象的绘制.

(2) 点击图 6.2.44 中黑框所示的粉色点,沿着 x 轴向左移动该点,改变坐标系的显示范围,从中可以感受到随着 $x \to \infty$,渐近线与双曲线之间的距离越来越近.

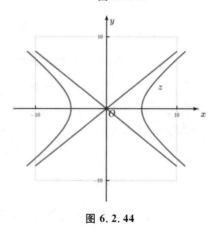

图 6.2.44

4. 抛物线

抛物线的标准方程为 $y^2 = 2px$,$y^2 = -2px$,$x^2 = 2py$ 和 $x^2 = -2py$,按照"$f(x,y)=0$曲线"对话框的输入格式,需先将标准方程变为 $y^2 - 2px = 0$,$y^2 + 2px = 0$,$x^2 - 2py = 0$ 和 $x^2 + 2py = 0$,输入格式为"y^2-2*p*x","y^2+2*p*x","x^2-2*p*y"和"x^2+2*p*y".

例 6.2.7　用网络画板绘制抛物线 $y^2 = 4x$ 的准线.

分析　该抛物线变量取值范围 $x \in [0, +\infty)$，$y \in (-\infty, +\infty)$，抛物线的准线方程是 $x = -1$. 因此绘制抛物线时，若想将准线显示出来，变量取值范围可设置为 $x \in [-3, 3]$，$y \in [-4, 4]$.

解　(1) 自定义坐标系. 点击构造工具栏的"函数曲线"按钮组，再点击"自定义坐标系"按钮.

(2) 输入方程. 输入格式为"y^2-4 * x"，变量 x, y 的范围分别是 $-5 \leqslant x \leqslant 5$，$-9 \leqslant y \leqslant 9$. 点击"确定"按钮.

(3) 测量抛物线的准线方程. 用鼠标点击抛物线，点击构造工具栏的"变量尺"按钮组的上拉三角形按钮，点击"计算 | 测量"按钮，弹出"测量圆锥曲线"对话框. 勾选"准线方程"，点击"确定"按钮，软件界面出现该抛物线的准线方程 $2 \cdot x + 1.99 = 0$（此处为近似值）.

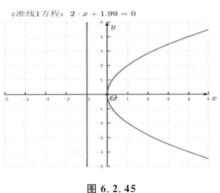

(4) 绘制准线. 点击构造工具栏的"函数曲线"按钮组，再点击"$f(x, y)$ 隐函数"按钮，弹出"$f(x, y) = 0$ 曲线"对话框，输入准线的方程. 点击"确定"按钮后，界面将出现抛物线的准线，绘制结果如图 6.2.45 所示.

图 6.2.45

5. 极坐标系与直角坐标系

在网络画板中无法单独建立极坐标系，但是可以通过直角坐标系来建立极坐标系. 方法如下：

(1) 自定义坐标系. 点击构造工具栏的"函数曲线"按钮组，再点击"自定义坐标系"按钮.

(2) 输入点的极坐标. 点击构造工具栏的"点"按钮组（左起第一个上拉三角形按钮），之后点击"极坐标点"按钮（图 6.2.46），弹出"极坐标点"对话框，如图 6.2.47 所示，在此输入点的极径与极角，点击"确定"按钮后，在直角坐标系中将出现相应的极坐标点.

图 6.2.46

图 6.2.47

例 6.2.8 在直角坐标系中,用网络画板生成极坐标 $\left(1,\dfrac{\pi}{4}\right)$ 对应的点.

解 (1)自定义坐标系. 点击构造工具栏的"函数曲线"按钮组,再点击"自定义坐标系"按钮.

(2)输入点的极坐标. 如图 6.2.48 所示,在"极坐标点"对话框里,输入极径 1,极角 pi/4. 注意此处的 pi 表示数学里的常数 π.

按此方法,软件界面将出现一个粉色的点,如图 6.2.49 所示.

图 6.2.48   图 6.2.49

鼠标左键点击该点,进行标记. 点击鼠标右键,出现快捷菜单栏,在菜单栏里选择"测量"选项,弹出下一级选项,再选择"坐标"选项,如图 6.2.50 所示. 此时界面出现该点的直角坐标,如图 6.2.51 所示,该点的直角坐标为(0.71,0.71).

此外,对直角坐标表示的点,也可以通过鼠标右键的快捷菜单栏,测量出该点对应的极坐标.

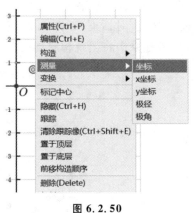
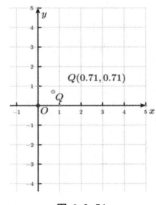

图 6.2.50   图 6.2.51

例 6.2.9 在直角坐标系中,测量出点(−2,1)对应的极坐标.

分析 首先需要在直角坐标系中找到该坐标对应的点. 可以点击构造工具栏的"点"按钮组,之后点击"直角坐标点"按钮(图 6.2.52),弹出"坐标点"对话框,如图 6.2.53 所示,在此输入点的 x,y 坐标,点击"确定"按钮后,在直角坐标系中将出现相应的点.

图 6.2.52

图 6.2.53

当软件界面出现坐标点后,用鼠标左键标记该点,之后点击鼠标右键,弹出快捷菜单栏,如图 6.2.54 所示,选择测量选项,在下一级菜单中选中极角、极径即可测得该点的极角、极径.

解　(1)自定义坐标系.点击构造工具栏的"函数曲线"按钮组,再点击"自定义坐标系"按钮.

(2)输入点的直角坐标.在"坐标点"对话框里,输入 x 坐标为 -2,y 坐标为 1,点击"确定"按钮,如图 6.2.55 所示.

(3)测量直角坐标点的极角与极径.标记该点后,在鼠标右键的选项中,选择"测量"选项,测量出该点的极径与极角.测量结果如图 6.2.56 所示,该点的极坐标是 $(2.63,1.82)$.

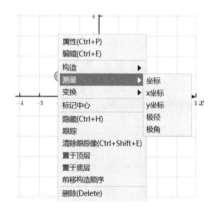

图 6.2.54

图 6.2.55

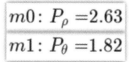

图 6.2.56

此外,在网络画板中可绘制极坐标方程代表的几何图形.点击构造工具栏的"函数曲线"按钮组,再点击"$\rho(\theta)$ 极坐标方程"按钮(图 6.2.57),弹出"$\rho=thet$ 曲线"对话框(图6.2.58),输入曲线方程即可.

图 6.2.57　　　　　　　　　　　　　图 6.2.58

例 6.2.10　绘制四叶草 $\rho(\theta)=a\cos 2\theta$，其中 $a\in(0.5,2)$.

解　(1)自定义坐标系. 点击构造工具栏的"函数曲线"按钮组,再点击"自定义坐标系"按钮.

(2) 定义变量 a. 最大值、最小值、增量和当前值如图 6.2.59 所示.

(3) 输入极坐标方程. 方程格式为"a * cos(2 * thet)",区间是"0≤thet≤2 * pi",如图 6.2.60 所示,点击"确定"按钮后出现如图 6.2.61 所示的图形.

图 6.2.59　　　　　　　　　　　　　图 6.2.60

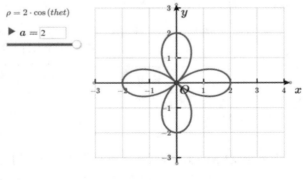

图 6.2.61

6.3　科学函数计算器

6.3.1　科学函数计算器简介

科学函数计算器是具有初等函数数值计算功能的一类计算器的总称,是计算器中最常用的一类.其计算功能丰富,适用于中学到大学,并可以在要求无编程、无存储功能的考试中使用.下面以得力 JD991CN 型号计算器为例进行简介.

1. 开关机

开机:按下操作界面右上角的 开机 键,接通电源.

关机:先按 SHIFT 键,再按 AC (关机)键,关闭电源.

如果 10 min 内不执行任何操作,计算器会自动关闭,再次按下 开机 键,即可重新打开计算器.

2. 键标记

计算器按钮通常有按键功能和备用功能,如图 6.3.1 所示.

若要使用按键功能,如使用 sin 函数,只需直接按下对应键即可.若要使用备用功能,则需先按 SHIFT 或 ALPHA 键,再按对应键,执行备用功能.若执行备用功能中橙色字体代表的功能,则先按 SHIFT 键,如 SHIFT 、 sin⁻¹ ,则输入的是反正弦函数;若执行红色字体代表的功能,则先按 ALPHA 键,如 ALPHA 、 ┌D┐ ,则输入的是变量 D.

图 6.3.1

3. 指定计算模式

为方便计算,科学函数计算器共规定了 10 种计算模式,如表 6.3.1 所示.

表 6.3.1

想要执行的操作	选择的图标	选择的模式
基本算术运算	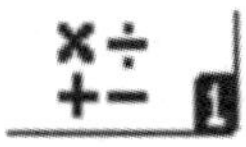	计算
复数计算	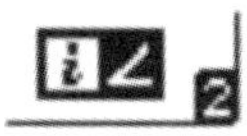	复数
计算包括特定的数字系统 (2 进制、8 进制、10 进制、16 进制)		基数

续表

想要执行的操作	选择的图标	选择的模式
矩阵计算	[88] 4	矩阵
向量计算	↗ 5	向量
统计和回归计算	▮▮▮ 6	统计
在一个或两个函数的基础上生成一个数表	▦ 7	表格
方程式和函数计算	XY=0 8	方程/函数
不等式的计算	XY>0 9	不等式
比例式计算	□:□ A	比例

在使用计算器计算之前,应先选择计算模式,首先按 菜单 键显示主菜单,此时界面如图 6.3.2 所示.

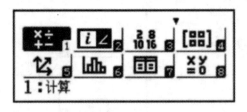

图 6.3.2

然后根据所选模式下的代表数字(如复数模式的图片中,右下角为数字 2),按下相应的数字键选择该模式(按下数字 2 键选择复数模式),也可按方向键(▶ 、 ◀ 、 ▲ 和 ▼),选中该模式,按下 = 键确认该模式.

6.3.2　数学基本运算

以下例题均在计算模式下进行,首先设置模式:计算器开机后默认的模式是计算模式;或者自己调成计算模式,按下 菜单 键,按下数字 1 键选择模式,即可选择该模式.

1. 函数运算

(1) 幂运算.

与软件 MATLAB 类似,在计算器中,幂函数运算 $y=x^a$ 和指数函数运算 $y=a^x$ 均可用如图 6.3.3 所示的按键计算,按键顺序为底数、$x^\blacksquare$、指数.

图 6.3.3

例 6.3.1　用计算器计算 $2^{\frac{3}{2}}$.

分析　本题中可借助按钮 $x^\blacksquare$ 进行幂运算:先按底数 2,再按 $x^\blacksquare$ 键,显示屏的光标出现在指数位置上,最后输入指数即可. 在输入指数 $\frac{3}{2}$ 时,需借助按钮 $\boxminus$:先按住 $\boxminus$ 键,将指数位置改为分数形式,再按分子 3,通过按一次方向键 ▼,将光标调到分母位置,输入 2,完成分母的输入,最后按 = 键得到计算结果.

解　按照如下步骤进行操作:

2　$x^\blacksquare$　$\boxminus$　3　2　=

最后计算结果为 2.828427125.

不同于软件 MATLAB,科学函数计算器也可以借助图 6.3.3 所示的按钮计算根式,按键顺序为 SHIFT 、$\sqrt[\blacksquare]{\Box}$ 、根指数、方向键 ▶ 、底数.

例 6.3.2　用计算器计算 $\sqrt[4]{5^3}$.

分析　本题中可借助按钮 $\sqrt[\blacksquare]{\Box}$ 进行根式运算. 由于该按钮字体为橙色,故需先按 SHIFT 键,再按 $\sqrt[\blacksquare]{\Box}$ 键,才能调用根式的计算功能. 调用后,先输入根指数 4,再按方向键 ▶,将光标显示到底数位置. 由于底数是幂的形式,先按 $x^\blacksquare$ 键,将底数调成幂的形式,输入幂的底数 5,再按方向键 ▶,将光标调到指数位置,输入指数 3,最后按 = 键得到计算结果.

解　按照如下步骤进行操作:

SHIFT　$\sqrt[\blacksquare]{\Box}$　4　▶　$x^\blacksquare$　5　▶　3　=

最后计算结果为 3.343701525.

(2) 自然指数运算.

对数学中常用的自然指数运算,计算器中可以利用按钮 $e^\blacksquare$ 进行计算,按键顺序为 SHIFT 、$e^\blacksquare$ 、指数.

例 6.3.3　用计算器计算 $e^{0.6}$.

分析　本题中可借助按钮 $\boxed{e^{■}}$ 进行自然指数运算. 由于该按钮字体为橙色,故需先按 $\boxed{\text{SHIFT}}$ 键,再按 $\boxed{e^{■}}$ 键,才能调用自然指数运算的功能. 调用后,直接按照顺序 $\boxed{0}$、$\boxed{.}$、$\boxed{6}$ 依次按下相应按钮,输入指数 0.6,注意按钮 $\boxed{.}$ 位于键盘的最后一行,最后按下 $\boxed{=}$ 键得到计算结果.

解　按照如下步骤进行操作:

$\boxed{\text{SHIFT}}$　$\boxed{e^{■}}$　$\boxed{0}$　$\boxed{.}$　$\boxed{6}$　$\boxed{=}$

最后计算结果为 1.8221188.

（3）对数运算.

针对对数运算,计算器中可以利用按钮 $\boxed{\log_{■}□}$ 进行计算. 按钮上的字体为白色,故直接按下按钮调用功能即可,按键顺序为 $\boxed{\log_{■}□}$、底数、真数.

例 6.3.4　用计算器计算 $\log_{0.1}23$.

分析　直接按下按钮 $\boxed{\log_{■}□}$ 进行对数运算. 此时光标处于底数位置,先输入底数 0.1,再按方向键 $\boxed{▶}$,将光标显示到真数位置,输入真数 23,最后按 $\boxed{=}$ 键得到计算结果.

解　按照如下步骤进行操作:

$\boxed{\log_{■}□}$　$\boxed{0}$　$\boxed{.}$　$\boxed{1}$　$\boxed{▶}$　$\boxed{2}$　$\boxed{3}$　$\boxed{=}$

最后计算结果为 -1.361727836.

对以 e 为底的自然对数运算,在计算器中可以利用按钮 $\boxed{\ln}$ 进行计算. 使用方法与对数运算类似,按键顺序为 $\boxed{\ln}$、真数、$\boxed{)}$.

例 6.3.5　用计算器计算 $\ln10$.

分析　直接按下按钮 $\boxed{\ln}$ 进行对数运算. 此时显示屏上显示为 "ln(",光标位于左括号右侧. 直接输入真数 10,按下 $\boxed{)}$,最后按 $\boxed{=}$ 键得到计算结果.

解　按照如下步骤进行操作:

$\boxed{\ln}$　$\boxed{1}$　$\boxed{0}$　$\boxed{)}$　$\boxed{=}$

最后计算结果为 2.302585093.

（4）三角函数运算.

角度以弧度制或者角度制作为单位,因此三角函数可以在两种单位下进行计算. 在计算器中,计算三角函数时,需先区分角度的单位. 按键 $\boxed{\text{设置}}$ 可更改角度的单位,由于该字体为橙色,故先按 $\boxed{\text{SHIFT}}$,再按下 $\boxed{\text{设置}}$,此时显示屏界面进入到可设置的选项. 选项 2 是角度单位,再按下数字 $\boxed{2}$,显示屏界面出现三个选项,1:度(D);2:弧度(R);3:百分度(G). 选择所需的单位制,按下对应的数字键即可.

三角函数运算分为正弦、余弦、正切、余切、正割、余割,计算器中只有 $\boxed{\sin}$、$\boxed{\cos}$、$\boxed{\tan}$ 三种运算按钮,其他的三种运算(余切、正割、余割运算)需借助这三种运算来计算.

例 6.3.6　用计算器计算 $\cos 10°$.

分析　选择角度的单位为度,设置方法为依次按下 $\boxed{\text{SHIFT}}$、$\boxed{\text{设置}}$、$\boxed{2}$、$\boxed{1}$ 键即可. $\boxed{\cos}$ 键字体为白色,直接按下,此时屏幕显示为"cos(".输入度数 10,按下 $\boxed{)}$、$\boxed{=}$ 键得到计算结果.

解　按照如下步骤进行操作:

$\boxed{\text{SHIFT}}$　$\boxed{\text{设置}}$　$\boxed{2}$　$\boxed{1}$　$\boxed{\cos}$　$\boxed{1}$　$\boxed{0}$　$\boxed{)}$　$\boxed{=}$

最后计算结果为 0.984807753.

例 6.3.7　用计算器计算 $\tan\dfrac{3\pi}{5}$.

分析　选择角度的单位为弧度,设置方法为依次按下 $\boxed{\text{SHIFT}}$、$\boxed{\text{设置}}$、$\boxed{2}$、$\boxed{2}$ 即可. $\boxed{\tan}$ 键字体为白色,直接按下,此时屏幕显示为"tan(".输入角度 $\dfrac{3\pi}{5}$,该式中有 π,而按键中的 $\boxed{\pi}$ 为橙色字体,需先按 $\boxed{\text{SHIFT}}$ 键,再按 $\boxed{\pi}$ 键.输完角度后,按下 $\boxed{)}$、$\boxed{=}$ 键得到计算结果.

解　按照如下步骤进行操作:

$\boxed{\text{SHIFT}}$　$\boxed{\text{设置}}$　$\boxed{2}$　$\boxed{2}$　$\boxed{\tan}$　$\boxed{\dfrac{\square}{\square}}$　$\boxed{3}$　$\boxed{\text{SHIFT}}$

$\boxed{\pi}$　$\boxed{\blacktriangledown}$　$\boxed{5}$　$\boxed{\blacktriangleright}$　$\boxed{)}$　$\boxed{=}$

最后计算结果为 -3.077683537.

例 6.3.8　用计算器计算 $\cot\dfrac{2\pi}{5}$.

分析　在之前例题的设置下重新输入计算式,角度的单位不需改变.按键中没有余切按钮,计算器无法直接计算余切函数.可借助三角函数之间的关系:同角情况下,正切函数与余弦函数互为倒数,利用正切函数求得余切函数的值,即 $\cot\dfrac{2\pi}{5}=\dfrac{1}{\tan\dfrac{2\pi}{5}}$.先按下

$\boxed{\dfrac{\square}{\square}}$,输入分子 1,利用方向键 $\boxed{\blacktriangledown}$ 将光标调至分母位置,输入分母 $\tan\dfrac{2\pi}{5}$ 即可,最后按下 $\boxed{)}$、$\boxed{=}$ 键得到计算结果.

解　按照如下步骤进行操作:

$\boxed{\dfrac{\square}{\square}}$　$\boxed{1}$　$\boxed{\blacktriangledown}$　$\boxed{\tan}$　$\boxed{\dfrac{\square}{\square}}$　$\boxed{2}$　$\boxed{\text{SHIFT}}$　$\boxed{\pi}$　$\boxed{\blacktriangledown}$　$\boxed{5}$　$\boxed{\blacktriangleright}$　$\boxed{)}$　$\boxed{=}$

最后计算结果为 0.3249196962.

(5) 反三角函数运算.

数学中反三角函数运算共有四种:反正弦(arcsin)、反余弦(arccos)、反正切(arctan)和反余切(arccot).但在计算器中,只有三种反三角函数运算:反正弦、反余弦与反正切,这三种反三角函数的按键表示分别为 $\boxed{\sin^{-1}}$、$\boxed{\cos^{-1}}$、$\boxed{\tan^{-1}}$.按键表示与数学中的表示也

略有区别. 这三个函数按钮字体均为橙色,故需先输入 $\boxed{\text{SHIFT}}$,再按下相应反三角函数按键.

例 6.3.9 用计算器计算 $\arccos 0.5$.

解 按照如下步骤进行操作:

$\boxed{\text{SHIFT}}$ $\boxed{\cos^{-1}}$ $\boxed{0}$ $\boxed{.}$ $\boxed{5}$ $\boxed{)}$ $\boxed{=}$

最后计算结果为 $\frac{1}{3}\pi$.

由于计算器现在的角度单位设定的是弧度制,故计算结果为弧度制下的结果. 若想将结果更改为角度制下的计算结果,则需在原有的基础上继续如下操作:

$\boxed{\text{SHIFT}}$ $\boxed{\text{设置}}$ $\boxed{2}$ $\boxed{1}$

此时计算结果为 60 ,代表 $60°$.

6.3.2 高等数学中的应用

以下计算均在第一种模式(计算模式)下进行运算.

1. 函数在某点处的导数值

高等数学中求导运算分为两种:求函数的导函数、函数在某点处的导数值. 科学函数计算器无法进行第一种运算,但却可以利用按钮 $\boxed{\frac{d}{dx}\blacksquare}$ 进行第二种运算,计算函数在某点处的导数值. 按键顺序为 $\boxed{\text{SHIFT}}$ 、 $\boxed{\frac{d}{dx}\blacksquare}$ 、函数、方向键 $\boxed{\blacktriangleright}$ 、变量 x 的取值.

例 6.3.10 用计算器计算 $f(x)=x^3\cos(2x+1)$ 在 $x=2$ 处的导数值.

解 按照如下步骤进行操作:

$\boxed{\text{SHIFT}}$ $\boxed{\frac{d}{dx}\blacksquare}$ $\boxed{x}$ $\boxed{x^{\blacksquare\square}}$ $\boxed{3}$ $\boxed{\blacktriangleright}$ $\boxed{\cos}$ $\boxed{2}$ $\boxed{x}$

$\boxed{+}$ $\boxed{1}$ $\boxed{)}$ $\boxed{\blacktriangleright}$ $\boxed{2}$ $\boxed{=}$

最后计算结果为 11.9299979 .

2. 定积分

对于积分运算,科学函数计算器利用按钮 $\boxed{\int_\square^\square\blacksquare}$ 进行计算. 该按钮上的字体为白色,故直接按下即可.

例 6.3.11 用计算器计算 $\int_1^2 \frac{\ln x}{x}\mathrm{d}x$.

解 按照如下步骤进行操作:

$\boxed{\int_\square^\square\blacksquare}$ $\boxed{\frac{\blacksquare}{\blacksquare}}$ $\boxed{\ln}$ $\boxed{x}$ $\boxed{)}$ $\boxed{\blacktriangledown}$ $\boxed{x}$

输完函数表达式后,利用方向键,将光标调至积分上限位置,输入上限 $\boxed{2}$,再通过方向键 $\boxed{\blacktriangledown}$,将光标调到积分下限位置,输入下限 $\boxed{1}$,最后按下 $\boxed{=}$ 键得到计算结果为 0.240226507 .

注意:科学函数计算器无法计算不定积分.

6.3.3 解析几何

1. 极坐标与直角坐标的互化

两种坐标的转化是在计算模式(模式一)下进行的.

(1) 直角坐标转化为极坐标.

计算器中利用按钮 $\boxed{\text{Pol}}$ 将直角坐标转化为极坐标. 由于该按钮字体为橙色,故先按 $\boxed{\text{SHIFT}}$ 键,再按 $\boxed{\text{Pol}}$ 键. 输入格式为 $\text{Pol}(x,y)$,其中 x 表示横坐标,y 表示纵坐标. 按键顺序为 $\boxed{\text{SHIFT}}$、$\boxed{\text{Pol}}$、横坐标、$\boxed{\text{SHIFT}}$、$\boxed{,}$、纵坐标、$\boxed{)}$、$\boxed{=}$.

例 6.3.12 用计算器将直角坐标 $(-2,4)$ 转化为极坐标.

分析 按钮 $\boxed{,}$ 的字体为橙色,故先按 $\boxed{\text{SHIFT}}$,再按 $\boxed{,}$.

解 按照如下步骤进行操作:

$\boxed{\text{SHIFT}}$ $\boxed{\text{Pol}}$ $\boxed{-}$ $\boxed{2}$ $\boxed{\text{SHIFT}}$ $\boxed{,}$ $\boxed{7}$ $\boxed{)}$ $\boxed{=}$

计算结果是 $r=4.472135955,\theta=116.5650512$.

注意:① 由于结果位数较多,屏幕不能完全显示. 在结果显示的一行中出现提示字符 "$\blacktriangleleft$""$\blacktriangleright$",可通过方向键 $\boxed{\blacktriangleleft}$、$\boxed{\blacktriangleright}$ 调整来显示完整的结果.

② 该计算结果中极角是以度为单位,也可以在此基础上,按照按键顺序 $\boxed{\text{SHIFT}}$、$\boxed{\text{设置}}$、$\boxed{2}$、$\boxed{2}$、$\boxed{=}$,将计算结果中的极角转化为弧度制下的结果:$r=4.472135955,\theta=2.034443936$.

(2) 极坐标转化为直角坐标.

计算器中利用按钮 $\boxed{\text{Rec}}$ 将极坐标转化为直角坐标. 由于该按钮字体为橙色,故先按 $\boxed{\text{SHIFT}}$ 键,再按此键. 输入格式为 $\text{Rec}(r,\theta)$,其中 r 表示极径,θ 表示极角. 按键顺序为 $\boxed{\text{SHIFT}}$、$\boxed{\text{Rec}}$、极径、$\boxed{\text{SHIFT}}$、$\boxed{,}$、极角、$\boxed{)}$、$\boxed{=}$.

例 6.3.13 用计算器将极坐标 $(2,30°)$ 转化为直角坐标.

分析 该极坐标中的极角是以度为单位,因此在计算前,需先将角度单位更改为度,按键顺序为 $\boxed{\text{SHIFT}}$、$\boxed{\text{设置}}$、$\boxed{2}$、$\boxed{1}$.

解 按照如下步骤进行操作:

$\boxed{\text{SHIFT}}$ $\boxed{\text{Rec}}$ $\boxed{2}$ $\boxed{\text{SHIFT}}$ $\boxed{,}$ $\boxed{3}$ $\boxed{0}$ $\boxed{)}$ $\boxed{=}$

计算结果是 $x=1.732050808,y=1$.

例 6.3.14 用计算器将极坐标 $\left(5,\dfrac{3\pi}{4}\right)$ 转化为直角坐标.

分析 该极坐标中的极角是以弧度为单位,因此在计算前,需先将角度单位更改为弧度,按键顺序为 $\boxed{\text{SHIFT}}$、$\boxed{\text{设置}}$、$\boxed{2}$、$\boxed{2}$.

解 按照如下步骤进行操作:

[SHIFT] [Rec] [5] [SHIFT] [,] [▤] [3] [SHIFT]

[π] [▼] [4] [▶] [)] [=]

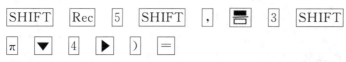

计算结果是 $x=-3.535533906, y=3.535533906$.

该计算结果的显示行中同样出现提示字符"◀""▶",通过方向键[◀]、[▶]调整来显示完整的结果.

2. 向量的运算

不同于软件,科学函数计算器中有专门的向量模式(模式五).在进行向量的计算以前,需先将模式调整为向量模式.操作步骤如下:[菜单]、[5],此时界面进入定义向量的界面,在定义完向量之后,即可进行向量间的运算.

(1) 定义向量.

在计算向量前,需先定义向量,将其存储在科学函数计算器中.图 6.3.4 是定义向量的界面.

定义向量	
1: VctA	2: VctB
3: VctC	4: VctD

图 6.3.4

选择定义向量的名称,这里以定义向量 A 为例.向量 A 对应的数字为 1,按下数字[1]键,进入到选择维数界面.在维数界面,向量只能选择 2~3 维向量(2 维向量是平面上的向量,例如 $\boldsymbol{a}=(1,2)$ 是一个 2 维向量;3 维向量是空间里的向量,例如 $\boldsymbol{b}=(1,2,3)$ 是一个 3 维向量).若选 2 维向量,按数字[2]键;若选 3 维向量,按数字[3]键.最后将向量的有序数字输入,就定义好了一个向量.

例 6.3.15 用计算器定义向量 $\boldsymbol{a}=(1,3,5)$.

分析 在定义好维数后,输入数字.第一个数字是 1,所以按下数字[1]键,并按[=]键确认,此时光标自动转到第二个数字上.第二个数字是 3,按下数字[3]键,按[=]键确认.第三个数字是 5,按[5]、[=].

解 从定义向量的界面开始以下步骤:

[5] [1] [3] [1] [=] [3] [=] [5] [=]

这样就定义了一个向量 A.

注意:① 计算器中以大写字母定义向量的名称,而在数学中以小写字母或者小写的希腊字母定义向量.

② 计算器中定义的向量是列向量,而不是行向量,但这不影响向量间的运算.

(2) 向量的线性运算.

例 6.3.16 向量 $\boldsymbol{a}=(3,1,-2)$, $\boldsymbol{b}=(-2,-5,3)$,用计算器计算 $2\boldsymbol{a}+3\boldsymbol{b}$, $-\boldsymbol{a}+4\boldsymbol{b}$.

分析 在定义完向量后,按[OPTN]键即可进入操作界面.本例题需要输入两个向量,所以定义完向量 A 后,还需再定义向量 B.在[OPTN]操作界面中,定义向量对应的数字是 1,所以按下数字[1]键,可以再定义一个向量,步骤参照前面定义向量 A 的步骤.定义完向量 B 后,再 $\boxed{\text{OPTN}}$ 键,界面中向量计算对应的数字是 3,按下 $\boxed{3}$ 键开始向量间的运算.

解 从选择模式五开始以下步骤:

定义向量 A:

$\boxed{\text{菜单}}$ $\boxed{5}$ $\boxed{1}$ $\boxed{3}$ $\boxed{3}$ $\boxed{=}$ $\boxed{1}$ $\boxed{=}$ $\boxed{-}$ $\boxed{2}$ $\boxed{=}$

定义向量 B:

$\boxed{\text{OPTN}}$ $\boxed{1}$ $\boxed{2}$ $\boxed{3}$ $\boxed{-}$ $\boxed{2}$ $\boxed{=}$ $\boxed{-}$ $\boxed{5}$ $\boxed{=}$ $\boxed{3}$ $\boxed{=}$

计算 $2\boldsymbol{a}+3\boldsymbol{b}$:

$\boxed{\text{OPTN}}$ $\boxed{3}$ $\boxed{2}$ $\boxed{\text{OPTN}}$ $\boxed{3}$ $\boxed{+}$ $\boxed{3}$ $\boxed{\text{OPTN}}$ $\boxed{4}$ $\boxed{=}$

计算显示结果如图 6.3.5 所示,该计算结果表示 $2\boldsymbol{a}+3\boldsymbol{b}=(0,-13,5)$.

计算 $-\boldsymbol{a}+4\boldsymbol{b}$:

$\boxed{\text{AC}}$ $\boxed{-}$ $\boxed{\text{OPTN}}$ $\boxed{3}$ $\boxed{+}$ $\boxed{4}$ $\boxed{\text{OPTN}}$ $\boxed{4}$ $\boxed{=}$

计算显示结果如图 6.3.6 所示:该计算结果表示 $-\boldsymbol{a}+4\boldsymbol{b}=(-11,-21,14)$.

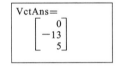

图 6.3.5　　　　　　图 6.3.6

(3) 向量的内积.

针对向量的内积运算,在 $\boxed{\text{OPTN}}$ 操作界面下有专门对应运算.

例 6.3.17 向量 $\boldsymbol{a}=(4,-2,-4)$,$\boldsymbol{b}=(3,-6,2)$,用计算器计算 $\boldsymbol{a}\cdot\boldsymbol{b}$.

分析 在 $\boxed{\text{OPTN}}$ 操作界面下,先选择数字 3 键对应的向量计算,再调用向量 A ($\boxed{\text{OPTN}}$、$\boxed{3}$),然后输入向量内积的符号($\boxed{\text{OPTN}}$、$\boxed{\blacktriangledown}$、$\boxed{2}$),最后调用向量 B($\boxed{\text{OPTN}}$、$\boxed{4}$).

解 从选择模式五开始以下步骤:

定义向量 A:

$\boxed{\text{菜单}}$ $\boxed{5}$ $\boxed{1}$ $\boxed{3}$ $\boxed{4}$ $\boxed{=}$ $\boxed{-}$ $\boxed{2}$ $\boxed{=}$ $\boxed{-}$ $\boxed{4}$ $\boxed{=}$

定义向量 B:

$\boxed{\text{OPTN}}$ $\boxed{1}$ $\boxed{2}$ $\boxed{3}$ $\boxed{3}$ $\boxed{=}$ $\boxed{-}$ $\boxed{6}$ $\boxed{=}$ $\boxed{2}$ $\boxed{=}$

计算 $\boldsymbol{a}\cdot\boldsymbol{b}$:

$\boxed{\text{OPTN}}$ $\boxed{3}$ $\boxed{\text{OPTN}}$ $\boxed{3}$ $\boxed{\text{OPTN}}$ $\boxed{\blacktriangledown}$ $\boxed{2}$ $\boxed{\text{OPTN}}$ $\boxed{4}$ $\boxed{=}$

该计算结果是 16.

3. 复数的运算

复数作为数学中的重要内容,在计算器中有专门的计算模式:模式二、 $\boxed{\text{菜单}}$、 $\boxed{2}$,进入到复数模式. 此时按下 $\boxed{\text{ENG}}$ 键, 计算器显示屏中出现虚数单位 i.

（1）不同形式下复数的转化.

数学中复数有多种形式, 为计算方便, 需在不同情况下使用复数的不同形式. 在计算器中, 可以通过 $\boxed{\text{OPTN}}$、$\boxed{\blacktriangledown}$、$\boxed{1}$（或者 $\boxed{2}$）键, 将复数的代数形式与极坐标形式之间进行互化.

例 6.3.18 用计算器计算复数 $2+2i$ 的极坐标形式.

分析 可以通过 $\boxed{\text{OPTN}}$、$\boxed{\blacktriangledown}$、$\boxed{1}$ 键, 将复数的代数形式转化为极坐标形式.

解 从已经选择好的模式开始以下步骤:

输入复数:

$\boxed{2}$ $\boxed{+}$ $\boxed{2}$ $\boxed{\text{ENG}}$

转化形式:

$\boxed{\text{OPTN}}$ $\boxed{2}$ $\boxed{\text{ENG}}$ $\boxed{1}$ $\boxed{=}$

计算结果是 $2\sqrt{2}\angle 45$, 该结果的角度单位是度, 表示 $2\sqrt{2}\angle 45°$.

例 6.3.19 用计算器计算复数 $6\angle 150°$ 的代数形式.

分析 可以通过 $\boxed{\text{OPTN}}$、$\boxed{\blacktriangledown}$、$\boxed{2}$ 键, 将复数的极坐标形式转化为代数形式. 在输入复数时, 需先设置角度的单位为度: $\boxed{\text{SHIFT}}$、$\boxed{\text{设置}}$、$\boxed{2}$、$\boxed{1}$. 极坐标形式中的 $\angle$ 对应按键 $\boxed{\ulcorner\angle\urcorner}$, 该字体为橙色, 需先按 $\boxed{\text{SHIFT}}$ 键.

解 从已经选择好的模式开始以下步骤:

输入复数:

$\boxed{6}$ $\boxed{\text{SHIFT}}$ $\boxed{\ulcorner\angle\urcorner}$ $\boxed{1}$ $\boxed{5}$ $\boxed{0}$

转化形式:

$\boxed{\text{OPTN}}$ $\boxed{\blacktriangledown}$ $\boxed{2}$ $\boxed{=}$

计算结果是 $-3\sqrt{3}+3i$.

（2）复数的四则运算.

针对复数的代数形式与极坐标形式下的四则运算, 计算器在模式二下可以直接计算得出结果. 复数的计算输入法则遵循实数的计算输入.

例 6.3.20 用计算器计算 $\dfrac{1+i}{2+3i}$.

解 从已经选择好的模式开始以下步骤:

$\boxed{\blacksquare}$ $\boxed{1}$ $\boxed{+}$ $\boxed{\text{ENG}}$ $\boxed{\blacktriangledown}$ $\boxed{2}$ $\boxed{+}$ $\boxed{3}$ $\boxed{\text{ENG}}$ $\boxed{=}$

计算结果是 $\dfrac{5}{13}-\dfrac{1}{13}i$.

例 6.3.21 用计算器计算 $8\angle\dfrac{5\pi}{12}\times 3\angle\dfrac{\pi}{4}$.

在输入复数时,需先设置角度的单位为度,按键设置顺序为 $\boxed{\text{SHIFT}}$、$\boxed{\text{设置}}$、$\boxed{2}$、$\boxed{2}$.

解　从已经选择好的模式开始以下步骤:

$\boxed{\text{SHIFT}}$　$\boxed{\text{设置}}$　$\boxed{2}$　$\boxed{2}$　$\boxed{8}$　$\boxed{\text{SHIFT}}$　$\boxed{\angle}$　$\boxed{\rlap{—}}$　$\boxed{5}$

$\boxed{\text{SHIFT}}$　$\boxed{\pi}$　$\boxed{\blacktriangledown}$　$\boxed{1}$　$\boxed{2}$　$\boxed{\blacktriangleright}$　$\boxed{\times}$　$\boxed{3}$

$\boxed{\text{SHIFT}}$　$\boxed{\angle}$　$\boxed{\rlap{—}}$　$\boxed{\text{SHIFT}}$　$\boxed{\pi}$　$\boxed{\blacktriangledown}$　$\boxed{4}$　$\boxed{=}$

计算结果是 $24\angle\dfrac{2\pi}{3}$.

6.3.4　线性代数中的应用

计算器中的模式四是矩阵模式,按下 $\boxed{\text{菜单}}$、$\boxed{4}$ 键,进入到该模式.

1. 输入矩阵

进入矩阵模式后,显示屏提示先定义矩阵.选择定义矩阵的名称,并按下相应的数字键,即可进入到矩阵定义的界面.

例 6.3.22　用计算器定义矩阵 $A=\begin{pmatrix} 2 & 0 & 3 \\ 1 & 2 & 4 \\ 0 & -1 & 2 \end{pmatrix}$.

分析　本例定义的是矩阵 A,按下数字 $\boxed{1}$ 键.此时显示屏提示选择矩阵的行数,矩阵 A 是一个 3 行 3 列的矩阵,故按下数字 $\boxed{3}$ 键.显示屏提示选择矩阵的列数,按下数字 $\boxed{3}$ 键,定义好矩阵的列数,然后显示屏进入到确定矩阵参数的界面,输入矩阵的参数即可定义矩阵.

解　从选择模式开始以下步骤:

定义矩阵的形式:

$\boxed{\text{菜单}}$　$\boxed{4}$　$\boxed{1}$　$\boxed{3}$　$\boxed{3}$

输入矩阵的参数:

$\boxed{2}$　$\boxed{=}$　$\boxed{0}$　$\boxed{=}$　$\boxed{3}$　$\boxed{=}$

$\boxed{1}$　$\boxed{=}$　$\boxed{2}$　$\boxed{=}$　$\boxed{4}$　$\boxed{=}$

$\boxed{0}$　$\boxed{=}$　$\boxed{-}$　$\boxed{1}$　$\boxed{=}$　$\boxed{2}$　$\boxed{=}$

计算器中定义矩阵的行数最多是 4 行,定义矩阵的列数最多是 4 列.

2. 矩阵的运算

定义好矩阵后,在 $\boxed{\text{OPTN}}$ 界面下对矩阵进行运算.

(1) 行列式的计算.

例 6.3.23　用计算器定义矩阵 $A=\begin{pmatrix} 1 & 1 & 2 \\ 3 & 0 & 4 \\ 1 & 2 & 3 \end{pmatrix}$,并计算矩阵 A 的行列式.

分析 若想更改矩阵 A 的参数,可以先按 OPTN 键,第一个选项是定义矩阵,按下数字 1 键,可以重新定义矩阵 A. 在 OPTN 界面下,按下 ▼ 键,第二个选项是行列式.

解 在上一例题的基础上开始以下步骤:

重新定义矩阵:

OPTN 1 1 3 3

输入矩阵的参数:

1 = 1 = 2 =

3 = 0 = 4 =

1 = 2 = 3 =

计算矩阵 A 的行列式:

AC OPTN ▼ 2 OPTN 3) =

计算结果是 -1.

（2）矩阵的线性运算.

例 6.3.24 矩阵 $A = \begin{pmatrix} 3 & 1 & 1 \\ 2 & 1 & 2 \\ 1 & 2 & 3 \end{pmatrix}$，$B = \begin{pmatrix} 1 & 1 & -1 \\ 2 & -1 & 0 \\ 1 & 0 & 1 \end{pmatrix}$，用计算器计算 $2A + 3B$，$-A + 4B$.

分析 与向量计算类似,在计算矩阵时,需通过按键 OPTN 调用矩阵. 例如,调用矩阵 A,其按键顺序为 OPTN 、3.

解 在上一例题的基础上开始以下步骤:

重新定义矩阵:

OPTN 1 1 3 3

定义矩阵 A:

3 = 1 = 1 =

2 = 1 = 2 =

1 = 2 = 3 =

定义矩阵 B:

OPTN 1 2 3 3

1 = 1 = 1 =

2 = − 1 = 0 =

1 = 0 = 1 =

计算 $2A + 3B$:

$\boxed{AC}$　$\boxed{2}$　$\boxed{OPTN}$　$\boxed{3}$　$\boxed{+}$　$\boxed{3}$　$\boxed{OPTN}$　$\boxed{4}$　$\boxed{=}$

计算结果是 $\begin{bmatrix} 9 & 5 & -1 \\ 10 & -1 & 4 \\ 5 & 4 & 9 \end{bmatrix}$.

计算 $-A+4B$：

$\boxed{AC}$　$\boxed{-}$　$\boxed{OPTN}$　$\boxed{3}$　$\boxed{+}$　$\boxed{4}$　$\boxed{OPTN}$　$\boxed{4}$　$\boxed{=}$

计算结果是 $\begin{bmatrix} 1 & 3 & -5 \\ 6 & -5 & -2 \\ 3 & -2 & 1 \end{bmatrix}$.

（3）矩阵的乘法.

矩阵的乘法用按键 $\boxed{\times}$ 表示.

例 6.3.25　矩阵 $A=\begin{bmatrix} 1 & 2 & 3 \\ 1 & 1 & 2 \\ 0 & 1 & 2 \end{bmatrix}$，$B=\begin{bmatrix} 1 & 1 \\ 20 & 3 \\ 20 & 11 \end{bmatrix}$，用计算器计算 AB.

分析　与向量计算类似,在计算矩阵时需通过按键 $\boxed{OPTN}$ 调用矩阵.例如,调用矩阵 A,其按键顺序为 $\boxed{OPTN}$、$\boxed{3}$.

解　在上一例题的基础上开始以下步骤：

重新定义矩阵：

$\boxed{OPTN}$　$\boxed{1}$　$\boxed{1}$　$\boxed{3}$　$\boxed{3}$

定义矩阵 A：

$\boxed{1}$　$\boxed{=}$　$\boxed{2}$　$\boxed{=}$　$\boxed{3}$　$\boxed{=}$

$\boxed{1}$　$\boxed{=}$　$\boxed{1}$　$\boxed{=}$　$\boxed{2}$　$\boxed{=}$

$\boxed{0}$　$\boxed{=}$　$\boxed{1}$　$\boxed{=}$　$\boxed{2}$　$\boxed{=}$

定义矩阵 B：

$\boxed{OPTN}$　$\boxed{1}$　$\boxed{2}$　$\boxed{3}$　$\boxed{2}$

$\boxed{1}$　$\boxed{=}$　$\boxed{1}$　$\boxed{=}$

$\boxed{2}$　$\boxed{0}$　$\boxed{=}$　$\boxed{3}$　$\boxed{=}$

$\boxed{2}$　$\boxed{0}$　$\boxed{=}$　$\boxed{1}$　$\boxed{1}$　$\boxed{=}$

计算 $2A+3B$：

$\boxed{AC}$　$\boxed{OPTN}$　$\boxed{3}$　$\boxed{\times}$　$\boxed{OPTN}$　$\boxed{4}$　$\boxed{=}$

计算结果是 $\begin{bmatrix} 101 & 40 \\ 61 & 26 \\ 60 & 25 \end{bmatrix}$.

3. 求解线性方程组

针对线性方程组的求解,可以利用科学函数计算器的模式八来进行计算.经过 菜单 、8 的操作,进入到求解方程的操作界面.根据提示,选项 1 是联立方程,选项 2 是多项式方程.按下 1 键,进入到联立方程的界面.在下一个界面中,计算器提示"选择方程未知数的个数".计算器可以求解 2~4 元线性一次方程组,根据求解未知数的个数,按下相应的数字键,即可进入输入方程组的界面.

注意:计算器中的未知数用 x,y,z 和 t 来表示.

例 6.3.26 用计算器求解线性方程组 $\begin{cases} 2x+y+z=7, \\ 3x-2y+3z=8, \\ x+y+z=6. \end{cases}$

解 从选择模式开始以下步骤:

定义方程组的形式:

菜单 　 8 　 1 　 3

输入第一个方程的参数:

2 　 = 　 1 　 = 　 1 　 = 　 7 　 =

输入第二个方程的参数:

3 　 = 　 - 　 2 　 = 　 3 　 = 　 8 　 =

输入第三个方程的参数:

1 　 = 　 1 　 = 　 1 　 = 　 6 　 =

求解方程组:

= 　 ▼ 　 ▼

计算结果是 $x=1,y=2,z=3$.

在显示计算结果时,计算器显示屏先显示未知数 x 的解,通过按键 ▼ ,可以显示出未知数 y 的解,再按一次 ▼ 键,显示出未知数 z 的解.

参 考 文 献

[1] 胡超斌,柴春红,闵先雄.高等数学基础与应用[M].武汉:华中科技大学出版社, 2016.

[2] 廖毕文,青山良.高等数学[M].武汉:华中科技大学出版社,2023.

[3] 王志勇,柴春红.高等数学及应用[M].武汉:华中科技大学出版社,2012.

[3] 胡秀平,魏俊领,齐晓东.高职应用数学[M].上海:上海交通大学出版社,2017.

[4] 李玉毛,韩孝明,张艳芬.应用数学的案例分析[M].北京:中国原子能出版社,2021.

[5] 杨清德,陈剑.电工基础[M].北京:化学工业出版社,2019.

[6] 清华大学电子学教研组,阎石.数字电子技术基础[M].6版.北京:高等教育出版社, 2016.

[7] 吕瑾.模拟电子线路[M].北京:国防工业出版社,2023.

[8] 赵国庆.雷达对抗原理[M].2版.西安:西安电子科技大学出版社,2012.

[9] 陈旗.通信对抗原理[M].西安:西安电子科技大学出版社,2021.

[10] 刘松涛,王龙涛,刘振兴.光电对抗原理[M].北京:国防工业出版社,2019.

[11] Mark A. Richards.雷达信号处理基础[M].2版.邢孟道,王彤,李真芳,等译.北京: 电子工业出版社,2017.